3판

Applied Statistics for Engineers

공학응용통계

저자 전치혁, 정민근, 이혜선

제3판

공학응용통계

인 쇄 : 2023년 5월 10일 3판 1쇄
발 행 : 2023년 5월 22일 3판 1쇄

저 자 : 전치혁 · 정민근 · 이혜선
발행인 : 송 준
발행처 : 도서출판 홍릉
주 소 : 01093 서울시 강북구 인수봉로 50길 10
등 록 : 1976년 10월 21일 제5-66호

전 화 : 02-999-2274~5
팩 스 : 02-905-6729
e-mail : hongpub@hongpub.co.kr
http://www.hongpub.co.kr
ISBN : 979-11-5600-101-0(93310)

정 가 : 25,000원

3판

Applied Statistics for Engineers

공학응용통계

저자 전치혁, 정민근, 이혜선

도서출판 홍릉

저자소개

전치혁

서울대학교 자원공학 학사(1977)
한국과학원 산업공학 석사(1979)
한국에너지기술연구소 연구원(1979~1982)
미국 University of California, Berkeley 산업공학 박사(1986)
포항공과대학교 산업경영공학과 교수(1987~2019)
포항공과대학교 산업경영공학과 특임교수(2019~현재)

정민근

서울대학교 산업공학 학사(1974)
미국 The University of Michigan, Ann Arbor 산업공학 석사(1978), 박사(1984)
미국 University of Illinois, Chicago 조교수(1984~1987)
포항공과대학교 산업경영공학과 교수(1987~2014)
포항공과대학교 산업경영공학과 명예교수(2014~현재)
한국연구재단 이사장(2014~2016)

이혜선

서울대학교 소비자학(경제학 부전공) 학사(1985)
미국 Cornell University 통계학 석사(1993), 경북대학교 통계학 박사(2008)
미국 The University of Chicago, 경제연구소 연구원(1993~1994)
미국 National Opinion Research Center 선임프로그래머(1994~1996)
포항공과대학교 산업경영공학과 책임연구원(1996~2002, 2004~2008)
미국 University of California, San Diego 의과대학 선임연구원(2002~2004)
포항공과대학교 산업경영공학과 연구교수(2009~현재)

머리말

본 서는 저자들이 20여년 간에 걸친 통계학 관련 교육으로부터 얻은 경험과 지식을 바탕으로 이공계 분야의 학생 또는 제조현장의 엔지니어를 위해 집필된 것이다. 그동안 국내에도 수많은 통계학 관련 저서들이 발간되었으나 대부분이 사회과학에 관련된 예들을 주로 다루고 있어 이공계 학생 또는 산업체 엔지니어들이 공부하기에는 낯설은 점이 있다. 최근에는 공정 및 제조업분야에서도 데이터마이닝, 6시그마, 고객관리시스템 등이 도입됨으로써 공학도들에도 통계는 필수적인 지식항목이라고 할 수 있다. 본 서는 이공계 전공학생들이 쉽게 배울 수 있는 통계교재로서 출간되었다.

본 서의 초판은 철강업 관련 데이터를 예제 또는 연습문제에서 많이 사용하였으나, 이번 3판에서는 일반적인 공학, 공정관련 데이터로 대체하여 다양한 분야의 이공계 전공자들이 보다 쉽게 통계학을 이해하고 배울 수 있도록 수정 보완하였다.

또한, 특수회귀모형에 포함된 로지스틱 회귀모형은 머신러닝 또는 데이터마이닝 분야에서 분류분석 모형으로 최근에 활발하게 사용됨에 따라, 이번 3판에서 로지스틱 회귀모형이 분류분석기법으로 어떻게 사용되는지를 추가하였다.

본 서를 공학응용통계라 칭한 것은 공학계의 학생 또는 산업체 엔지니어들이 공정 및 품질문제에 가장 많이 적용하는 통계적 기법인 회귀분석, 실험계획법, 품질공학 등에 역점을 둔 때문이다. 확률분포, 추정 및 검정에서는 기본적인 통계이론에 필수적인 개념들을 자세히 설명하고 있다. 따라서 본 서를 기초통계학의 교재로 사용할 때는 제1장부터 제7장, 경우에 따라서는 제8장까지 다루기를 추천하며, 기초적인 미적분 등의 고등학교 수준의 수학 지식을 요구한다. 회귀분석 개론의 교재로 본서를 활용할 때는 제4장부터 제6장까지를 2-3주 동안 복습한 후 제7장부터 제10장까지를 다루면 될 것이다. 제9장에서는 행렬 및 벡타의 기초지식이 소개된다. 또한 회귀분석과 품질관리를 포함하는 응용통계의 교재로 사용할 때는 제7장부터 제13장까지를 다룰 수 있다.

전체적으로 본 서는 다음과 같은 특징을 갖고 있다고 하겠다.

1. 이론을 전개함에 있어 단도직입적으로 용어의 정의 또는 결과를 소개함을 지양하고 왜 이러한 개념이 필요하며 결과가 어떤 의미를 갖는지를 설명하고자 노력하였다.

머리말

예를 들어, 표준편차 또는 상관계수가 단순히 어떻게 정의된다고 기술하는 데 그치지 않고 왜 이렇게 정의되며 어떤 의미를 갖는지를 설명하였다.

2. 관련이론을 예시하는 데 있어 기계, 전자, 소재 및 공정 산업 등과 관련된 데이터를 주로 사용하여 특히 이 분야의 독자들이 쉽게 이해할 수 있도록 하였다. 통계학 교재는 경영학, 경제학, 의학 등 적용분야에 따라 다소 차이가 있는데, 본 서는 이공계 및 산업체 품질관리 전문가들을 위한 통계학 교재로서 품질설계 및 품질관리 부분은 일반교재와 차별되는 추가적 내용이다.
3. 회귀분석 부분은 일반 기초통계학 교재보다 추정치 유도과정과 가설검정과정을 상세히 다루고 있다. 특히 가설에 대응하는 검정통계량의 유도과정을 알기쉽게 해설하였으며 유의수준과 판정결과와의 관련성을 명확히 이해할 수 있도록 하였다. 실험계획법에서도 이와 같은 방식으로 설명을 전개하였다.
4. 각 장별로 참고사항을 덧붙힘으로써 관련 주제에 보다 자세한 이론 또는 내용을 원하는 독자를 위해 해설과 함께 참고문헌을 명시하였다. 또한 수식유도 등과 관련된 것은 대부분 연습문제로 남겨두었다.

이밖에도 본 서에서는 베이즈 정리의 이해와 활용에 대하여 강조하였으며, 정규분포와 관련하여 품질특성치의 목표치 설정에 대한 예제를 개발하였다. 정규분포와의 관련분포를 설명하는데 있어서 추정 및 검정에서의 활용을 염두에 두었으며, 자유도와 표본크기, 유의수준과 꼬리확률의 구분을 명확히 하였다. 추정과 검정에 대한 설명을 간단명료하게 하는데 노력하였으며 이들의 관련성을 자주 언급하였다. 회귀분석에서는 분석결과의 해석에 강조를 두었으며, 최소한의 정보를 갖고 분산분석표를 작성하는 등의 예제를 개발하였다. 다중회귀분석에서도 행렬 및 벡타의 지식 요구를 최소화하였고, 변수선택방법, 모형진단과 관련하여 다중공선성, 오차항의 자기상관 등 개론을 약간 벗어나지만 실제 응용에 필요한 주제를 포함시켰다. 특수회귀모형에서 다룬 지시변수의 사용, 가중최소자승법, 로지스틱 모형 등도 비교적 개론을 벗어난 주제이나 예시를 강조하여 이해를 돕고있다. 실험계획법에서는 비교적 단순한 일원배치, 이원배치, 요인배치법을 소개하였으며, 다구찌에 의한 품질설계를 간이분석법과 분산분석법을 통하여 설명하였다. 마지막으로 통계적 품질관리에 대하여서는 슈하르트의 관리도 이론과 공정능력분석, 단순한 샘플링검사이론을 소개하고 있다.

본 서가 완성되기까지 도움을 주신 많은 분들께 감사의 말씀을 드리고자 한다. 개정판을 준비하면서 새로운 예제 및 연습문제를 위한 데이터 도출에 많은 도움을 준 포항공과대학교 확률통계분석연구실의 대학원생들에게 감사하고, 해답 작성에 도움을 준 포항공과대학교 산업경영공학과 연구참여 학생들에게도 감사드린다. 마지막으로 지속적인 격려를 아끼지 않았던 가족들에게 깊은 감사를 올린다.

차 례

차 례

차 례

차 례

차 례

차 례

제11장 실험계획법

제12장 품질설계

차 례

차례

01

데이터와 기술통계치

어떤 문제를 분석하기 위해 그와 관련된 모든 정보를 얻는다는 것은 현실적으로 불가능하다. 생산되는 휘발유의 옥탄가를 검증하기 위해 모든 생산량을 다 조사할 수는 없으며, 생산된 제품의 불량률을 파악하기 위해 모든 제품을 다 조사하기는 어렵다. 따라서 관심 대상 전체로부터 일부를 조사하여 데이터를 수집한 후 통계적 방법을 이용하여 관심대상에 대한 정보를 추론하게 되는데, 이때 관심대상 전체를 모집단, 추출된 일부를 표본이라 한다. 이와 같이 통계학(statistics)은 특정 집단을 대상으로 한 조사나 실험에 의하여 얻어진 데이터에 대한 요약된 형태를 이용하여 과학적 판단에 기반을 둔 의사결정을 하도록 해주는 과정이라 할 수 있다. 본 장에서는 데이터의 종류와 수집방법에 대하여 간략히 언급하고 데이터 분석을 위한 기본이 되는 기술통계치와 그래프를 이용한 분석방법을 소개한다.

1.1 통계데이터의 종류

연구의 대상이 되는 현상이나 특성을 파악하기 위해서는 관찰 또는 측정의 내용을 숫자나 기호로 표현하는 과정이 필요하다. 관찰된 현상에 대해 일정한 규칙에 따라 수치를 부여하는 것이 측정이며, 척도는 이러한 측정을 위한 도구이다. 예를 들어 시험성적을 0에서 100 사이의 숫자로 표현할 수도 있고, A, B, C, D, F 등과 같이 등급으로 표현할 수도 있다. 측정 내용의 표현은 대상의 특성에 따라 다를 수 있는데 일반적으로 명목척도, 서열척도, 등간척도, 비율척도로 나누어 볼 수 있으며, 따라서 표본으로부터의 통계데이터도 이와 같은 종류가 있다고 할 수 있다. 그러나 우리가 다룰 통계데이터는 주로 비율척도로 측정된 것이다.

(1) 명목척도(nominal scale)

명목척도는 어떤 대상에 숫자나 기호를 부여함으로써 범주나 종류를 분류하기 위해 사용된다. 성별, 종교와 같은 분류적인 개념을 가진 변수를 의미하는데 각 범주에 부여되는 값이 계량적 의미를 갖지 않는다. 예를 들어 성별에 대해 남자는 1, 여자는 2로 기록할 때, 1과 2는 통상적인 숫자적 개념이 아니라 범주적 개념으로 쓰인 것이다.

(2) 서열척도(ordinal scale)

서열척도는 특정 성격을 갖고 있는 정도에 따라 서열화시켜 수치를 부여하는 측정기준이다. 서열척도에서 숫자는 순서관계를 뜻할 뿐이며, 숫자간의 간격이 일정하거나 절대적인 양을 나타내지는 않는다. 제품에 대한 만족도 조사에서 항목별 특성에 대해 '매우 불만족(1), 불만족(2), 보통(3), 만족(4), 매우 만족(5)'이라는 선택범주를 주어 응답할 때가 이에 해당된다. 정책에 대한 지지여부를 조사할 때 사용되는 '전적으로 동의(1), 동의(2), 반대(3)'의 선택범주도 서열척도이며, 제품의 품질등급을 '상(1), 중(2), 하(3)'로 구분하는 것도 이에 해당된다.

(3) 등간척도(interval scale)

등간척도는 측정결과가 숫자로 표현되고 척도간의 간격이 일정한 측정기준이다. 등간척도는 대상을 서열화할 수 있을 뿐만 아니라 대상들간의 거리를 표준화된 척도로 표시할 수 있다. 어떤 특성이 다음과 같이 5구간으로 측정되었다고 하면, a에서 c까지의 간격과 b에서 d까지의 간격은 같다고 할 수 있지만, d는 b보다 2배만큼 크거나 그 정도가 2배 심하다고 말할 수는 없다.

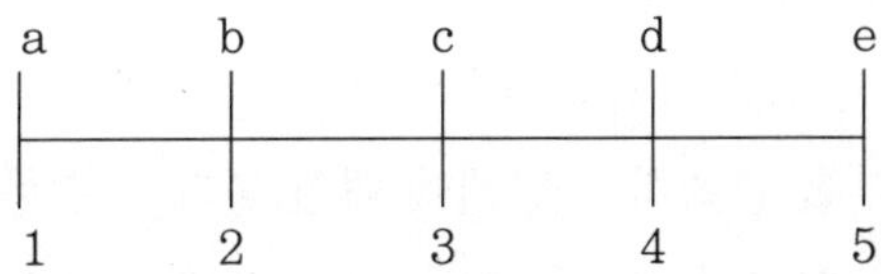

예를 들어 온도의 단위인 섭씨나 화씨는 표준화된 측정기준으로서 1도간의 간격이 일정하다고 여겨지므로 등간척도에 해당된다. 그러나 앞에서도 언급했듯이 온도 40℃일 때가 20℃일 때 보다 더운 정도가 2배라고는 말할 수 없다. 즉 등간척도는 단위간 간격이 일정하다는 것이지, 그 점수 자체가 대상이 갖는 속성의 크기를 의미하는 것은 아니다.

(4) 비율척도(ratio scale)

비율척도는 특성에 부여된 수치 자체에 의미가 있는 척도이다. 판매량, 생산비용, 코일의 강도 등 숫자로 관측되고 측정된 수치들이 실제적인 수량적 의미를 갖는 경우가 비율척도에 해당된다.

측정척도에는 위에서 설명한 네 가지가 있으며, 〈표 1-1〉에 이를 요약하였다. 〈표 1-1〉에는 척도에 따른 특성, 기술통계치, 상관관계 분석방법 등을 기술했는데, 이를 통하여 데이터의 종류에 따라 분석방법에도 차이가 있음을 볼 수 있다.

〈표 1-1〉 데이터의 종류별 특성

	특성	대표적 기술통계치	두 변수 간 상관관계를 분석하는 방법
명목척도	범주간의 분류	빈도	카이자승법
서열척도	특성의 상대적 크기에 대한 분류	중앙값, 빈도	켄달의 타우(Kendall's tau), 스피어만의 로우(Spearman's rho)
등간척도	척도간 동일한 간격	평균, 분산	피어슨의 상관계수
비율척도	절대영점이 있고 수량적 의미를 가짐	평균, 분산	피어슨의 상관계수

1.2 데이터의 수집방법

어떤 집단에 대한 정보를 얻기 위한 조사방법에는 대상집단 모두를 조사하는 센서스(Census)와 집단의 일부를 표본으로 선택하여 조사하는 표본조사방법(sampling)이 있다. 표본조사는 모집단의 일부를 관측하여 전체에 대한 통계적 추론을 유도하게 되므로 모집단을 대표할 수 있는 표본을 뽑아야 한다. 표본추출방법에는 단순무작위추출법, 계통추출법, 층화무작위추출법 그리고 집락추출법이 있다.

(1) 단순무작위추출법(simple random sampling)

단순무작위추출법은 모집단의 모든 대상 각각이 표본으로 선택될 확률이 동일한 추출방법이다. 예를 들어 10,000명의 모집단으로부터 200명을 추출한다면 각자가 뽑힐 확률은 1/50이다. 10,000명의 이름이 적힌 쪽지를 상자 안에 넣고 추첨하는 식으로 200명을 뽑으면 모집단의 각 사람은 모두 동일한 확률로 뽑히게 된다.

일반적으로는 난수표(random number table)를 이용하여 표본을 추출하는데, 이 방법은 난수표에 적혀있는 숫자가 지시하는 대로 모집단에서 표본을 뽑는 방법이다. 난수표는 0에서 9까지의 숫자가 무작위로 나열된 표이다(부록 〈표 A-9〉 참조).

예를 들어 100개의 부품에서 무작위로 5개를 뽑을 때 난수표를 사용하는 방법을 살펴보자.

1. 각 부품에 1에서 100까지 번호를 정한다.
2. 난수표의 임의의 곳을 난수를 읽는 시작점으로 정한다.

3. 두 개의 숫자씩을 읽어 해당되는 번호의 부품을 추출한다. 임의의 방향(왼쪽, 오른쪽, 위쪽 또는 아래쪽)으로 가면서 연속되는 두자리 숫자를 읽고 해당되는 번호의 부품을 5개까지 추출한다. 예를 들어 난수표의 1행 1열에 나타난 숫자를 시작점으로 정하고 왼쪽부터 오른쪽 방향으로 읽어 간다면 83, 28, 78, 5, 18번째 부품이 추출될 것이다.

만약 600개의 부품에서 5개를 무작위로 뽑고 싶다면 세 개의 숫자씩을 읽어가야 할 것이다. 단, 뽑힌 세단위 숫자가 600을 넘을 경우에는 버리고 다음 숫자를 뽑는다.

난수표 대신 컴퓨터 혹은 계산기에 있는 난수 발생기를 이용하여 용이하게 난수를 얻을 수 있는데 이때 얻은 난수는 0에서 1사이(0과 1은 포함되지 않음)의 숫자이다. n개의 번호를 매긴 부품이 있다고 할 때 만약 난수 u가 뽑혔다면 다음 번호에 해당하는 부품을 추출하면 된다.

$$\text{추출 부품 번호} = \lfloor u \rfloor + 1$$

위에서 $\lfloor x \rfloor$는 x를 넘지 않는 최대 정수를 의미한다. 예를 들어 300개의 부품이 있을 때 난수로 0.3862를 얻었다고 하면 116번째 부품을 추출하면 된다.

단순무작위추출법은 단순하며 모든 원소들이 표본으로 뽑힐 가능성이 동일하다는 장점이 있으나 모집단이 아주 큰 경우에는 모집단 모두에 일련번호를 부과하는 것에 어려움이 있다.

예 1-1

어떤 소비자 단체에서 한 상표의 담배의 니코틴 함유량을 조사하기 위해 10갑의 담배를 구매하였다. 100갑에 해당하는 2,000개비의 담배 중 100개만을 추출하여 니코틴 함유량을 측정하고자 한다. 2,000개비의 담배를 모두 상자안에 넣고 무작위로 100개를 뽑을 때 각 담배개비가 표본으로 뽑힐 확률이 동일하므로 이 방법은 단순무작위추출법이라 할 수 있다.

(2) 계통추출법(systematic sampling)

계통추출법은 단순무작위추출법의 변형된 형태이다. 모집단이 N개의 원소로 구성되어 있고 그 중에서 n개를 표본으로 추출하고자 하는 경우에 있어서, 모집단의 모든 원소들에게 1, 2, 3, ..., N의 일련번호를 부여하고 이를 순서대로 나열한 후 K개($K=N/n$)씩 n개의 구간을 나누고 첫구간에서 임의로 한 표본을 뽑은 후 그 다음부터는 매 K번째 표본을 뽑는 방식이다. 예를 들어 모집단의 크기(N)가 10만명이고 샘플의 크기(n)를 1,000명으로 한다면, 10

만명의 명단에서 처음 $K=100$명 중 임의로 한명을 선택하고 그 후부터 매 100번째 사람을 선택하는 방법이다.

예 1-2

한 공장에서 생산되고 있는 부품의 평균 강도를 조사하고자 한다. 하루에 생산되는 부품이 1,000개(N)이고 표본으로서 100개(n)를 추출하기 위해 생산되는 순서에 따라 각 부품에 1에서 1,000까지 일련번호를 매기고 처음 10번(K)까지의 부품에서 한 개를 무작위로 뽑는다. 첫 번째로 뽑힌 부품이 8번이라면, 그 다음부터 18번, 28번, …, 998번 부품을 뽑는 방법이 계통추출법이다.

(3) 층화무작위추출법(stratified random sampling)

모집단이 이질적인 경우 특정기준에 따라 동질적인 몇 개의 집단 또는 층(strata)으로 분류하고, 각 층에서 무작위로 적절한 수의 표본을 선택하는 방법이다. 여기서 동질적인 층으로 나누는 과정을 층화 또는 층별(stratification)이라고 한다. 이 방법은 동질적인 층으로부터 표본을 얻음으로써 오차를 줄일 수 있다.

예 1-3

전 직원수가 1,000명(N)인 회사에서 100명(n)의 표본으로 직원들의 의식조사를 한다고 하자. 연령대에 따라 직장이나 가족, 사회에 대한 의식은 다르게 나타날 것이므로 20대, 30대, 40대, 50대 이상으로 층을 나누고 각 연령대의 직원수에 비례하여 표본을 뽑아 조사하는 것이 합리적일 것이다. 모집단 1,000명 중 20대가 100명, 30대가 400명, 40대가 300명, 50대 이상이 200명이라고 하면, 20대에서는 $100\times0.1=10$명을 뽑고, 30대에서는 $100\times0.4=40$명, 40대에서는 $100\times0.3=30$명, 그리고 50대 이상에서는 $100\times0.2=20$명을 표본으로 조사함으로써 표본오차를 줄이고 신뢰성 있는 결과를 얻을 수 있을 것이다.

(4) 집락추출법(cluster sampling)

집락추출법은 모집단이 여러 개의 집락(cluster)이라는 하위집단으로 구성된다고 보고 전체 집락 중 일부를 무작위로 선택한 후 편의상 선택된 집락의 모두를 표본으로 조사하는 방법이다. 예를 들어 고등학교 3학년을 대상으로 하는 여론조사를 위해 전국 고등학교 3학년 반들을 집락으로 하여 무작위로 10반을 선택한 후 10반에 있는 모두에 대하여 조사하는 방법이다. 많은 경우 집락추출법은 다른 표본추출방법과 병행하여 사용된다. 예를 들어 모집단을 지역크기에 따라 층화하여 각 층내 집락을 구성한 뒤 선택된 집락으로부터 표본을 얻는 방식을 생각할 수 있다.

1.3 기술통계치

주어진 데이터 또는 표본데이터를 정리하고 요약하는 것을 기술통계라고 하며, 이를 위한 데이터의 요약된 형태를 기술통계치(descriptive statistics)라고 한다. 기술통계치는 크게 데이터의 중심척도를 나타내는 것과 데이터의 퍼짐정도(산포)를 나타내는 것이 있는데, 방대한 전체 데이터 대신에 이들 몇 개의 값만으로도 모집단을 이해할 수 있게 된다. 아래의 설명에서는 n개의 데이터 $X_1,\ X_2,\ \ldots,\ X_n$이 있다고 가정하자.

1.3.1 데이터의 중심척도

데이터의 중심 척도로는 평균, 중앙값 그리고 최빈값이 있으며 평균이 가장 널리 사용된다.

(1) 평균(mean)

평균 또는 표본평균은 관측한 n개의 데이터의 총합을 전체 데이터의 수 n으로 나눈 값, 즉 산술평균치이다. 평균("X bar"라고 읽음)은 다음과 같이 나타낼 수 있다.

$$\overline{X} = \frac{X_1 + \cdots X_n}{n} = \frac{1}{n}\sum_{i=1}^{n} X_i \tag{1.1}$$

예 1-4

어느 냉연공정에서 하루에 생산된 냉연코일 중 임의로 10개를 추출하여 경도(hardness)를 측정한 결과 다음과 같은 값을 얻었다.

52 55 59 53 58 53 60 59 50 61

앞의 데이터에 대한 평균을 구해보면 다음과 같다.

$$\overline{X} = \frac{(52+55+\cdots+50+61)}{10} = \frac{560}{10} = 56$$

데이터의 평균에는 모든 데이터의 값이 포함되므로, 예외적으로 아주 큰 값이나 작은 값을 포함하는 경우 평균값은 데이터의 중심척도로서 왜곡될 수 있다는 단점을 다음 예에서 볼 수 있다.

예 1-5

어느 5명으로 구성된 집단의 각 나이는 다음과 같다.

2 3 3 4 88

이 집단의 평균 나이는 100/5 = 20이 되는데 평균 나이가 20 이라는 정보만을 갖고 이 집단의 특성을 판단한다면 문제가 있을 것이다. 실제 1명을 뺀 나머지의 평균값은 3임에도 불구하고 88이라는 이상치에 의해 중심척도가 왜곡되기 때문이다.

(2) 중앙값(median)

n개의 관측치를 크기순으로 배열했을 때 중앙의 위치에 놓이게 되는 값을 중앙값이라고 한다. n이 홀수이면 정중앙에 위치한 값이 중앙값이 되고, n이 짝수이면 중앙에 위치하는 두 값의 평균이 중앙값이 된다. 데이터를 크기순으로 나열한 후 i번째 큰 값을 $X_{(i)}$로 나타내면 중앙값은 다음과 같이 표현된다.

$$\text{중앙값} = \begin{cases} X_{\left(\frac{n+1}{2}\right)} & n\text{이 홀수} \\ \dfrac{X_{\left(\frac{n}{2}\right)} + X_{\left(\frac{n}{2}+1\right)}}{2} & n\text{이 짝수} \end{cases} \tag{1.2}$$

중앙값은 데이터의 수가 작을 때 손쉽게 구할 수 있으며, 또한 이상치(outlier)에 대한 영향이 적다는 장점이 있다.

[예 1-4]의 경우 데이터의 수는 짝수이므로 크기순 배열에서 중앙에 위치하는 두 값을 평균냄으로써 중앙값을 얻을 수 있다.

크기순 배열 : 50 52 53 53 55 58 59 59 60 61

$$\text{중앙값} = \frac{X_{(5)} + X_{(6)}}{2} = \frac{55+58}{2} = 56.5$$

[예 1-5]의 데이터에서는 3이 중앙값으로 이 경우 평균 20보다 집단의 성격을 잘 반영한다고 할 수 있다.

(3) 최빈값(mode)

전체 데이터 중 가장 빈번하게 나타나는 값, 즉 가장 빈도(frequency)가 높은 값을 의미한다. 데이터의 수가 많아질수록 최빈값은 평균과 가깝게 되는 것이 보통인데 그렇지 않다면 데이터의 분포가 한쪽으로 치우쳐 있음을 시사한다.

[예 1-4]에서 최빈값은 빈도가 2씩인 53과 59이다.

1.3.2 데이터의 산포척도

데이터가 그 중심으로부터 어느 정도 퍼져 있는지를 측정함으로써 그 데이터가 어떤 형태로 분포되어 있는지 파악할 수 있다. 데이터의 산포(dispersion)를 측정하는 척도로는 다음과 같은 것들이 있다.

(1) 범위(range)

범위는 관측된 데이터의 최대값과 최소값의 차이를 의미하며, 일반적으로 R로 표시한다. 즉, 최대값을 $X_{\max}$, 최소값을 $X_{\min}$으로 표기할 때 범위 R은 아래와 같이 표현된다.

$$R = X_{\max} - X_{\min} \tag{1.3}$$

범위는 데이터의 수가 적을 때는 비교적 효과적인 산포의 척도가 될 수 있으나 데이터 수가 많아지면 그렇지 않다. 특히, 한 두 개의 이상치가 포함되면 범위는 매우 커질 수 있으므로 의미를 잃게 된다.

[예 1-4]에서 보면 최대값은 61이고 최소값은 50이므로, 범위 R은 $61 - 50 = 11$이다.

(2) 사분위범위(inter-quartile range; IQR)

사분위범위를 설명하기 위해 먼저 사분위수에 대해 알아보자. 사분위수(quartile)란 데이터를 크기순으로 나열한 후 4등분할 경우 각각 4등분되는 위치의 값을 의미한다. 일사분위수는 4등분한 첫 번째 값으로서 Q1로 표시하고 이사분위수는 두 번째 값, 즉 중앙값으로서 Q2, 삼사분위수는 세 번째 값으로서 Q3으로 표시한다. 예를 들어 11개의 데이터가 있을 때 Q1은 크기순으로 늘어놓을 경우 3번째 수이며, Q3은 9번째 수라 할 수 있다. 데이터의 수가 많은 경우 Q1은 데이터수의 25%에 해당하는 값이며, Q2는 50%에, Q3은 75%에 해당하는 값이다.

일반적으로 $100p\%$에 해당하는 백분위수는 다음과 같이 구할 수 있다.

$$100p\% \text{ 백분위수} = (\lfloor np \rfloor + 1)\text{번째 수} \tag{1.4}$$

여기서 $0 \le p \le 1$이고 $\lfloor x \rfloor$는 Gauss 기호로서 x보다 크지 않은 최대정수를 의미한다. 따라서 일사분위수 Q1은 25% 백분위수이고, 이사분위수 Q2는 50% 백분위수이고, 삼사분위수 Q3은 75% 백분위수라 할 수 있다.

예 1-6

부품의 수명에 대한 데이터로서 다음의 9개를 얻었다.

8 25 38 44 56 72 87 99 133

이 데이터에서 일사분위수는 식(1.4)에 의하면 다음과 같다.

$$Q1 = 25\%\ \text{백분위수} = (\lfloor 9 \times 0.25 \rfloor + 1)\text{번째 수} = 3\text{번째 수} = X_{(3)} = 38$$

그리고 삼사분위수는 $Q3 = X_{(7)} = 87$이다.

사분위범위(IQR)는 일사분위수와 삼사분위수의 차이로서 다음과 같이 나타낼 수 있으며, [그림1-1]에서 보는 바와 같다.

$$IQR = Q3 - Q1 \tag{1.5}$$

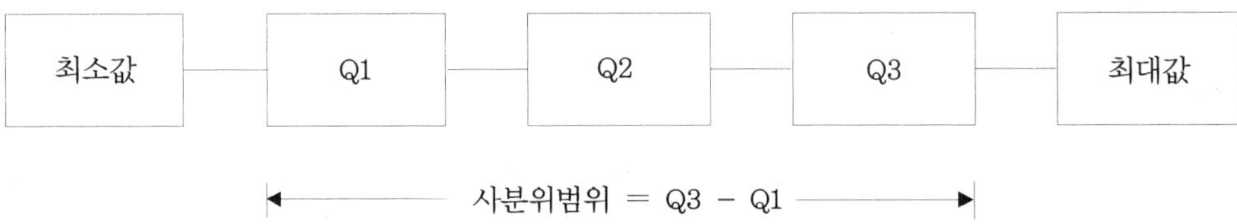

[그림 1-1] 사분위수와 사분위범위

사분위범위는 75% 백분위수에서 25% 백분위수를 뺀 범위이므로 중앙 50%의 범위를 포함하는 범위이다. 즉, 전체 데이터의 50%가 이 범위 내에 포함됨을 의미한다.

예 1-7

부품의 수명 데이터로서 다음과 같은 11개를 얻었다고 하자.

8, 25, 45, 47, 49, 51, 53, 56, 57, 80, 133

이 데이터의 사분위범위는 다음과 같다.

$$IQR = Q3 - Q1 = X_{(9)} - X_{(3)} = 57 - 45 = 12$$

[예 1-7]의 경우 범위는 R = 133−8 = 125로 [예 1-6]의 경우와 동일한 데 반해 사분위범위는 매우 작음을 볼 수 있다([예 1-6]에서 사분위범위는 49임). 즉 [예 1-7]의 데이터가

[예 1-6]의 데이터보다 중심 부분에 더 집중되어 있음을 알 수 있다.

(3) 분산(variance)

분산 혹은 표본분산은 각 데이터값과 평균과의 거리를 제곱하여 합한 후 $(n-1)$로 나눈 것으로 아래와 같이 표현된다.

$$s^2 = \frac{\sum_{i=1}^{n}(X_i - \overline{X})^2}{n-1} = \frac{\sum_{i=1}^{n}X_i^2 - n\overline{X}^2}{n-1} \tag{1.6}$$

제곱합을 n이 아닌 $(n-1)$로 나누는 이유는 제 5장의 모수추정 부분에서 자세한 설명을 하겠지만 간단히 언급하면 다음과 같다. 모집단의 주요한 모수로서 모평균과 모분산이 있으며 $\overline{X}$는 모평균의 추정치로, s^2은 모분산의 추정치로 사용되는데 $(n-1)$로 나누어야 s^2이 모분산의 불편추정치가 되기 때문이다. 다른 설명으로는 n개의 데이터가 있을 때 각 데이터가 독립적이므로 자유도가 n이라고 말하는데, 위의 표본분산 s^2을 얻기 위해 모평균 대신 $\overline{X}$를 사용하였기 때문에 자유도를 하나 잃어버린다고 한다. 모든 데이터를 합하여 n으로 나누면 $\overline{X}$가 되어야 하는 제약조건이 부가되기 때문이다. 따라서 표본분산 산출과 관련된 데이터의 자유도는 $(n-1)$이다.

[예 1-4]의 데이터에 대한 표본분산은 다음과 같이 계산된다.

$$s^2 = \frac{(52-56)^2 + (55-56)^2 + \cdots + (50-56)^2 + (61-56)^2}{10-1} = \frac{134}{9} = 14.89$$

(4) 표준편차(standard deviation)

표준편차는 아래와 같이 분산에 제곱근을 취한 것이며 산포의 척도로 가장 널리 사용된다.

$$s = \sqrt{s^2} = \sqrt{\frac{\sum_{i=1}^{n}(X_i - \overline{X})^2}{n-1}} \tag{1.7}$$

각 데이터가 평균에서 멀어짐에 따라 그 멀어지는 거리를 제곱하여 벌점을 매기는 것으로 생각하면 분산은 데이터의 총 벌점을 데이터 수로 나눔에 따라 각 데이터가 갖는 평균 벌점으로 간주할 수 있다. 분산값은 데이터의 제곱과 관련되므로 값의 의미를 가늠하기 어렵다. 그러나 표준편차는 이의 제곱근으로 산출함으로써 데이터의 값들과 비교할 수 있게 된다.

표준편차의 크기를 평균과 상대적으로 비교하는 척도가 다음과 같이 정의되는 변동계수(coefficient of variation)이다.

$$변동계수 = \frac{s}{\bar{X}} \times 100(\%) \tag{1.8}$$

변동계수로서 표준편차의 크고 작음을 어느 정도 짐작할 수 있다. [예 1-4]의 데이터에 대한 표준편차는 $s = \sqrt{s^2} = \sqrt{14.89} = 3.86$이며, 변동계수는 $\frac{3.86}{56} \times 100 = 6.89(\%)$이다.

1.4 그래프를 이용한 데이터분석

그래프는 데이터의 분포를 시각적으로 파악할 수 있게 해준다. 주로 사용되는 그래프로 상자그림, 히스토그램, 줄기-잎 그림 등이 있다.

(1) 상자그림(box plot)

상자그림은 데이터의 분포에 대한 정보를 사분위수를 중심으로 나타내 주는 그림이다. [그림1-2]에 상자그림의 예가 나타나 있는데, 상자의 밑변과 윗변은 각각 일사분위수(Q1)와 삼사분위수(Q3)를 나타내고, 중간에 위치한 수평선은 중앙값을 나타낸다. 사분위범위를 벗어난 최대 및 최소 데이터값까지 수염(whisker)이라 불리는 수직선을 점선으로 긋는다. 따라서 전체 데이터의 25%씩이 4 개의 구간, 즉 최소값~일사분위수, 일사분위수~중앙값, 중앙값~삼사분위수, 삼사분위수~최대값 사이에 위치함을 보여준다. 이 그림을 통하여 데이터가 사분위수 각 범위 내에 어떻게 분포되어 있는가를 알 수 있으며, 데이터 분포의 대칭성, 치우침 등을 쉽게 파악할 수 있다.

[그림 1-2]에 나타낸 예의 경우 중앙값이 상자의 밑변 쪽에 가까이 위치해 있고, 위쪽 수염의 길이가 아래쪽 수염의 길이에 비해 길게 나타나 있으므로, 전체적으로 데이터가 아래쪽으로 치우쳐 분포하고 있음을 알 수 있다.

시간에 따라 자료를 수집할 때 X축을 시간축으로 하여 시간별 상자그림을 나타내면 시간에 따라 자료가 어떻게 변하고 있는지를 시각적으로 알 수 있다.

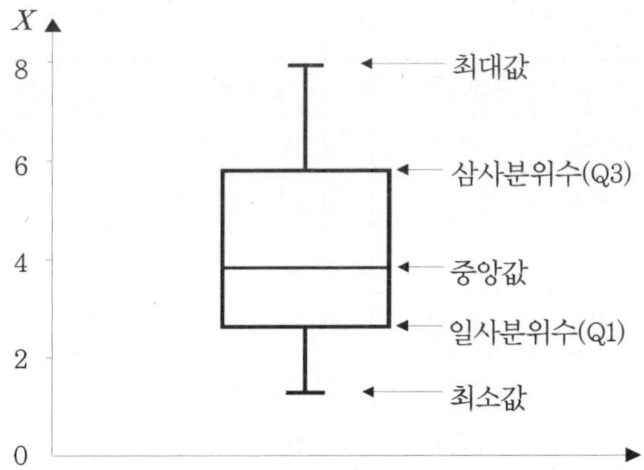

[그림 1-2] 상자그림

(2) 도수분포표와 히스토그램(histogram)

히스토그램은 도수분포표에서의 각 구간별 관측 도수를 막대 형태로 표현한 그래프이다. 여기서 도수분포표는 어떤 일정한 기준에 의하여 전체 데이터의 범위를 구간으로 분할하고, 각 구간에 포함되는 데이터의 도수를 산출하여 만들어 놓은 〈표 1-3〉과 같은 형태의 표를 말한다. 〈표 1-3〉은 〈표 1-2〉에 나타낸 어떤 공장에서 생산되는 합금강의 인장강도 데이터에 대한 도수분포표이다.

원 데이터로부터 도수분포표를 작성하고 히스토그램을 그려서 데이터의 분포 상태를 조사할 때 합리적인 구간의 선정은 매우 중요하다. 구간수가 너무 적으면 각 구간에 속하는 도수가 서로 비슷하게 나타날 수 있으므로 분포상의 특징을 알아내기 어렵게 되며, 구간수가 너무 많으면 한 구간에 포함되는 데이터가 하나도 없는 경우가 다수 발생하게 된다. 구간수의 선정에 통일된 기준이 있는 것은 아니지만 〈표 1-4〉를 참조할 수 있다.

〈표 1-2〉 인장강도 데이터

65.3	61	63.6	55.3	63.8	67.4	65	64
66.2	62.7	64.2	63.6	54.5	61.6	63.7	62.2
56.6	61.6	54.1	65.7	71.2	55	72.6	64.6
65.1	67.5	54.7	55	52.1	61	59.1	56.8
66	65.9	66.1	54.6	60.9	68.9	54.8	53.2
55.1	65.6	64.3	68.5	56.9	54.9	65.9	67.8
60	65.1	63.9	54.3	54.5	59.6	69.3	51.2
53.6	64.4	59.6	59.3	63.5	57.3	67.8	65.4
63.9	66.7	66.8	54.6	69.3	55.2	74.3	60.1
63.6	73.8	67.9	55.2	56.8	71.4	54.8	64.4

〈표 1-3〉 인장강도 데이터의 도수분포표

구간값	대표값	도수확인	도수	상대도수
51.2이상~54.1미만	52.65	𝍷𝍷𝍷𝍷	4	0.05
54.1이상~57.0미만	55.55	𝍸 𝍸 𝍸 𝍸	20	0.25
57.0이상~59.9미만	58.45	𝍸	5	0.0625
59.9이상~62.8미만	61.35	𝍸 𝍷𝍷𝍷𝍷	9	0.1125
62.8이상~65.7미만	64.25	𝍸 𝍸 𝍸 𝍸 𝍷	21	0.2625
65.7이상~68.6미만	67.15	𝍸 𝍸 𝍷𝍷𝍷	13	0.1625
68.6이상~71.5미만	70.05	𝍸	5	0.0625
71.5이상~74.4미만	72.95	𝍷𝍷𝍷	3	0.0375
합계			80	1

〈표 1-4〉 데이터의 개수와 구간수의 관계

데이터의 개수	적절한 구간수
40~100	5~9
100~200	8~12
200 이상	10~16

도수분포표를 작성하는 순서는 다음과 같다.

1. 구간수를 선정한다(〈표 1-4〉 참조).
2. 데이터의 범위(= 최대값 − 최소값)를 구간수로 나누어 구간폭을 구한다.

$$\text{구간폭} = \frac{\text{최대값} - \text{최소값}}{\text{구간수}}$$

3. 각 구간의 아래쪽 경계치와 위쪽 경계치를 정한다.
   첫 번째 구간의 아래쪽 경계치는 데이터의 최소값으로 정하며 위쪽 경계치는 아래쪽 경계치에 구간폭을 더한 값으로 정한다. 두 번째 구간의 아래쪽 경계치는 첫 번째 구간의 아래쪽 경계치에 구간폭을 더한 값이며 위쪽 경계치 역시 첫 번째 구간의 위쪽 경계치에 구간폭을 더한 값으로 정한다. 이와 같은 과정으로 각 구간의 양쪽 경계치를 구한다. 여기서 각 구간의 아래쪽 경계치는 이상, 위쪽 경계치는 미만으로 한다.
   참고 항목으로 각 구간의 대표값을 다음과 같이 산출하기도 한다.

$$\text{구간대표값} = \frac{\text{구간 아래쪽 경계치} + \text{구간 위쪽 경계치}}{2}$$

4 데이터 별로 어떤 구간에 속하는지 확인하고 각 구간에 속하는 도수를 산출한다. 필요에 따라 상대도수, 누적도수, 누적상대도수 등을 산출하기도 하는데 이들은 다음과 같이 계산된다.

$$\text{상대도수} = \frac{\text{도수}}{\text{데이타수}}$$

$$\text{누적도수} = \text{첫 구간부터 해당 구간까지의 도수의 합}$$

$$\text{누적상대도수} = \frac{\text{누적도수}}{\text{데이타수}}$$

상대도수는 퍼센트(%)로 나타내기도 하는데 이로써 각 구간의 데이터 수가 전체의 몇 %를 차지하고 있는지를 파악할 수 있다. 누적도수로써 첫 구간부터 해당 구간까지의 데이터 수가 얼마인지를 알 수 있으며, 이를 상대도수 형태로 나타낸 것이 누적상대도수로서 해당 구간 이하의 데이터 수가 전체의 몇 %를 차지하는지를 용이하게 알 수 있게 해준다. 원래의 데이터는 모르고 도수분포표만 있다고 할 때 데이터의 평균 및 표준편차는 각 구간의 대표값과 도수를 이용하여 구할 수 있는데 여기서는 그 설명을 생략한다 (참고문헌 참조).

〈표 1-2〉에 주어진 인장강도 데이터에 대하여 위의 과정을 적용시킴으로써 도수분포표를 작성해 보자.

- **1단계** : 전체 데이터의 개수는 80으로 구간수를 8로 선택한다고 하자.
- **2단계** : 최대값이 74.3이고 최소값이 51.2이므로 구간폭은 아래와 같다.

$$\text{구간폭} = \frac{74.3-51.2}{8} \approx 2.9$$

- **3단계** : 첫 번째 구간의 아래쪽 경계치는 전체 데이터의 최소값인 51.2로 결정되며, 위쪽 경계치는 51.2에 구간폭 2.9를 더한 54.1로 결정된다. 다음 구간의 아래쪽 경계치는 이전 구간의 위쪽 경계치가 되며, 다음 구간의 위쪽 경계치는 해당 구간의 아래쪽 경계치에 구간의 폭인 2.9를 더함으로써 얻을 수 있다. 데이터의 최대값이 포함될 때까지 이 과정을 되풀이하면 모든 구간의 경계치를 얻을 수 있으며, 이 예에서의 마지막 구간은 71.5이

상~74.4 미만으로 결정된다. 첫 번째 구간의 경우 대표값은 52.65이다

- **4단계** : 각 구간에 해당하는 데이터의 도수를 확인하고 기록한다. 51.2, 52.1, 53.2, 53.6이 첫 번째 구간에 해당되므로 첫 구간의 도수는 4이다. 그리고 첫 번째 구간의 상대도수는 다음과 같다.

$$\text{첫 번째 구간의 상대도수} = \frac{\text{첫 번째 구간의 도수}}{8} = 0.05$$

위의 과정을 거쳐 얻어진 〈표 1-3〉의 도수분포표를 막대 형태로 도시하면 [그림 1-3]과 같은 히스토그램을 얻을 수 있다.

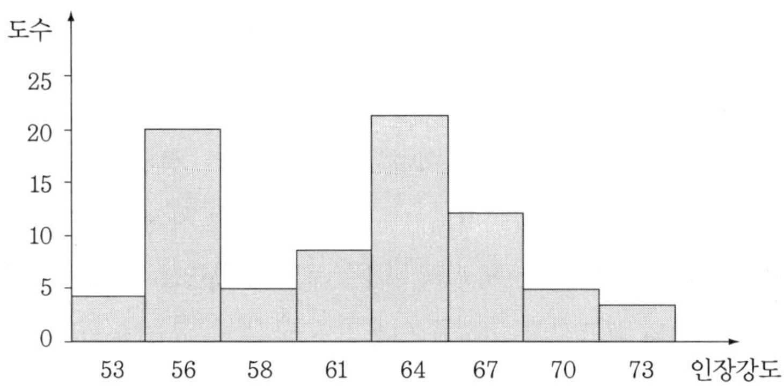

[그림 1-3] 인장강도 데이터의 히스토그램

얻어진 히스토그램의 형태를 살펴봄으로써 데이터의 분포를 추정할 수 있고, 다른 한편으로 이상 데이터의 존재 유무에 대해서도 판단할 수 있다.

[그림 1-4]에 여러 형태의 히스토그램을 나타내었는데 (a)는 일반적인 정규분포 형태를 나타내고, (b)는 데이터의 평균이 왼쪽으로 치우쳐 있는 분포의 형태를 나타낸다. 한편 (c)는 이상치가 존재하는 경우를 나타내고, (d)는 데이터에 대한 인위적인 처리(이 경우는 어떤 값 이하의 데이터를 삭제)가 있었음을 나타내며, (e)는 두 종류의 성질이 다른 데이터가 혼재함을 나타내고 있다.

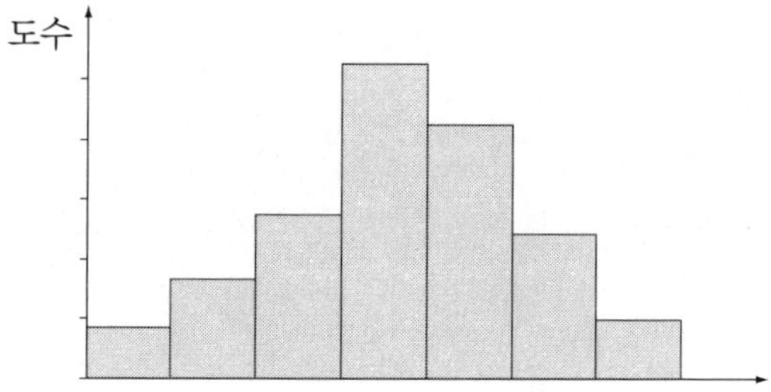

(a) 정규분포 형태

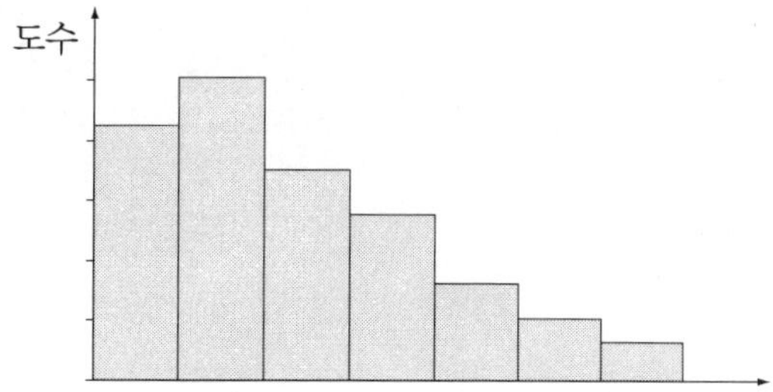

(b) 치우친 분포 형태

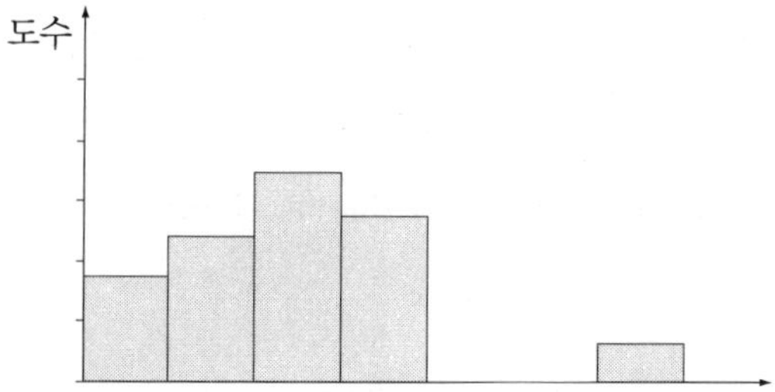

(c) 이상치의 존재

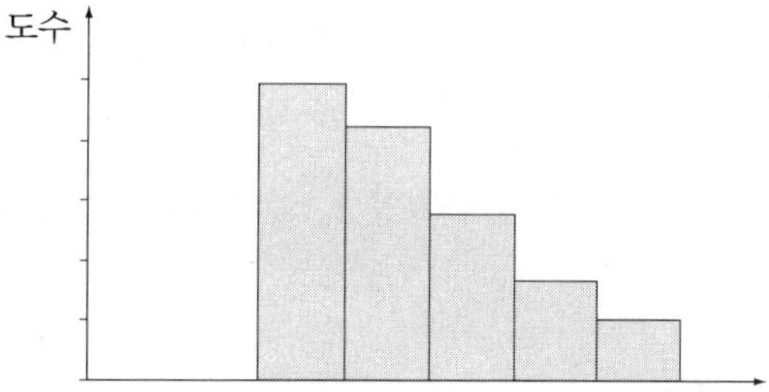

(d) 데이터에 대한 인위적 처리 존재

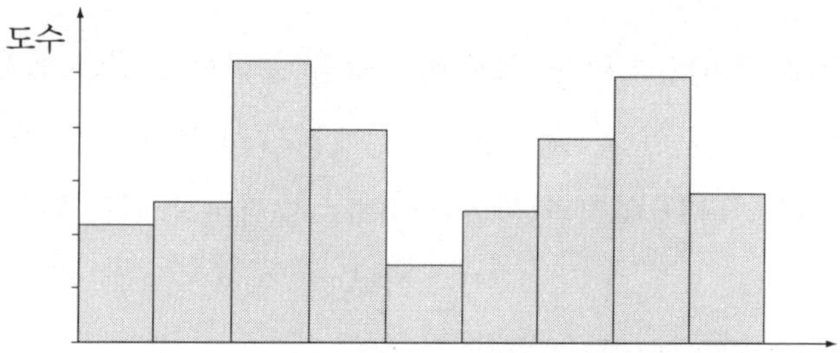

(e) 성질이 다른 데이터의 혼재

[그림 1-4] 여러 가지 형태의 히스토그램

(3) 줄기-잎 그림(stem-and-leaf plot)

줄기-잎 그림은 데이터를 요약하여 분포에 대한 정보를 주는 한편, 이 그림으로부터 원래의 데이터를 그대로 복구할 수도 있다. 즉, 줄기-잎 그림은 데이터가 가진 모든 정보를 보존하면서도 데이터 분포를 보여줄 수 있는 장점을 가지고 있다. 예를 들어 15개 체인점 할인마트의 월 매출액(단위:백만원)이 다음과 같이 주어졌다고 하자.

64, 58, 62, 66, 90, 57, 78, 61, 56, 64, 82, 73, 67, 49, 53

이 데이터에 대한 줄기-잎 그림은 아래 [그림 1-5]와 같다.

```
9 | 0
8 | 2
7 | 38
6 | 124467
5 | 3678
4 | 9
```

[그림 1-5] 줄기-잎 그림

이 그림의 수직선 왼쪽의 숫자는 '줄기', 오른쪽 숫자는 '잎'에 해당한다. 이 도표를 만들기 위해 각 매출액은 두 부분으로 나누어 십의 자릿수는 줄기가 되고 일의 자릿수는 잎이 된다. 따라서 줄기가 4인 행은 한 개의 잎 9를 갖게 되어 매출액 49(백만원)를 나타내고, 줄기가 6인 행은 6개의 잎 1, 2, 4, 4, 6, 7을 갖게 되어 61, 62, 64, 64, 66, 67을 나타낸다.

1.5 참고사항

도수분포표만으로 데이터의 평균, 표준편차 등을 구하는 방법은 쉽게 고안할 수 있으며 참고문헌[1]을 참고할 수 있다. 참고문헌 [1]에는 기술통계치인 왜도(skewness)와 첨도(kurtosis)에 대한 간략한 설명과 품질관리에서 널리 사용되는 7가지 도구에 대한 설명이 포함되어 있다.

[1] 박성현, 공업통계학, 민영사, 1985

연습문제

1.1 1에서 200까지 번호가 매겨진 부품 중 무작위로 10개를 추출하여 분석하고자 한다. 난수표를 사용하여 10개의 표본에 해당하는 부품번호를 나열하라.

1.2 100개의 냉연코일에 번호가 1에서 100까지 붙어 있는데 이 중 10개를 무작위로 표본추출하고자 한다. 이 중 1번부터 20번까지는 박물이며 21번부터 100까지는 후물인데, 박물과 후물은 그 성질이 크게 달라 박물 중 2개의 표본을, 후물에서 8개의 표본을 추출하고자 한다. 난수표를 사용하여 10개의 표본을 추출하라.

1.3 10,000개의 데이터 평균을 산출하여 2.53의 값을 얻었다. 이후 추가로 3.5라는 데이터가 관측되었다. 총 10,001개 데이터의 평균을 구하라.

1.4 n개의 데이터의 평균을 $\overline{X}_{(n)}$이라 하고 $(n+1)$번째 데이터 X_{n+1}이 관측된 후 전체 $(n+1)$개의 데이터 평균을 $\overline{X}_{(n+1)}$이라 할 때, $\overline{X}_{(n+1)}$을 $\overline{X}_{(n)}$과 X_{n+1}으로 계산할 수 있는 식을 유도하라.

1.5 〈표 1-2〉에 있는 80개의 데이터의 중앙값은 〈표 1-3〉의 도수분포표상에서 어떤 구간에 속하겠는가? 또한 중앙값을 구하라.

1.6 〈표 1-2〉의 데이터에서 일사분위수(Q1)와 삼사분위수(Q3)는 각각 〈표 1-3〉의 도수분포표상에서 어떤 구간에 속하는가? 또한 Q1과 Q3을 구하고 사분위범위를 구하라.

1.7 문제 1.5와 문제 1.6의 결과를 이용하여 〈표 1-2〉의 데이터에 대한 상자그림을 그려라.

1.8 식(1.6)에서 두 번째 등식이 성립함을 보여라.

1.9 다음은 어떤 원료 중 Fe성분(%)에 대한 15개의 데이터이다.

25.8	24.1	25.4	25.7	25.6
26.6	26.8	22.6	22.9	23.9
22.7	21.9	23.3	22.9	24.2

(a) 평균과 표준편차를 구하라.

(b) 사분위수와 사분위범위를 구하라.

(c) 범위는 표준편차의 몇 배인가? 사분위범위는 표준편차의 몇 배인가?

1.10 10,000개의 데이터의 평균과 표준편차가 각각 2.53, 0.46으로 산출되었다. 이후 추가로 3.5라는 데이터가 관측되었다. 총 10,001개의 데이터의 표준편차를 구하라.

1.11 〈표 1-2〉의 데이터에 대한 줄기-잎 그림을 그려라.

1.12 다음은 유리(Glass)의 산화물 중 나트륨의 성분량(%)을 조사한 것이다. 전체 표본수는 50이다. (http://archive.ics.uci.edu/ml, USA Forensic Science Service)

13.64	12.79	12.72	12.81	12.82	12.98	12.65	13.29	12.79	13.49
13.89	13.30	12.80	12.68	14.77	13.21	12.84	13.89	12.71	13.19
13.53	13.15	12.88	14.36	12.78	12.87	12.85	12.74	13.21	13.99
13.21	14.04	12.86	13.90	12.81	12.56	12.57	14.21	13.73	13.21
13.27	13.00	12.61	13.02	13.38	13.08	12.69	14.21	12.73	13.58

(a) 도수분포표를 작성하고 히스토그램을 그려라.

(b) 상대도수와 누적상대도수를 나타내는 도표를 작성하라.

(c) 앞으로 생산되는 유리의 나트륨 성분이 위 표본의 분포를 따른다고 할 때, 나트륨 성분이 13.00% 이상 되는 비율이 전체의 얼마나 되겠는가?

1.13 다음은 60개의 표본의 조업온도를 도수분포표 형식으로 나타낸 것이다.

(a) 60개의 표본 조업온도의 사분위수는 각각 어떤 구간에 있겠는가?

(b) 조업온도의 평균치를 구하라.

(c) 조업온도의 표준편차를 구하라.

힌트 (b), (c)를 구하기 위해서는 각 구간의 대표값을 산출한 후 각 구간 대표값이 해당 구간 도수만큼 있다고 가정함

구간 번호	구간값	도수
1	1,490–1,494	2
2	1,495–1,499	3
3	1,500–1,504	10
4	1,505–1,509	12
5	1,510–1,514	16
6	1,515–1,519	10
7	1,520–1,524	1
8	1,525–1,529	2
9	1,530–1,534	3
10	1,535–1,539	1

02

사건과 확률

앞 장에서 설명한 기술통계치는 주어진 데이타의 분포와 특성을 파악하기 위한 기본적인 방법이다. 이들 데이타가 관측되기 전에는 여러 가지 값을 취할 가능성을 갖게 되다가 실제 관측은 하나의 값으로 측정되는데, 확률은 관측하기 전에 있어서 가능성을 논하는 것이라 할 수 있고, 통계는 관측된 후 실제 얻어진 데이타를 바탕으로 정보를 도출하는 것이라고 하겠다.

2.1 표본공간과 사건

확률이란 어떤 특정한 사건이 일어날 가능성을 0과 1 사이의 값으로 나타낸 것으로 0에 가까우면 어떤 사건이 일어날 가능성이 거의 없고, 1에 가까우면 일어날 가능성이 높은 것을 의미한다. 확률은 불확실성의 정도를 측정하는 척도이다. 확률을 공부하기 위해 다음과 같은 기본 개념들에 대한 이해가 필요하다.

정의 2.1 표본공간(sample space)

확률실험의 모든 가능한 결과의 집합을 그 실험의 표본공간이라 하며, S로 표기한다.

확률실험에 대한 몇 가지 예에 대하여 표본공간을 구하여 보자.

예 2-1

동전 한 개를 던지는 실험에서 가능한 결과는 앞면(H로 표기) 또는 뒷면(T로 표기)이므로 표본공간 S는 다음과 같다.

$$S=\{\mathrm{H},\ \mathrm{T}\}$$

예 2-2

두 개의 주사위를 던지는 실험에서 가능한 결과는 각 주사위의 윗면에 나타나는 눈의 수를 갖고 (i, j)로 표시할 수 있다. 여기서 i는 첫 주사위의 눈을 나타내며 j는 다른 주사위의 눈을 나타낸다. i 또는 j는 1에서 6까지의 값을 가질 수 있으므로 이 실험에 대한 표본공간은 다음과 같다.

$$S=\begin{bmatrix}(1,1) & (1,2) & \cdots & (1,6)\\ (2,1) & (2,2) & \cdots & (2,6)\\ \vdots & \vdots & \vdots & \vdots\\ (6,1) & (6,2) & \cdots & (6,6)\end{bmatrix}$$

예 2-3

전구의 수명을 측정하는 실험을 한다고 하자. 전구의 수명시간은 0에서 ∞까지의 실수값을 가질 수 있으므로 표본공간을 다음과 같이 표시할 수 있다.

$$S = \{x|0 \le x < \infty\}$$

중요한 개념 중의 하나인 사건은 다음과 같이 정의된다.

정의 2.2 사건(event)

표본공간에서 관심의 대상인 부분집합을 사건이라 한다. 그리고 표본공간을 구성하는 원소 하나씩을 기본사건이라 한다.

예 2-4

주사위 두 개를 던지는 실험([예 2-2] 참조)에서 두 주사위 눈의 합이 10인 사건을 A로 나타내면 다음과 같다.

$$A = (4, 6), (5, 5), (6, 4)$$

예 2-5

전구의 수명을 측정하는 실험([예 2-3] 참조)에서 전구 수명이 2시간에서 20시간 사이인 사건을 A로 나타내면 다음과 같다.

$$A = \{x|2 \le x \le 20\}$$

두 개 이상의 사건에 대해 합집합(union) 또는 교집합(intersection)이 다음과 같이 정의된다.

정의 2.3 합집합사건, 교집합사건, 여집합사건, 공사건

(1) 사건 A 또는 사건 B가 일어날 때, A와 B의 합집합사건이 일어난다고 하며 $A \cup B$로 표시한다.

(2) 사건 A와 사건 B가 동시에 일어날 때, A와 B의 교집합사건이 일어난다고 하며 AB(또는 $A \cap B$)로 표시한다.

(3) 표본공간 S에서 사건 A가 일어나지 않을 때 A의 여집합사건이 일어난다고 하며 A^C로 표시한다.

(4) 공집합으로 표현되는 사건을 공사건(null event)이라고 한다.

예 2-6

하나의 주사위를 던지는 실험에서 표본공간은 $S=\{1, 2, 3, 4, 5, 6\}$인데, A를 홀수눈이 나올 사건, B를 4 이하의 눈이 나올 사건이라 하면, A와 B의 합집합사건은 홀수눈이거나 4 이하의 눈이 나올 사건으로 $A\cup B=\{1, 2, 3, 4, 5\}$이고, A와 B의 교집합사건은 4 이하의 홀수눈이 나올 사건으로 $AB=\{1, 3\}$이며, A사건에 대한 여집합사건은 짝수눈이 나올 사건으로 $A^C=\{2, 4, 6\}$이다.

정의 2.4 배반사건

교집합사건 AB가 공사건일 때, 사건 A와 B가 서로 배반(mutually exclusive)이라 한다.

예 2-7

하나의 주사위를 던지는 실험에서 눈이 홀수일 사건을 A, 짝수일 사건을 B라 하면, A와 B는 서로 배반이라 할 수 있다. 그러나 2의 배수의 눈이 나올 사건과 3의 배수가 나올 사건은 서로 배반이 아니다.

2.2 사건에 대한 확률

확률은 사건에 대해 정의되는데 이를 정리하면 다음과 같다. 이를 확률공리라고도 한다.

정의 2.5 사건에 대한 확률

표본공간 S의 사건들에 대하여 다음이 성립하는 실수값 $P(A)$를 사건 A에 대한 확률이라 한다.

(1) $0\le P(A)\le 1$

(2) $P(S)=1$

(3) 서로 배반인 사건의 배열 $A1$, $A2$, ...에 대하여

$$P(\bigcup_{i=1}^{\infty}A_i)=\sum_{i=1}^{\infty}P(A_i)$$

표본공간에 있는 기본사건들이 서로 배반이며 발생가능성이 동일하고 기본사건의 총 개수가 $n(S)$라고 하면, 하나의 기본사건이 발생할 확률은 $1/n(S)$이 된다. 예를 들어, 주사위 1개를 던지는 실험에서 기본사건의 수는 6이므로 각 눈이 나올 가능성이 서로 동일하다고 할

때 1의 눈이 나올 확률은 1/6이다. 어떤 사건 A가 기본사건 $n(A)$개로 구성되었다고 할 때, 사건 A가 발생할 확률은 $P(A) = n(A)/n(S)$로 계산된다.

예 2-8

[예 2-4]에서의 두 주사위의 합이 10일 사건 A의 확률은 $P(A) = 3/36 = 1/12$이다.

위의 [정의 2.5]를 바탕으로 사건 확률에 대한 다음과 같은 성질을 유도할 수 있다.

사건확률에 대한 성질

(1) 사건 A에 대해

$$P(A^C) = 1 - P(A) \tag{2.1}$$

(2) 사건 A와 B에 대해

$$P(A \cup B) = P(A) + P(B) - P(AB) \tag{2.2}$$

위의 성질 (2)는 세 개의 사건 A, B, C에 대하여 다음과 같이 성립하며,

$$P(A \cup B \cup C) = P(A) + P(B) + P(C) - P(AB) - P(AC) - P(BC) + P(ABC) \tag{2.3}$$

일반적으로 n개의 사건 A_1, A_2, ..., A_n에 대하여 다음과 같다.

$$P(\bigcup_{i=1}^{n} A_i) = \sum_i P(A_i) - \sum_{i<j} P(A_i A_j) + \sum_{i<j<k} P(A_i A_j A_k - \cdots + (-1)^{n+1} P(A_1 A_2 \cdots A_n) \tag{2.4}$$

예 2-9

어느 부서에 30명의 직원이 있는데 주택을 소유한 사람수는 15명, 승용차를 소유한 사람수는 20명이며 주택과 승용차를 모두 소유하고 있는 사람수는 11명이라 한다. 이 부서에서 임의로 한 직원을 선택할 경우 이 사람이 주택과 승용차를 보유하지 않을 확률을 구하라.

풀이 그 임의의 한 직원이 주택을 소유하고 있으면 사건 A가 발생한다고 하고, 그 직원이 승용차를 소유하고 있으면 사건 B가 발생한다고 하자.

이때, $P(A) = 15/30 = 1/2$, $P(B) = 20/30 = 2/3$, $P(AB) = 11/30$이다.

그러면 $P(A \cup B) = P(A) + P(B) - P(AB) = 0.8$ 이다. 따라서 구하고자 하는 확률은 $P((A \cup B)^C) = 1 - P(A \cup B) = 0.2$이다.

2.3 조건부 확률

두 개의 주사위를 던져 두 눈의 합이 10일 확률은 1/12임을 앞에서 보았다. 그런데 누가(주사위를 던지기 전에 미리 결과를 정확히 아는 사람) 첫 주사위의 눈이 4라는 것을 알려 주었다고 하자. 이 경우 두 눈의 합이 10일 확률은 얼마이겠는가? 첫 눈이 4라는 것이 주어졌으므로 가능한 결과는 (4, 1), (4, 2), (4, 3), (4, 4), (4, 5), (4, 6)이다. 따라서 두 눈의 합이 10이 되는 사건은 이 중 (4, 6)이 되는 사건이므로 구하고자 하는 확률은 1/6 이 될 것이다. 이를 조건부 확률이라 하며 일반적으로 다음과 같이 정의된다.

정의 2.6 조건부 확률(conditional probability)

조건부 확률은 어떤 사건이 발생한다는 조건 하에서 다른 사건이 발생하게 될 확률을 의미한다. 사건 B가 발생한다는 조건 하에서 사건 A가 발생할 조건부 확률은 $P(A|B)$로 표시되며 $P(B)>0$이면 다음과 같이 정의된다.

$$P(A|B)=\frac{P(AB)}{P(B)}$$

예 2-10

1에서 10까지 적힌 숫자를 주머니에 넣고 섞은 다음 한 숫자를 무작위로 뽑는다고 한다. 4 이상의 숫자가 뽑힌다는 사실이 주어졌을 때, 숫자 5가 뽑힐 확률은 얼마인가?

풀이 숫자 5가 뽑힐 사건을 A, 4 이상의 숫자가 뽑힐 사건을 B라 하면, 구하고자 하는 확률은 $P(A|B)$이므로 다음과 같이 계산된다.

$$P(A|B)=\frac{P(AB)}{P(B)}=\frac{P(A)}{P(B)}=\frac{1/10}{7/10}=\frac{1}{7}$$

아무 조건이 없는 경우에 숫자 5가 뽑힐 확률은 1/10이 되는데 뽑힐 숫자가 4 이상이라는 정보가 주어지면 숫자 5가 뽑힐 확률이 증가하게 됨을 알 수 있다.

예 2-11

스케줄에 따라 비행기가 정시에 출발하는 사건을 D, 목적지에 정시에 도착할 사건을 A라 하자. 정시에 비행기가 출발할 확률은 $P(D)=0.83$이고, 정시에 도착할 확률은 $P(A)=0.82$이다. 그리고 정시에 출발하여 정시에 도착할 확률을 $P(DA)=0.78$이라고 하자. 그러면 비행기가 정시에 출발한다고 할 때, 정시에 도착할 확률은 어떻게 구할 수 있는가?

풀이 여기서 비행기가 정시에 출발했다는 것은 발생한 조건이며, 그러한 조건 하에서 비행기가 정시에 도착할 확률을 구하는 것이므로 이는 조건부 확률 $P(A|D)$가 된다. 따라서 다음과 같이 계산된다.

$$P(A|D)=\frac{P(DA)}{P(D)}=\frac{0.78}{0.82}=0.94$$

[정의 2.6]을 이용하면 다음과 같은 관계식을 얻을 수 있다.

$$P(AB) = P(A|B)P(B) = P(B|A)P(A) \tag{2.5}$$

사건 AB가 발생할 확률을 산출하는 데 있어 조건부 확률 $P(A|B)$ 또는 $P(B|A)$가 손쉽게 구해질 경우 위와 같은 방법으로 구할 수 있다.

예 2-12

주머니에 당첨제비 2개를 포함하여 총 10개의 제비가 있다. 갑이 먼저 한 개를 뽑고 다음에 을이 한 개를 뽑을 경우, 갑과 을 모두 당첨될 확률을 구하라.

풀이 A를 갑이 당첨될 사건, B를 을이 당첨될 사건이라 하면 $P(AB) = P(B|A)P(A)$인데, $P(A) = 1/5$이고 $P(B|A)$는 갑이 먼저 당첨제비를 하나 뽑아간 후 을이 나머지 하나를 뽑을 확률이므로 1/9이 된다. 따라서 $P(AB) = (1/9)(1/5) = 1/45$이다.

한편 $P(B)$는 다음과 같이 $P(A)$와 동일하므로 각 사람이 당첨될 확률은 뽑는 순서와 관계없는 것을 알 수 있다.

$$P(B) = P(BA) + P(BA^C) = P(BA) + P(B|A^C)P(A^C) = 1/45 + (2/9)(4/5) = 1/5$$

2.4 통계적 독립

사건 A의 발생 확률이 사건 B의 발생 여부와는 무관한 경우, 두 사건 A와 B를 독립이라고 정의한다. 두 사건 A와 B가 독립인 경우에는 두 사건이 동시에 일어날 확률 $P(AB)$가 각각의 확률 $P(A)$와 $P(B)$의 곱으로 표현된다. 두 사건의 독립(independent) 또는 종속(dependent) 여부는 다음과 같이 정의된다.

정의 2.7 사건의 독립 및 종속

(1) 다음이 성립할 때 두 사건 A와 B가 독립이라 한다.

$$P(AB) = P(A)P(B)$$

(2) 두 사건 A와 B가 독립이 아닐 때 종속이라 한다.

두 사건 A와 B가 독립이면 $P(AB) = P(A)P(B)$이므로 다음이 성립한다.

$$P(A|B) = \frac{P(AB)}{P(B)} = \frac{P(A)P(B)}{P(B)} = P(A)$$

즉, 사건 B가 일어난다는 정보가 사건 A의 발생에 전혀 영향을 주지 않는다는 의미가 된다.

예 2-13

두 개의 주사위를 던진다고 하자. 첫 주사위의 눈이 1이 나올 사건을 A라 하고, 두 주사위 눈의 합이 6일 사건을 B_1, 두 주사위 눈의 합이 7일 사건을 B_2라 하자. 사건 A와 B_1은 독립인가? 또한 사건 A와 B_2는 독립인가?

풀이 $P(AB_1)=P(1,5)=1/36$이며, $P(A)P(B_1)=(1/6)(5/36)=5/216$이므로, 사건 A와 B_1은 독립이 아니다. 그러나, $P(AB_2)=P(1,6)=1/36$이며 $P(A)P(B_2)=(1/6)(1/6)=1/36$이므로 사건 A와 B_2는 독립이다. 즉, 첫 눈이 무엇이든지 두 눈의 합이 7일 가능성이 있으므로 A와 B_2는 독립이지만, 두 눈의 합이 6이 되기 위해서는 첫 눈에 5 이하의 눈이(6이 나오면 안되고) 나와야 하기 때문에 A와 B_1은 종속이 된다.

두 개 이상의 사건에 대한 독립은 [정의 2.7]을 일반화하여 다음과 같이 정의할 수 있다.

정의 2.8 복수사건의 독립

n개의 사건들 $A_1, A_2, \ldots, A_n$ 의 모든 부분집합 $A_{i_1}, A_{i_2}, \ldots, A_{i_r}(i_r \le n)$ 에 대하여 다음 관계가 성립할 때 위의 사건들이 독립이라 한다.

$$P(A_{i_1}A_{i_2},\ldots,A_{i_r}) = P(A_{i_1})P(A_{i_2})\ldots P(A_{i_r})$$

예 2-14

3개의 사건 A_1, A_2, A_3가 서로 독립이라는 것은 다음을 의미한다.

$$P(A_1A_2A_3)=P(A_1)P(A_2)P(A_3),$$

$$P(A_1A_2)=P(A_1)P(A_2), P(A_1A_3)=P(A_1)P(A_3), P(A_2A_3)=P(A_2)P(A_3)$$

정리 2.1

사건 A와 B가 독립이면 사건 A와 B^C도 독립이다.

증명 사건 A를 두 개의 서로 배반인 사건의 합집합으로 표시할 수 있다. 즉,

$$A = AB \cup AB^C \tag{2.6}$$

그러므로 $P(A)$는 다음과 같이 표현된다.

$$P(A)=P(AB)+P(AB^C)=P(A)P(B)+P(AB^C) \tag{2.7}$$

따라서 다음이 성립하므로 사건 A와 B^C는 독립이다.

$$P(AB^C)=P(A)(1-P(B))=P(A)P(B^C)$$

예 2-15

어느 제품을 생산하는 기계가 3대 있다(기계1, 기계2, 기계3). 어느 한 주에 기계 $i(i=1, 2, 3)$가 고장나지 않을 확률이 서로 독립이며, 각각 0.9, 0.8, 0.7이라 한다. 한 주내에 생산이 중단되지 않을(적어도 한 대의 기계가 작동할) 확률을 구하라.

풀이 한 주 내에 기계 1, 2, 3이 고장나지 않을 사건을 각각 A, B, C라 하면, $P(A)=0.9$, $P(B)=0.8$, $P(C)=0.7$이며 구하고자 하는 확률은 다음과 같다.

$$\begin{aligned}P(A\cup B\cup C)&=P(A)+P(B)+P(C)-P(AB)-P(AC)-P(BC)+P(ABC)\\&=P(A)+P(B)+P(C)-P(A)P(B)-P(A)P(C)-P(B)P(C)+P(A)P(B)P(C)\\&=0.9+0.8+0.7-(0.9)(0.8)-(0.9)(0.7)-(0.8)(0.7)+(0.9)(0.8)(0.7)\\&=0.994\end{aligned}$$

2.5 베이즈 정리

사건 E와 F에 대하여 사건 E가 발생할 확률을 사건 F가 발생할 경우와 발생하지 않을 경우로 나누어 생각하면 다음과 같이 표현할 수 있다. 사건 E가 배반사건인 EF와 EF^{C}의 합집합으로 표현되므로 식(2.7)로부터 다음이 성립한다.

$$\begin{aligned}P(E)&=P(EF)+P(EF^{C})\\&=P(E|F)P(F)+P(E|F^{C})P(F^{C})\\&=P(E|F)P(F)+P(E|F^{C})(1-P(F))\end{aligned}\tag{2.8}$$

즉, 사건 E가 발생할 확률은 사건 F의 발생이 주어진 경우의 조건부 확률과 F가 발생하지 않는 경우의 조건부 확률의 가중평균으로 산출된다. 이때 가중치는 각각 $P(F)$와 $1-P(F)$가 된다. 만약 관심사가 사건 E의 발생이 주어진 경우 사건 F의 발생에 있다면 이 확률은 다음과 같이 구해진다.

$$P(F|E)=\frac{P(EF)}{P(E)}=\frac{P(E|F)P(F)}{P(E|F)P(F)+P(E|F^{C})(1-P(F))}\tag{2.9}$$

예 2-16

전체 승용차의 25%가 대기 오염도의 기준치를 초과하는 것으로 알려져 있다. 승용차의 대기 오염도를 검사하는 과정에서 검사가 완벽하지 않아 기준치를 초과하는 차가 합격될 확률은 0.01이고, 기준치를 초과하지 않은 승용차 또한 10%의 확률로 불합격된다고 한다. 어떤 승용차가 검사에서 불합격되었을 경우 실제로 기준치를 초과할 확률은 얼마인가 계산해 보자.

풀이 검사에서 불합격되는 사건을 E, 기준치를 초과하는 사건을 F라고 하면 $P(F)=0.25$, $P(E|F)=0.99$, $P(E|F^C)=0.10$이다. 이와 같은 정보로 검사에 불합격된 차가 기준치를 초과할 확률 $P(F|E)$를 구하기 위해서는 먼저 $P(E)$를 알아야 한다.

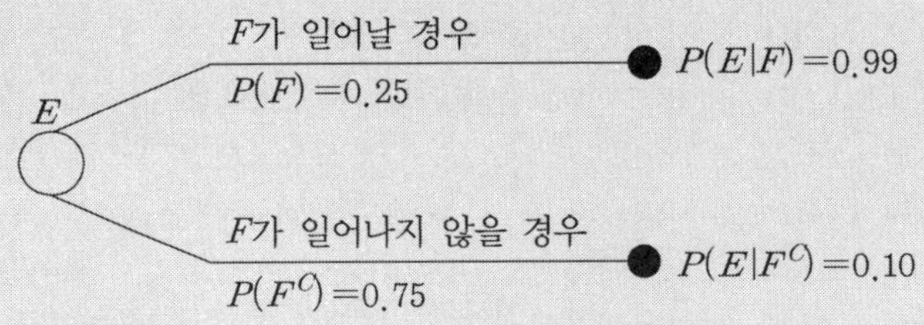

앞의 그림에서와 같이 승용차가 불합격되는 사건을 두 경우로 나누면 그 확률은 다음과 같다.

$$P(E)=P(E|F)P(F)+P(E|F^C)P(F^C)=(0.99)(0.25)+(0.10)(0.75)=0.3225$$

따라서 승용차가 검사시에 불합격될 경우 실제 기준치를 초과할 확률은 다음과 같다.

$$P(F|E)=\frac{P(F)P(E|F)}{P(E)}=\frac{(0.25)(0.99)}{0.3225}=0.7674$$

어떤 승용차에 대하여 검사를 하기 전(사건 E가 발생하기 전)에는 기준치를 초과할 확률 $P(F)$를 0.25라고 간주할 수 밖에 없으나 검사를 하여 불합격되는 경우(사건 E의 발생 후)에는 이 승용차가 기준치를 실제 초과할 확률 $P(F|E)$가 약 0.77로 급격히 증가함을 위의 결과로 보여주고 있다.

베이즈 정리(Bayes' Theorem)는 영국의 철학자 베이즈(Thomas Bayes)에 의해 완성된 것으로 어떤 실험으로부터 얻은 결과를 가지고 특정사건이 발생하는 원인에 대한 확률을 구하는 이론이다.

정리 2.2 베이즈 정리

표본공간 S가 k개의 배반사건 F_1, F_2, …, F_k로 분할된다고 할 때, 임의의 사건 E가 일어날 때 사건 F_i가 발생할 조건부 확률은 다음과 같다. $(i=1, \ldots, k)$

$$P(F_i|E)=\frac{P(E|F_i)P(F_i)}{P(E|F_1)P(F_1)+P(E|F_2)P(F_2)+\cdots+P(E|F_k)P(F_k)} \tag{2.10}$$

베이즈 정리는 사건 E가 발생하기 전 사건 F_i가 발생할 확률인 $P(F_i)$가 사건 E가 발생한 후 사건 F_i가 발생할 확률인 $P(F_i|E)$로 바뀌는 과정을 보여준다고 해석할 수 있다. 따라서 $P(F_i)$를 사전확률(prior probability), $P(F_i|E)$를 사후확률(posterior probability)이라고 한다.

예 2-17

어떤 기계의 고장 원인은 A, B, C의 세 가지가 있으며 각 원인이 발생할 비율이 50%, 30%, 20%로 알려져 있다. 각 원인은 반드시 고장으로 이어지지는 않으며 원인 A가 발생할 때 고장날 확률은 0.6, 원인 B가 발생할 때 고장날 확률은 0.8, 원인 C가 발생할 때 고장날 확률은 0.9이다. 이 기계가 고장났다고 할 때 원인 A, B, C로부터 비롯된 확률을 각각 구하라.

풀이 기계가 고장날 사건을 E, 세가지 원인 A, B, C가 발생할 사건을 각각 A, B, C라 하면 [정리 2-2]에 의하여 기계의 고장이 원인 A에 비롯된 확률은 다음과 같다.

$$P(A|E)=\frac{P(E|A)P(A)}{P(E|A)P(A)+P(E|B)P(B)+P(E|C)P(C)}$$

$$=\frac{(0.6)(0.5)}{(0.6)(0.5)+(0.8)(0.3)+(0.9)(0.2)}=0.4167$$

같은 방법으로 기계의 고장이 원인 B, C로부터 비롯된 확률을 구해보면 각각 0.3333, 0.25이다. 원인 A의 경우 고장이 관측되기 전에는 고장 원인의 50%로 간주되었으나, 이 원인에 의한 고장확률이 다른 원인(B와 C)에 비해 낮기 때문에 고장이 관측된 후에는 이 고장이 원인 A에 의한 것으로 간주될 확률이 41.7%로 떨어지는 것을 볼 수 있다. 이에 비해 원인 C의 경우 사전의 20%에서 사후에는 25%로 증가함을 볼 수 있다.

예 2-18

같은 두 개의 동전 A, B를 주머니에 갖고 있는데 동전 A의 앞면이 나올 확률이 1/2이고 동전 B의 앞면이 나올 확률은 1/4이라고 한다. 두 개의 동전 중 임의로 한 개를 택하여 한번 던져서 앞면이 나왔다고 한다. (같은 동전을 던진 후 결과를 알 뿐 어떤 동전인지는 구분하지 못한다.)

(a) 이 동전이 A일 확률을 구하라.

(b) 선택된 동전을 다시 던져 또 앞면을 얻었다고 할 때, 이 동전이 A일 확률을 구하라.

풀이 관련된 사건을 다음과 같이 정의하자.

$A=$ 동전 A일 사건
$B=$ 동전 B일 사건
$H=$ 앞면이 나올 사건
$T=$ 뒷면이 나올 사건

두 개의 동전 중 임의로 한 개를 택하므로 동전 A와 B가 택해질 확률은 동일하며 $P(A)=P(B)=1/2$이다.

(a) 구하고자 하는 확률은 다음과 같다.

$$P(A|H)=\frac{P(H|A)P(A)}{P(H|A)P(A)+P(H|B)P(B)}=\frac{(1/2)(1/2)}{(1/2)(1/2)+(1/4)(1/2)}=\frac{2}{3}$$

동전 A가 앞면이 나올 확률은 동전 B의 경우보다 높으므로 앞면이 나왔다는 사실이 동전 A일 가능성을 더 높여주는 것이다(1/2에서 2/3으로).

(b) 또 한번 앞면이 나왔다면 동전 A일 가능성을 더욱 높여 줄 것인데, 그 확률을 구하기 위해서 사전확률 $P(A)=P(B)=1/2$대신에 $P(A|H)=2/3$, $P(B|H)=1/3$을 사전확률로 대체하고 같은 공식을 사용할 수 있다. 즉,

$$P(A|(H,H)) = \frac{P(H|A)P(A|H)}{P(H|A)P(A|H)+P(H|B)P(B|H)} = \frac{(1/2)(2/3)}{(1/2)(2/3)+(1/4)(1/3)} = \frac{4}{5}$$

이와 같이 베이즈 정리는 사전확률로부터 관측치에 따라 사후확률을 계속적으로 수정하는 공식(updating formula)으로 사용할 수 있다.

2.6 참고사항

몇몇 저자들은 '사건'이란 용어 대신 '사상'을 사용하기도 한다. 사건은 집합의 개념을 이용하므로 사건들의 연산 또는 사건확률 산출을 위해 벤다이어그램(Venn diagram)을 활용할 수 있다. 참고문헌 [1]은 벤다이어그램을 이용하여 설명하였으며, 복원, 비복원추출 및 순열 조합에 대한 설명도 되어있다.

[1] 이용구, *통계학원론*, 율곡출판사, 1994

연습문제

2.1 식(2.3)을 증명하라.

2.2 식(2.4)를 증명하라.

2.3 세 사람이 각자 자기 주민등록증을 한 주머니에 넣고 섞은 다음 하나씩 무작위로 뽑는다고 한다. 세 사람 중 적어도 한명이 자기 주민등록증을 다시 뽑을 확률을 구하라.

2.4 주머니에 1에서 4까지의 숫자가 적힌 공이 있는데 무작위로 공 한 개를 택한다고 할 때 사건들을 다음과 같이 정의하자.

$$E = \{1,2\} \quad F = \{1,3\} \quad G = \{1,4\}$$

사건 E, F, G는 서로 독립인가?

2.5 어느 생산공정에 기계 3대(기계 1, 2, 3)가 있는데 각 기계가 한 달 동안에 고장날 사건은 서로 독립이며 기계 $i(i = 1,\ 2,\ 3)$가 고장날 확률은 각각 0.1, 0.15, 0.2이다. 이 생산공정은 하나의 기계만 고장이 나도 생산이 중단된다. 생산이 중단될 확률을 구하라.

2.6 앞면이 나올 확률이 p인 동전 하나가 있다. 이 p는 값을 모르는 파라미터이기 때문에 확률변수로 간주하고자 하는데 1/5, 2/5, 3/5, 4/5의 4개의 값 중 하나를 취한다. 즉, p의 사전확률분포가 다음과 같다고 하자.

$$P\{p = 1/5\} = P\{p = 21/5\} = P\{p = 3/5\} = P\{p = 4/5\} = 1/4$$

동전을 던져 앞면이 나올 사건을 H, 뒷면이 나올 사건을 T라 하자.

(a) 이 동전을 던져 앞면이 나올 확률을 구하라. 즉, $P\{H\} = ?$

(b) p가 1/2보다 큼을 알 때 앞면이 나올 확률을 구하라. 즉, $P\{H|p > 1/2\}$를 구하라.

(c) 동전을 한번 던져 앞면이 나온 경우 p에 대한 사후확률분포를 구하라.

즉, $P\{p=1/5|H\}$, $P\{p=2/5|H\}$, $P\{p=3/5|H\}$, $P\{p=4/5|H\}$

(d) 동전을 두 번째 던져 또 앞면이 나온 경우 p에 대한 사후확률분포를 (c)의 결과를 이용하여 구하라.

2.7 비행기가 행방불명 되었는데 세 장소(지역 1, 지역 2, 지역 3) 중 한 곳에 같은 확률로 추락하였다고 믿고 있다. 비행기가 실제로 지역 i에 추락하였는데 수색작업에서 발견하지 못할 확률이 $q_i(i=1, 2, 3)$라 한다. 지역 1을 수색하여 비행기를 발견하지 못하였다고 할 때 비행기가 실제로 지역 $i(i=1, 2, 3)$에 추락하였을 확률을 각각 구하라.

2.8 문제 2.7에서 지역 2에 대한 2차 수색에서도 비행기를 발견 못하였다고 할 때, 각 지역에 실제 추락하였을 확률을 구하라. 또한 $q_1=0.2$, $q_2=0.1$일 때 그 값들을 구하라.

2.9 갑이란 사람이 컵 3개(A, B, C라 하자)와 주사위 1개를 갖고 다음과 같은 게임을 한다고 한다. 컵을 엎고 주사위를 어느 한 컵에 감춘 다음 을이란 사람에게 어떤 컵에 주사위가 있겠는가를 물어 본다. 이때 이미 갑은 답을 알고 있다고 한다. 을이 한 컵을 택하였을 때 나머지 두 개 중 적어도 하나는 빈 컵이고 갑은 어떤 것이 빈 것인가를 알므로 하나의 빈 컵을 알려 준다면, 을의 입장에서 원래 택한 것을 고수하는 편이 유리하겠는가, 아니면 남은 컵에 주사위가 있다고 번복하는 편이 유리하겠는가를 설명하라.

2.10 어떤 자동차 보험회사에서는 사람을 사고를 잘 당하는 부류와 그렇지 않은 부류로 나눈다고 한다. 그리고 사고를 잘 당하는 부류가 전체의 30%를 차지한다고 추정하고 있다. 사고를 잘 당하는 부류에 속한 사람은 한 해에 어떤 사고를 당할 확률이 0.4이며, 사고를 잘 당하지 않는 부류에 속한 사람은 한 해에 어떤 사고를 당할 확률이 0.2라고 한다.

(a) 어떤 사람이 이 회사에 보험을 새로 가입하였을 때, 이 사람이 한 해에 사고를 당할 확률은?

(b) 이 사람이 한 해에 사고를 당했을 경우 사고를 잘 당하는 부류에 속할 확률이 0.3보다 크겠는가, 작겠는가? 계산없이 설명하라. 또한 실제로 그 조건부 확률을 구하라.

2.11 어느 공장의 품질검사원이 제품의 불량여부를 검사하는데 과거 기록을 볼 때 이 사람은

제품이 실제로 불량인 것을 양품으로 판정하는 비율이 1%이며, 양품을 불량으로 판정하는 비율은 2%이다. 이 공장은 0.5%의 불량 제품을 생산하고 있다. 이 검사원이 어떤 제품을 불량으로 판정하였을 경우 실제로 이 제품이 불량일 확률을 구하라.

2.12 세 개의 동일한 시스템 A, B, C가 있는데 이 중 임의로 한 개가 선택되어 갑이란 사람에게 공급되었다. 그러나 갑은 어떤 시스템인지는 알지 못한다고 한다(예를 들어 한 회사가 세 곳에 동일 제품을 생산하는 공장이 있을 때 임의의 공장 제품이 공급되었을 경우). 시스템 A, B, C를 각각 1개월 동안 사용한다고 할 때 고장이 나지 않을 확률이 각각 p_1, p_2, p_3이라고 한다.

(a) 갑이 공급된 시스템을 1개월 동안 사용하였는데 고장이 발생하지 않았다고 한다. 이 시스템이 A, B, C일 확률을 각각 구하라.

(b) 갑이 공급된 시스템을 다음 1개월을 또 사용하였는데 역시 고장이 발생하지 않았다고 한다. 이 경우 갑의 시스템이 A, B, C일 확률을 각각 구하라. 단, 어떤 시스템이 주어진 경우 1개월 단위로 고장이 발생하지 않을 사건은 서로 독립이라 한다.

2.13 세 개의 양의 정수 x, y, z가 짝수일 확률이 각각 0.6일 때,

(a) $x+y$가 짝수일 확률을 구하라.

(b) $x+y+z$가 짝수일 확률을 구하라.

(c) xyz가 짝수일 확률을 구하라.

2.14 실력이 똑같은 (각 경기에서 이길 확률이 50:50인) A, B 두 야구팀이 5전 3승으로 승부를 결정하는데 A 팀이 첫 경기에서 이겼을 때, A가 최종적으로 승리할 확률을 구하라.

2.15 갑은 두 개의 동전 A, B를 주머니에 갖고 있는데 동전 A의 앞면이 나올 확률이 1/2이고 동전 B의 앞면에 나올 확률은 1/4라고 한다. 두 개의 동전 중 임의로 한 개를 택하여 n번 던져 연속하여 앞면이 n번 나왔다고 할 때, 이 동전이 A일 확률을 $f_{(n)}$이라 하자.

(a) $f_{(n)}$의 점화식(recursive formula)을 유도하라. 즉, $f_{(n)}$과 $f_{(n-1)}$과의 관계를 구하라.

(b) $f_{(n)}$을 구하라.

2.16 어떤 기계의 고장원인은 A, B, C의 세 가지가 있으며 각 원인의 비율이 50%, 30%, 20%

로 알려져 있다. 어떤 고장진단시스템이 있는데 완벽하진 않아 실제 고장원인이 A일 때 A로 선언할 확률이 0.8, B와 C로 선언할 확률이 각각 0.1이며, 실제 고장원인이 B일 때 A, B, C로 선언할 확률이 각각 0.2, 0.7, 0.1이고, 실제 고장원인이 C일 때 A, B, C로 선언할 확률이 각각 0.2, 0.2, 0.6이라 한다. 어떤 고장에 대하여 이 고장진단 시스템이 원인 A로 선언할 경우 실제 고장원인이 A, B, C일 확률을 각각 구하라.

2.17 제조업체 P는 두 납품업체 A와 B로부터 부품을 공급받아 가공하여 제품을 생산한다(한 부품으로 한 제품 생산). 전체 제품의 75%는 A로부터 공급된 부품을 사용하며 나머지는 업체 B의 부품을 사용한다. 제품의 불량률은 업체 A의 부품을 사용할 경우 0.01, 업체 B의 부품을 사용할 경우 0.02로 알려져 있다. 임의의 한 제품을 검사할 때 불량품이라면 이 제품이 업체 A의 부품을 사용하였을 확률을 구하라.

03

확률변수와 확률분포

제2장에서는 확률의 기본개념과 사건에 관련된 확률을 구하는 방법을 설명하였다. 본 장에서는 확률변수의 개념과 종류, 그리고 확률변수의 분포형태와 이에 대한 기대치 및 분산에 대해 설명한다.

3.1 확률변수와 분포함수

확률변수는 표본공간의 각 원소에 숫자를 대응시켜 수학적으로 다루기 간편하도록 만든 함수이다. 이에 따라 사건에 대한 확률도 그 사건에 대응하는 확률변수에 대한 확률로 바꿀 수 있게 된다.

정의 3.1 확률변수(random variable)

확률 실험으로부터 나타난 결과에 실수를 할당한 함수를 확률변수라고 한다.

예 3-1

한 공장의 부품을 검사할 때 양호한 부품을 N, 결함이 있는 부품을 D라고 하면 세 개의 부품을 검사할 때 나올 수 있는 표본공간은 다음과 같다.

표본공간	→	확률변수
NNN		0
NND		1
NDN		1
DNN		1
NDD		2
DND		2
DDN		2
DDD		3

그리고 결함이 있는 부품의 수를 확률변수 X로 정의하면 표본공간의 각 원소는 앞에서와 같이 {0, 1, 2, 3} 중 하나의 실수값에 대응된다.

예 3-2

앞면이 나올 확률이 1/2로 동일한 동전 3개를 던진다고 할 때(또는 하나의 동전을 세번 던진다고 할 때) 확률변수 X를 앞면의 수라고 정의하자. 이때 확률변수 X가 취할 수 있는 값은 0, 1, 2, 3이며, 각각에 해당되는 확률은 다음과 같이 산출된다.

$$P\{X=0\}=P\{(\mathrm{T,T,T})\}=(1/2)(1/2)(1/2)=1/8$$
$$P\{X=1\}=P\{(\mathrm{H,T,T}),(\mathrm{T,H,T}),(\mathrm{T,T,H})\}=1/8+1/8+1/8=3/8$$
$$P\{X=2\}=P\{(\mathrm{H,H,T}),(\mathrm{H,T,H}),(\mathrm{T,H,H})\}=3/8$$
$$P\{X=3\}=P\{(\mathrm{H,H,H})\}=1/8$$

또한 $P\{X=0\}+P\{X=1\}+P\{X=2\}+P\{X=3\}=1$임을 알 수 있다.

예 3-3

전구의 수명을 관측하는 실험에서 전구가 1000시간 이상 켜있는 사건 E에 관심이 있다고 하자. 이와 관련된 확률변수는 다음과 같이 정의할 수 있다.

$$I=\begin{cases}1 \text{ 사건 } E\text{가 발생할 때} \\ 0 \text{ 그 밖의 경우}\end{cases}$$

이때 사건 E의 확률은 확률변수 I가 1일 확률과 같이 표현할 수 있다.

$$P(E)=P\{I=1\}$$

위와 같이 0과 1의 값을 갖는 확률변수 I를 지시(확률)변수(indicator variable)라 한다. 한편, [예 3-3]에서 전구의 수명을 확률변수 X라고 정의하면 사건 E의 확률은 다음과 같이 표현할 수 있다.

$$P(E)=P\{X\geq 1000\}$$

[예 3-2]에서와 같이 확률변수가 취할 수 있는 값 각각에 대하여 확률을 계산해 놓은 것이 확률분포의 개념이다. 이와 같이 확률변수의 각 값에 대한 확률이 주어지면 확률변수에 관련된 어떠한 사건에 대해서도 그 확률을 산출할 수 있다. 예를 들면 [예 3-2]의 확률변수 X에 대하여 X가 1이하일 사건에 대한 확률은 다음과 같이 표현되어 계산된다.

$$P\{X\leq 1\}=P\{X=0\}+P\{X=1\}=1/8+3/8=4/8$$

예 3-4

$P\{X=2\}=1/4$, $P\{X=4\}=1/2$, $P\{X=5\}=P\{X=9\}=1/8$

(1) $P\{2<X<6\}$을 구하라.

(2) $P\{X^2\leq 25\}$을 구하라.

풀이 (1) $P\{2<X<6\}=P\{X=4\}+P\{X=5\}=1/2+1/8=5/8$

(2) $P\{X^2\leq 25\}=P\{X=2\}+P\{X=4\}+P\{X=5\}=1/4+1/2+1/8=7/8$

그러나 어떤 전구의 수명을 확률변수 X로 정의할 때는 X가 이론적으로 0부터 ∞까지의 연속적인 값을 가지므로 확률 계산 방법이 달라지며 확률분포도 연속적인 함수로 정의되어야 할 것이다. 이때에는 X가 특정한 값을 취할 확률은 존재하지 않고 어떤 범위 내에 들 확률이 존재한다. 따라서 상수 a에 대하여 $P\{X < a\}$와 $P\{X \le a\}$는 같다.

확률변수는 취할 수 있는 값이 연속적(continuous)인가 이산적(discrete)인가에 따라 연속확률변수와 이산확률변수로 나눌 수 있다. 이산확률변수는 동전 던지기의 예에서 앞면이 나오는 수와 같이 유한하거나 셀 수 있는 값을 취하게 되는 경우의 확률변수이며, 이에 대한 분포를 이산확률분포라고 한다. 연속확률변수는 전구의 수명, 인장강도 등과 같이 연속적인 값을 나타내는 확률변수를 의미하며, 연속확률변수에 대한 분포를 연속확률분포라고 한다.

확률변수가 이산이든, 연속이든 누적분포함수(cumulative distribution function ; cdf 또는 distribution function;df)는 확률변수 X가 어떤 값 x보다 작거나 같을 확률로 정의되며 $F(x)$로 쓴다.

정의 3.2 **누적분포함수**

확률변수 X의 누적분포함수 $F(x)$는 모든 실수 에 대하여 다음과 같이 정의된다.

$$F(x) = P\{X \le x\}$$

누적분포함수의 성질

(1) $F(x)$는 x의 비감소(nondecreasing) 함수이다.

(2) $\lim_{x \to \infty} F(x) = F(\infty) = 1$

(3) $\lim_{x \to -\infty} F(x) = F(-\infty) = 0$

확률변수 X에 대한 누적분포함수 $F(x)$가 결정되면 X에 대한 모든 확률은 $F(x)$로 표현할 수 있다.

$$P\{a \le X \le b\} = P\{X \le b\} - P\{X \le a\} = F(b) - F(a) \tag{3.1}$$

예 3-5

어떤 부품의 수명 X에 대한 누적분포함수가 다음과 같다.

$$F(x) = \begin{cases} 1 - e^{-0.1x}, & x \ge 0 \\ 0, & x < 0 \end{cases}$$

이때 함수 $F(x)$는 누적분포함수의 성질을 만족하는 것을 알 수 있다. 수명이 10 이하일 확률은 다음과 같다.

$$P\{X \le 10\} = F(10) = 1 - e^{-1} = 0.632$$

또한 수명이 20 이상일 확률은 다음과 같다.

$$P\{X \ge 20\} = 1 - P\{X < 20\} = 1 - P\{X \le 20\} = 1 - F(20) = e^{-2} = 0.135$$

이산확률변수에 대한 누적분포함수는 [그림 3-1]에서 보는 바와 같이 비연속함수가 됨을 유의해야 한다. 이는 X가 어떤 값(b라 하자)을 가질 확률 $P\{X=b\}$가 0보다 큰 값을 갖는 경우가 있으므로 이 경우에는 $P\{X<b\}$와 $F(b)=P\{X \le b\}$가 다르기 때문이다.

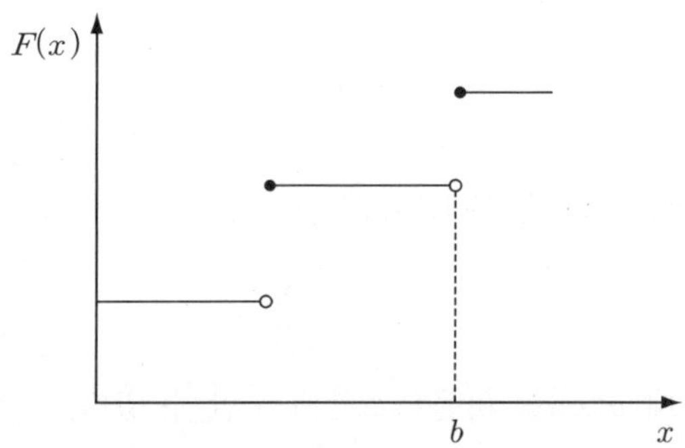

[그림 3-1] 이산확률변수의 누적분포함수

확률변수 X가 어떤 값 x보다 클 확률을 꼬리확률(tail probability)이라 한다. 즉, 꼬리확률과 분포함수간에는 다음 관계가 성립한다.

$$P\{X > x\} = 1 - F(x)$$

3.2 이산확률분포

이산확률변수에 대한 확률밀도함수와 누적분포함수에 대하여 알아본다.

정의 3.3 이산확률밀도함수

이산확률변수 X에 대하여 확률밀도함수(probability mass function; pmf) $p(x)$는 다음과 같이 정의된다.

$$p(x) = P\{X = x\}$$

이산확률변수 X에 대하여서는 연속확률변수의 경우와는 달리 특정한 값 x를 취할 확률값이 존재하며 이를 x의 함수로 나타낸 것이 확률밀도함수이다. 확률밀도함수를 영문으로는 이산확률변수의 경우에는 probability mass function(pmf), 연속확률변수의 경우에는 probability density function(pdf)으로 구분하여 표현하기도 하나, 본 저서에서는 편의상 두 경우 모두 '확률밀도함수'를 사용한다. 이산확률변수 X가 취할 수 있는 값을 x_1, x_2, ...라고 할 때 다음과 같은 성질을 가진다.

이산확률밀도함수의 성질

(1) $p(x) > 0 \qquad x = x_1, x_2, \dots$

$p(x) = 0 \quad x$가 다른 값을 가질 때

(2) $\sum_{i=1}^{\infty} p(x_i) = 1$

(3) X의 누적분포함수 $F(x)$는 다음과 같다.

$$F(x) = \sum_{x_i \le x} p(x_i) \tag{3.2}$$

(4) $F(x)$가 주어질 때 $p(x_i)$를 다음으로부터 구할 수 있다.

$p(x_i) = F(x_i) - F(x_{i-1}),\ x_{i-1} < x_i$

예 3-6

이산확률변수 X는 1, 2.5, 4의 값을 갖고, 다음과 같은 확률분포(확률밀도함수)를 가진다.

x	1	2.5	4	계
$p(x)$	1/2	1/3	1/6	1

X의 확률밀도함수를 그래프로 나타내면 다음과 같다.

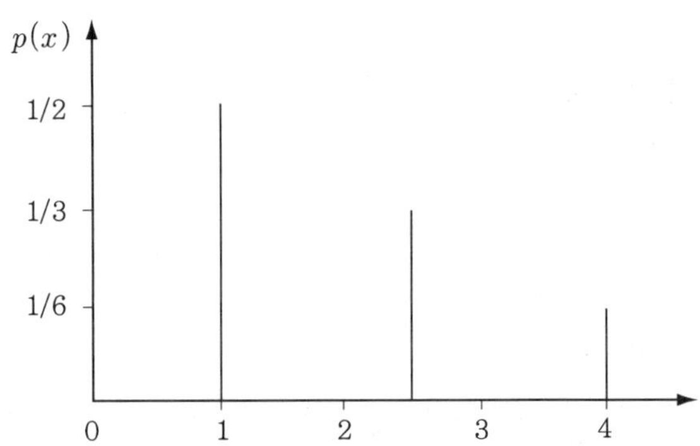

[그림 3-2] 이산확률변수 X의 확률밀도함수(예 3-6)

또한 X에 대한 누적분포함수를 구하면 다음과 같으며 이를 그림으로 나타내면 [그림 3-3]과 같다.

$$F(x) = \begin{cases} 0, & x < 1 \\ 1/2, & 1 \le x < 2.5 \\ 5/6, & 2.5 \le x < 4 \\ 1, & x \ge 4 \end{cases}$$

위에서 $2.5 \le x < 4$일 때 $F(x)$값은 식(3.2)에 의해 아래와 같이 산출된 것이다.

$$p(1) + p(2.5) = 1/2 + 1/3 = 5/6$$

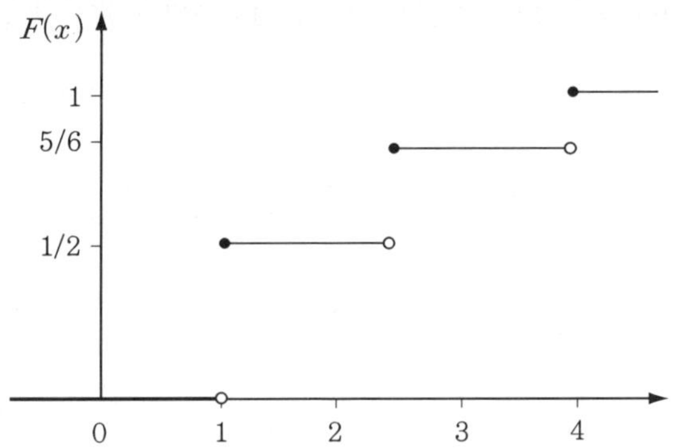

[그림 3-3] 이산확률변수 X의 누적분포함수(예 3-6)

3.3 연속확률분포

연속확률분포는 앞에서 언급한 바와 같이 확률변수가 연속적인 값을 취하는 경우의 분포이다. 연속확률변수에 대한 확률밀도함수와 누적분포함수에 대하여 알아본다.

정의 3.4 연속확률밀도함수

구간 A에 있는 모든 실수 x에 대한 함수 $f(x)$에 대하여 다음이 성립할 때 $f(x)$를 연속확률변수 X의 확률밀도함수(probability density function; pdf)라 한다.

$$P\{X \in A\} = \int_A f(x)dx$$

즉 연속확률밀도함수는 이산확률밀도함수와는 달리 X가 취하는 모든 값에 대하여 표로 나타낼 수 없는 연속함수이며, 어떤 구간에 대하여 적분하면 X가 그 구간에 있을 확률이 산출된다. 연속확률분포함수의 성질은 다음과 같다.

연속확률분포함수의 성질

(1) $\int_{-\infty}^{\infty} f(x)dx = P\{X \in (-\infty, \infty)\} = 1$

(2) X가 구간 $(a,\ b)$에 속할 확률은 [그림 3-4]에서 보는 바와 같이 이 구간에 대한 $f(x)$의 면적이며 다음 식으로 산출된다.

$$P\{a \le X \le b\} = P\{a < X < b\} = \int_a^b f(x)dx \tag{3.3}$$

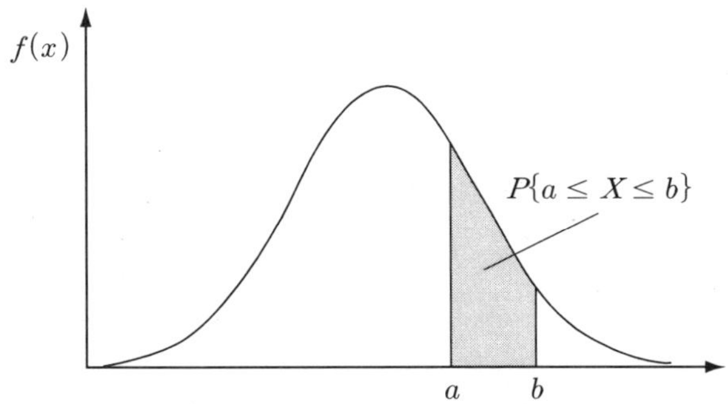

[그림 3-4] 확률밀도함수와 구간의 확률

(3) 누적분포함수 $F(x)$는 $f(x)$를 $-\infty$에서 x까지 적분하여 산출된다.

$$F(x) = P\{X \in (-\infty, x]\} = \int_{-\infty}^{x} f(t)dt \tag{3.4}$$

(4) $F(x)$가 주어졌을 때는 이를 x로 미분함으로써 확률밀도함수를 구할 수 있다.

$$f(x) = \frac{d}{dx}F(x) \tag{3.5}$$

예 3-7

어떤 설비의 고장까지의 시간을 나타내는 확률변수 X에 대한 확률밀도함수가 다음과 같은 형태를 갖는다고 한다.

$$f(x) = ce^{-0.05x} \quad x \geq 0$$

(a) $f(x)$가 확률밀도함수가 되기 위한 상수 c의 값을 구하라.

(b) X의 확률분포함수를 구하라.

(c) 이 설비가 50일까지 고장나지 않을 확률을 구하라.

풀이

(a) $f(x)$가 확률밀도함수이려면 $\int_0^{\infty} f(t)dt = \frac{c}{0.05} = 1$ 이어야 한다. 따라서 $c = 0.05$ 이다.

(b) [그림 3-5]에서 보듯이 확률분포함수 $F(x)$는 확률밀도함수를 $-\infty$ 에서 x까지 적분함으로써 구해질 수 있다. 따라서 $F(x) = \int_0^x f(t)dt = 1 - e^{-0.05x}$.

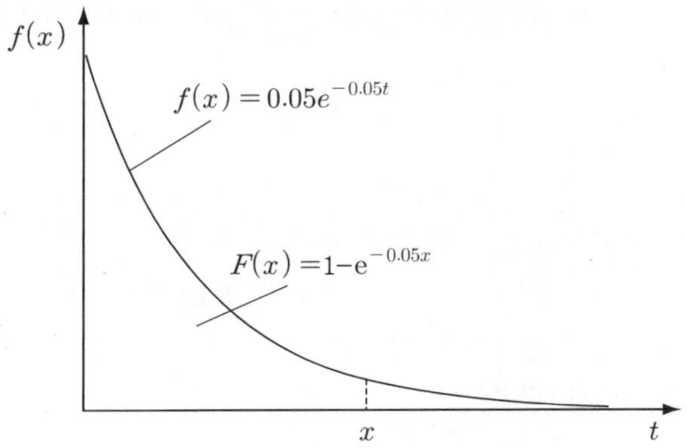

[그림 3-5] 확률밀도함수와 확률분포함수(예 3-7)

(c) X가 50 이상일 확률이므로 $1 - F(50) = e^{-2.5} = 0.082$

3.4 확률변수의 기대치

표본데이터가 있을 때 데이터의 중심척도로서 표본평균 $\overline{X}$, 산포의 척도로서 표본분산 s^2을 산출하듯이 확률변수에 대하여서도 중심척도와 산포척도를 고려하는 것이 유용하다. 기대치가 확률변수의 중심척도로 사용되며 분산이 산포의 척도로 사용된다. 분산은 결국 기대치로 표현되므로 기대치에 대하여 우선 알아보자.

정의 3.5 기대치(expected value)

(1) 확률밀도함수 $p(x)$를 갖는 이산확률변수 X의 기대치는 다음과 같다.

$$E[X] = \sum_x xp(x)$$

(2) 확률밀도함수 $f(x)$를 갖는 연속확률변수 X의 기대치는 다음과 같다.

$$E[X] = \int_{-\infty}^{\infty} xf(x)dx$$

이산확률변수의 경우 기대치는 확률변수가 취할 수 있는 값들의 가중평균이라 할 수 있는데, 이때 가중치는 확률변수가 취하는 값에 대한 확률이다. '기대치'라는 용어는 '평균'이라는 용어와 혼용하여 사용한다.

예 3-8

일정한 면적을 가진 전자부품에 포함된 결점수를 확률변수 X라 할 때 다음과 같은 확률밀도함수를 가진다.

x	0	1	2	3	4
$p(x)$	.41	.37	.16	.05	.01

이때 제품당 결점수의 기대치는 다음과 같이 구할 수 있다.

$$E[X] = 0(0.41) + 1(0.37) + 2(0.16) + 3(0.05) + 4(0.01) = 0.88$$

즉 위와 같은 확률분포를 갖는 임의의 전자제품 결점수는 0에서 4 사이의 값을 가질 수 있지만 평균적으로 0.88이라는 의미이다.

예 3-9

어느 회사 주식에 투자한 투자자가 한 해에 한 주당 4,000원의 수익을 얻을 확률이 0.3이며 1,000원의 손실이 있을 확률이 0.7이다. 이 투자자의 한 주당 기대수익은 다음과 같다.

$$E[X] = 0.3(4{,}000) + 0.7(-1{,}000) = 1{,}200 - 700 = 500(\text{원})$$

예 3-10

어느 공장의 냉각수에 의한 파이프 부식도는 0에서 1 사이의 값으로 측정되는데 사용환경에 따라 매우 달라 확률변수 X로 취급되며 다음과 같은 확률밀도함수를 가진다.

$$f(x) = \begin{cases} 2(1-x), & 0 < x < 1 \\ 0 & \text{그밖의 값} \end{cases}$$

파이프 부식도의 기대치를 구하면 다음과 같다.

$$E[X] = \int_0^1 xf(x)dx = \int_0^1 2(x - x^2)dx = [x^2 - \frac{2}{3}x^3]_0^1 = \frac{1}{3}$$

확률변수 X의 함수에 대한 기대치도 구할 수 있는데 가장 간단한 1차 함수에 대하여 다음 결과가 성립한다.

정리 3.1

확률변수 X와 상수 a, b에 대하여 다음이 성립한다.

$$E[aX+b]=aE[X]+b$$

확률변수 X의 함수 $g(X)$도 하나의 확률변수이며 이에 대한 기대치는 다음과 같이 구해진다.

정리 3.2

확률변수 X의 함수 $g(X)$에 대하여 다음이 성립한다.

$$E[g(X)]=\begin{cases}\int_{-\infty}^{\infty} g(x)f(x)dx & X\text{가 연속확률변수일 때} \\ \sum_x g(x)p(x) & X\text{가 이산확률변수일 때}\end{cases}$$

예 3-11

길이가 10에서 20 사이의 임의의 값을 갖는 철사가 있는데 이의 확률밀도함수는 다음과 같다.

$$f(x)=\frac{1}{10},\ 10\le x\le 20$$

임의로 철사를 하나 골라 정사각형을 만들 때 면적의 기대치를 구하라.

풀이 길이 X인 철사로 정사각형을 만들 때 한 변의 길이는 $X/4$이므로 면적은 $X^2/16$이다. 따라서

$$\text{면적기대치}=E[\frac{X^2}{16}]=\frac{1}{16}E[X^2]=\frac{1}{16}\int_{10}^{20}x^2\frac{1}{10}dx=14.58$$

철사의 평균 길이가 15이므로 이에 대한 정사각형 한 변의 길이는 3.75이고 따라서 정사각형 면적은 $(3.75)^2=14.06$이라고 답할 우려가 있으나 이는 옳은 방법이 아니다.

확률변수가 여러 개 있을 때 이들 확률변수의 합에 대한 기대치는 각 확률변수의 기대치의 합과 같다.

정리 3.3

X_1, X_2, .., X_n에 대하여 다음이 성립한다.

$$E[X_1+X_2+\ldots+X_n]=E[X_1]+E[X_2]+\ldots+E[X_n]$$

3.5 확률변수의 분산

앞에서 언급하였듯이 분산은 확률변수의 산포에 대한 척도인데 확률변수가 취할 값과 기대치와의 차이를 제곱한 양이 평균적으로 얼마인가를 나타낸다. 다음과 같은 예를 살펴 보자. 어떤 부품의 직경에 대한 생산공정의 목표치는 10(mm)인데 실제로 다음과 같이 5종류의 직경을 가진 부품이 생산되며 각 직경에 대한 확률은 주어진 바와 같다.

직경	9	9.5	10	10.5	11
확률	0.05	0.25	0.4	0.25	0.05

이때 한 부품 직경의 기대치, 즉 평균 직경은 10으로 목표치와 일치함을 알 수 있다. 생산되는 부품의 실제 직경이 목표치와 차이가 남에 따라 그 차이의 제곱으로 비용이 발생한다고 하자. 만약 10.5짜리가 생산되었다면 $(10.5-10)^2 = 0.25$의 비용이 발생한다. 이런 경우 임의의 부품이 하나 생산될 때 이에 대한 기대비용은 다음과 같이 각 직경에 대한 비용과 그 직경이 나올 확률을 곱하여 산출될 수 있다.

$$\text{기대비용} = (9-10)^2 0.05 + (9.5-10)^2 0.25 + (10.5-10)^2 0.25 + (11-10)^2 0.05 = 0.225$$

이 기대비용이 바로 분산의 개념이라 할 수 있다.

정의 3.6 확률변수의 분산(variance)

확률변수 X의 분산은 평균과의 편차의 제곱에 대한 기대치이다.

$$Var[X] = E[(X - E[X])^2]$$

위의 식은 [정리 3.1]과 [정리 3.3]을 적절히 사용하여 다음과 같이 좀더 간단하게 표현될 수 있다.

$$\begin{aligned} Var[X] &= E[X^2 - 2XE[X] + (E[X])^2] \\ &= E[X^2] - 2E[XE[X]] + (E[X])^2 \\ &= E[X^2] - (E[X])^2 \end{aligned}$$

정의 3.7 표준편차(standard deviation)

확률변수 X의 표준편차는 분산의 제곱근으로 정의된다.

$$\sigma_X = \sqrt{Var[X]}$$

분산 또는 표준편차를 구해봄으로써 어떤 확률변수의 분포가 평균을 중심으로 퍼져 있는 정도를 짐작할 수 있다.

예 3-12

[예 3-11]에서 철사의 길이를 확률변수 X라 할 때 이의 분산과 표준편차를 구해보자. 이를 위해 우선 X^2의 기대치를 다음과 같이 구한다.

$$E[X^2] = \int_{10}^{20} x^2 f(x)dx = \frac{1}{10}\int_{10}^{20} x^2 dx = 233.33$$

그러므로 분산은 $Var[X] = E[X^2] - (E[X])^2 = 233.33 - (15)^2 = 8.33$이고, 표준편차는 아래와 같다.

$$\sigma_X = \sqrt{Var[X]} = \sqrt{8.33} = 2.886$$

확률변수 X의 간단한 일차식에 대하여 다음이 성립한다.

정리 3.4

확률변수 X와 상수 a, b에 대하여 다음이 성립한다.

$$Var[aX+b] = a^2 Var[X]$$

위에서와 같이 X의 a배에 대한 분산은 X의 분산의 a^2배가 되며, 상수가 추가되어도 분산에는 변함없다는 것에 유의해야 한다.

정의 3.8 확률변수의 독립

확률변수 X에 의해 정의되는 임의의 사건과 확률변수 Y에 의해 정의되는 임의의 사건이 서로 독립이면 확률변수 X와 Y는 서로 독립이다.

예 3-13

두 개의 주사위를 던져서 나오는 눈을 각각 확률변수 X, Y라 하면 X와 Y는 서로 독립이다. 왜냐하면, 각 주사위를 던져서 나오는 두 개의 사건은 서로 독립이기 때문이다.

확률변수 X, Y가 서로 독립이면 다음의 식이 성립한다.

정리 3.5

서로 독립인 확률변수 X, Y에 대해서 $Var[X+Y] = Var[X] + Var[Y]$.

예 3-14

부품 A와 부품 B가 있는데 각각의 길이가 서로 독립인 확률변수로 간주된다. 부품 A의 길이 X는 평균 5, 표준편차 0.1을 가지며 부품 B의 길이 Y는 평균 10, 표준편차 0.2를 가진다. 두 부품을 길이 방향으로 연결하여 제품을 만든다고 할 때, 이 제품 길이의 평균과 표준편차를 구하라.

풀이 평균 : $E[X+Y]=E[X]+E[Y]=5+10=15$

분산 : $Var[X+Y]=Var[X]+Var[Y]=(0.1)^2+(0.2)^2=0.05$

표준편차 : $\sigma_{X+Y}=\sqrt{Var[X+Y]}=\sqrt{0.05}=0.224$

유의할 점은 이 제품의 표준편차가 두 부품의 표준편차를 합한 것이 아니라는 점이다.

확률변수 X, Y가 독립이 아니면 $X+Y$의 분산을 구할 때 X와 Y의 관계를 고려하여야 하는데 공분산이 그 것이다. X와 Y의 공분산은 다음과 같이 정의되는데 이에 대한 자세한 사항은 제7장에서 다루기로 한다.

정의 3.9 공분산(covariance)

확률변수 X와 Y의 공분산은 다음과 같이 정의된다.

$$Cov[X,Y]=E[(X-E[X])(Y-E[Y])]=E[XY]-E[X]E[Y]$$

위에서 $E[XY]$를 구하기 위해서는 X와 Y의 결합확률밀도함수(joint probability density function)를 고려하여야 하는데 본 저서에서는 다루지 않는다.

정리 3.6

확률변수 X와 Y에 대하여 다음이 성립한다.

$$Var[X+Y]=Var[X]+Var[Y]+2Cov[X,Y]$$

X와 Y가 독립이면 다음이 성립하면

$$E[XY]=E[X]E[Y]$$

공분산 $Cov[X,Y]$은 0이 되어 [정리 3.6]의 식이 [정리 3.5]와 동일한 형태가 됨을 알 수 있다.

3.6 주요 확률분포

3.6.1 이항분포(Binomial Distribution)

이항분포를 설명하기 전에 우선 베르누이시행과 베르누이분포에 대하여 언급하고자 한다. 각 시행이 독립적이고 시행의 결과가 성공 또는 실패의 두 가지 중 어느 한 가지로 나타나며 매 시행의 성공확률이 일정한 상수 p일 때, 그 시행을 베르누이시행(또는 독립시행)이라고 한다. 이는 동전 던지기에서 앞면/뒷면, 제품검사에서 양품/불량품 등과 같이 실제 상황에서 많이 적용된다. 베르누이분포는 베르누이(James Bernoulli)에 의하여 소개된 것으로 확률변수 X를 다음과 같이 정의할 경우의 확률분포를 일컫는다.

$$X = \begin{cases} 1 \text{ 성공일 때} \\ 0 \text{ 실패일 때} \end{cases}$$

확률변수 X에 대한 확률밀도함수는 다음과 같이 표현된다.

$$p(1) = P\{X = 1\} = p$$
$$p(0) = P\{X = 0\} = 1 - p$$

이를 하나의 식으로 표현하면 다음과 같다.

$$p(x) = p^x (1-p)^{1-x}, \quad x = 0, 1$$

여기서 볼 수 있듯이 베르누이분포의 모수(parameter)는 p이며, $0 \le p \le 1$이다. 확률변수 X가 위와 같은 확률밀도함수를 가질 때 X가 모수 p를 갖는 베르누이분포를 따른다고 말한다.

앞면의 확률이 p인 동전 1개를 n번 던질 경우 앞면이 나오는 수를 Y라 하자. 이는 n번의 베르누이 시행을 의미하며 한번 시행에서 앞면이 나오는 수가 베르누이 확률변수이므로 n번 시행에서의 앞면의 수 Y는 서로 독립인 베르누이 확률변수 n개를 합한 것이다. 이때 확률변수 Y는 이항분포를 따른다고 말하는데 Y가 취하는 값에 대한 확률을 구하여 보자. 확률변수 Y는 0, 1, ..., n의 값을 가질 수 있는데, 우선 $Y = 0$ 이 되기 위해서는 동전 n번을 던질 때 매번 뒷면이 나와야 하므로 그 확률은 다음과 같다.

$$P\{Y = 0\} = (1-p)^n$$

또한 $Y=1$이 되기 위해서는 n번 중 1번만 앞면이 나오고 나머지 $(n-1)$번은 뒷면이 나와야 하고 이런 경우의 수가 n개 중 하나를 뽑는 경우의 수, 즉 n번 만큼 있으므로 $Y=1$이 될 확률은 다음과 같다.

$$P\{Y=1\}=\binom{n}{1}p(1-p)^{n-1}=np(1-p)^{n-1}$$

위에서 $\binom{n}{1}$은 n개에서 하나를 뽑는 조합수를 나타내는데 일반적으로 $\binom{n}{i}$는 n개 중에서 i개를 뽑는 조합수를 나타내며 다음과 같이 계산된다.

$$\binom{n}{i}=\frac{n!}{i!(n-i)!}\ ,\ i=0,\ 1,\ \ldots,\ n$$

위와 같이 생각할 때 $Y=i$가 될 확률은 n개 중 i번이 앞면, 나머지 $(n-i)$번은 뒷면이 나올 확률이므로 다음과 같다.

$$P\{Y=i\}=\binom{n}{i}p^i(1-p)^{n-i},\ i=0,\ 1,\ \ldots,\ n \qquad (3.6)$$

정의 3.10 이항분포

성공확률이 p인 베르누이시행을 n회 반복할 때 성공의 횟수를 Y로 나타내면 Y는 이항분포 Bin$(n,\ p)$를 따른다고 하며 확률밀도함수는 다음과 같다.

$$p(x)=P\{Y=x\}=\binom{n}{x}p^x(1-p)^{n-x},\ x=0,\ 1,\ \ldots,\ n$$

예 3-15

어느 제어기에는 PCB기판 5장이 있는데 각 기판이 독립적으로 작동되며 고장을 일으킨다. 하나의 PCB기판이 한달내에 고장없이 작동할 확률이 동일하게 $p=0.9$라 할 때 고장없이 작동하는 기판수를 확률변수 X라고 하면 X는 Bin(5, 0.9) 분포를 따른다. 따라서 X의 확률밀도함수는 [그림 3-6]과 같다. 한편, 한달 내에 고장을 일으키는 기판수를 Y라고 하면 Y는 Bin(5, 0.1) 분포를 따른다고 할 수 있다. 예를 들어 $X=4$일 확률은 $Y=1$일 확률과 같으며 다음과 같이 구해진다.

$$P\{X=4\}=\binom{5}{4}(0.9)^4(0.1)^1=0.32805$$

$$P\{Y=1\}=\binom{5}{1}(0.1)^1(0.9)^4=0.32805$$

이항분포는 모수 n, p가 취하는 값에 의해 결정되며 이항확률변수의 평균과 분산은 다음과 같다.

정리 3.7

이항분포 Bin(n, p)를 따르는 확률변수 X의 평균과 분산은 다음과 같다.

$$X = np,\quad Var[X] = np(1-p)$$

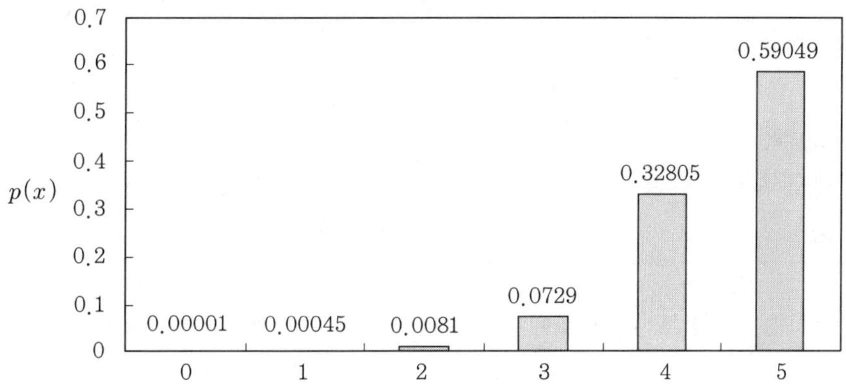

[그림 3-6] 이항분포 Bin(5, 0.9)의 확률밀도함수

예 3-16

앞면의 확률이 0.5인 동전을 100번 던질 경우 나올 앞면의 수 X의 기대치와 표준편차를 구하라.

풀이 $E[X] = 100(0.5) = 50$이고 $Var[X] = 100(0.5)(0.5) = 25$이다.
따라서 표준편차는 $\sigma_X = \sqrt{25} = 5$이다.

3.6.2 포아송분포(Poisson Distribution)

포아송분포는 어떤 정해진 시간 동안 또는 주어진 면적에서 발생하는 사건의 수에 대한 분포로 많이 사용되는데, 예를 들면 다음과 같다.

- 어떤 공장에서 매달 발생하는 안전사고 건수
- 출고되는 자동차의 도색 결함 수
- 타이핑한 원고에서의 오타 수
- 시간당 약국 방문 고객 수
- 연간 아파트 엘리베이터의 고장 수

위의 예에서 볼 수 있는 특징은 작은 시간 간격 또는 공간 구간에서 사건이 발생할 확률이 매우 작다는 것이다. 예를 들어, 엘리베이터 고장의 경우 어느 하루동안 엘리베이터가 고장 날 확률은 매우 작을 것이다.

정의 3.11 포아송분포

확률변수 X의 확률밀도함수가 다음과 같을 때 X가 포아송분포 $Poi(\lambda)$를 따른다고 한다.

$$p(x) = P\{X = x\} = \frac{\lambda^x e^{-\lambda}}{x!},\ x = 0,\ 1,\ 2,\ \ldots,\ \lambda > 0$$

정리 3.8

확률변수 X가 포아송분포 $Poi(\lambda)$를 따른다면 X의 기대치와 분산은 다음과 같다.

$$E[X] = \lambda,\ \ Var[X] = \lambda$$

즉, [정의 3.11]의 포아송분포에서의 파라미터 λ는 기대치 또는 분산을 의미한다.

예 3-17

어느 공장에서의 한달 간 안전사고 수는 평균 3건의 포아송분포를 따른다고 한다. 안전사고 수가 0일 확률과 5일 확률을 각각 구하라.

풀이 한달 간의 안전사고 수를 X라고 하면 구하고자 하는 확률은 각각 다음과 같다.

$$P\{X = 0\} = e^{-3} = 0.0498$$

$$P\{X = 5\} = \frac{3^5 e^{-3}}{5!} = 0.1008$$

포아송분포와 이항분포와의 관계

이항분포의 시행횟수 n이 매우 크고 p가 매우 작은 경우 이항분포의 확률밀도함수는 포아송분포의 확률밀도함수로 접근한다.

$$\binom{n}{x} p^x (1-p)^{n-x} \ \rightarrow\ \frac{\lambda^x e^{-\lambda}}{x!} \ \text{ 단, } \lambda = np$$

$$n \rightarrow \infty,\ p \rightarrow 0$$

일반적으로 $n \geq 100$, $p \leq 0.01$, $p \leq 0.01$, $np \leq 20$일 때 이 관계는 적용된다. 〈표 3-1〉은 기대치가 1인 이항분포와 포아송분포에서 취할 수 있는 값에 대한 확률을 계산한 것이다.

〈표 3-1〉 이항분포와 포아송분포의 확률간 비교

x	이항분포		포아송분포
	Bin(20, 0.05)	Bin(100, 0.01)	$Poi(1)$
0	.358	.366	.368
1	.378	.370	.368
2	.189	.185	.184
3	.059	.061	.061
4	.013	.015	.015
5	.003	.003	.003
6	.000	.000	.001

〈표 3-1〉에서 이항분포 Bin(20, 0.05)보다는 Bin(100, 0.01)인 경우가 $\lambda = 1$인 포아송분포에 근접함을 알 수 있다.

예 3-18

어느 공장에 PCB기판이 총 8,000매가 설치되어 있는데 기판 1매가 고장을 일으킬 확률이 서로 독립으로 0.001로 알려져 있다. 어느 한달 동안 고장을 일으키는 PCB기판수가 6매 이하일 확률을 구하라.

풀이 한 달 동안 고장을 일으키는 PCB기판수를 X라 하면 이는 Bin(8,000, 0.001) 분포를 따른다. X는 다시 평균이 (8,000)(0.001)=8인 포아송분포로 근사되므로 다음과 같이 원하는 확률을 구할 수 있다.

$$P\{X \leq 6\} = \sum_{x=0}^{6} \binom{8000}{x} (0.001)^x (0.999)^{8000-x}$$

$$\approx \sum_{x=0}^{6} \frac{8^x e^{-8}}{x!} = 0.3134$$

3.6.3 균일분포(Uniform Distribution)

균일분포는 연속확률변수의 분포로서 [그림 3-7]에서와 같이 확률변수가 정의되는 구간 (a, b)에서 확률밀도함수의 값이 일정한 확률분포로 정의된다.

정의 3.12 균일분포

확률변수 X가 a와 b 사이의 값을 가지며 다음과 같은 확률밀도함수를 가질 때 X를 균일분포 Uni(a, b)를 따른다고 한다.

$$f(x) = \frac{1}{b-a}, \quad a < x < b$$

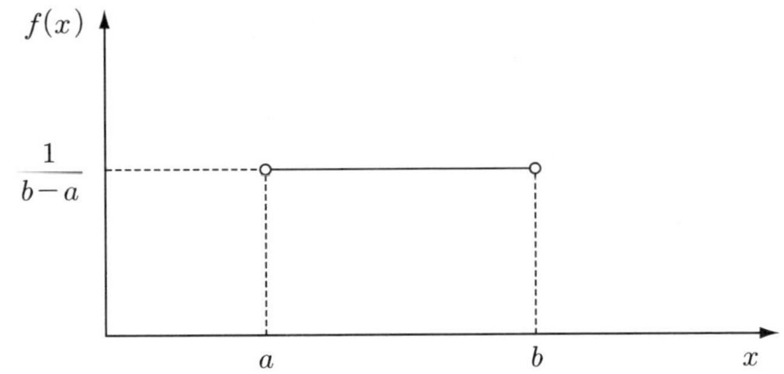

[그림 3-7] 균일분포의 확률밀도함수

균일분포 Uni(a, b)의 누적분포함수 $F(x)$는 다음과 같다.

$$F(x)\begin{cases} 0, & x \le a \\ \dfrac{x-a}{b-a}, & a < x < b \\ 1, & x \ge b \end{cases} \tag{3.7}$$

예 3-19

어떤 기계의 수명은 10년과 20년 사이의 균일분포를 따른다고 한다. 이 기계가 17년 이상의 수명을 가질 확률은 얼마인가?

풀이 확률변수 X를 기계의 수명이라 하면 확률밀도함수가 $f(x)=1/10$이므로 구하려는 확률은 다음과 같다.

$$P\{X \ge 17\} = \int_{17}^{20} \frac{1}{10} dx = \frac{1}{10}(20-17) = 0.3$$

한편, $P\{X \ge 17\} = 1 - F(17)$이며 식(3.7)에 의해 $F(17) = \dfrac{7}{10}$이므로 $P\{X \ge 17\} = 0.3$으로 구할 수도 있다.

난수는 0에서 1사이의 임의의 수이므로 균일분포 Uni(0, 1)을 따른다고 볼 수 있다. Uni(0, 1) 분포를 따르는 확률변수 U의 누적분포함수는 식(3.7)로부터 다음과 같이 간단히 표현된다.

$$F(x) = P\{U \le x\} = x, \ 0 \le x \le 1$$

정리 3.9

균일분포 Uni(a, b)를 따르는 확률변수 X의 기대치와 분산은 다음과 같다.

$$E[X] = \frac{a+b}{2}$$

$$Var[X] = \frac{(b-a)^2}{12}$$

정리 3.10

균일분포 Uni(a, b)를 따르는 확률변수 X는 다음과 같이 균일분포 Uni(0, 1)을 따르는 확률변수 U로 표현된다.

$$X = a + (b - a)U$$

3.6.4 지수분포(Exponential Distribution)

지수분포는 확률밀도함수가 단조감소함수로서 신뢰성분석에서 수명분포로 많이 사용되고, 또한 작업 및 고객의 대기시간, 도착시간 등과 관련한 확률분포로도 사용된다.

정의 3.13 지수분포

연속형 확률변수 X의 확률밀도함수가

$$f(x) = \lambda e^{-\lambda x}, \quad x \geq 0$$

과 같이 주어질 때, X는 모수 λ를 갖는 지수분포 Exp(λ)를 따른다고 한다.

정리 3.11

지수분포 Exp(λ)를 따르는 확률변수 X의 기대치와 분산은 다음과 같다.

$$E[X] = \frac{1}{\lambda}$$

$$Var[X] = \frac{1}{\lambda^2}$$

즉, [정의 3.13]에서와 같이 정의된 지수분포에서 λ는 평균의 역수임을 알 수 있다.

예 3-20

어떤 컴퓨터가 고장나기까지의 시간(년)을 나타내는 확률변수를 T라고 하자. T의 평균이 5라 하면 지수분포의 파라미터인 λ는 1/5이다. 이 컴퓨터가 8년이 지난 후에도 작동할 확률을 구하여 보자.

$$P\{T > 8\} = \frac{1}{5}\int_8^\infty e^{-t/5}dt = e^{-8/5} = 0.202$$

위 확률 0.202를 시간 8에서 컴퓨터의 신뢰도(reliability)라고 한다. 이 경우 컴퓨터 수명의 확률분포는 [그림 3-8]과 같다.

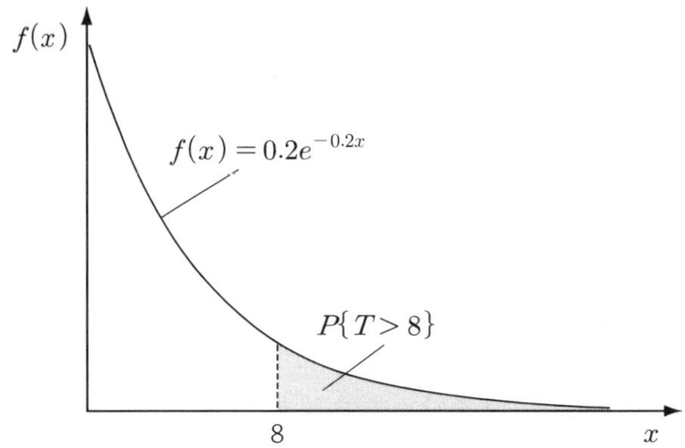

[그림 3-8] 컴퓨터의 수명분포

지수분포 $\mathrm{Exp}(\lambda)$를 따르는 확률변수 X의 누적분포함수는 다음과 같다.

$$F(x)=1-e^{-\lambda x},\quad x\geq 0$$

지수분포의 가장 중요한 성질은 무기억성(memoryless property)이다. 이를 정리하면 다음과 같다.

정리 3.12

지수분포는 무기억성을 갖는 유일한 연속확률분포이다. 즉 지수분포를 따르는 확률변수 X는 다음을 만족한다.

$$P\{X>s+t|X>s\}=P\{X>t\}$$

모든 s, t에 대해 [정리 3.12]에 의하면 어떤 부품의 수명이 지수분포를 따른다고 가정하는 것은 이 부품이 s시간 동안 작동한다고 할 때 추가로 t시간 이상을 더 작동할 확률은 이와 동일한 새 부품이 t시간 이상을 작동할 확률과 같다는 것이다. 즉 이 부품은 노후가 되지 않는다는 가정을 할 수 있다. 따라서 이러한 부품을 예방차원에서 고장나기 이전에 미리 교체할 필요가 없다는 것이다. 아무리 오래 사용했다 하더라도 작동하고 있으면 앞으로의 수명은 새로운 부품으로 교체한 경우와 동일하기 때문이다.

예를 들어 어떤 설비의 고장까지 시간이 평균 7일의 지수분포를 따른다고 하자. 이 설비가 6일째까지 고장이 나지 않을 때 이 시점부터 고장까지 시간의 기대치는 무기억성에 의해 7일이다.

3.6.5 정규분포(Normal Distribution)

정규분포는 평균을 중심으로 대칭을 이루는 종모양의 연속확률분포이다.

정의 3.14 정규분포

확률변수 X의 확률밀도함수가 다음과 같이 주어질 때 X는 정규분포 $N(\mu,\ \sigma^2)$을 따른다고 한다.

$$f(x) = \frac{1}{\sqrt{2\pi}\sigma} e^{-\frac{(x-\mu)^2}{2\sigma^2}}, \quad -\infty < x < \infty$$

X가 평균 μ와 분산 σ^2을 가지는 정규분포를 따른다고 하면 $X \sim N(\mu,\ \sigma^2)$으로 표기한다. 정규분포의 모양은 평균 μ와 표준편차 σ에 의하여 결정되는데, [그림 3-9]에서와 같이 μ로부터 $\pm\sigma$의 구간은 0.683, 또 μ로부터 $\pm 2\sigma$의 구간은 0.954, 그리고 μ로부터 $\pm 3\sigma$의 구간은 0.997의 확률을 갖는다. 예를 들면, 코일의 인장강도가 평균 60, 표준편차 2인 정규분포를 따른다고 할 때, 여러 코일의 인장강도를 측정하면(측정오차는 무시) 약 95%가 $60\pm 2\sigma$, 즉 56과 64 사이의 값을 가지며 $60\pm 3\sigma$를 벗어나는 값, 즉 54 이하이거나 66 이상인 값을 갖는 경우는 거의 없다는 것이다(벗어나는 경우는 1000개 중 3개 꼴이다).

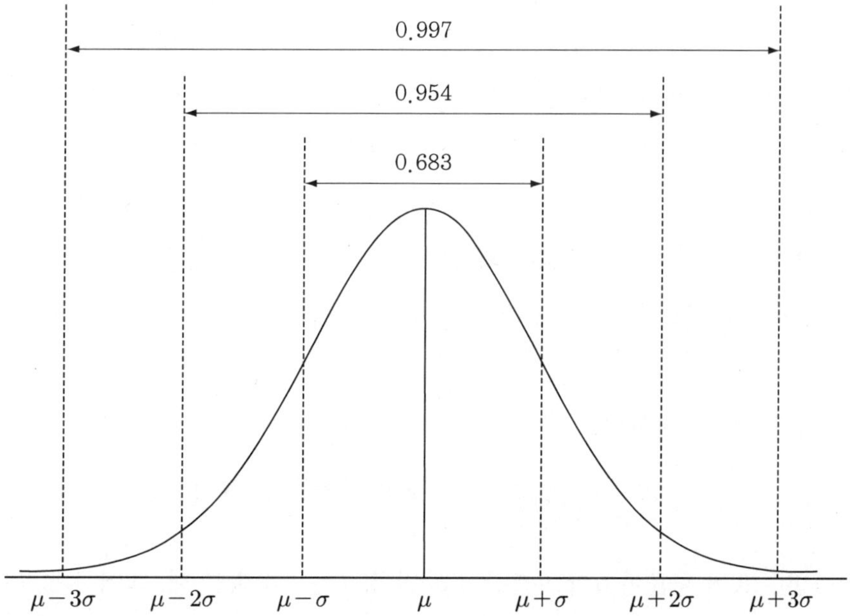

[그림 3-9] 정규분포의 확률밀도함수와 구간 확률

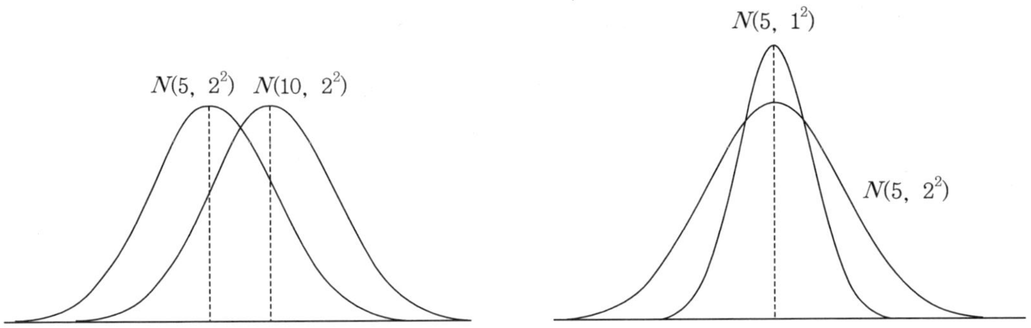

(a) μ가 다른 경우 (b) σ^2이 다른 경우

[그림 3-10] μ와 σ^2의 변화에 따른 정규분포의 형태

[그림 3-10]의 (a)에서는 분산은 같지만 μ가 각각 5와 10으로 다를 때의 분포형태를, (b)에서는 평균이 같고 분산이 다를 때의 분포형태를 보여준다. 즉 분산이 클수록 평균을 중심으로 넓게 퍼져있는 모양을 갖게 된다.

정의 3.15 표준정규분포(standard normal distribution)

정규분포에서 평균이 0이고 분산이 1인 경우를 표준정규분포라 하며 $N(0,\ 1)$ 또는 Z-분포로 표기한다.

표준정규분포표를 고려하는 이유 중 하나는 확률계산상의 편리함 때문이다. 연속확률변수에 대한 확률계산에는 적분이 관여되는데, 정규분포의 확률밀도함수에 대한 적분은 복잡하여 풀기가 어려우므로 미리 확률값을 표로 만들어 놓는 것이 필요할 것이다. 그러나 일반적으로 정규분포의 모수인 μ와 σ^2의 모든 조합에 대하여 표를 만들기는 불가능하므로 $\mu=0$, $\sigma^2=1$인 경우에 대하여서만 표를 만들어 사용하자는 것이다. 다행히 모든 정규확률변수는 표준정규분포를 따르는 새로운 확률변수로 변환시킬 수 있다. 평균이 μ, 분산이 σ^2인 정규분포를 표준정규분포로 전환하는 과정은 다음과 같다.

표준정규분포로의 전환식

$$X \sim N(\mu, \sigma^2) \quad \Rightarrow \quad Z = \frac{X-\mu}{\sigma} \sim N(0, 1)$$

즉 확률변수 X가 평균이 μ이고 분산이 σ^2인 정규분포를 따를 때, X에서 평균을 빼고 표준편차 σ으로 나누어 변환된 변수를 Z라고 하면 Z는 표준정규분포를 따르게 된다.

$N(\mu,\ \sigma^2)$분포를 따르는 확률변수 X가 어떤 값 x보다 작거나 같을 확률은 표준정규확률변

수 Z가 $\frac{x-\mu}{\sigma}$ 보다 작거나 같을 확률이다. 즉 다음과 같다.

$$P\{X \le x\} = P\left\{\frac{X-\mu}{\sigma} \le \frac{x-\mu}{\sigma}\right\} = P\left\{Z \le \frac{x-\mu}{\sigma}\right\}$$

Z의 누적분포함수를 $\Phi(z)$로 표기하기도 한다. 즉

$$\Phi(z) = P\{Z \le z\} = \int_{-\infty}^{z} \frac{1}{\sqrt{2\pi}} e^{-x^2/2} dx \tag{3.8}$$

부록 〈표 A-1〉은 표준정규분포표로서 표준정규확률변수 Z가 어떤 값 z보다 클 확률(꼬리확률)인 $P\{Z > z\}$를 구해놓은 표이다.

$$P\{Z > z\} = 1 - \Phi(z) = \int_{z}^{\infty} \frac{1}{\sqrt{2\pi}} e^{-x^2/2} dx \tag{3.9}$$

이를 그림으로 나타내면 [그림 3-11]과 같다.

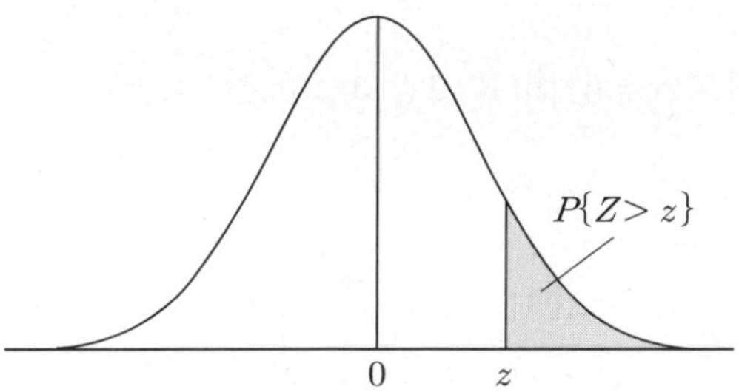

[그림 3-11] 표준정규분포표에서의 꼬리확률값

표준정규분포표는 0을 중심으로 좌우대칭이므로 $z \ge 0$에 대해서만 확률값을 산출해 놓는다. 예를 들어 $P\{Z > 1.14\}$를 구하려면 표의 좌측값이 1.1이고 상측값이 0.04인 표의 값을 읽으면 되는데 표에 의하면 0.1271이다. 또한 $\Phi(z) = P\{Z \le z\}$는 $1 - P\{Z > z\}$로 구할 수 있다. 그리고 $z < 0$일 때 $P\{Z \le z\}$는 $P\{Z \ge -z\}$로 구할 수 있다. 예를 들어 $P\{Z \le -1.14\} = P\{Z > 1.14\} = 0.1271$이다([그림 3-12] 참조).

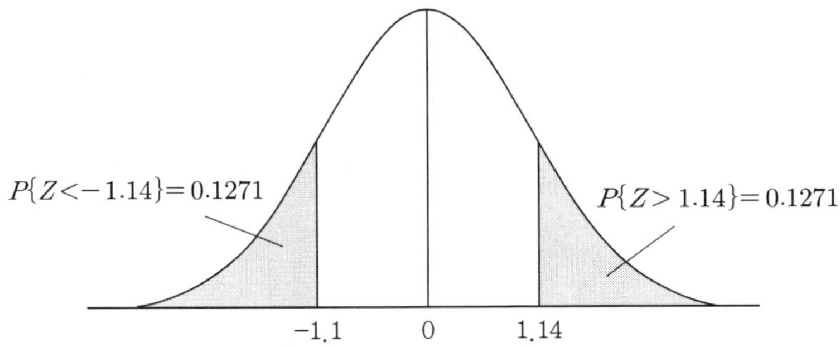

[그림 3-12] $P\{Z\le -1.14\}$ 산출예

예 3-21

어떤 회사에서 생산된 볼베어링의 직경은 평균 3.0cm이고 표준편차 0.005cm인 정규분포를 따른다고 하자. 만일 직경이 2.99cm 이하거나 3.01cm 이상이면 그 부품은 불합격 처리된다. 생산된 제품 중 불합격으로 처리되는 비율은 얼마나 되겠는가?

풀이 볼베어링의 직경을 X라고 하면 불합격으로 처리될 확률은
$P\{X\le 2.99\}+P\{X\ge 3.01\}$이다. 표준정규분포로의 전환식을 이용하면
$P\{X\le 2.99\}=P\left\{Z\le \dfrac{2.99-3.0}{0.005}\right\}=P\{Z\le -2.0\}$이고
$P\{X\ge 3.01\}=P\{Z\ge 2.0\}$이다([그림 3-13] 참조).

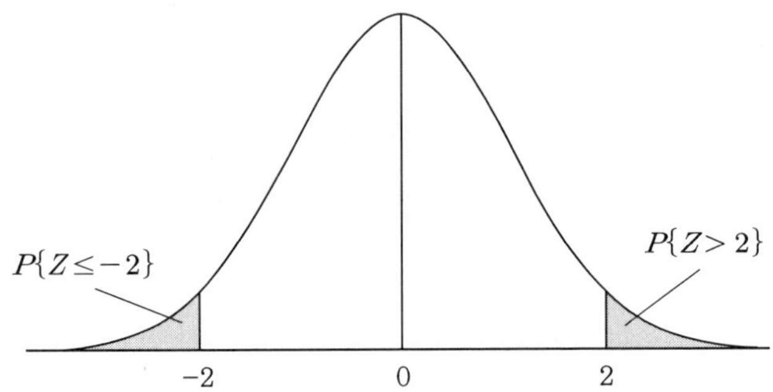

[그림 3-13] 볼베어링의 불합격 확률

Z-분포표로부터 $P\{Z\le -2.0\}=P\{Z\ge 2.0\}=0.0228$이므로 불합격률은 다음과 같다.

$$P\{Z\le -2.0\}+P\{Z\ge 2.0\}=2\times 0.0228=0.0456$$

따라서 생산된 제품 중 불합격으로 처리될 볼베어링은 전체의 4.56%이다.

예 3-22

한 식품회사에서 생산되는 저지방 시리얼에 포함되는 포화 지방 성분은 정규분포를 따른다고 알려있다. 또한 만약 포화 지방의 양이 4.5g 이상일 경우 불량품으로 판단되어 폐기 처분된다. 생산 과정이 안정되어 목표치를 설정하면 실제 생산되는 포화 지방의 평균 양(정규분포의 평균)은 이 목표치와 일치한다. 그리고 표준편차는 0.15이다.

(a) 목표치를 4.5로 할 경우, 불량품으로 판단될 확률을 구하여라.

(b) 목표치를 4.3으로 할 경우, 불량품으로 판단될 확률을 구하여라.

(c) 불량품으로 판단될 확률을 0.5% 이하로 하기 위한 목표치을 찾아라.

풀이 (a) $P\{X>4.5\}=P\{Z>(4.5-4.5)/0.15\}=P\{Z>0\}=0.5$

(b) $P\{Z>(4.5-4.3)/0.15\}=P\{Z>1.33\}=0.0918$

(c) $P\{X>4.5\}=P\left\{Z>\dfrac{4.5-\mu}{\sigma}\right\}\le 0.005$, $P\{Z>2.58\}\fallingdotseq 0.005$이므로

$$\frac{4.5-\mu}{\sigma}\le 2.58$$

$\therefore\ \mu=4.113$. 즉, 목표치가 4.113 이상이면 불량이 될 확률이 0.5% 이하가 된다.

확률변수 X가 정규분포를 따를 경우에 X의 1차식으로 표현된 함수 역시 정규분포를 따른다.

정리 3.13

확률변수 X가 $N(\mu,\ \sigma^2)$분포를 따를 때 상수 a, b에 대하여 $aX+b$는 평균이 $a\mu+b$이고 분산이 $a^2\sigma^2$인 정규분포를 따른다.

$$aX+b\sim N(a\mu+b\ ,\ a^2\sigma^2)$$

예 3-23

어떤 용액의 반응속도 S는 반응시간 T와 다음과 같은 관계를 갖는다고 한다.

$$S=0.2+0.008\,T$$

반응시간 T가 평균이 6, 표준편차 2인 정규분포를 따른다고 할 때 반응속도가 0.25 이하일 확률을 구하라.

풀이 반응시간 T가 $N(6,\ 4)$분포를 따를 때 반응속도 S의 분포는 [정리 3.13]에 의해 다음과 같다.

$$S\sim N(0.248, 0.000256)$$

따라서 구하고자 하는 확률은 다음과 같다.

$$P\{S\le 0.25\}=P\left\{Z\le\frac{0.25-0.248}{\sqrt{0.000256}}\right\}=P\{Z\le 0.125\}$$

$$=\frac{0.5478+0.5517}{2}=0.54975$$

표준정규분포표에서 소수 둘째 자리까지의 값에 대한 확률이 나와 있으므로 소수 세째 자리에 대한 것은 보간법으로 산출한다.

서로 다른 정규분포를 따르는 두 확률변수의 합 역시 정규분포를 따르는데 다음 정리와 같이 두 확률변수의 기대치는 각 확률변수 기대치의 합이며 분산은 [정리 3.6]과 같이 두 분산의 합에 다시 공분산을 더해야 한다.

정리 3.14

확률변수 X가 정규분포 $N(\mu_1,\ \sigma_1^2)$을 따르고 확률변수 Y가 정규분포 $N(\mu_2,\ \sigma_2^2)$을 따르며 X와 Y의 공분산이 σ_{12}라 할 때 $X+Y$의 분포는 다음과 같다.

$$X+Y \sim N(\mu_1+\mu_2,\ \sigma_1^2+\sigma_2^2+2\sigma_{12})$$

예 3-24

어떤 열연코일의 탄소량 C는 $N(0.15,\ 0.02^2)$을 따르며 망간량 Mn은 $N(0.75,\ 0.11^2)$을 따른다고 한다. 탄소당량 C_{eq}를 다음과 같이 정의할 때 C_{eq}의 분포를 구하라. 단, C와 Mn의 공분산은 0.001이다.

$$C_{eq} = C + \frac{Mn}{6}$$

풀이 [정리 3.14]에 의해 C_{eq} 역시 정규분포를 따르는데 기대치와 분산은 각각 아래와 같다.

$$E[C_{eq}] = E[C] + \frac{1}{6}E[Mn] = 0.15 + \frac{0.75}{6} = 0.275$$

$$Var[C_{eq}] = Var[C + \frac{Mn}{6}] = Var[C] + \frac{1}{36}Var[Mn] + \frac{2}{6}Cov[C,\ Mn]$$

$$= (0.02)^2 + \frac{(0.11)^2}{36} + \frac{2}{6}(0.001) = 0.00107$$

즉 C_{eq}의 표준편차는 약 0.033이 된다.

서로 독립인 여러 정규확률변수의 합에 대하여서는 다음 결과가 성립한다.

정리 3.15

n개의 서로 독립인 확률변수 $X_1,\ X_2,\ \ldots,\ X_n$에 대하여 $X_i(i=1,\ 2,\ \ldots,\ n)$가 $N(\mu_i,\ \sigma_i^2)$ 분포를 따를 때 n개의 합은 다음과 같은 정규분포를 따른다.

$$X_1 + \ldots + X_n \sim N(\mu_1 + \ldots + \mu_n,\ \sigma_1^2 + \ldots + \sigma_n^2)$$

특히, n개의 서로 독립인 확률변수 $X_1,\ \ldots,\ X_n$이 동일한 평균 μ와 동일한 분산 σ^2을 가질 때는 다음이 성립한다.

$$X_1 + \ \ldots \ + X_n \sim N(n\mu,\ n\sigma^2) \tag{3.10}$$

모집단이 평균 μ, 분산이 σ^2을 갖는다고 할 때 이로부터 n개의 표본 X_1, X_2, ..., X_n을 무작위로 추출한다고 하면 각 표본 $X_i(i=1,\ \ldots,\ n)$는 $N(\mu,\ \sigma^2)$ 분포를 따른다고 볼 수 있으며 따라서 이들의 표본평균 $\overline{X}$는 다음과 같은 분포를 따른다.

$$\overline{X} \sim N(\mu,\ \frac{\sigma^2}{n}) \tag{3.11}$$

예 3-25

일정 면적의 콘크리트 표본 4개의 압축강도를 측정하고 이의 산술평균을 구하여 이 콘크리트에 대한 대표 압축강도를 정한다고 한다. 각 표본에 대한 압축강도의 분포는 서로 동일하게 평균 20, 분산 5의 정규분포를 따른다고 할 때 대표 압축강도가 18이하일 확률을 구하라.

풀이 대표 압축강도를 $\overline{X}$라 하면 이는 식(3.11)에 의해 다음과 같은 분포를 따른다.

$$\overline{X} \sim N(20,\ 1.25)$$

따라서 구하고자 하는 확률은 다음과 같다.

$$P\{\overline{X} \le 18\} = P\left\{Z \le \frac{18-20}{\sqrt{1.25}}\right\} \approx P\{Z \le -1.79\} = P\{Z \ge 1.79\} = 0.0367$$

예 3-26

[예 3-18]을 정규분포에 근사시켜 풀어보자. X를 한달 동안의 고장을 일으키는 PCB기판수라 하면 원래 X는 Bin(8,000, 0.001)을 따르며 Poi(8)에 근사시킬 수 있다고 하였는데, 이는 다시 정규분포에 근사된다. 이때 기대치는 8이며 분산은 이항분포의 결과를 이용하면 8,000(0.001)(0.999)≈7.992이고 포아송분포를 이용하면 8이므로 8로 설정할 수 있다. 즉 X는 근사적으로 다음과 같은 분포를 따른다고 볼 수 있다.

$$X \sim N(8,\ 8)$$

그런데 이항분포와 포아송분포를 따르는 확률변수는 0, 1, 2 등의 이산적인 값을 갖는 것에 반해 정규분포를 따르는 확률변수는 연속적인 값을 갖기 때문에 X가 0인 것을 정규확률변수에서는 −0.5에서 0.5 사이, 6인 것을 정규확률변수에서는 5.5에서 6.5 사이라고 해석하는 것이 보다 타당하다. 따라서 X가 6 이하일 확률은 다음과 같다.

$$P\{X \le 6\} \approx P\{X < 6.5\}$$

$$= P\left\{Z < \frac{6.5-8}{\sqrt{8}}\right\} = P\{Z < -0.53\} = P\{Z > 0.53\} = 0.298$$

3.7 중심극한정리

대부분의 통계적 검정과 추정은 모집단이 정규분포를 따른다는 가정하에서 이루어진다. 그러나 모든 모집단이 정규분포를 이루는 것은 아니다. 중심극한정리는 모집단이 정규분포가 아닌 경우에도 표본의 수가 증가하면 표본평균의 분포는 정규분포에 근접한다는 이론이다.

정리 3.16 중심극한정리(central limit theorem)
평균이 μ이고 분산이 σ^2인 모집단으로부터 크기 n인 확률표본을 추출할 때, n이 크면 표본의 평균 $\overline{X}$는 $N(\mu,\ \sigma^2/n)$에 근접한다. 따라서 $Z=\dfrac{\overline{X}-\mu}{\sigma/\sqrt{n}}$는 표준정규분포 $N(0,\ 1)$에 접근한다. 일반적으로 절대적 기준은 없지만 n이 30 이상이면 모집단의 분포에 관계없이 $\overline{X}$는 정규분포에 근사한다는 중심극한정리가 적용된다.

예 3-27

A회사의 숙련된 기술자가 하나의 작업을 수행하는데 걸리는 시간 X는 다른 것과 독립이며 평균 1시간인 지수분포를 따른다. 기술자가 50개의 작업을 수행하는 데 걸리는 전체시간이 40시간 이하일 확률을 구하여라.

풀이 X_i를 i번째 단위작업을 수행하는데 걸리는 시간이라 하면 X_i의 기대치는 주어진 바와 같이 1이고 분산은 기대치의 제곱이므로 역시 1이다. 중심극한정리에 의해 전체시간 $X_1,+ \dots + X_{50}$은 정규분포를 따르며 그 기대치와 분산은 다음과 같다.

$$E[X_1+\ \dots +\ X_{50}]=50$$

$$Var[X_1+\dots+X_{50}]=50$$

따라서 $P\{X_1+\dots+X_{50}\le 40\}=P\left\{Z\le\dfrac{40-50}{\sqrt{50}}\right\}\equiv P\{Z\le -1.414\}=0.0787$이다.

이 문제는 한 작업에 걸리는 평균시간 $\overline{X}$가 0.8시간 이하일 확률을 구하는 것과 동일하므로 [정리 3.16]을 이용하여 다음과 같이 구할 수도 있다.

$$P\{\overline{X}\le 0.8\}=P\left\{Z\le\frac{0.8-1}{\sqrt{1/50}}\right\}=P\{Z<-1.414\}=0.0787$$

정규분포가 통계적 검정과 추정에 많이 쓰이는 것은 중심극한정리에 의거한다. 즉 모집단이 정규분포를 따르지 않아도 표본평균이 정규분포에 근접하게 되므로 처음부터 모집단이 정규분포를 따른다고 가정하는 것에 큰 무리가 없다.

3.8 참고사항

본 장에서 다루지 않았으나 자주 사용되는 연속확률분포로는 감마분포, 와이블분포 등이 있으며, 이산확률분포로는 기하분포, 초기하분포, 음이항분포 등이 있는데, 이들에 대한 소개는 참고문헌 [1] 등에 포함되어있다. 또한 결합확률분포 및 조건부확률분포에 대한 설명으로는 참고문헌 [2], [3] 등을 참조하고, 3.6.4절 [예 3-20]에서 언급한 신뢰도에 관심이 있는 독자는 참고문헌 [4]를 참조 바란다. 한편 3.6.5절에서 설명하였듯이 본 저서 부록 〈표 A-1〉에 수록한 정규분포표는 식(3.9)와 같이 꼬리부분의 (z 이상일) 확률을 나타낸 것이나, 저서에 따라서는 식(3.8)의 분포함수값(z 이하일 확률)을 수록하는 경우도 있음에 유의 바란다.

[1] R.E. Walpole and R.H. Myers, *Probability and Statistics for Engineers and Scientists*, 3rd ed., Macmillan, New York, 1985

[2] S.M. Ross, *Introduction to Probability and Statistics for Engineers and Scientists*, Wiley, New York, 1987

[3] S.M. Ross, *Introduction to Probability Models*, 5th ed., Academic, Boston, 1993

[4] 박경수, 신뢰도공학 및 정비이론, 희중당, 1991

연습문제

3.1 제품 출고시 완제품을 검사하여 양품과 불량품으로 구분하는데, 임의의 한 제품이 불량일 확률은 다른 것과 독립이며 0.01로 알려져 있다. 4개의 제품을 검사한다고 할 때 다음을 구하라. 불량 제품수를 확률변수 X로 나타낸다.

(a) X가 취할 수 있는 값은?

(b) X의 확률밀도함수를 표와 그림으로 나타내라.

(c) X의 누적분포함수를 그림으로 나타내라.

(d) 불량품수가 하나 이하일 확률을 구하라.

(e) X의 기대치와 분산을 각각 구하라.

3.2 어떤 제품의 불량률이 확률변수로 취급되는데 확률밀도함수가 다음과 같은 형태로 알려져 있다.

$$f(x) = b - 3x \qquad x \geq 0, \qquad b > 0$$

(a) 적절한 상수값 b를 구하라.

(b) 이에 대응하는 분포함수를 구하고 그림으로 나타내라.

(c) 불량률의 기대치와 분산을 구하라.

3.3 어떤 철사의 길이는 평균 10인 지수분포를 따른다. 이 철사로 원을 만든다고 한다.

(a) 이 철사로 만든 원의 면적의 기대치를 구하라.

(b) 원의 면적이 10이상일 확률을 구하라.

3.4 확률변수 X와 Y에 대하여 다음이 성립함을 증명하라.

$$Cov[aX, bY] = ab\,Cov[X, Y] \qquad a\text{와 } b\text{는 상수}$$

3.5 어떤 제품의 로트는 불량률이 0.5%로 알려져 있다. 이 로트에서 무작위로 100개의 제품을 뽑을 때 불량품수가 1개 이하일 확률을 구하고자 한다.

(a) 이항분포를 이용하여 구하라.

(b) 포아송분포를 이용하여 구하라.

(c) 100개 중 불량품수의 기대치 및 분산을 구하라.

3.6 어떤 냉연제품의 단위길이당 결점수가 평균 2인 포아송분포를 따른다고 한다.

(a) 임의의 한 단위길이에 결점수가 0일 확률을 구하라.

(b) 임의의 한 단위길이에 결점수가 4개 이상일 확률을 구하라.

3.7 한 도시에서는 출퇴근 시간 중 하루 평균 4건의 교통사고가 난다고 한다.

(a) 오늘 교통사고가 단 한 건도 나지 않을 확률은?

(b) 오늘 6건 이상의 교통사고가 날 확률은?

3.8 확률변수 U가 균일분포 Uni(0, 1)을 따를 때 (즉, U가 난수일 때), $-\ln(U)$가 평균 1인 지수분포를 따름을 보여라(이와 같이 난수로 지수분포를 따르는 변수를 만들 수 있다).

3.9 어떤 작업시간의 평균은 20이고 표준편차는 4로 알려져 있다. 이 작업시간의 분포를 균일분포 Uni(a, b)에 근사하려 할 때 적절한 a와 b값을 구하라.

3.10 어떤 TV의 브라운관 수명 X는 기대치가 10,000시간인 지수분포를 따르는 확률변수이다.

(a) X가 10,000 이하일 확률을 구하라.

(b) X가 20,000 이상일 확률을 구하라.

(c) X의 표준편차를 구하라.

3.11 어떤 부품의 수명(고장까지의 시간)은 평균이 10인 지수분포를 따른다.

(a) 이 부품이 10시간까지 고장나지 않을 확률을 구하라.

(b) 9시간이 지난 후까지 이 부품은 고장나지 않을 때, 추가 10시간까지 (총 19시간까지) 고장나지 않을 확률을 구하라.

(c) 9시간이 지난 후까지 이 부품은 고장나지 않을 때, 이 부품의 잔여수명의 기대치를 구하라.

3.12 주말 오전 대로변 A사거리에서 택시를 기다릴 때, 빈 택시가 올 때까지 걸리는 시간은

$\lambda = 0.1$인 지수분포를 따른다.

(a) 빈 택시가 올 때까지 걸리는 시간의 기대치는?

(b) 10분 이상 택시를 기다릴 확률은?

(c) 5분 이내에 택시가 올 확률은?

(d) 당신은 현재 택시를 5분 째 기다리고 있다. 지금부터 빈 택시가 도착할 때까지 걸리는 시간은 어떤 분포를 따르는가? 그리고, 총 대기시간이 15분 이상일 확률은 얼마인가?

(e) 빈 택시가 도착할 때까지 걸리는 시간이 균일분포 $Uni(0, 20)$을 따른다고 가정하자. 이때 , (a)와 (d)에 대해 다시 답해 보아라.

3.13 어떤 조업조건에서 생산된 쇳물 1 Charge(CH)의 산소량은 기대치 110(ppm), 표준편차 15 인 정규분포를 따른다고 한다.

(a) 쇳물 1CH에 산소량이 80 이하이거나 120 이상이면 불량으로 처리한다고 할 때, 임의의 1CH 쇳물이 불량일 확률을 구하라.

(b) 조업조건의 개선으로 산소량의 기대치는 변화시킬 수 없으나 표준편차를 변화시킬 수 있다고 한다. 위의 불량판정기준을 적용하여 불량률을 10% 이하로 하기 위해서는 표준편차를 얼마 이하로 낮춰야 하겠는가? (근사치를 구하라)

3.14 A회사에서 생산되는 백열 전구의 수명은 평균이 50일, 분산이 4인 정규분포를 따르는 것으로 알려져 있다. 이 전구에 대한 수명의 요구량은 47일 이상이라 한다.

(a) 임의의 한 전구의 수명이 요구량 미만일 확률을 구하여라.

(b) 소비자연합회는 임의로 4개의 표본으로 수명을 조사하여 4개의 평균 수명이 47 이하이면 전구 생산 회사에 경고 조치를 취한다고 한다. 소비자연합회의 경고율(%)를 구하여라.

(c) A회사는 전구의 평균수명을 높이려고 한다. 그런데 평균을 현재의 k배로 하면 표준편차 역시 현재의 k배로 됨을 알았다. 평균을 얼마로 높여야 요구량 47 미만일 확률을 0.025로 할 수 있겠는가?

3.15 어떤 열연코일의 탄소량 C는 확률변수인데 평균이 μ, 분산이 σ^2인 정규분포를 따른다

고 한다. 그리고 망간량 Mn 역시 확률변수인데 설계에 의해 $Mn=5C$의 관계를 갖는다고 한다. Mn의 분포를 구하라(분포이름, 평균과 분산 표시).

3.16 어떤 제품에 대한 주문일부터 출하일까지를 공기라 하며, 공기는 다시 사무공기와 제조공기로 나뉜다. 사무공기는 확률변수로 평균 μ_1, 분산 σ_1^2의 정규분포를 따르며, 제조공기는 사무공기와 독립인 확률변수로 평균 μ_2, 분산 σ_2^2의 정규분포를 따른다. 주문시 수요가와 약속된 납기목표일이 있으며 공기가 납기목표일 이전일 확률을 납기적중률이라 한다.

(a) 공기는 어떤 분포를 따르는가? (분포명, 평균, 분산 표시)

(b) 어떤 제품에 대하여 납기목표일이 30이며, $\mu_1=10$, $\sigma_1^2=4$, $\mu_2=16$, $\sigma_2^2=5$이다. 이 제품의 납기적중률을 구하라.

(c) (b)의 제품에 대하여 납기적중률을 95%로 하고자 한다. 그런데, 제조공기의 평균 및 분산은 변화시킬 수 없고 사무공기의 평균도 변화시킬 수 없으나 사무공기의 표준편차를 줄이는 방안을 강구할 수 있다는 것을 알았다. σ_1을 얼마로 하여야 할 것인가?

3.17 사지선다형 문제들로 이루어진 시험이 있다. 중심극한정리를 이용하여 다음 물음에 답하라.

(a) 시험은 총 60문항으로 이루어져있다. 한 학생이 무작위로 답을 고른다고 할 때, 30문항 이상을 맞힐 확률은?

(b) 시험을 치르는 학생이 무작위로 답을 고를 경우 시험 문제의 35% 이상을 맞힐 확률을 1% 이하로 하려면 최소한 몇 문항이 필요한가?

04

정규분포와의 관련분포

통계분석에서 대부분의 경우 모집단의 분포는 평균 μ와 분산 σ^2을 갖는 정규분포 $N(\mu, \sigma^2)$을 따른다고 가정하고 모평균 μ와 분산 σ^2에 대한 추정 및 검정을 실시한다. 모집단의 분포가 정규분포가 아닌 경우에도 중심극한정리에 의하여 표본평균 $\overline{X}$는 표본의 크기 n이 클 때 평균 μ와 분산 σ^2/n을 갖는 정규분포를 따른다고 할 수 있다. 이와 같이 정규분포는 통계분석에서 가장 중요한 분포이다. 앞 장에서 설명한 분포이외에 정규모집단에서 추출한 표본과 관련된 분포로 t-분포와 χ^2-분포 그리고 F-분포가 있다.

4.1 χ^2 - 분포

확률변수 Z가 표준정규분포 $N(0, 1)$을 따를 때 Z^2은 자유도가 1인 χ^2(카이제곱; Chi-square) -분포를 따른다고 한다. χ^2-분포는 자유도(degree of freedom; d.f)를 모수로 갖는데 자유도 ν를 갖는 χ^2-분포를 다음과 같이 정의할 수 있다.

정의 4.1 카이제곱 분포

ν개의 확률변수 $Z_1, Z_2, \ldots, Z_\nu$ 이 표준정규분포 $N(0, 1)$로부터 얻어진 확률표본일 때, 이들의 제곱합 $\sum_{i=1}^{v} Z_i^2 = Z_1^2 + Z_2^2 + \cdots + Z_v^2$은 자유도가 ν인 χ^2-분포를 따른다. 즉,

$$\sum_{i=1}^{v} Z_i^2 \sim \chi^2_{(v)}$$

자유도 ν인 χ^2-분포에 대한 확률밀도함수는 아래와 같다.

$$f(x) = \frac{1}{\Gamma(\nu/2)2^{\nu/2}} e^{-x/2} x^{(\nu/2)-1} \tag{4.1}$$

특히 $\nu=2$일 때 위의 확률밀도함수는 평균이 2인 지수분포와 동일한 것을 알 수 있다. 따라서 $\chi^2_{(2)}$ 분포와 Exp(1/2)은 동일한 분포이다.

[그림 4-1]은 자유도가 1, 4, 10일 때 카이제곱분포의 확률밀도함수를 나타낸다. 자유도가 커짐에 따라 카이제곱분포의 평균과 분산이 커짐을 알 수 있다.

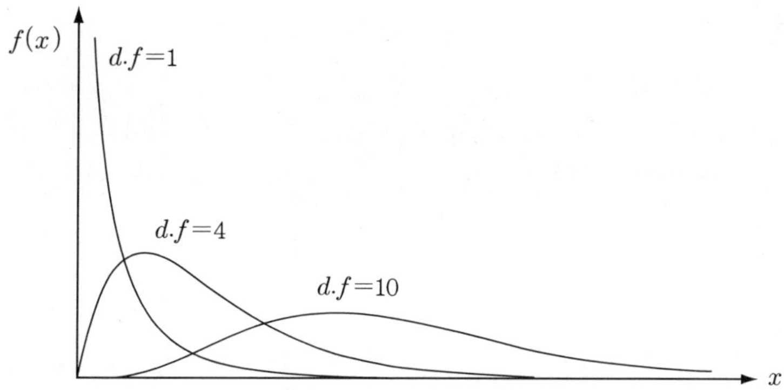

[그림 4-1] 카이제곱분포의 확률밀도함수(자유도가 1, 4, 10일 때)

정리 4.1

$\chi^2_{(\nu)}$ 분포를 따르는 확률변수 χ^2의 기대치와 분산은 다음과 같다.

$$E[\chi^2] = \nu, \quad Var[\chi^2] = 2\nu$$

확률변수 $X_1, X_2, \ldots, X_n$이 서로 독립으로 정규분포 $N(\mu, \sigma^2)$를 따를 때 각 확률변수를 표준화하면 [정의 4.1]에 의해 다음이 성립한다.

$$\sum_{i=1}^{n}\left(\frac{X_i - \mu}{\sigma}\right)^2 = \frac{1}{\sigma^2}\sum_{i=1}^{n}(X_i - \mu)^2 \sim \chi^2_{(n)} \tag{4.2}$$

위 식에서 모평균 μ를 모를 경우에는 표본평균 $\overline{X}$를 사용하여야 하는데 이 경우 제곱합 $\sum(X_i - \overline{X})^2$에 관련된 자유도는 $(n-1)$이 된다. 따라서 다음과 같이 위의 식에 μ 대신 $\overline{X}$를 대입된 변수는 자유도 $(n-1)$의 χ^2-분포를 따른다. 이와 같이 자유도는 데이타수 n과 항상 같지는 않음에 유의하라. 이런 이유로 [정의 4-1]에서 자유도의 기호로 ν를 사용하였다.

정리 4.2

$X_1, X_2, \ldots, X_n$이 독립인 정규분포 $N(\mu, \sigma^2)$을 따를 때 다음이 성립한다.

$$\frac{(n-1)s^2}{\sigma^2} = \frac{\sum(X_i - \overline{X})^2}{\sigma^2} \sim \chi^2_{(n-1)}$$

예 4-1

표본분산 s^2의 기대치를 구하라.

풀이 [정리 4.2]에 의하여 $(n-1)s^2/\sigma^2$이 $\chi^2_{(n-1)}$을 따르며 [정리 4.1]에 의하여 $\chi^2_{(n-1)}$분포를 따르는 확률변수의 기대치는 자유도 $(n-1)$이므로 다음이 성립한다.

$$E\left[\frac{(n-1)s^2}{\sigma^2}\right] = n-1$$

따라서

$$E[s^2] = \sigma^2$$

χ^2-분포는 모분산 σ^2이 특정한 값을 갖는지의 여부를 검정하는데, 기대도수와 관찰도수가 일치하는지에 대한 적합도검정(goodness-of-fit test) 등에 사용된다. 또한 범주형 자료의 상관분석과 비모수검정에도 사용된다.

표준정규분포의 경우와는 달리 χ^2-분포표는 통상 자유도와 누적확률(또는 꼬리확률)에 대응하는 x축의 경계치를 제시한다. 예를 들어 확률변수 X가 $\chi^2_{(4)}$ 분포를 따를 때 $P\{X \le y\} = 0.95$인 y를 누적확률 0.95에 대한 $\chi^2_{(4)}$ 분포의 경계치라 하는데 [그림 4-2]에서와 같이 $y = 9.488$이다. 이 값은 꼬리확률 0.05에 대응되는 것이기 때문에 $\chi^2_{(0.05;4)}$라고 표기한다. 일반적으로 확률변수 X가 자유도가 ν인 χ^2-분포를 따를 때 누적확률이 $1-q$, 즉 꼬리확률이 q인 경우에 대응하는 χ^2-분포 경계치를 $\chi^2_{(q;v)}$로 표기한다. 즉 다음식이 성립한다.

$$P\left\{X > \chi^2_{(q;\nu)}\right\} = q \qquad (4.3)$$

부록 〈표 A-3〉은 꼬리확률 q와 자유도 ν에 대응하는 χ^2-분포 경계치를 나타내고 있다. x축의 값에 대응되는 누적확률 또는 꼬리확률을 분포표로부터 구하는 데는 어려움이 있다.

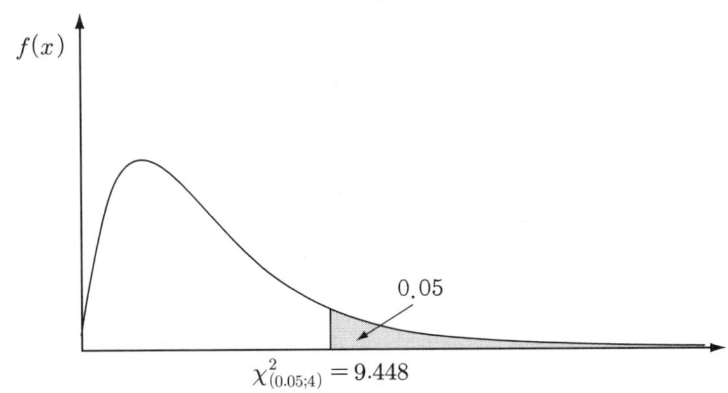

[그림 4-2] $\chi^2_{(4)}$-분포에서 $\chi^2_{(0.05;4)}$ 값

예 4-2

어떤 회사에서 생산되는 부품의 직경은 분산 0.01을 가지는 정규분포를 따른다고 한다. 이 회사에서 제조된 5개의 부품을 임의로 추출하여 표본분산을 구할 때 이 값이 어떤 값(y)보다 작을 확률이 0.9가 되는 y를 구하라.

풀이 $P\{s^2 < y\} = 0.9$가 되는 y값을 구하는 문제인데, $\dfrac{(n-1)s^2}{\sigma^2} \sim \chi^2_{(n-1)}$이므로 자유도가 4일 때, $P\left\{\dfrac{(n-1)s^2}{\sigma^2} < \dfrac{(n-1)y}{\sigma^2}\right\} = 0.9$, 즉 $P\left\{\dfrac{(n-1)s^2}{\sigma^2} > \dfrac{(n-1)y}{\sigma^2}\right\} = 0.1$를 만족하는 $\dfrac{(n-1)y}{\sigma^2}$를 χ^2-분포표에서 찾으면 $\dfrac{(n-1)y}{\sigma^2} = 7.78$이다.

따라서 $y = 7.78^2/(n-1) = 7.78(0.01)/4 = 0.01945$. 따라서 표본분산이 0.01945 미만일 확률이 90%이다.

예 4-3

한 식품회사가 생산하는 저지방 시리얼에 포함된 포화 지방의 비율은 정규분포를 따른다고 한다. 10개의 제품을 표본조사하여 각 시리얼에 포함된 포화 지방의 비율을 알아보았다. 이 표본의 표본분산 s^2을 산출할 때 모분산 σ^2이 s^2의 b배보다 작을 확률이 0.95가 되는 b의 값을 구하여라.

풀이 $P\{\sigma^2 \leq bs^2\} = 0.95$인 b를 구하는 문제이다.

$$P\{\sigma^2 \leq bs^2\} = P\{s^2 \geq \sigma^2/b\}$$
$$= P\left\{\frac{(n-1)s^2}{\sigma^2} \geq \frac{(n-1)}{b}\right\} = 0.95$$

를 만족하는 경계치를 자유도가 9인 χ^2-분포표에서 찾으면 3.325이다.

따라서 $\dfrac{(n-1)}{b} = 3.325$이며 $b = (n-1)/3.325 = 9/3.325 = 2.707$이다.

4.2 t – 분포

평균 μ와 분산 σ^2을 갖는 정규 모집단으로부터 크기 n인 표본 $X_1,\ X_2,\ \ldots,\ X_n$을 추출할 때 $\overline{X}$의 분포는 평균 μ와 분산 σ^2/n을 갖는 정규분포를 따른다는 사실을 이미 알았다. 즉

$$\overline{X} \sim N(\mu,\ \sigma^2/n)$$

$\overline{X}$의 분포를 표준정규분포로 전환하면 다음과 같다.

$$Z = \frac{\overline{X} - \mu}{\sigma / \sqrt{n}} \sim N(0,\ 1)$$

$\overline{X}$에 대한 표준화를 통해 μ에 대한 추정과 검정을 하는데 문제가 되는 것은 모분산 σ^2이 대부분 알려져 있지 않다는 사실이다. 이 경우 위의 Z를 구하는 식에서 모표준편차 σ 대신에 이 값의 추정량인 표본표준편차 s를 사용하여 새로운 확률변수 T를 구할 때 확률변수 T는 자유도 $(n-1)$의 $t-$분포를 따른다. 우선 $t-$분포의 정의를 살펴보자.

정의 4.2 $t-$**분포**

표준정규분포 $N(0,\ 1)$의 확률변수 Z와 $\chi^2_{(\nu)}-$분포를 따르는 확률변수 χ^2이 서로 독립일 때

$$T = \frac{Z}{\sqrt{\chi^2 / \nu}}$$

는 자유도가 ν인 $t-$분포를 따르며 $t_{(\nu)}$로 표기된다.

$t-$분포는 스튜던트(Student)라는 필명을 가진 프랑스의 수학자 W.S. Gosset에 의해 제시된 것으로 그의 필명을 따라 스튜던트의 $t-$분포라고 한다. 자유도가 ν인 $t-$분포의 확률밀도함수는 다음과 같다.

$$f(x) = \frac{\Gamma((\nu+1)/2)}{\sqrt{\nu\pi}\,\Gamma(\nu/2)}\left(1 + \frac{x^2}{\nu}\right)^{-(\nu+1)/2} \quad -\infty < x < \infty \tag{4.4}$$

정리 4.3

자유도가 $\nu(>2)$인 $t-$분포를 따르는 확률변수 T의 기대치와 분산은 각각 다음과 같다.

$$E[T] = 0, \quad Var[T] = \frac{\nu}{\nu - 2}$$

정리 4.4

$X_1,\ X_2,\ \ldots,\ X_n$을 정규분포 $N(\mu,\ \sigma^2)$으로부터 추출된 크기 n인 표본이라고 할 때, 표본평균 $\overline{X}$와 표본분산 s^2으로 구성된 확률변수 T를

$$T = \frac{\overline{X} - \mu}{s / \sqrt{n}}$$

로 정의하면, T는 자유도가 $n-1$인 $t-$분포, 즉 $t_{(n-1)}$를 따른다.

(증명) $\dfrac{\overline{X} - \mu}{\sigma / \sqrt{n}}$이 $N(0,\ 1)$을 따르며 $\dfrac{(n-1)s^2}{\sigma^2}$가 $\chi^2_{(n-1)}$ 분포를 따른다는 것을 이용하면

[정의 4.2]에 의하여

$$T=\frac{\dfrac{\overline{X}-\mu}{\sigma/\sqrt{n}}}{\sqrt{\left(\dfrac{(n-1)s^2}{\sigma^2}\right)/(n-1)}}=\frac{\overline{X}-\mu}{\sqrt{s^2/n}}=\frac{\overline{X}-\mu}{s/\sqrt{n}}$$

는 자유도가 $(n-1)$인 t-분포를 따른다.

n개의 관측값의 합이 S, 즉 $\sum X_i = S$라고 할 때, X_1, X_2, ..., X_n 중에서 임의의 $(n-1)$개 값은 어떠한 값도 가질 수 있으나 마지막 1개의 값은 $\sum X_i = S$가 되기 위하여 다른 값에 종속되어 자유도를 하나 잃는다는 논리에서 μ 대신 $\overline{X}$를 사용하는 경우의 자유도는 $(n-1)$이다.

t-분포의 형태는 표준정규분포와 같이 원점을 중심으로 대칭을 이룬다. 앞에서 살펴보았듯이 표준정규확률변수 Z는 $\overline{X}$를 표준화할 때 σ를 사용하나 t-분포 확률변수 T는 s를 사용하므로 t-분포의 분산이 더 크게 되어 확률밀도함수가 표준정규분포의 확률밀도함수보다 납작하게 퍼지게 된다. [그림 4-3]에서 보는 바와 같이 자유도 ν가 증가함에 따라 확률밀도함수의 분산은 점점 작아지고 t-분포는 표준정규분포에 접근하게 되며 이론적으로 자유도가 ∞이면 두 함수가 동일하게 된다.

T는 표본의 크기가 통상 30 이상이면 근사적으로 표준정규분포를 따르므로 확률 계산시 표준정규분포를 이용할 수 있지만, 표본의 크기가 30 이하이면 t-분포표의 정확한 값을 사용하는 것이 바람직하다.

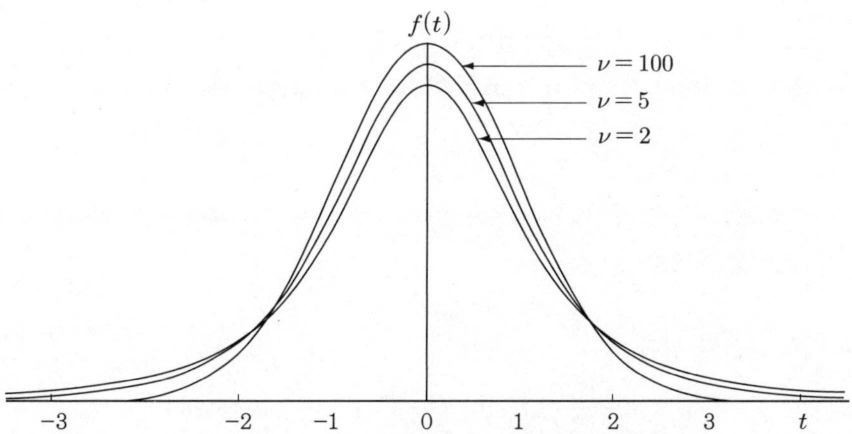

[그림 4-3] 자유도 변화에 따른 t-분포의 확률밀도함수

t-분포표도 χ^2-분포표와 같이 자유도와 꼬리확률에 대응되는 x축의 경계치를 수록한 것이다. 부록 〈표 A-2〉에서는 자유도 ν, 꼬리확률 q에 대응하는 t-분포 경계치인 $t_{(q;\nu)}$를 나타내고 있다([그림 4-4] 참조). 즉 확률변수 T가 자유도 ν인 t-분포를 따른다고 할 때 다음식이 성립한다.

$$P\{T > t_{(q;\nu)}\} = q \tag{4.5}$$

예를 들어 자유도가 5인 t-분포에서 $P\{T \leq b\} = 0.95$를 만족시키는 b는 꼬리확률 0.05에 대한 t-분포의 경계치이므로 $t_{(0.05;\,5)} = 2.015$이다. 다시 말하면 $t_{(5)}$-분포에서 경계치 2.015보다 클 확률은 0.05이다. 자유도가 이보다 큰 t-분포에서는 같은 경계치에 대응하는 꼬리확률이 작아진다.

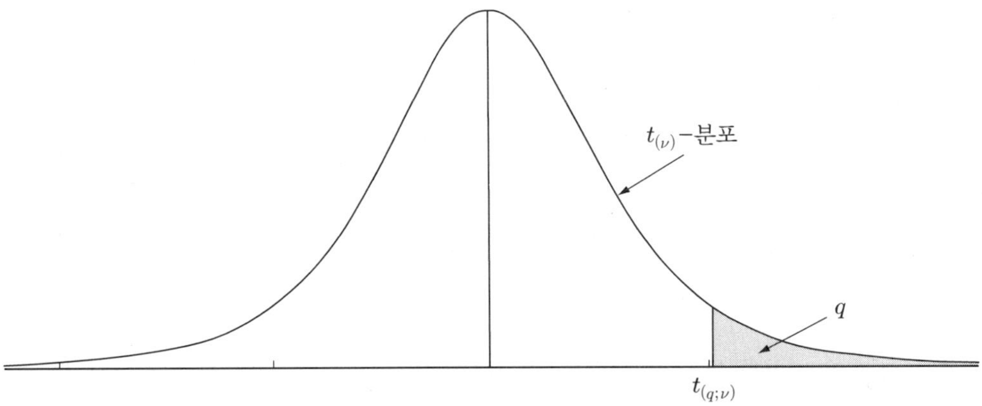

[그림 4-4] 꼬리확률과 t-분포 경계치

예 4-4

어떤 공장에서 생산되는 고무제품의 경도(hardness)는 정규분포를 따른다고 한다. 10개의 제품을 표본 조사하여 경도에 대한 표본 표준편차를 산출한 결과 $s=1.2$를 얻었다. 경도의 모평균 μ는 표본평균 $\overline{X}$의 부근에 있을 것으로 믿고 있다. μ가 $\overline{X}\pm a$ 내에 있을 확률이 0.9가 되는 a를 구하라.

풀이 $P\{\overline{X}-a \leq \mu \leq \overline{X}+a\} = 0.9$가 되는 a를 구하는 문제인데 이 확률은 다음과 같이 바꾸어 표현할 수 있다.

$$P\{-a \leq \overline{X}-\mu \leq a\} = 0.9$$

이는 다시 다음과 같다.

$$P\left\{\frac{-a}{s/\sqrt{n}} \leq \frac{\overline{X}-\mu}{s/\sqrt{n}} \leq \frac{a}{s/\sqrt{n}}\right\} = 0.9$$

[정리 4.4]에 의하여 $\frac{\overline{X}-\mu}{s/\sqrt{n}}$은 $t_{(n-1)}$-분포를 따르므로

$$\frac{a}{s/\sqrt{n}}=t_{(0.05;\,n-1)}$$

이며 a는 다음과 같이 구해진다.

$$a=t_{(0.05;n-1)}\cdot s/\sqrt{n}=t_{(0.05;9)}(1.2)/\sqrt{10}=1.833\times 1.2/\sqrt{10}=0.6956$$

즉 모평균 μ가 $\overline{X}\pm 0.6956$ 내에 있을 확률이 0.9이다.

4.3 F-분포

정의 4.3 F-분포

두 확률변수 χ_1^2과 χ_2^2이 서로 독립이며, 각각의 자유도가 ν_1, ν_2인 χ^2-분포를 따를 때 다음과 같이 정의되는 확률변수 F는

$$F=\frac{\chi_1^2/\nu_1}{\chi_2^2/\nu_2}$$

자유도가 $(\nu_1,\ \nu_2)$인 F-분포를 따르고 $F\sim F_{(\nu_1,\nu_2)}$로 표기한다.

F-분포의 확률밀도함수는 다음과 같다.

$$f(x|\nu_1,\nu_2)=\frac{\Gamma(\frac{\nu_1+\nu_2}{2})}{\Gamma(\frac{\nu_1}{2})\Gamma(\frac{\nu_2}{2})}\left(\frac{\nu_1}{\nu_2}\right)^{\nu_1/2}\frac{x^{(\nu_1-2)/2}}{(1+\frac{\nu_1}{\nu_2}x)^{(\nu_1+\nu_2)/2}},\ 0\le x<\infty \tag{4.6}$$

여기서 ν_1는 분자의 자유도, ν_2는 분모의 자유도라고 한다.

정리 4.5

분포를 따르는 확률변수 F의 기대치와 분산은 각각 다음과 같다.

$$E[F]=\frac{\nu_2}{\nu_2-2},\quad \nu_2>2\text{일 때}$$

$$Var[F]=\frac{\nu_2^2(2\nu_1+2\nu_2-4)}{\nu_1(\nu_2-2)^2(\nu_2-4)},\quad \nu_2>4\text{일 때}$$

정리 4.6

확률변수 F가 $F_{(\nu_1,\nu_2)}$ 분포를 따를 때 $1/F$은 $F_{(\nu_2,\nu_1)}$ 분포를 따른다.

F-분포는 [그림 4-5]와 같이 비대칭형이며 분포의 형태는 분자의 자유도 ν_1과 분모의 자유도 ν_2에 의하여 결정된다. 자유도 (ν_1, ν_2)가 주어지면 오른쪽 꼬리면적에 따른 x축 경계치를 F-분포표로부터 찾을 수 있다. 부록 〈표 A-4〉는 자유도 (ν_1, ν_2)와 꼬리확률 q(= 0.10, 0.05, 0.025, 0.01)에 대응하는 $F_{(\nu_1,\nu_2)}$-분포의 x축 경계치 $F_{(q;\nu_1,\nu_2)}$를 나타낸 것이다. 즉 $F_{(\nu_1,\nu_2)}$-분포를 따르는 확률변수 F에 대하여 다음 관계식이 성립한다.

$$P\{F > F_{(q;\nu_1,\nu_2)}\} = q \tag{4.7}$$

예를 들어 $\nu_1=7$, $\nu_2=9$일 때 꼬리확률 0.05에 대응하는 F값은 3.29이다([그림 4-5] 참조).

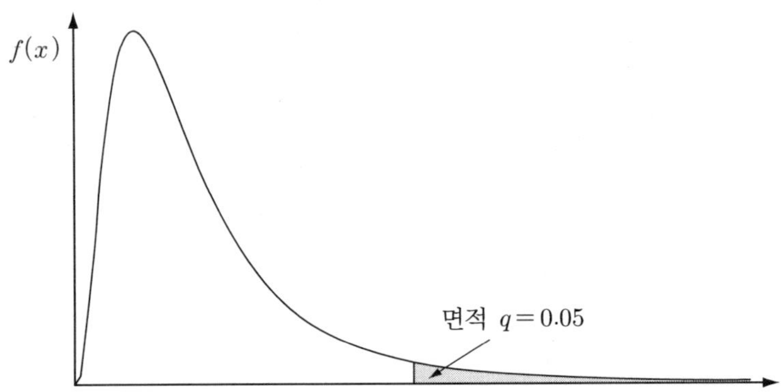

[그림 4-5] $F_{(7,9)}$의 분포와 $F_{(0.05,;\,7,9)}$-값

한편 꼬리확률 $1-q$에 대응하는 경계치는 [정리 4.6]에 따라 다음과 같이 산출된다.

$$F_{(1-q;\nu_1,\nu_2)} = \frac{1}{F_{(q;\nu_2,\nu_1)}} \tag{4.8}$$

예를 들어 $\nu_1=7$, $\nu_2=9$일 때 꼬리확률 0.95에 대응하는 F-값은 1/3.68=0.272이다.

정리 4.7

두 개의 모집단이 서로 독립인 정규분포, $N(\mu_1, \sigma_1^2)$와 $N(\mu_2, \sigma_2^2)$을 각각 따른다고 하자. 각 모집단으로부터 추출한 두 확률표본을 각각 X_1, X_2, …, X_{n_1}(n_1개의 표본)와 X_1, X_2, …, X_{n_2}(n_2개의 표본)라 할 때 다음과 같은 확률변수 F는 $F_{(n_1-1,\,n_2-1)}$ 분포를 따른다.

$$F=\frac{s_1^2/\sigma_1^2}{s_2^2/\sigma_2^2}$$

여기서 s_1^2과 s_2^2는 두 표본에 대한 각각의 표본분산이며 다음과 같다.

$$s_1^2=\frac{\sum_{i=1}^{n_1}(X_i-\overline{X})^2}{n_1-1}, \qquad s_2^2=\frac{\sum_{i=1}^{n_2}(Y_i-\overline{Y})^2}{n_2-1}$$

(증명) 두 모집단의 분포를 각각 $N(\mu_1,\ \sigma_1^2)$과 $N(\mu_2,\ \sigma_2^2)$이라고 할 때 각 모집단에서 n_1개와 n_2개의 표본을 임의로 추출하여 구한 표본분산을 각각 s_1^2과 s_2^2이라고 하면 s_1^2과 s_2^2은 서로 독립이며, 각각 다음과 같이 χ^2-분포를 따른다.

$$\frac{(n_1-1)s_1^2}{\sigma_1^2}\sim\chi^2_{(n_1-1)}$$

$$\frac{(n_2-1)s_2^2}{\sigma_2^2}\sim\chi^2_{(n_2-1)}$$

두 확률변수를 각각 자유도 n_1-1과 n_2-1로 나눈 후에 비율을 취한 통계량을 F라고 하면 F는 [정의 4.3]에 의하여 $F_{(n_1-1,\ n_2-1)}$ 분포를 따른다.

예 4-5

동일제품을 생산하는 두 생산라인의 공정 분산 σ_1^2, σ_2^2이 동일한가를 알아보기 위해 각 라인에서 25개씩 제품을 추출하여 표본분산 s_1^2, s_2^2을 각각 산출하였다. 각 라인의 공정은 서로 독립인 정규분포를 따른다고 한다. 두 라인의 모분산비 σ_1^2/σ_2^2이 s_1^2/s_2^2의 b배보다 클 확률이 0.95가 되는 b값을 구하라.

풀이 $P\left\{\frac{\sigma_1^2}{\sigma_2^2}>b\cdot\frac{s_1^2}{s_2^2}\right\}=0.95$가 되는 b를 구하는 것인데 $P\left\{\frac{s_1^2/s_2^2}{\sigma_1^2/\sigma_2^2}<\frac{1}{b}\right\}=0.95$이며 $\frac{s_1^2/s_2^2}{\sigma_1^2/\sigma_2^2}\sim F(24,\ 24)$이므로 $\frac{1}{b}=F_{(0.05;24,24)}=1.98$이다. 따라서 $b=0.505$이다.

4.4 참고사항

χ^2-분포, t-분포, F-분포와 관련된 자유도는 제곱합 산출과 관련된 데이타수 n에서 선형조건식의 수를 뺀 값이다. 이때 선형조건식은 모두 추정량과 관련되므로 일반적으로 관련된 모수의 수가 k개 일 때 자유도는 $(n-k)$가 된다. 한편 제6장의 검정에서 언급될 유의수준 α와 꼬리확률과는 개념이 다른 것이므로 유의하여야 한다. 즉, 유의수준은 꼬리확률의 개념이 포함된 것이나, 꼬리확률이 반드시 유의수준과 같은 것은 아니다.

t-분포와 F-분포의 수학적 유도과정을 알기 원한다면 참고문헌[1]을 참조할 수 있다.

[1] G. Casella, R. L. Berger, *Statistical Inference*, Wadsworth & Brooks/Cole, California, 1990

연습문제

4.1 정규분포 $N(\mu,\ \sigma^2)$을 따르는 모집단으로부터 크기 n의 표본을 추출하여 표본분산 s^2을 구할 때 이의 분산을 구하라.

4.2 정규분포 $N(\mu,\ \sigma^2)$을 따르는 모집단으로부터 크기 n의 표본 $X_1,\ X_2,\ \ldots,\ X_n$을 추출하여 표본분산 $s^2(n)$을 다음과 같이 산출할 때 $s^2(n)$의 기대치를 구하라.

$$s^2(n) = \frac{1}{n}\sum(X_i - \overline{X})^2$$

4.3 정규분포 $N(\mu,\ \sigma^2)$을 따르는 모집단으로부터 크기 20의 표본을 추출하여 표본분산 s^2을 구할 때 모분산 σ^2이 s^2의 b배보다 클 확률이 0.9가 되도록 b를 결정하라. 또한 s가 1.3σ보다 클 확률의 근사치를 구하라.

4.4 t-분포에서 자유도가 2, 10, 20, 30, 40, 120 등으로 변할 때 꼬리확률 0.05에 대응하는 t값이 어떻게 달라지는지 살펴보라. 또한 자유도가 무한대일 때 t값은 $z_{0.05}$와 일치함을 확인하라.

4.5 확률변수 T가 자유도 17인 t-분포를 따를 때 확률 $P\{1.74 \le T \le 2.11\}$을 구하라. 또한 이 확률과 표준정규분포표를 따르는 확률변수 Z에 대하여 $P\{1.74 \le Z \le 2.11\}$와 비교하여라.

4.6 어떤 제품의 품질특성치는 정규분포를 따르는 것으로 알려져 있다. 20개의 제품을 표본조사하여 품질특성치의 표본평균이 $60 \pm a$ 사이의 값을 가질 확률이 95%일 때 이 품질특성치의 모평균이 60이라고 판단한다고 한다. 표본분산이 $s^2 = 0.7$일 때 적절한 a값을 구하라.

4.7 자유도가 ν인 t-분포를 따르는 확률변수 T의 제곱인 T^2이 $F_{(1,\ \nu)}$분포를 따름을 증명하여라.

4.8 두 개의 정규 모집단은 서로 독립이며 동일한 분산을 갖는 것으로 알려져 있다. 첫 모집단에서 25개의 표본을 추출하여 표본분산 s_1^2을 계산하고 두 번째 모집단에서 15개의 표본을 추출하여 표본분산 s_2^2을 산출할 때 s_1^2/s_2^2이 1.94보다 작을 확률을 구하라. 또한 s_1^2/s_2^2의 기대치와 분산을 구하라.

05

점추정과 신뢰구간

통계의 기본 목적은 모집단의 특성에 대한 추론, 즉 모수에 대한 추정 및 검정이라 할 수 있다. 제4장에서는 모집단에 대한 확률변수, 확률분포 등을 다루었는데, 본 장에서는 모집단에서 추출된 표본의 확률적 특성을 이용한 모수의 추정에 대해 설명하고, 제6장에서는 검정 과정을 알아보기로 한다.

모집단에 대한 대표적인 모수로서 통상 모집단의 중심 성향을 나타내는 모평균 μ와 개개의 값이 모평균에서 떨어진 정도, 즉 산포를 나타내는 모분산 σ^2(또는 모표준편차 σ)을 들고 있다. 이러한 모수들은 일반적으로 아무도 모르는 상수로 취급된다. 모수를 추론하는 방법에는 모수의 값을 통계적으로 정하는 방법인 추정과, 관심있는 가설을 설정하고 설정된 가설의 채택 여부를 통계적으로 판단하는 방법인 검정의 두 가지가 있다. 이 중에서 추정은 [그림 5-1]에서 보는 바와 같이 모집단에서 n개의 표본을 추출한 후, 이를 토대로 표본평균, 표본분산 등의 통계량을 계산하고 적절한 방법을 이용하여 모집단의 모평균, 모분산 등과 같은 모수의 값을 산출하는 과정이다.

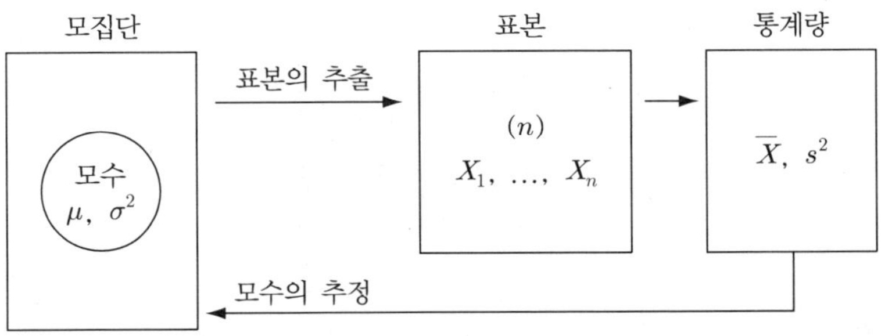

[그림 5-1] 모수에 대한 추정 과정

또한 추정은 모수를 어떤 하나의 값으로 산출하는 점추정(point estimation)과, 주어진 확률에 대하여 모수를 포함하는 구간을 도출해 내는 구간 추정(interval estimation)의 두 가지로 구분된다.

5.1 점추정

점추정은 모수를 하나의 점, 즉 가장 그럴듯한 하나의 값으로 추정하는 것이다. 점추정에 대한 예로서 모집단의 모평균과 모분산의 추정에 대하여 생각해 보자. 먼저 모평균 μ는 모집단의 중심을 대표하는 값으로 볼 수 있기 때문에, n개의 표본 X_1, X_2, …, X_n이 추출된다면 추출된 표본의 중심을 대표하는 아래와 같은 표본평균 $\overline{X}$로 모평균을 추정하는 것이 자연스러울 것이다. 이때 $\overline{X}$ 를 μ에 대한 점추정량(point estimator)이라고 한다. 일반적으로 어떤 모수 θ에 대한 점추정량을 $\hat{\theta}$('theta hat'이라고 읽음)이라고 쓴다. 따라서 모평균 μ에 대한 점추정량은 아래와 같이 표현될 수 있다.

$$\hat{\mu}=\overline{X}=\frac{X_1+X_2+\cdots+X_n}{n}=\frac{1}{n}\sum_{i=1}^{n}X_i \tag{5.1}$$

여기서 한 가지 언급할 것은 추정량(estimator)과 추정치(estimate)라는 용어간의 차이인데, 추정량은 수치가 아닌 일종의 절차라고 볼 수 있으며, 추정치는 그 절차에 실제 추출된 표본 값(데이터)을 대입함으로써 결과적으로 산출된 수치를 말한다. 이와 같은 개념을 바탕으로 모평균 μ의 추정량에 대하여 다시 말하면, μ의 추정량이 $\overline{X}$라는 것은 "n개의 표본을 추출하여 얻어지는 값들을 모두 합한 다음 n으로 나누라"는 절차를 의미한다. 이 절차는 표본 값이 얻어지기 이전에 만들어 놓은 것으로 실제로 어떤 값이 얻어질지 모르므로 추정량 자체는 확률변수로 간주된다. 이에 반해 추정치는 실제 얻어진 표본 값을 절차에 대입함으로써 산출된 값이므로 확률변수가 아닌 하나의 수치이며, 동일한 모집단에 대하여 다른 표본을 추출할 경우 다른 추정치가 얻어질 수도 있다.

한편 모분산 σ^2의 점추정량으로는 n개의 표본 $X_1,\ X_2,\ \ldots,\ X_n$이 추출될 경우 역시 자연스럽게 다음과 같은 표본분산 s^2을 사용한다.

$$\widehat{\sigma^2}=s^2=\frac{1}{n-1}\sum_{i=1}^{n}(X_i-\overline{X})^2=\frac{1}{n-1}\left(\sum_{i=1}^{n}X_i^2-n\overline{X}^2\right) \tag{5.2}$$

여기서 제곱합 $\sum_{i=1}^{n}(X_i-\overline{X})^2$을 $(n-1)$로 나누는 이유는 곧 설명할 추정량의 바람직한 성질과 관련되어 있다. 때때로 위의 제곱합을 n으로 나눈 값을 σ^2의 추정치로 삼기도 하는데, 이것은 s^2과는 다른 성질을 가진 추정량이다.

5.2 점추정량의 평가

우리의 주관심 대상인 모평균 μ과 모분산 σ^2의 추정량으로 각각 표본평균 $\overline{X}$와 표본분산

s^2을 사용하는 데는 별 이견이 없지만, 임의의 모수에 대한 추정량은 일반적으로 여러 가지가 있을 수 있다. 예를 들어 표본 X_1, X_2, ..., X_n으로부터 모평균을 추정하는데 어떤 사람이 어떤 이유로 모평균을 무조건 추출된 표본의 첫 번째 값 X_1으로 추정하는 경우를 생각해 보자. 이때 이 사람의 추정량과 앞서 구한 $\overline{X}$의 성능을 어떻게 비교하고, 어떤 근거로 어느 한 추정량이 더 좋은 추정량이라고 말할 수 있는가 등의 의문이 생길 수 있다. 추정량을 평가하는 데 대해서는 통계학자들의 많은 연구가 있어 왔으며, 추정량이 가져야 할 바람직한 성질들이 다수 알려져 있는데, 여기서는 추정량의 불편성(unbiasedness)와 평균제곱오차(mean square error)를 설명하고자 한다.

모수 θ에 대한 추정량 $\hat{\theta}$의 기대치(추정량은 확률변수임을 상기하자)가 θ가 될 때 이 추정량을 θ의 불편추정량(unbiased estimator)이라 한다. 즉 다음 관계가 성립한다.

$$E[\hat{\theta}] = \theta \tag{5.3}$$

다시 말하면 추정량 $\hat{\theta}$이 확률변수이기 때문에 표본에 따라 다른 값이 얻어질 수 있으나 취할 수 있는 여러 값들에 대한 평균을 구한 결과 추정하고자 하는 모수 θ가 얻어진다면, 이때 $\hat{\theta}$은 어느 한 쪽으로도 치우치지 않은 추정량이 된다는 의미이다.

우리는 다음의 정리에서 모평균 μ에 대한 추정량 $\overline{X}$와 모분산 σ^2에 대한 추정량 s^2이 각각 μ과 σ^2에 대한 불편추정량이 됨을 알 수 있다.

정리 5.1

평균이 μ인 모집단에서 n개의 표본 X_1, X_2, ..., X_n을 추출할 때 표본평균 $\overline{X}$는 μ의 불편추정량이다. 즉

$$E[\overline{X}] = \mu$$

(증명) $E[\overline{X}] = E[(X_1 + X_2 + ...X_n)/n] = (\mu + \mu + \cdots + \mu)/n = n\mu/n = \mu$

정리 5.2

평균이 μ, 분산 σ^2인 모집단에서 n개의 표본 X_1, X_2, ..., X_n을 추출할 때 표본분산 s^2은 σ^2의 불편추정량이다. 즉

$$E[s^2] = \sigma^2$$

(증명) $\sum_{i=1}^{n}(X_i-\overline{X})^2=\sum_{i=1}^{n}[(X_i-\mu)-(\overline{X}-\mu)]^2$

$$=\sum_{i=1}^{n}(X_i-\mu)^2-2(\overline{X}-\mu)\sum_{i=1}^{n}(X_i-\mu)+n(\overline{X}-\mu)^2$$

$$=\sum_{i=1}^{n}(X_i-\mu)^2-n(\overline{X}-\mu)^2$$

$$E[s^2]=E\left[\frac{1}{n-1}\sum_{i=1}^{n}(X_i-\overline{X})^2\right]$$

$$=\frac{1}{n-1}\left\{\sum_{i=1}^{n}E\left[(X_i-\mu)^2\right]-nE\left[(\overline{X}-\mu)^2\right]\right\}$$

$$=\frac{1}{n-1}\left[\sum_{i=1}^{n}\sigma^2-n\,Var[\overline{X}]\right]$$

$$=\frac{1}{n-1}(n\sigma^2-n\frac{\sigma^2}{n})=\sigma^2$$

[정리 5.2]를 살펴봄으로써 표본분산 s^2을 산출할 때 왜 제곱합 $\sum(X_i-\overline{X})^2$을 $(n-1)$로 나누는 이유를 알 수 있을 것이다. 제곱합을 n으로 나눈 $s^2(n)$은 아래 식에서 볼 수 있는 바와 같이 불편추정량이 되지 않는다.

$$E[s^2(n)]=E\left[\frac{1}{n}\sum_{i=1}^{n}(X_i-\overline{X})^2\right]=\frac{n-1}{n}\sigma^2$$

물론 n이 매우 커지면 $s^2(n)$의 기대치 역시 σ^2에 접근할 것이다.

예 5-1

평균이 μ인 모집단에서 4개의 표본 X_1, X_2, X_3, X_4를 추출하여 다음과 같은 추정량 $\hat{\mu}$을 만들었다(실제로 이렇게 하는 근거는 없으며 임의로 조작한 것임).

$$\hat{\mu}=0.1X_1+0.2X_2+0.3X_3+0.4X_4$$

$\hat{\mu}$은 μ의 불편추정량인가?

(풀이) $E[\hat{\mu}]=E[0.1X_1+0.2X_2+0.3X_3+0.4X_4]=(0.1+0.2+0.3+0.4)\mu=\mu$. 그러므로 $\hat{\mu}$은 μ의 불편추정량이다. 위의 $\hat{\mu}$은 각 표본 값에 가중치를 준 것인데 가중치 전체의 합이 1이 될 때 항상 μ의 불편추정량이 된다(추정량 $\overline{X}$는 각 표본 값에 $1/n$의 가중치를 준 것으로 해석할 수 있다).

[예 5-1]의 경우에서 볼 수 있는 바와 같이 모수에 대한 불편추정량은 여러 개가 있을 수 있다. 극단적으로 n개의 표본 X_1, X_2, ..., X_n이 있음에도 불구하고 μ의 점추정량으로 X_1을 선정한다고 할 때에도 이것 역시 μ의 불편추정량이 됨을 알 수 있다. 이와 같이 불편추정량은 여러 가지 방법으로 만들 수 있는데 어떤 것이 과연 좋은 것인지를 평가할 필요가 있다.

일반적으로 많이 사용되는 평가 방법의 하나로 다음과 같이 정의되는 평균제곱오차(mean square error; MSE)를 이용하는 방법을 들 수 있다. n개의 표본을 바탕으로 모수 θ에 대한 추정량(불편추정량이 아닐 수도 있음) $\hat{\theta}$(이는 X_1, X_2, ..., X_n의 함수이며 확률변수일 것이다)을 만들었다고 할 때, 이 추정량 $\hat{\theta}$에 대한 평균제곱오차 MSE는 다음과 같이 정의된다.

$$MSE[\hat{\theta}] = E[(\hat{\theta} - \theta)^2] \tag{5.4}$$

정리 5.3

$\hat{\theta}$이 θ의 불편추정량일 때 $MSE[\hat{\theta}]$는 $\hat{\theta}$의 분산이 된다. 즉,

$$\mathrm{MSE}[\hat{\theta}] = \mathrm{Var}[\hat{\theta}]$$

(증명) $\mathrm{E}[\hat{\theta}] = \theta$이므로 $E[(\hat{\theta} - \theta)^2]$의 식에 포함되어 있는 θ 대신 $E[\hat{\theta}]$을 대입하면 바로 θ의 분산의 정의와 일치한다. 즉,

$$MSE[\hat{\theta}] = E[(\hat{\theta} - \theta)^2] = E[(\hat{\theta} - E[\hat{\theta}])^2] = Var[\hat{\theta}]$$

의 식이 성립한다.

동일한 모수에 대하여 여러 가지 추정량이 있을 때 어떤 추정량이 더 좋은가에 대한 평가는 각 추정량의 MSE를 구함으로써 행할 수 있다. MSE가 작은 추정량이 좋은 추정량이라 할 수 있으며, 특히 불편추정량에 대해서는 작은 분산을 가지는 추정량이 좋은 추정량이라 할 수 있다.

예 5-2

평균이 μ, 분산 σ^2인 모집단에서 4개의 표본 X_1, X_2, X_3, X_4를 추출한다. 그리고 다음과 같은 3개의 추정량을 만든다고 하자.

$$\hat{\mu}_1 = \overline{X} = (X_1 + X_2 + X_3 + X_4)/4$$

$$\hat{\mu}_2 = X_1$$

$$\hat{\mu}_3 = 0.1X_1 + 0.2X_2 + 0.3X_3 + 0.4X_4$$

세 개의 추정량 중 어떤 추정량이 가장 좋다고 할 수 있는가?

풀이 $\widehat{\mu_1}$, $\widehat{\mu_2}$, $\widehat{\mu_3}$는 모두 불편추정량임을 알고 있으므로 각각의 분산(또는 평균제곱오차)을 구해 보면 다음과 같다.

$$MSE[\widehat{\mu_1}] = Var[\widehat{\mu_1}] = Var[\overline{X}] = (\sigma^2 + \sigma^2 + \sigma^2 + \sigma^2)/16 = 0.25\sigma^2$$

$$MSE[\widehat{\mu_2}] = Var[\widehat{\mu_2}] = Var[X_1] = \sigma^2$$

$$\begin{aligned} MSE[\widehat{\mu_2}] &= Var[\widehat{\mu_3}] = Var[0.1X_1 + 0.2X_2 + 0.3X_3 + 0.4X_4] \\ &= (0.1)^2\sigma^2 + (0.2)^2 + \sigma^2 + (0.3)^2\sigma^2 + (0.4)^2\sigma^2 \\ &= 0.3\sigma^2 \end{aligned}$$

따라서 $\widehat{\mu_1} = \overline{X}$의 분산이 가장 작으므로 $\overline{X}$가 모평균 μ에 대한 추정량으로 가장 적합하다고 할 수 있다.

5.3 모평균의 구간 추정

모수에 대한 점추정량은 간단하긴 하지만 단지 하나의 값으로 모수의 추정치를 제공하므로 신빙성이 떨어질 수 있다. 하나의 값이 실제 모수와 일치한다는 것은 불가능하며, 특히 어떤 표본을 선택하느냐에 따라서도 각기 다른 값이 얻어질 수 있기 때문이다. 이에 따라 모수의 추정치를 하나의 값으로 나타내기 보다는 실제 모수가 존재할 가능성이 높은 구간을 제시하는 방식이 보다 바람직할 수 있는데, 이를 구간 추정이라 한다.

n개의 표본 X_1, X_2, ..., X_n이 있을 때 모평균 μ가 존재할 것으로 추정되는 자연스러운 구간으로 $\overline{X}$를 중심으로 한 $\overline{X} \pm d$, 즉 $(\overline{X} - d,\ \overline{X} + d)$를 생각할 수 있는데, 이때 구간의 크기 d를 어떻게 정할 것인가가 문제가 된다. 왜냐하면 d를 너무 크게 정하면 추정의 정도가 떨어지고 d를 너무 작게 정하면 이 구간내에 실제 모평균이 포함될 가능성이 적어지기 때문이다.

d를 정하기 위해서는 우선 구간 $(\overline{X} - d,\ \overline{X} + d)$에 모수 μ가 포함될 확률을 몇 %로 설정할 것인지 결정하여야 하는데 이 확률을 신뢰수준(confidence level)이라 한다. 신뢰수준은 보통 % 단위로 표시되며 90%, 혹은 95% 등을 통상적으로 선택한다. 그리고 이러한 신뢰수준에 대응하여 도출되는 μ의 추정구간을 신뢰구간(confidence interval)이라 한다. 모평균 μ에

대한 95% 신뢰구간이 $(\overline{X}-d,\ \overline{X}+d)$라는 의미는 똑같은 방법으로 100차례 표본을 추출하여 신뢰구간을 구하였을 때, 그 100개의 신뢰구간 중 95개 정도가 모수 μ를 포함하게 됨을 뜻한다. 이런 의미에서 이 구간에 μ가 포함될 것이라는 말을 95% 신뢰할 수 있다고 해석할 수 있다. 100%를 신뢰할 수 있는 μ에 대한 신뢰구간은 $(-\infty,\ \infty)$이므로 의미가 없다. 따라서 신뢰수준을 조금 낮추더라도 좀 더 좁은 구간을 원하게 된다.

모평균 μ에 대한 구간 추정 방법은 모분산 σ^2을 아는 경우와 모르는 경우의 두 가지로 나누어 생각해 볼 수 있다.

5.3.1 모분산을 아는 경우

평균 μ과 분산 σ^2인 정규분포를 따르는 모집단으로부터 n개의 표본을 추출한다고 하자. 이러한 표본에 대한 표본평균 $\overline{X}$의 확률분포는 평균이 μ이고 분산이 σ^2/n인 정규분포이므로 표준정규분포표(Z-분포표)를 이용하여 구간 d를 정할 수 있다. 또한 모집단이 정규분포를 따르지 않더라도 표본수 n이 충분히 크다면, 중심극한정리에 의하여 표본평균 $\overline{X}$는 정규분포를 따르게 되므로 이 경우에도 Z-분포표를 이용할 수 있다.

우선 신뢰수준 95%에 해당하는 모평균의 신뢰구간을 유도하는 과정을 살펴보자. 95% 신뢰구간이란 $\overline{X}\pm d$ 사이에 모수 μ가 포함될 확률이 0.95라는 것을 의미하므로 다음 식이 성립한다.

$$P\{\overline{X}-d \le \mu \le \overline{X}+d\}=0.95 \tag{5.5}$$

위의 부등식의 각 항에서 $\overline{X}$를 빼고 $\overline{X}$의 표준편차 $\sigma/\sqrt{n}$으로 나누어 표준화시키면 다음의 식을 얻을 수 있다.

$$P\left\{-\frac{d}{\sigma/\sqrt{n}} \le \frac{\overline{X}-\mu}{\sigma/\sqrt{n}} \le \frac{d}{\sigma/\sqrt{n}}\right\}=P\left\{\frac{-d}{\sigma/\sqrt{n}} \le Z \le \frac{d}{\sigma/\sqrt{n}}\right\}=.95$$

[그림 5-2]에서 보듯이 Z가 -1.96과 1.96 사이에 있을 확률이 0.95이므로 모표준편차 σ를 알 경우에는 다음의 관계로부터 d를 구할 수 있다.

$$\frac{d}{\sigma/\sqrt{n}}=z_{0.025}=1.96 \Rightarrow d=1.96\sigma/\sqrt{n} \tag{5.6}$$

즉, 모평균 μ에 대한 95% 신뢰구간은 $\overline{X}\pm 1.96\sigma/\sqrt{n}$, 또는 $(\overline{X}-1.96\sigma/\sqrt{n},\ \overline{X}+1.96\sigma/\sqrt{n})$이다.

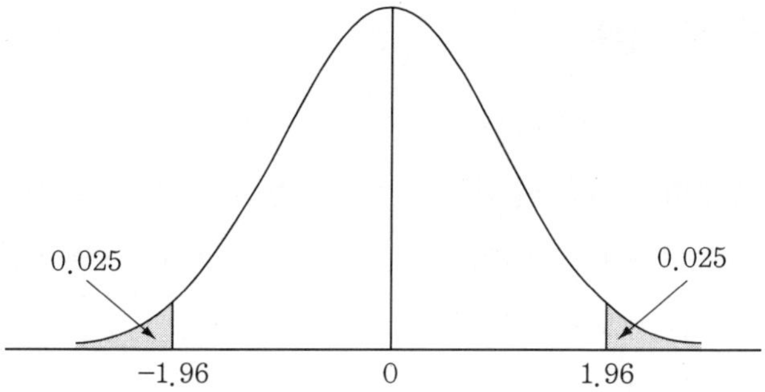

[그림 5-2] 표준정규분포의 95% 신뢰구간을 나타내는 확률면적

위와 같은 관계를 이용하여 μ에 대한 신뢰수준 $100(1-\alpha)\%$에서의 신뢰구간을 구하면 다음과 같다.

$$\overline{X} - z_{\alpha/2}\frac{\sigma}{\sqrt{n}} \le \mu \le \overline{X} + z_{\alpha/2}\frac{\sigma}{\sqrt{n}} \tag{5.7}$$

신뢰구간은 신뢰수준이 높고 구간의 크기는 좁도록 정하는 것이 바람직하나 일반적으로 신뢰수준이 높아지면 신뢰구간도 넓어진다. 신뢰수준 90%, 95%, 99% 등이 어느 정도 절충된 형태라 할 수 있겠다. 신뢰수준을 95%에서 99%로 4% 올리기 위해서는 신뢰구간을 약 1.3배로 하여야 함을 알 수 있다. 한편 동일한 신뢰수준에서 신뢰구간의 크기는 표본평균의 분산과 관련되므로 신뢰구간을 좁게 하기 위해서는 표본 수를 늘려야 한다.

예 5-3

[예 5-3] 어떤 제품의 평균 중량을 추정하기 위하여 7개의 표본을 추출하여 중량을 측정한 결과 다음과 같은 값을 얻었다.

84.9, 83.4, 81.0, 82.7, 83.4, 85.4, 82.9

이 제품의 중량에 대한 표준편차는 1.5로 알려져 있다.
95% 신뢰수준에서 이 제품의 평균 중량에 대한 신뢰구간을 구하라.

풀이 $\overline{X} = 83.386$, $z_{\alpha/2} = z_{0.025} = 1.96$이 되므로

$$\overline{X} - z_{0.025}\frac{\sigma}{\sqrt{n}} \le \mu \le \overline{X} + z_{0.025}\frac{\sigma}{\sqrt{n}}$$

$$\Rightarrow 83.386 - 1.96(1.5/\sqrt{7}) \le \mu \le 83.386 + 1.96(1.5/\sqrt{7})$$

$$\Rightarrow 83.386 - 1.111 \le \mu \le 83.386 + 1.111$$

이고, 평균 중량에 대한 신뢰구간은 (82.275, 84.497)이다. 즉 평균 중량이 (82.275, 84.497) 사이에 있을 것이라는 주장을 95% 신뢰할 수 있다.

5.3.2 모분산을 모르는 경우

모집단이 정규분포를 따르지만 분산 σ^2을 모를 경우에는 식(5.6)에 의하여 신뢰구간을 위한 d를 구할 수 없으며 식(5.7)의 신뢰구간을 사용할 수 없다. 표준편차 대신 이의 추정량인 s를 사용할 수 있는데 이때 식(5.6) 또는 식(5.7)의 σ대신 s를 대입하는 것이 아니고 식(5.5)로부터 다시 d를 유도하여야 한다.

즉 μ에 대한 $100(1-\alpha)\%$ 신뢰구간을 $\overline{X}\pm d$라 하면 $P\{\overline{X}-d \le \mu \le \overline{X}+d\}=1-\alpha$를 만족하는 d를 구하기 위해서 이번에는 다음 사실을 이용하여야 한다([정리 4-4] 참조).

$$\frac{\overline{X}-\mu}{s/\sqrt{n}} \sim t_{(n-1)}$$

따라서 μ에 대한 $100(1-\alpha)\%$ 신뢰구간을 위한 확률식은 다음과 같이 나타낼 수 있다.

$$P\left\{-\frac{d}{s/\sqrt{n}} \le \frac{\overline{X}-\mu}{s/\sqrt{n}} \le \frac{d}{s/\sqrt{n}}\right\}=1-\alpha$$

다시 말하면 $\overline{X}$를 표준화하는데 σ를 모르므로 $\sigma/\sqrt{n}$으로 나누지 못하고 $s/\sqrt{n}$으로 나누게 되었으며 이렇게 표준화된 확률변수는 Z-분포가 아니고 t-분포를 따름을 이용하는 것이다. 그리고 다음 사실을 알고 있으므로

$$P\left\{-t_{(\alpha/2;n-1)} \le \frac{\overline{X}-\mu}{s/\sqrt{n}} \le t_{(\alpha/2;n-1)}\right\}=1-\alpha$$

d는 아래와 같이 구할 수 있다.

$$d=t_{(\alpha/2;n-1)}\frac{s}{\sqrt{n}}$$

여기서 $t_{(\alpha/2;\,n-1)}$은 [그림 5-3]에서와 같이 자유도가 $(n-1)$인 t-분포의 꼬리면적을 $\alpha/2$로 하는 값을 t-분포표에서 찾음으로써 구할 수 있다.

결과적으로 σ^2을 모를 경우 μ에 대한 $100(1-\alpha)\%$ 신뢰구간은 다음과 나타낼 수 있다.

$$\overline{X}-t_{(\alpha/2;n-1)}\frac{s}{\sqrt{n}} \le \mu \le \overline{X}+t_{(\alpha/2;n-1)}\frac{s}{\sqrt{n}} \tag{5.8}$$

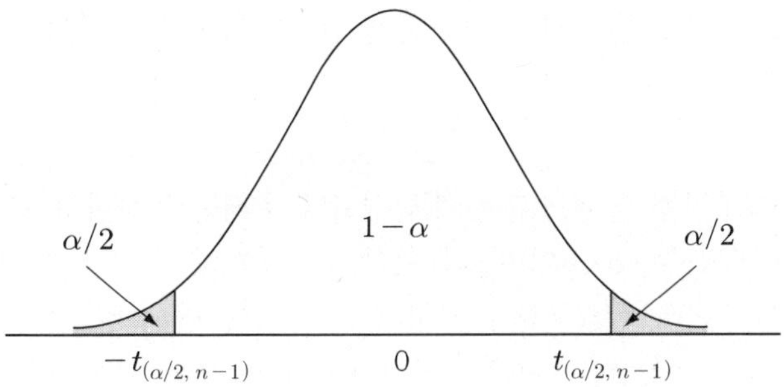

[그림 5-3] t-분포에서 확률$1-\alpha$에 해당하는 범위

예를 들어 $n=10$이고 신뢰수준이 95%일 때 t-분포표로부터 얻어진 $t_{(\alpha/2;\,n-1)}=t_{(0.025;\,9)}$의 값이 2.262이므로 μ에 대한 신뢰구간을 다음과 같이 나타낼 수 있다.

$$\overline{X}-2.262(s/\sqrt{10})\le\mu\le\overline{X}+2.262(s/\sqrt{10})$$

이상에서 보는 바와 같이 모분산을 모르는 경우에는 모표준편차 σ 대신에 표본표준편차 s를 이용하고, 정규분포 대신에 자유도가 $(n-1)$인 t-분포를 이용함으로써 모평균에 대한 신뢰구간을 얻을 수 있다. 일반적으로 동일한 신뢰수준 하에서 모분산을 모르는 경우의 추정된 신뢰구간은 모분산을 아는 경우의 추정된 신뢰구간에 비해 넓게 나타난다. 앞의 예에서도 신뢰수준 95%에서 σ를 아는 경우에는 1.96이라는 배수가 사용되는 것에 비해, σ를 모르는 경우에는($n=10$이라 하면) 2.262라는 보다 큰 배수가 사용되므로 결과적으로 신뢰구간이 넓어진다.

예 5-4

[예 5-3]에서 모분산이 알려지지 않았다고 가정하고 95% 신뢰수준에서 이 코일의 평균 경도에 대한 신뢰구간을 구하라.

풀이 $\overline{X}=83.386$, $s=1.46$, $t_{(0.025;\,6)}=2.447$이 되므로

$$\overline{X}-t_{(0.025;6)}\frac{s}{\sqrt{n}}\le\mu\le\overline{X}+t_{(0.025;6)}\frac{s}{\sqrt{n}}$$

$$\Rightarrow 8.386-2.447(1.46/\sqrt{7})\le\mu\le 8.386+2.447(1.46/\sqrt{7})$$

$$\Rightarrow 83.386-1.35\le\mu\le 83.386+1.35$$

이고, 평균 경도에 대한 신뢰구간은 (82.036, 84.736)이다.

표본수 n이 매우 큰 경우(대체로 30 이상인 경우에 해당)에는 t-분포가 표준정규분포에 근사하게 된다. 따라서 이런 경우에는 σ를 s로 대체하고 모분산을 아는 것으로 가정하여 식

(5.7)을 사용함으로써 모평균의 신뢰구간을 산출하여도 무방하다.

예 5-5

반도체 웨이퍼 제조공정 중 형성되는 평균산화막 두께를 조사하기 위해 표본 35개를 뽑아 측정하였더니 표본평균은 87.5이며 표본분산 s^2은 $(0.347)^2$이다. t-분포 및 Z-분포를 이용하여 평균두께의 95% 신뢰구간을 구하고 그 결과를 비교하라.

풀이 이 경우 표본이 30보다 크므로 표본분산을 모분산으로 대체하고 Z-분포를 이용할 수 있다. Z-분포를 이용하면

$$\overline{X} - z_{0.025}\frac{s}{\sqrt{n}} \le \mu \le \overline{X} + z_{0.025}\frac{s}{\sqrt{n}}$$

$$\Rightarrow 87.5 - 1.96(0.347/\sqrt{35}) \le \mu \le 87.5 + 1.96(0.347/\sqrt{35})$$

$$\Rightarrow 87.5 - 0.115 \le \mu \le 87.5 + 0.115$$

으로 $87.385 \le \mu \le 87.615$이다. 한편 t-분포를 이용하면

$$\overline{X} - t_{(0.025;34)}\frac{s}{\sqrt{n}} \le \mu \le \overline{X} + t_{(0.025;34)}\frac{s}{\sqrt{n}}$$

$$\Rightarrow 87.5 - 2.04(0.347/\sqrt{35}) \le \mu \le 87.5 + 2.04(0.347/\sqrt{35})$$

$$\Rightarrow 87.5 - 0.120 \le \mu \le 87.5 + 0.120$$

으로 $87.38 \le \mu \le 87.62$이다. 따라서 Z-분포와 t-분포 각각을 이용하여 얻어진 95% 신뢰구간의 차이는 근소함을 알 수 있다.

5.4 두 모평균간 차이의 구간 추정

앞에서는 하나의 모집단을 가정하고 이 모집단의 평균 μ에 대한 신뢰구간을 고려하였다. 이 절에서는 독립적인 정규분포를 따르는 각 모집단 (평균 μ_1, 분산 σ_1^2인 모집단과 평균 μ_2, 분산 σ_2^2인 모집단)에서의 두 모평균의 차이 $(\mu_1 - \mu_2)$에 대한 구간 추정을 다룬다. 이를 위해서는 $(\mu_1 - \mu_2)$의 불편추정량인 $(\overline{X_1} - \overline{X_2})$의 분포를 고려하여야 한다.

5.4.1 두 집단의 모분산을 아는 경우

두 개의 독립적인 모집단이 정규분포를 따르고 각각의 모분산 σ_1^2과 σ_2^2이 알려져 있다고 하자. 두 모집단으로부터 각각 n_1 및 n_2개의 표본이 추출될 때, 두 표본평균의 차이 $(\overline{X_1} - \overline{X_2})$는 두 모평균의 차이 $(\mu_1 - \mu_2)$에 대한 불편추정량이 되며, 이의 분산은 다음과 같다.

$$Var[\overline{X_1} - \overline{X_2}] = Var[\overline{X_1}] + Var[\overline{X_2}] = \frac{\sigma_1^2}{n_1} + \frac{\sigma_2^2}{n_2}$$

이를 이용하여 단일 모집단의 경우와 유사한 방법으로 두 모평균의 차이에 대한 100 $(1-\alpha)\%$ 신뢰구간을 구하면 다음과 같다.

$$(\overline{X_1} - \overline{X_2}) \pm z_{\alpha/2}\sqrt{\frac{\sigma_1^2}{n_1} + \frac{\sigma_2^2}{n_2}} \tag{5.9}$$

모집단의 분산을 모르더라도 표본수가 많으면 5.3.2절에서 언급한 바와 같이 σ_1^2 대신 s_1^2, σ_2^2 대신 s_2^2을 사용하고 위의 식을 적용시켜 신뢰구간을 구할 수 있다.

결과적으로 얻어진 $(\mu_1 - \mu_2)$의 신뢰구간이 양수 범위만을 포함하면 μ_1이 μ_2 보다 크다고 할 수 있으며, 음수 범위만을 포함하면 μ_2가 μ_1보다 크다고 할 수 있다. 그리고 이 신뢰구간이 예를 들어 (−1.5, .2)와 같이 0을 포함하고 있으면 두 모평균간의 차이는 없다고 할 수 있다.

예 5-6

A형 엔진과 B형 엔진간의 연비(km/liter)를 비교하는 실험이 수행되었다. 사용된 휘발유와 기타 실험조건은 동일한 상태로 주행시험을 A형 엔진에 대하여 50회, B형 엔진에 대하여 75회 수행한 결과 평균 연비는 각각 $\overline{X_A} = 42$와 $\overline{X_B} = 36$으로 나타났다. A형과 B형 엔진의 연비의 모평균을 각각 μ_A와 μ_B라고 할 때 $(\mu_A - \mu_B)$의 95% 신뢰구간을 구하여라. A형과 B형 엔진의 연비의 모표준편차는 각각 6과 8로 알려져 있다.

풀이 $(\mu_A - \mu_B)$의 점추정값은 $\overline{X_A} - \overline{X_B} = 42 - 36 = 6$이 된다. 두 표본의 모분산이 알려져 있으므로 95% 신뢰구간은 식(5.9)에 의거하고 Z-분포의 값 $z_{0.025} = 1.96$을 이용하여 다음과 같이 구한다.

$$6 - 1.96\sqrt{\frac{36}{50} + \frac{64}{75}} \le \mu_A - \mu_B \le 6 + 1.96\sqrt{\frac{36}{50} + \frac{64}{75}}$$

따라서 $(\mu_A - \mu_B)$의 95% 신뢰구간은 (3.54, 8.46)이다. 즉 A형 엔진의 평균 연비가 B형 엔진보다 3.54~ 8.46정도 높다고 할 수 있으며, 이 주장을 95% 신뢰할 수 있다.

5.4.2 두 집단의 모분산을 모르는 경우

σ_1^2과 σ_2^2을 모르는 경우를 고려해 보자. 두 집단의 모분산을 모르는 경우에는 두 모분산이 동일하다고 가정할 수 있는 경우와 동일하다고 가정할 수 없는 경우의 두 가지로 나누어 설명할 수 있다.

두 모분산이 동일한 경우

두 모분산이 동일하다는 가정하에서는 $(\overline{X_1}-\overline{X_2})$에 대한 분산으로서 합동표본분산(pooled sample variance, s_p^2)을 사용한다. 합동표본분산은 두 표본분산을 다음과 같이 결합시킴으로써 얻을 수 있다.

$$s_p^2=\frac{\sum_{i=1}^{n_1}(X_{1i}-\overline{X_1})^2+\sum_{i=1}^{n_2}(X_{2i}-\overline{X_2})^2}{(n_1-1)+(n_2-1)}=\frac{(n_1-1)s_1^2+(n_2-1)s_2^2}{n_1+n_2-2} \tag{5.10}$$

두 모분산이 동일하다고 가정하였으므로 추출된 두 표본의 데이터를 모두 이용하는 것이 바람직할 것이며 표본분산은 전체 제곱합을 자유도로 나누는 개념이므로 위의 식이 얻어진다.

$(\overline{X_1}-\overline{X_2})$와 관련된 합동표본분산을 포함하는 통계량은 자유도가 n_1+n_2-2인 t-분포를 따르게 된다. 따라서 두 분산이 동일하다고 가정할 때 모평균 차이에 대한 $100(1-\alpha)\%$ 신뢰구간은 다음과 같이 나타낼 수 있다.

$$(\overline{X_1}-\overline{X_2})\pm t_{(\alpha/2;n_1+n_2-2)}s_p\sqrt{\frac{1}{n_1}+\frac{1}{n_2}} \tag{5.11}$$

예 5-7

두 공장에서 생산된 콘크리트의 압축강도를 조사하였다. 각 공장에서의 공정 조건이 조금씩 다를 수 있으므로 공장 1과 공장 2에서 생산된 콘크리트의 압축강도에 얼마나 차이가 있는지를 알아보고자 한다. 공장 1과 공장 2에서 각각 25개씩의 콘크리트 표본을 수집하여 압축강도를 측정하였더니 표본평균 값은 $\overline{X_1}=55.7$, $\overline{X_2}=57.8$이고, 표본표준편차는 $s_1=0.231$, $s_2=0.448$이었다. 두 공장에서 생산된 콘크리트의 평균 압축강도간의 차이에 대한 90% 신뢰구간을 구하여라. 단, 두 모분산은 같다고 가정한다.

풀이 두 공장에서 생산된 콘크리트 압축강도의 모평균을 각각 μ_1과 μ_2로 나타내면 $(\mu_1-\mu_2)$의 점추정값은 $\overline{X_1}-\overline{X_2}=55.7-57.8=-2.1$이다. 합동표본분산 s_p^2은

$$s_p^2=\frac{(n_1-1)s_1^2+(n_2-1)s_2^2}{n_1+n_2-2}=\frac{24\{(0.231)^2+(0.448)^2\}}{25+25-2}=0.127$$

이 된다. 따라서 $s_p=0.3564$이며, $\alpha=0.1$이고 자유도는 $25+25-2=48$이므로 t-분포 값은 $t_{(0.05;48)}=1.675$이다. 이들 값을 이용하여 $(\mu_1-\mu_2)$의 90% 신뢰구간을 구하면 다음과 같다.

$$(-2.1)-(1.675)(0.3564)\sqrt{\frac{1}{25}+\frac{1}{25}} \le \mu_1-\mu_2 \le (-2.1)+(1.675)(0.3564)\sqrt{\frac{1}{25}+\frac{1}{25}}$$

따라서 $(\mu_1-\mu_2)$의 90% 신뢰구간은 (−2.27, −1.93)이며, 이를 통하여 공장 2에서 생산된 콘크리트의 압축강도가 공장 1에서 생산된 것의 압축강도보다 1.93에서 2.27정도 높다는 사실도 알아낼 수 있다.

두 집단의 모분산이 다른 경우

먼저 표본수가 큰 경우에는 표본분산 s_1^2, s_2^2을 각각 구해 이를 σ_1^2과 σ_2^2으로 간주하여 식(5.9)를 이용함으로써 두 모평균간 차이의 신뢰구간을 구할 수 있다. 그러나 표본수가 작으면서 두 집단의 모분산이 다른 경우에는 다음의 식을 이용하여 $(\mu_1-\mu_2)$의 신뢰구간을 얻는다.

$$(\overline{X_1}-\overline{X_2}) \pm t_{(\alpha/2,\nu)}\sqrt{\frac{s_1^2}{n_1}+\frac{s_2^2}{n_2}} \tag{5.12}$$

여기서 t값의 자유도는 다음과 같이 구한다. 이를 등가자유도라 한다.

$$\nu = \frac{(s_1^2/n_1+s_2^2/n_2)^2}{\left\{(s_1^2/n_1)^2/(n_1-1)\right\}+\left\{(s_2^2/n_2)^2/(n_2-1)\right\}} \tag{5.13}$$

앞에서의 [예 5-7]의 예를 이용하여 설명해 보자. [예 5-7]에서 두 집단의 모분산이 같다고 가정하지 않는다면 식(5.12)를 이용하여 90% 신뢰구간을 구한다. 우선 자유도 ν는

$$\nu = \frac{\left\{(0.231^2/25)+(0.448^2/25)\right\}^2}{\left\{(0.231^2/25)^2/(25-1)\right\}+\left\{(0.448^2/25)^2/(25-1)\right\}} = 35.92$$

가 되는데, 가장 가까운 자연수를 택하면 자유도는 $\nu=36$로 결정된다.
$t_{(0.05;36)}=1.69$이고 따라서 $(\mu_1-\mu_2)$에 대한 90% 신뢰구간은 다음과 같이 구할 수 있다.

$$(-2.1)-1.69\sqrt{\frac{0.231^2}{25}+\frac{0.448^2}{25}} \le \mu_1-\mu_2 \le (-2.1)+1.69\sqrt{\frac{0.231^2}{25}+\frac{0.448^2}{25}}$$

결과적으로 두 모평균간의 차이에 대한 90% 신뢰구간은 (−2.27, −1.93)이다.

5.5 짝을 이룬 표본의 구간 추정

앞 절에서는 두 모집단으로부터 독립적으로 추출된 표본을 바탕으로 두 모평균간의 차이에 대한 구간 추정 방법을 설명하였다. 경우에 따라서는 동일 집단에 대해 실험을 하고 실험 전과 실험 후의 차이를 비교하는 방법도 채택되는데 이를 짝을 이룬 표본(paired sample)에 의한 추정이라고 한다. 이 경우 두 관측값은 동일한 실험 단위에서 얻어지므로 서로 독립이 아니다. 예를 들어 항생제의 투약효과를 실험한다면 동일한 환자에 대해 투약 전과 투약 후를 비교해야만 항생제에 의한 순수효과를 밝혀 낼 수 있다.

실험 전의 모집단의 평균을 μ_1, 실험 후의 모집단 평균을 μ_2라 하고 평균차 $\mu_D = \mu_1 - \mu_2$에 대한 구간 추정에 관심이 있다고 하자. n개의 표본에 대한 관찰값을 (X_1, Y_1), (X_2, Y_2), $\ldots$, (X_n, Y_n)이라 하고, 각 짝의 차이를 〈표 5-1〉에서와 같이 $D_i = X_i - Y_i$라 하자.

〈표 5-1〉 짝을 이룬 표본

표본	X	Y	$D=X-Y$
1	X_1	Y_1	$D_1 = X_1 - Y_1$
2	X_2	Y_2	$D_2 = X_2 - Y_2$
⋮	⋮	⋮	⋮
n	X_n	Y_n	$D_n = X_n - Y_n$

짝을 이룬 표본의 차이 D_i에 대한 평균 $\overline{D}$와 표본분산 s_D^2은 다음과 같다.

$$\overline{D} = \frac{1}{n}\sum_{i=1}^{n} D_i, \quad s_D^2 = \sum_{i=1}^{n}\frac{(D_i - \overline{D})^2}{n-1}$$

실험 전후의 모평균간 차이 μ_D에 대한 100(1−α)% 신뢰구간은 $\overline{D}$와 s_D를 이용하고 식 (5.8)을 사용함으로써 다음과 같이 구할 수 있다.

$$\overline{D} \pm t_{(\alpha/2;n-1)}\frac{s_D}{\sqrt{n}} \tag{5.14}$$

예 5-8

5가지 시료에 대해 새로운 여과 방법을 적용하고 기존의 방법과 차이가 있는지를 조사하고자 한다. 새로운 여과 방법 및 기존 방법에 의한 측정치를 각각 X_{new}, X_{old}라 한다. 이 실험에서는 시료의 특성에 따라 나타날 수 있는 오차를 줄이기 위해 짝을 이룬 형태의 방법을 적용하기로 하였다. 두 방법에 의한 실제평균의 차이인 $(\mu_{new} - \mu_{old})$에 대한 95% 신뢰구간을 구하여라.

X_{new}	X_{old}	$D = X_{new} - X_{old}$	$(D - \overline{D})^2$
0.18	0.20	−0.02	0.001764
0.15	0.19	−0.04	0.003844
0.21	0.14	0.07	0.002304
0.20	0.15	0.05	0.000784
0.17	0.12	0.05	0.000784
계		0.11 $\overline{D} = 0.022$	0.000948 $S_D^2 = 0.00237$

풀이 새로운 방법 적용 전후의 차이에 대한 95% 신뢰구간을 구하면 다음과 같다.

$$\overline{D} \pm t_{(0.025;4)} \frac{s_D}{\sqrt{n}} = 0.022 \pm 2.776 \sqrt{\frac{0.00237}{5}} = 0.022 \pm 0.0604$$

즉 (−0.0384, 0.0824)이다. 여기서 신뢰구간에 0이 포함되어 있으므로 새로운 여과 방식에 의한 차이는 없는 것으로 판단할 수 있다.

짝을 이룬 표본에 대한 실험은 실험단위의 특성 때문에 관찰하고자 하는 요인의 오차가 예상되는 경우에 이용되는 방법이다. 위의 [예 5-8]에서 여과방식의 효과는 시료의 종류에 따라서도 다르게 나타날 것이 예상되므로 이를 통제하기 위해 짝을 이룬 표본의 형태로 그 효과를 조사한 것이다.

5.6 모분산의 구간추정

평균 μ, 분산 σ^2인 정규분포를 따르는 모집단으로부터 n개의 표본 X_1, X_2, ..., X_n을 추출할 때 모분산 σ^2에 대한 구간 추정 문제를 살펴보자. σ^2의 점추정량(불편 추정량)은 표본분산 s^2이므로 σ^2의 신뢰구간으로 s^2을 중심으로 한 전후 구간을 생각할 수 있을 것이다. 그러나 s^2과 관련된 아래 통계량은 자유도 $n-1$인 χ^2 −분포를 따르는데([정리 4.2] 참조), 이 분포는 대칭형태를 가지지 않으므로 σ^2의 신뢰구간도 s^2을 중심으로 한 대칭 구간이 되지 않는다.

$$\frac{(n-1)s^2}{\sigma^2} \sim \chi^2_{(n-1)}$$

σ^2에 대한 $100(1-\alpha)\%$ 신뢰구간은 [그림 5-4]에서 보는 바와 같이 χ^2_{n-1}분포의 왼쪽 확률면적이 $\alpha/2$가 되는 경계치 $\chi^2_{(1-\alpha/2;n-1)}$와 오른쪽 확률면적이 $\alpha/2$가 되는 경계치 $\chi^2_{(\alpha/2;n-1)}$를 설정하여 다음 식이 성립하도록 한다.

$$P\left\{\chi^2_{(1-\alpha/2;n-1)} \le \frac{(n-1)s^2}{\sigma^2} \le \chi^2_{(\alpha/2;n-1)}\right\} = 1-\alpha$$

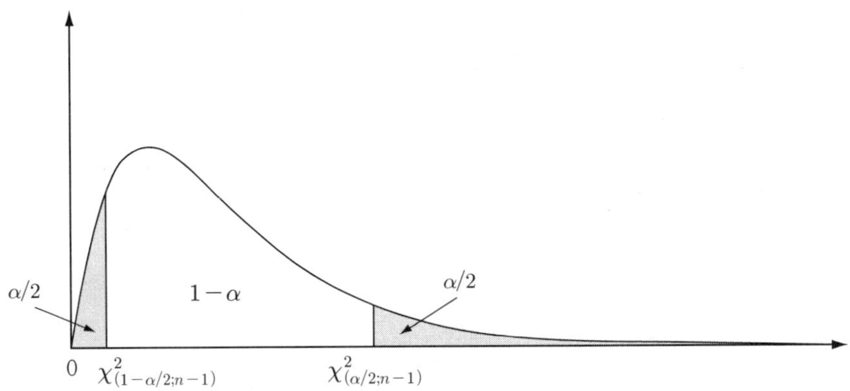

[그림 5-4] χ^2-분포의 확률구간

이로부터 σ^2의 $100(1-\alpha)\%$ 신뢰구간을 다음과 같이 구할 수 있다

$$\frac{(n-1)s^2}{\chi_{(\alpha/2;n-1)}} \le \sigma^2 \le \frac{(n-1)s^2}{\chi_{(1-\alpha/2;n-1)}} \tag{5.15}$$

예 5-9

전기로의 조업온도를 측정하였다. 26개의 표본에 대한 표본평균은 1633℃이고 표본분산은 11이다. 전기로 온도의 분산에 대한 95% 신뢰구간을 구하여라.

풀이 $\alpha = 0.05$, 자유도 $n-1=25$에서 $\chi^2_{(0.025;25)} = 40.646$, $\chi^2_{(0.975;25)} = 13.120$이다. 따라서 식(5.15)를 이용하여 분산에 대한 95% 신뢰구간을 구해보면 다음과 같다.

$$\frac{25(11)}{40.646} \le \sigma^2 \le \frac{25(11)}{13.120}$$

즉 모분산에 대한 95% 신뢰구간은 (6.766, 20.960)이다.

5.7 참고사항

두 모분산의 비에 대한 추정은 생략되었으나 6.4.2절의 두 모분산의 비에 대한 검정을 참조하면 그 절차를 쉽게 유도할 수 있다. 참고문헌 [1]을 참조해도 된다.

[1] 윤상운, 이태섭, *실용통계학*, 자유아카데미, 1996

연습문제

5.1 어떤 부품의 로트에 대한 불량률을 추정하고자 로트로부터 n개의 표본을 취하여 양품과 불량품을 가려 X개의 불량품을 얻었다. 임의의 부품이 불량일 확률은 다른 것과 독립이며 동일하다.

(a) 이 로트의 불량률에 대한 추정량을 구하여라.

(b) (a)의 추정량은 불편추정량인가?

5.2 어떤 설비의 수명 X는 평균이 $\frac{1}{\lambda}$인 지수분포를 따른다.

(a) 평균의 추정량으로 X를 사용할 때 이는 불편추정량인가? 이 추정량의 MSE를 구하라.

(b) 평균의 추정량으로 $\frac{X}{2}$를 사용할 때 이는 불편추정량인가? 이 추정량의 MSE를 구하라. 또한 (a)의 결과와 비교하라.

5.3 식(5.4)가 다음과 같이 됨을 보이라.

$$MSE[\hat{\theta}] = Var[\hat{\theta}] + (E[\hat{\theta}] - \theta)^2$$

5.4 로켓을 제작하기 위해 새로 개발된 합금의 평균 강도 μ를 추정하고자 한다. 15개의 새 합금조각으로부터 강도를 측정한 결과 평균이 28.2 표준 편차가 2.9로 나타났다.

(a) 새롭게 개발된 합금의 평균 강도 μ에 대한 90% 신뢰구간을 구하여라.

(b) 위의 결과를 해석하라.

5.5 넓은 양식장에서 키운 굴에 대해 연구하는 한 실험자가 단위 부피 당 굴의 무게 분포에 관심이 있다고 한다. 그 실험자가 단위 부피당 평균무게(μ)를 추정하고자 하는데 이제까지의 자료에 의하면 굴의 무게의 표준편차는 $\sigma = 4$를 갖는다고 한다. 평균무게에 대한 오차(즉, $|\bar{x} - \mu|$)가 0.75 이하가 될 확률이 최소한 90%가 되기 위해서는 어느 정도

의 크기의 표본을 조사하여야 하는가?

5.6 냉연코일 품질을 검사하기 위하여 매일 4개의 코일을 표본추출하여 경도를 측정한다. 다음은 5일분의 경도 측정치를 나타낸 것이다. 모집단은 정규분포를 따른다고 한다.

날짜	1	2	3	4
1	52.0	55.7	59.8	53.2
2	58.7	53.2	60.2	59.0
3	61.6	54.9	56.3	52.2
4	57.3	56.9	54.4	60.5
5	53.1	58.4	52.3	58.9

(a) 경도에 대한 평균 및 분산의 점추정치를 각각 구하라.

(b) 경도 평균의 90% 신뢰구간을 구하라.

(c) 경도 분산의 99% 신뢰구간을 구하라.

(d) 처음 3일 이후 공정조건이 약간 변화되었음이 통보되었다. 처음 3일의 경도 평균과 나머지 2일의 경도 평균과의 차에 대한 90% 신뢰구간을 구하라. 경도평균이 변하였다고 말할 수 있는가? 두 모집단은 서로 독립이며 분산이 같은 정규분포를 따른다고 가정한다.

5.7 다음은 어떤 공장에서 생산된 10개의 완제품에 대한 무게를 측정한 데이터이다.

1,073 1,075 1,067 1,043 1,068 1,075 1,075 1,068 1,070 1,076

모집단이 정규분포를 따른다고 할 때 다음을 구하여라.

(a) 모평균에 대한 90% 신뢰구간을 구하라.

(b) 각 데이터값에서 1,070을 뺀 다음 90% 신뢰구간을 구하고 (a)와 비교하여라.

(c) 모분산에 대한 90% 신뢰구간을 구하라.

5.8 다음은 품질등급이 같은 2개의 와인 그룹(레드와인, 화이트와인)에 대한 수소이온농도(pH)를 측정한 데이터이다. 각 와인 그룹은 서로 독립이고 동일한 분산을 갖는 정규분포를 따르는 모집단을 구성한다고 한다.

PH	1	2	3	4	5	6	7
레드와인	3.51	3.2	3.26	3.3	3.35	3.28	3.58
화이트와인	3.02	2.94	3.13	3.11	3		

(a) 각 와인 그룹에서 수소이온농도(pH)의 평균에 대한 95% 신뢰구간을 각각 구하라.

(b) 와인 그룹에 따른 수소이온농도(pH)간 차이에 대한 95% 신뢰구간을 구하라.

5.9 제품조립시 시간단축을 위해 새로운 방법을 개발하였다. 기존 방법과 새로운 방법 간의 비교를 위해 10번씩 수행하였고, 기존 방법은 $\overline{x_1}=26.23$분, 새로운 방법은 $\overline{x_2}=21.27$분이 소요되었다. 또한 다음과 같은 조건도 주어져 있다고 한다.

$$\sum_{i=1}^{10}(x_{1i}-\overline{x_1})^2 = 126.552 \qquad \text{(기존 방법)}$$

$$\sum_{i=1}^{10}(x_{2i}-\overline{x_2})^2 = 190.281 \qquad \text{(새로운 방법)}$$

기존 방법과 새로운 방법의 평균시간 차이에 대한 신뢰구간을 1% 유의수준으로 추정하여라.

5.10 전자시계 제조사인 A업체가 최종 품질 검사에 합격한 전자시계 중에서 20개를 추출하여 시간이 얼마나 정확하게 유지되는 지를 검사하고자 한다. 이를 위해 전자시계를 표준시간과 동일하게 맞춘 뒤 일주일 뒤에 표준 시간과의 차이(A업체의 전자시계 시간 − 표준시간)를 측정하였더니 평균과 표준편차가 다음과 같았다.

$$\overline{x}=0.5\text{초},\ s=0.4\text{초}$$

모집단의 시간차이가 정규분포라는 가정 하에 A업체 전자시계 모 표준편차의 90% 신뢰구간을 구하여라.

5.11 어떤 제품의 품질특성치는 평균 μ, 분산 σ^2의 정규분포를 따른다. 20개의 제품을 표본으로 추출하여 품질특성치 X_i, $i=1, 2, \ldots, 20$을 측정한 결과 다음을 얻었다.

$$\sum X_i = 180,\ \sum X_i^2 = 1{,}875$$

(a) 품질특성치 평균에 대한 90% 신뢰구간을 구하라.

(b) 품질특성치 분산에 대한 90% 신뢰구간을 구하라.

5.12 어떤 두 부품을 길이방향으로 용접하여 하나의 제품을 만든다. 부품 $i(i=1,\ 2)$의 길이는 서로 독립이며 평균이 μ_i이고 동일한 분산 σ^2을 갖는 정규분포를 따른다. 부품 i에 대하여 n_i개의 표본을 추출하여 길이를 측정한 데이터를 바탕으로 제품의 평균 길이, 즉 $\mu_1+\mu_2$의 95% 신뢰구간을 구하는 공식을 유도하라. 단, 용접으로 손실되는 길이는 무시한다.

06

가설검정

통계학을 배우는 목적은 표본으로부터 연구목적에 맞는 과학적 추론을 얻는 것이다. 5장에서 표본을 바탕으로 얻은 통계량을 이용하여 모수를 추정하는 방법을 설명하였는데 이는 본 장에서 다룰 가설검정과도 연관되어 있다. 가설검정이란 모집단에 대한 통계적 가설을 세우고 표본을 추출한 다음 그 표본을 통하여 얻은 정보를 이용하여 통계적 가설의 진위를 판단하는 과정이다. 구간추정이 이루어진 경우에는 별도의 가설검정 과정이 필요없이 가설에 대한 결론을 도출할 수 있다. 다시 말하면 가설검정은 구간추정보다 좀 더 단순한 과정이라 할 수 있다.

6.1 검정의 기초개념

본 절에서는 가설검정과 관련된 용어와 필요한 개념을 설명하고자 한다. 우선 가설검정(hypothesis testing)에 있어서 중요한 단계를 설명해보면 다음과 같다.

1. 모집단의 특성에 대한 가설을 설정한다.
2. 표본을 추출하여 검정통계량을 계산한다.
3. 선택한 유의수준에 대한 검정통계량의 기각역을 결정한다.
4. 검정통계량이 기각역에 속하는지를 검토하여 가설에 대한 판정을 내린다.

6.1.1 귀무가설과 대립가설

가설은 모집단의 특성, 특히 모수에 대한 주장 또는 가정이다. 가설은 귀무가설과 대립가설의 두 가지로 설정되는데 각각의 설명은 다음과 같다.

귀무가설(null hypothesis: H_0)은 모집단의 모수를 하나의 값으로 표현하는데, 이 값은 검정과정을 통하여 기각되기까지 해당 모수의 참값으로 간주된다. 모수가 특정값 θ_0을 갖는다는 귀무가설은 $H_0 : \theta = \theta_0$으로 쓴다.

대립가설(alternative hypothesis: H_1)은 귀무가설에서 제시한 모수의 값을 제외한 나머지 영역에서 모수의 값을 정의한다. $H_0 : \theta = \theta_0$에 대응하는 대립가설 H_1로는 다음의 세 가지가 있다

$$H_0 : \theta \neq \theta_0$$
$$H_1 : \theta > \theta_0$$
$$H_1 : \theta < \theta_0$$

예 6-1

어떤 제조공정에서 제품 1개를 생산하는 데 걸리는 평균 소요시간 μ는 100초라고 알려져 있는데, 공정에서 일하는 작업자들은 100초를 넘는다고 주장하고 있다. 이러한 주장을 검정하기 위해 귀무가설은 평균 소요시간이 100초라는 것으로, 대립가설은 평균 소요시간이 100초를 넘는다는 것으로 다음과 같이 세워진다.

$$H_0 : \mu = 100$$
$$H_1 : \mu > 100$$

예 6-2

쌀 생산에 있어서 안전성의 주요 품질특성치로 잔류농약의 표준편차를 들고 있는데 잔류농약의 표준편차를 줄이기 위해 생산공정을 개선하였다. 개선 전의 표준편차를 σ_1, 개선 후의 표준편차를 σ_2라 할 때, 표준편차(또는 분산)가 줄었다고 볼 수 있는지에 대한 가설을 다음과 같이 기술할 수 있다.

$$H_0 : \sigma_1 = \sigma_2$$
$$H_1 : \sigma_1 > \sigma_2$$

6.1.2 양측검정과 단측검정

검정은 기본적으로 귀무가설 H_0을 어느 경우에 기각(reject)하는가에 관심을 두는데, 표본자료가 대립가설 H_1을 지지하고 있으면 귀무가설을 기각하게 된다. 따라서 검정방법은 대립가설의 형태에 따라 양측검정과 단측검정으로 나누어진다.

(1) 양측검정(two-sided test)

모수 θ에 대한 다음과 같은 귀무가설 및 대립가설에 대해서는 표본자료를 바탕으로 θ가 θ_0 값과 통계적으로 다르다고 판단되면 H_0을 기각하게 된다.

$$H_0 : \theta = \theta_0$$
$$H_1 : \theta \neq \theta_0$$

다시 말하면 θ가 θ_0보다 크거나 작으면 H_0를 기각하게 되는데, 이 경우 θ가 θ_0보다 크다고 볼 수 있는지와 θ가 θ_0보다 작다고 볼 수 있는지를 모두 조사해야 하므로 양측검정 또는 양쪽검정이라 한다.

(2) 단측검정(one-sided test)

한편 모수 θ에 대한 귀무가설이 다음과 같으면 θ가 θ_0보다 클 경우 혹은 작을 경우 에만 H_0을 기각하게 된다.

$$H_0 : \theta = \theta_0$$
$$H_1 : \theta > \theta_0 \qquad (\text{혹은 } \theta < \theta_0)$$

이 경우 한쪽 방향만 조사하므로 단측검정 또는 한쪽검정이라고 한다. 예를 들어 대립가설이 $H_1 : \theta < \theta_0$인 경우에는 θ가 통계적으로 θ_0 보다 작은 경우에만 H_0을 기각한다. 즉, θ가 통계적으로 θ_0 보다 클 경우에는 비록 $\theta = \theta_0$는 아니라고 할 수 있지만 H_0을 기각하지 않는다. H_0을 기각하지 않을 때 통상 'H_0을 채택(accept)한다'고 표현하기도 하는데 이는 항상 올바른 표현은 아니다. 단측검정에서는 위에서 보듯이 H_0을 기각하지 않는다고 반드시 채택을 의미하는 것이 아니기 때문이다.

6.1.3 검정통계량과 분포

모수 θ와 관련된 가설에 대한 검정통계량(test statistic)은 해당 모수 θ의 점추정량으로 표현되며, 잘 알려져 있는(분포표를 이용할 수 있는) 분포를 따르는 형태로 나타낸 것이다. 여기서 θ을 기각할 영역인 기각역을 결정하기 위해서는 검정통계량의 분포를 알아야 하며, 검정통계량의 분포를 유도할 때는 항상 귀무가설 H_0이 옳다고 가정한다.

예를 들어 평균 μ, 분산 σ^2인 모집단에서 표본 X_1, X_2, ..., X_n을 추출하여 다음과 같은 가설을 검정한다고 하자.

$$H_0 : \mu = 1$$
$$H_1 : \mu \neq 1$$

μ에 대한 점추정량이 $\overline{X}$이므로 위 가설에 대한 검정통계량은 $\overline{X}$로 표현되는데 $\overline{X}$는 $N(\mu, \sigma^2/n)$분포를 따르므로 아래의 Z는 분포표가 있는 표준정규분포를 따른다.

$$Z = \frac{\overline{X} - \mu}{\sigma / \sqrt{n}}$$

이때 H_0이 옳다고 하면 $\mu=1$이므로 Z는 다음과 같이 되며, σ를 안다고 하면 Z는 계산 가능한 변수가 되어 위 가설의 검정통계량으로 사용할 수 있다.

$$Z=\frac{\overline{X}-1}{\sigma/\sqrt{n}}$$

예 6-4

평균 μ, 분산 σ^2인 정규분포를 따르는 모집단으로부터 표본 X_1, X_2, ..., X_n을 추출하였다. 다음 가설을 검정하고자 하는데 검정통계량을 유도하라.

$$\mathrm{H}_0 : \sigma^2=1$$
$$\mathrm{H}_1 : \sigma^2>1$$

풀이 σ^2의 점추정량은 표본분산 s^2이며, 이와 관련된 $(n-1)s^2/\sigma^2$이 자유도 $(n-1)$인 χ^2-분포를 따른다는 것을 알고 있으므로 $\sigma^2=1$을 대입하면 검정통계량은 다음과 같다.

$$\chi^2=(n-1)s^2$$

6.1.4 유의수준과 기각역

가설검정은 표본에 의해 얻어진 정보를 근거로 모집단에 관한 결론을 내리므로 오류가 발생할 가능성을 항상 지니고 있다. 가설검정에서 발생하는 오류는 제 1종 오류 및 제 2종 오류의 두 가지로 구분될 수 있다.

제 1종 오류 (type I error)는 귀무가설 H_0이 사실인데 잘못하여 H_0을 기각하게 되는 오류로서 다음과 같이 표현된다.

$$\text{제 1종 오류} = P\{\mathrm{H}_0 \text{ 기각} \mid \mathrm{H}_0\text{이 사실}\}$$

제 2종 오류 (type Ⅱ error)는 귀무가설 H_0이 사실이 아닌데 잘못하여 H_0을 채택하는 오류로서 다음과 같다.

$$\text{제 2종 오류} = P\{\mathrm{H}_0 \text{ 채택} \mid \mathrm{H}_0\text{이 거짓}\}$$

통상적으로 특정값 α를 정하고 H_0이 옳을 때 H_0을 기각할 확률(제 1종 오류)이 α보다 결코 크지 않도록 하는데 이 값 α를 유의수준(level of significance)이라 한다. 즉 허용가능한 제 1종 오류의 최대값(또는 제 1종 오류의 허용한계)을 유의수준이라 할 수 있다. 유의수준의 값으로 보통 $\alpha=0.1$, 0.05, 0.01 등을 사용한다. H_0을 기각시키고자 하는 검정통계량과 관련된 영역을 기각역(critical region)이라 하는데 이는 양측검정/단측검정 여부, 검정통계량의 분포, 유의수준에 따라 정해진다. 즉 유의수준 α를 정하였을 때 양측검정의 경우에는 검정통계량의 확률밀도함수 양쪽 끝에 각각 $\alpha/2$씩 할당한 영역을 기각역이라 하며, 단측검정의 경우에는 한쪽(오른쪽 혹은 왼쪽) 끝의 확률 α에 해당하는 영역을 기각역이라 한다.

예 6-5

평균 μ, 분산 1인 정규분포를 따르는 모집단에서 표본 X_1, X_2, ..., X_n을 추출하여 다음 가설을 유의수준 5%에서 검정하고자 한다.

$$\mathrm{H}_0 : \mu = 1$$
$$\mathrm{H}_1 : \mu \neq 1$$

적절한 검정통계량과 기각역을 구하라.

풀이 이때 검정통계량은 6.1.3절의 설명에 따라 다음과 같다.

$$Z = \sqrt{n}(\overline{X} - 1)$$

H_0이 옳을 때 Z가 $N(0,\ 1)$을 따른다. 한편 양측검정이므로 Z-분포 양쪽 끝에 각각 확률 0.025를 할당한 범위가 기각역이 된다. 그러므로 기각역은 $Z > 1.96$ 또는 $Z < -1.96$이 된다(즉 $|Z| > 1.96$). 따라서 $\sqrt{n}(\overline{X} - 1) > 1.96$ 또는 $\sqrt{n}(\overline{X} - 1) < -1.96$ 일 때 H_0을 기각하게 된다. 즉 $\overline{X} > 1 + \dfrac{1.96}{\sqrt{n}}$ 이거나 $\overline{X} < 1 - \dfrac{1.96}{\sqrt{n}}$ 이면 유의수준 5%에서 $\mu = 1$이라고 말할 수 있다.

[예 6-1]에서 기각역을 유의수준 α에서 $\overline{X} > 103$으로 정했다고 하자. 이때 유의수준은 $\alpha = P\{\overline{X} > 103 \mid \mu = 100\}$ 으로 표현될 수 있다. 여기서 만일 표본의 평균이 104였다면 귀무가설 $\mathrm{H}_0 : \mu = 100$은 기각된다. 그러나 실제 모집단의 평균 소요시간이 100이나, 우연히 생산 소요시간이 길어져 표본평균이 104가 되어 H_0이 기각될 수 있는데, 이러한 오류를 제 1종 오류라고 한다. 따라서 제 1종 오류는 항상 유의수준 보다는 작거나 같게 된다. 만약 $\overline{X} = 150$ 이 나와 H_0을 기각하였다면 이 판정에 대한 제 1종 오류는 α보다 매우 작을 것이다. 제 2종 오류를 β라 할 때 $(1-\beta)$를 검정력(power of test)이라 하는데 검정력은 클수록 좋다. 그러나 일반적으로 제 2종 오류는 산출하기가 어렵다.

검정통계량의 검정오차에 영향을 미치는 다른 요인은 표본수인데 표본수가 커지면 분산이 작아지므로 고정된 α에 대하여 β가 작아지고 따라서 검정력$(1-\beta)$는 커진다. 이런 관계를 이용하여 원하는 검정력에 대응하는 표본수를 결정할 수 있다.

6.2 모평균의 검정

평균 μ, 분산 σ^2인 정규분포를 따르는 모집단에서 n개의 표본 X_1, X_2, ..., X_n을 추출하여 모평균 μ에 대해서 다음과 같은 가설을 검정한다고 하자.

$$\mathrm{H}_0 \ : \ \mu = \mu_0$$
$$\mathrm{H}_1 \ : \ \mu \neq \mu_0$$

μ의 점추정량이 $\overline{X}$이므로 검정통계량은 이를 표준화한 변수가 된다. 따라서 검정통계량은 분산 σ^2을 아는 경우 다음과 같고

$$Z = \frac{\overline{X} - \mu_0}{\sigma / \sqrt{n}} \tag{6.1}$$

σ^2을 모르는 경우에는 σ 대신 표본표준편차 $s\,(=\sqrt{s^2})$를 대입하여야 하므로 다음과 같다.

$$T = \frac{\overline{X} - \mu_0}{s / \sqrt{n}} \tag{6.2}$$

H_0이 옳다고 할 때 검정통계량 Z는 $N(0,\ 1)$분포를, T는 $t_{(n-1)}$분포를 따르므로 각 경우의 검정절차는 아래와 같다.

<u>σ^2을 아는 경우</u>

1. 검정통계량 Z 계산

$$Z = \frac{\overline{X} - \mu_0}{\sigma / \sqrt{n}}$$

2. Z의 절대값 $|Z|$가 $z_{\alpha/2}$보다 크면 유의수준 α에서 H_0을 기각하고, $|Z|$가 $z_{\alpha/2}$보다 작거나 같으면 유의수준 α에서 H_0을 기각하지 못한다.

<u>σ^2을 모르는 경우</u>

1. 검정통계량 T 계산

$$T = \frac{\overline{X} - \mu_0}{s / \sqrt{n}}$$

2. T의 절대값 $|T|$가 $t_{(\alpha/2;\,n-1)}$보다 크면 유의수준 α에서 H_0을 기각하고 $|T|$가 $t_{(\alpha/2;\,n-1)}$보다 작거나 같으면 유의수준 α에서 H_0을 기각하지 못한다.

σ를 모르는 경우라 할지라도 표본수 n이 큰 경우에는 t-분포가 표준정규분포에 근사하게 되므로 σ를 s로 대체하고 모분산을 아는 것으로 가정하여 Z-검정통계량을 이용함으로써 가설을 검정할 수 있다.

〈표 6-1〉은 이상에서 언급한 검정절차를 요약한 것이다. 그리고 [그림 6-1]은 모분산을 알고 있을 경우에 대한 대립가설의 형태에 따른 기각역을 보여주고 있다.

우리는 귀무가설의 형태가 $H_0 : \mu = \mu_0$인 경우를 다루고 있는데 단측검정의 경우 $H_0 : \mu \le \mu_0$로 설정할 수도 있다. 전자의 경우 단순가설(simple hypothesis)이라 하며 후자의 경우 복합가설(composite hypothesis)이라 한다. 복합가설의 경우 모집단의 분포가 완전하게 규정되지는 않으나 기각역은 단순가설의 경우와 동일하다.

〈표 6-1〉 모평균에 대한 가설검정

		모분산(σ^2)을 아는 경우	모분산(σ^2)을 모를 경우
양측검정	가설	$H_0 : \mu = \mu_0$ $H_1 : \mu \ne \mu_0$	
	검정통계량	$Z = \dfrac{\overline{X} - \mu_0}{\sigma / \sqrt{n}}$	$T = \dfrac{\overline{X} - \mu_0}{s / \sqrt{n}}$
	기각역 (유의수준 α)	$Z < -z_{\alpha/2}$ 또는 $Z > z_{\alpha/2}$	$T < -t_{(\alpha/2;n-1)}$ 또는 $T > t_{(\alpha/2;n-1)}$
단측검정	가설	$H_0 : \mu = \mu_0$ $H_1 : \mu > \mu_0$ (또는 $\mu < \mu_0$)	
	검정통계량	$Z = \dfrac{\overline{X} - \mu_0}{\sigma / \sqrt{n}}$	$T = \dfrac{\overline{X} - \mu_0}{s / \sqrt{n}}$
	기각역 (유의수준 α)	$Z > z_\alpha$ ($H_1 : \mu < \mu_0$의 경우 $Z < z_{-\alpha}$)	$T > t_{(\alpha;n-1)}$ ($H_1 : \mu < \mu_0$의 경우 $T < -t_{(\alpha;n-1)}$)

예 6-6

어떤 제품의 평균 용량은 58g 이라 표기되어 있다. 그러나 구매자들은 평균 용량이 58g 미만이라고 주장한다. 이 제품의 평균 용량이 58인지 여부에 대한 검정을 실시하기 위해 100개의 표본을 추출하였으며 표본평균으로 57.5, 표본분산으로 2.04를 얻었다. 적절한 가설을 세우고, 유의수준 5%에서 검정하라.

풀이 다음과 같은 가설을 세울 수 있다.

$$H_0 : \mu = 58$$
$$H_1 : \mu < 58$$

모분산은 알려지지 않았으나 표본수가 크므로 Z-분포를 이용한다. 따라서 검정통계량은

$$Z = \frac{57.5 - 58}{\sqrt{2.04} / \sqrt{100}} = -3.5014$$

이고, 유의수준 $\alpha = 0.05$ 에서의 기각역은 [그림 6-1]의 (b)와 같이 −1.645보다 작은 구역이다. 따라서 검정통계량 −3.5014는 기각역에 속하므로 평균용량이 58이라는 귀무가설을 기각한다. 즉 유의수준 5%에서 평균 용량이 58g 미만이라고 할 수 있다.

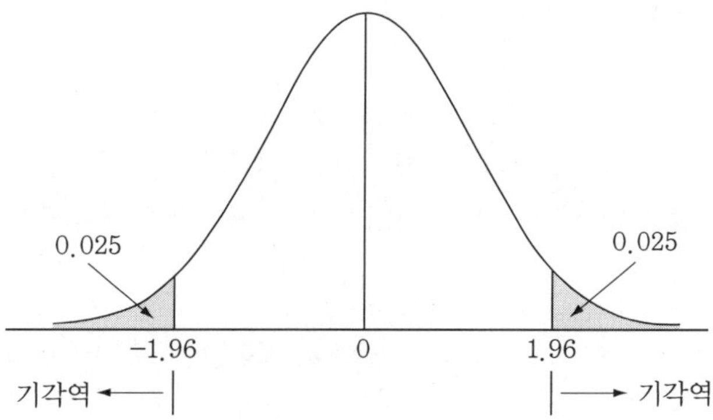

(a) 양측 검정($H_1 : \mu \neq \mu_0$)

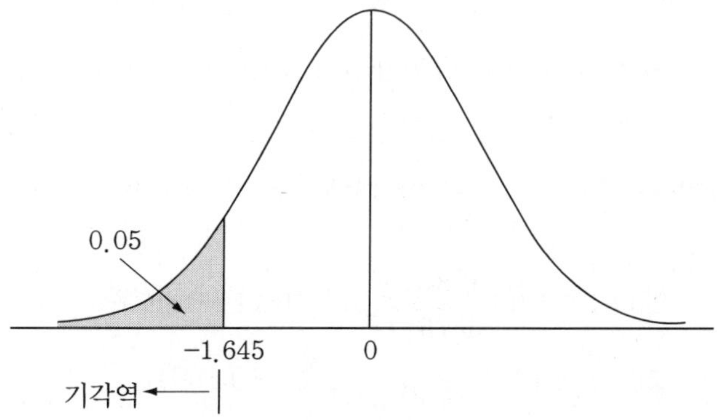

(b) 왼쪽 단측 검정($H_1 : \mu < \mu_0$)

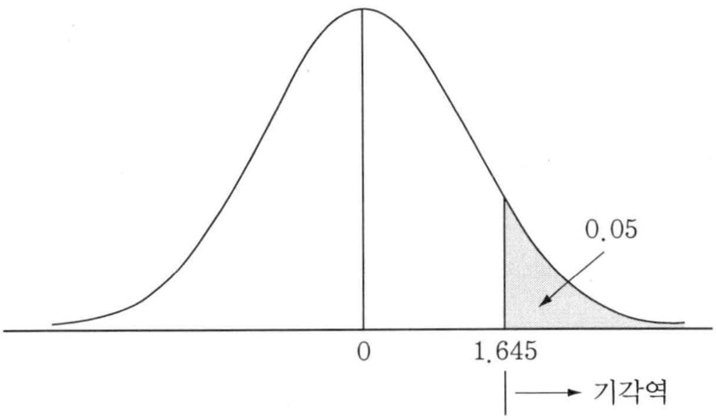

(c) 오른쪽 단측 검정(H_1 : $\mu > \mu_0$)

[그림 6-1] 대립가설과 기각역(σ^2을 아는 경우 : $\alpha = 0.05$)

예 6-7

어떤 제품의 평균 납품일 목표치는 50 일이다. 이 제품의 실제 납품일 평균이 목표치와 일치하는지를 점검하고자 75 건의 납품에 대한 실제 납품일을 측정하여 표본평균 50.11을 얻었다. 납품일에 대한 모표준편차는 0.84로 알려져 있다. 실제 납품일 평균이 목표치 50 일과 일치하는지를 유의수준 5%에서 검정하라.

풀이 이에 대한 가설을 세우면

$$H_0 : \mu = 50$$
$$H_1 : \mu \neq 50$$

이고, 모분산을 알고 있으므로 검정통계량 Z값을 구하면 아래와 같다.

$$Z = \frac{50.11 - 50}{0.84/\sqrt{75}} = 1.134$$

기각역은 양측검정이므로 [그림 6-1]의 (a)에서 보는 바와 같다. 검정통계량 1.134는 기각역에 있지 않으므로 귀무가설을 기각할 수 없다. 따라서 실제 납품일 평균은 50 일이라고 할 수 있다.

[예 6-7]과 같이 양측검정인 경우에 가설 기각여부를 모평균 μ에 대한 신뢰구간으로 판단할 수도 있다. 신뢰구간을 구하고 귀무가설의 μ값이 그 신뢰구간에 속해 있으면 귀무가설을 채택하고 그 구간에 속해 있지 않으면 귀무가설을 기각한다. 신뢰구간을 구하는 방법은 5장에서 설명한 바와 같다. [예 6-7]에 대해 95% 신뢰구간을 구하면 다음과 같다.

$$50.11 - 1.96\frac{0.84}{\sqrt{75}} < \mu < 50.11 + 1.96\frac{0.84}{\sqrt{75}}$$
$$50.11 - 0.1901 < \mu < 50.11 + 0.1901$$

즉 50kg은 95% 신뢰구간 (49.92, 50.30)에 속해 있으므로 귀무가설이 채택된다. 이러한 점에서 구간추정과 가설검정은 유사한 방법이라 할 수 있다.

두 모집단의 모수에 대한 가설검정의 기본원리 및 절차는 단일 모집단의 경우와 동일하다. 또한 가설검정과 신뢰구간 추정은 방법상 약간의 차이가 있을 뿐 모수에 대한 추론이라는 점에서는 동일하므로 5장의 구간 추정 내용을 참조하면 더 이해가 쉬울 것이다.

6.3 두 모평균 차이의 검정

두 모집단 평균의 차에 대한 가설검정은 모집단 1에서 n_1개의 표본, 모집단 2에서 n_2개의 표본을 추출할 경우 두 표본평균의 차 $\overline{X_1}-\overline{X_2}$의 표본분포를 기초로 한다. 두 모분산 σ_1^2과 σ_2^2을 알고 있는 경우와 모르고 있는 경우에 따라 가설검정에 사용되는 검정통계량이 다른데 이를 도표화하면 〈표 6-2〉와 같다.

〈표 6-2〉 두 모평균 차이에 대한 가설검정

	두 모분산을 아는 경우	두 모분산을 모르지만 동일한 경우
가설	$H_0 : \mu_1 = \mu_2$ $H_1 : \mu_1 \neq \mu_2$	$H_0 : \mu_1 = \mu_2$ $H_1 : \mu_1 \neq \mu_2$
검정통계량	$Z = \dfrac{(\overline{X_1}-\overline{X_2})}{\sqrt{\dfrac{\sigma_1^2}{n_1}} + \sqrt{\dfrac{\sigma_2^2}{n_2}}}$	$T = \dfrac{(\overline{X_1}-\overline{X_2})}{s_P\sqrt{\dfrac{1}{n_1}+\dfrac{1}{n_2}}}$ $(s_P^2 = \dfrac{(n_1-1)s_1^2+(n_2-1)s_2^2}{n_1+n_2-2})$
기각역 (유의수준 α)	$\lvert Z\rvert > z_{\alpha/2}$ ($H_1 : \mu_1 < \mu_2$의 경우 $Z < -z_\alpha$) ($H_1 : \mu_1 > \mu_2$의 경우 $Z > z_\alpha$)	$\lvert T\rvert > t_{(\alpha/2;n_1+n_2-2)}$ ($H_1 : \mu_1 < \mu_2$의 경우 $T \le t_{(\alpha;n_1+n_2-2)}$) ($H_1 : \mu_1 > \mu_2$의 경우 $T > t_{(\alpha;n_1+n_2-2)}$)

예 6-8

다음은 어떤 콘크리트에 대하여 수분함량(water content)에 따라 압축강도에 차이가 있는지를 검정하기 위하여 조사한 데이터이다. 수분함량 구분에 따른 두 모집단의 분산이 동일하다고 할 때 평균 압축강도에 차이가 있는지 유의수준 5%에서 검정하여라.

수분함량	압축강도									
20%	54.5	53.6	54.6	54.7	54.7	53.8	54.9	55.1	55.0	55.6
25%	54.0	54.5	54.7	52.4	55.7	56.3	55.3	56.6	57.3	

풀이 두 수분함량 그룹의 평균 압축강도가 동일한가를 알고자하므로 귀무가설과 대립가설은 다음과 같이 설정된다.

$$\mathrm{H}_0 : \mu_1 = \mu_2$$
$$\mathrm{H}_1 : \mu_1 \neq \mu_2$$

두 표본으로부터 얻어진 평균과 분산은 각각 $\overline{X_1} = 54.65$, $\overline{X_2} = 55.2$, $s_1^2 = 0.349$, $s_2^2 = 2.232$이다. 두 집단의 모분산이 동일하다고 하였으므로 $\overline{X_1} - \overline{X_2}$에 대한 분산으로 합동표본분산을 사용한다.

$$s_p^2 = \frac{(n_1-1)s_1^2 + (n_2-1)s_2^2}{n_1+n_2-2} = \frac{(10-1)(0.349)+(9-1)(2.232)}{10+9-2} = 1.235$$

모분산을 모르고 $n_1 + n_2 < 30$이므로 t-분포를 사용한다. 따라서 검정통계량의 값은

$$T = \frac{(\overline{X_1} - \overline{X_2})}{s_p\sqrt{\frac{1}{n_1}+\frac{1}{n_2}}} = \frac{(54.65-55.2)}{1.111\sqrt{\frac{1}{10}+\frac{1}{9}}} = -1.077$$

이며 이는 자유도가 $n_1 + n_2 - 2 = 17$인 t-분포를 따른다. 기각역을 그림으로 나타내면 아래와 같이 $t_{(0.025;17)} = 2.11$보다 크거나 -2.11보다 작은 영역이다.

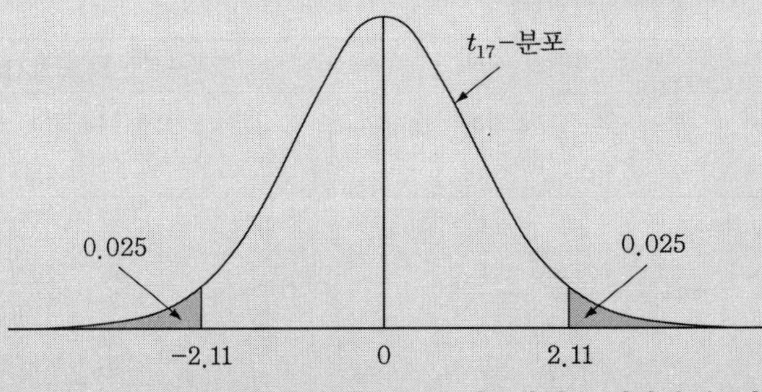

검정통계량의 값 −1.077는 기각역에 있지 않으므로 귀무가설은 기각할 수 없고, 따라서 수분함량이 20%와 25%일 때의 압축강도에는 차이가 없다고 할 수 있다.

〈표 6-2〉에 두 모분산을 모르고 서로 다른 경우는 포함되지 않았는데, 이 경우에는 다음과 같은 검정통계량을 계산한다.

$$T = \frac{(\overline{X_1} - \overline{X_2})}{\sqrt{\frac{s_1^2}{n_1}+\frac{s_2^2}{n_2}}} \tag{6.3}$$

표본크기 n_1과 n_2가 클 경우에는 T가 표준정규분포를 따른다고 가정하여 기각역을 설정할 수 있으며, 그렇지 않은 경우에는 T가 근사적으로 다음의 자유도(등가자유도) ν를 갖는 t

$-$분포를 따르는 사실을 이용하여 기각역을 설정한다.

$$\nu = \frac{(s_1^2/n_1 + s_2^2/n_2)^2}{\frac{(s_1^2/n_1)^2}{n_1 - 1} + \frac{(s_2^2/n_2)^2}{n_2 - 1}} \tag{6.4}$$

짝을 이룬 표본의 검정은 5.5절에서 설명한 방법과 같이 짝의 차이에 대한 평균과 분산을 구한 후 단일 모평균에 대한 검정과 동일한 방법을 적용한다. 즉 D_i를 i번째 짝의 차이라 하고 그 평균을 $\overline{D}$, 분산을 s_D^2이라고 하면 검정통계량은 $\overline{D}/(s_D/\sqrt{n})$이고, $n > 30$인 경우는 표준정규분포를, $n \le 30$인 경우에는 $t-$분포를 이용하여 기각역을 정한다.

6.4 모분산의 검정

모평균의 가설검정뿐 아니라 모분산에 대한 검정이 필요한 경우도 많다. 예를 들면 실험용 저울에 동일한 무게의 추를 반복하여 측정할 때 발생되는 측정 오차에 일정 허용범위가 있다고 하자. 즉 저울이 합격되기 위해서는 측정치의 분산이 특정값 σ_0^2보다 작아야 한다. 이 경우 $\mathrm{H}_0 : \sigma^2 = \sigma_0^2$, $\mathrm{H}_1 : \sigma^2 < \sigma_2^2$(또는 $\mathrm{H}_1 : \sigma^2 > \sigma_2^2$)에 대한 검정을 하게 된다.

6.4.1 단일 모분산의 검정

모분산 σ^2의 점추정량은 표본분산인 s^2이므로 모분산의 검정에는 s^2을 활용한다. 4.1절에서 설명한 바와 같이 $(n-1)s^2/\sigma^2$은 자유도가 $(n-1)$인 χ^2-분포를 따른다. 따라서 귀무가설이 다음과 같을 때

$$\mathrm{H}_0 : \sigma^2 = \sigma_0^2$$

검정통계량은 아래와 같다.

$$\chi^2 = \frac{(n-1)s^2}{\sigma_0^2} \tag{6.5}$$

이 검정통계량이 $\chi^2_{(n-1)}$분포를 따른다는 것을 제외하면 단일 모평균의 검정과정과 비슷하다. 다음의 예를 통하여 모분산의 검정과정을 살펴보자.

예 6-9

A공장에서 생산되는 기계부품의 직경은 표준편차가 0.6mm 이하일 때 다른 부품과 조립될 수 있다고 한다. 15개의 표본을 추출하여 조사한 결과 표준편차가 0.65mm이었다. 그 기계부품의 직경의 실제 표준편차가 0.6보다 크다고 판단할 수 있는지 유의수준 1%에서 검정하여라.

풀이 모분산 σ^2이 $0.6^2 = 0.36$보다 클 때 H_0를 기각하려 하므로 귀무가설과 대립가설은 다음과 같이 설정된다.

$$\mathrm{H}_0 : \sigma^2 = 0.36$$
$$\mathrm{H}_1 : \sigma^2 > 0.36$$

검정통계량의 값은 $\dfrac{(n-1)s^2}{\sigma_0^2} = \dfrac{(15-1)(0.65)^2}{0.36} = 16.43$이다. 이 검정통계량은 자유도가 $n-1 = 14$인 χ^2-분포를 따른다. 따라서 기각역은 $\chi^2_{(0.01;14)} = 29.14$보다 큰 값의 영역이다.

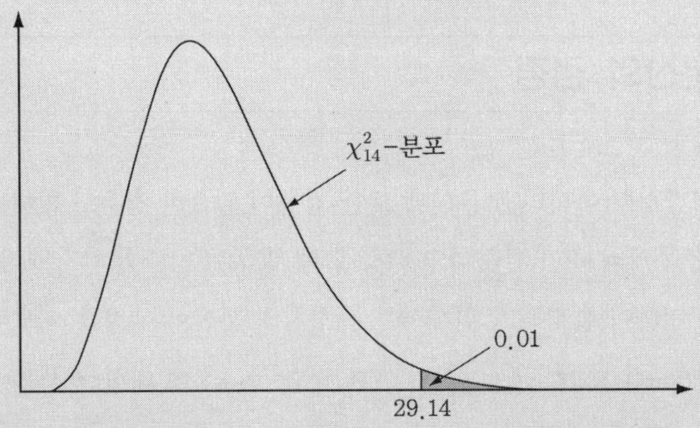

검정통계량 16.43은 앞의 그림에서 보는 바와 같이 기각역에 속해 있지 않으므로 귀무가설을 기각할 수 없다. 즉 1% 유의수준에서 그 기계부품의 표준편차가 0.6mm보다 크다고 할 수 없다.

6.4.2 두 모분산의 동일성에 대한 검정

두 모집단의 모분산이 서로 같은지 여부에 대한 가설검정은 4.3절에서 설명한 바 있는 두 표본분산의 비에 대한 분포, 즉 F-분포를 기초로 한다. 두 모집단의 분산의 동일성 검정을 위한 가설은 다음과 같다.

$$\mathrm{H}_0 : \sigma_1^2 = \sigma_2^2$$
$$\mathrm{H}_1 : \sigma_1^2 \neq \sigma_2^2 \quad (\text{또는 } \sigma_1^2 > \sigma_2^2 \text{ 이나 } \sigma_1^2 < \sigma_2^2)$$

귀무가설 $\mathrm{H}_0 : \sigma_1^2 = \sigma_2^2$에서의 검정통계량은 s_1^2/s_2^2이며, 이는 자유도가 $(n_1-1,\ n_2-1)$인 F-분포를 따른다. 〈표 6-3〉은 두 모분산 차이에 대한 가설검정에 대한 요약이다.

〈표 6-3〉 두 모분산 차이에 대한 가설

	양측검정	단측검정
가설	$H_0 : \sigma_1^2 = \sigma_2^2$ $H_1 : \sigma_1^2 \neq \sigma_2^2$	$H_0 : \sigma_1^2 = \sigma_2^2$ $H_1 : \sigma_1^2 > \sigma_2^2$ (또는 $\sigma_1^2 < \sigma_2^2$)
검정통계량	$F = \begin{cases} s_1^2/s_2^2 & s_1^2 > s_2^2 \text{일 때} \\ s_2^2/s_1^2 & s_1^2 < s_2^2 \text{일 때} \end{cases}$	$F = s_1^2/s_2^2$ (또는 $F = s_2^2/s_1^2$)
기각역 (유의수준 α)	$s_1^2/s_2^2 > F_{(\alpha/2;n_1-1,n_2-1)}$ (또는 $s_2^2/s_1^2 > F_{(\alpha/2;n_2-1,n_1-1)}$)	$s_1^2/s_2^2 > F_{(\alpha;n_1-1,n_2-1)}$ (또는 $s_2^2/s_1^2 > F_{(\alpha,n_2-1,n_1-1)}$)

위의 표에서 보면 검정통계량에 있어서 표본분산 s_1^2과 s_2^2 중에서 큰 값을 분자에 놓고, 그에 따라 F-분포의 자유도 순서가 달라짐을 알 수 있다. 그 이유는 F-분포의 정의에 의해 확률변수 F가 $F_{(\nu_1,\nu_2)}$ 분포를 따르면, 분모와 분자를 바꾼 확률변수 $1/F$는 $F_{(\nu_2,\nu_1)}$ 분포, 즉 분자와 분모의 자유도가 바뀐 F-분포를 따르기 때문이다. 양측검정에서도 두 표본분산 s_1^2과 s_2^2 중에서 항상 큰 값을 분자에 놓음으로써 검정통계량이 얼마나 큰가만을 고려하면 되므로 오른쪽 꼬리 부분의 기각역에 속해있는지를 보면 된다. 마찬가지 이유로 H_1 : $\sigma_1^2 < \sigma_2^2$인 단측검정에서도 s_1^2/s_2^2 대신 s_2^2/s_1^2을 산출하여 꼬리 부분의 기각역과 비교한다.

예 6-10

어느 공장에서 생산되는 제품의 결점수를 줄이기 위해 공정을 개선하였다. 공정개선 이후 제품의 결점수의 분산이 감소하였는지를 알고자 다음과 같은 공정개선 전후 10개의 제품에 대한 결점수 데이터를 수집하였다. 공정개선 이후 분산이 감소하였는지 유의수준 10%에서 검정하여라.

개선이전	30	13	8	17	28	26	16	45	21	5
개선이후	20	7	25	4	31	9	15	25	1	10

풀이 개선이전을 모집단1로, 개선이후를 모집단2로 간주하면 각 모집단 분산에 대하여 가설은 다음과 같이 세워진다.

$$H_0 : \sigma_1^2 = \sigma_2^2$$
$$H_1 : \sigma_1^2 > \sigma_2^2$$

검정통계량은 개선이전의 표본분산이 더 크므로 이를 분자에 놓아 다음과 같다.

$$F = \frac{s_1^2}{s_2^2} = \frac{140.10}{102.46} = 1.367$$

따라서 기각역은 $F_{(\alpha;n_1-1;n_2-1)} = F_{(0.1;9,9)} = 2.44$보다 큰 영역이다. 검정통계량 1.367은 2.44보다 작으므로 귀무가설을 기각할 수 없다. 즉 10% 유의수준에서 공정개선 후 분산이 감소했다고 볼 수 없다.

6.5 모비율의 검정

n번의 독립시행에서 (X)번의 성공이 나올 때 독립시행의 성공확률 p에 대한 검정에 대하여 알아보자. 이는 성공과 실패로 구성된 모집단에서 성공의 비율을 검정하는 것과 같으므로 모비율 p에 대한 검정이라 한다. 제품로트 중 불량품의 비율 등이 모비율의 예라 할 수 있다.

모집단의 비율 p가 특정값 p_0와 같은가에 대한 가설은 다음과 같다.

$$\mathrm{H}_0 \ : p = p_0$$
$$\mathrm{H}_1 \ : p \neq p_0 \quad (\text{또는 } p > p_0 \text{ 이나 } p < p_0)$$

n회 독립시행에서 성공횟수는 이항분포 $B(n,\ p)$를 따르므로 n개의 표본 중 X개의 성공을 얻을 경우 $\hat{p} = X/n$은 근사적으로 평균 p와 분산 $p(1-p)/n$를 갖는 정규분포를 따르므로 검정통계량은 다음과 같다.

$$Z = \frac{\hat{p} - p_0}{\sqrt{\dfrac{p_0(1-p_0)}{n}}} \tag{6.6}$$

H_0이 옳을 때 Z는 표준정규분포를 따르므로 유의수준 α에서 기각역은 Z-분포를 이용하여 양측검정인 경우는 $|Z| > z_{\alpha/2}$이며, 단측검정의 경우는 대립가설에 따라 $Z < -z_\alpha$ 혹은 $Z > z_\alpha$이다.

예 6-11

전구회사에서 제품의 불량률이 5%미만이라고 주장한다. 그 주장이 사실인가를 알아보기 위해 그 회사 제품의 전구 400개를 임의로 선택하여 조사한 결과 10개가 불량품임을 발견하였다. 그 회사의 주장이 타당하다고 볼 수 있는가를 유의수준 5%에서 검정하라.

풀이 이에 대한 가설을 세우면

$$\mathrm{H}_0 \ : p = 0.05$$
$$\mathrm{H}_1 \ : p < 0.05$$

이고, 모비율 p의 추정치는 $\hat{p} = 10/400 = 0.025$ 이다. 그리고 검정통계량은 다음과 같다.

$$Z = \frac{\hat{p} - p_0}{\sqrt{\dfrac{p_0(1-p_0)}{n}}} = \frac{0.025 - 0.05}{\sqrt{\dfrac{0.05 \times 0.95}{400}}} = -2.294$$

유의수준 $\alpha = 0.05$에서 단측검정의 기각역은 −1.645보다 작은 값을 갖는 구간이다. 검정통계량 −2.294는 −1.645보다 작으므로 기각역에 속한다. 따라서 유의수준 5%에서 이 회사제품의 불량률이 5%보다 낮다고 할 수 있다.

6.6 참고사항

검정력에 대응하는 표본수를 산정하는 문제는 참고문헌 [1] 등에 설명되어 있다. 6.4.2절의 두 모분산의 동일성 검정에서 기각역의 표현방법이 책에 따라 다름을 유의바란다.

[1] S.M. Ross, *Introduction to Probability and Statistics for Engineers and Scientists*, Wiley, New York, 1987

연습문제

6.1 다음은 어떤 공장에서 생산되는 부품 15개 표본에 대한 직경을 측정한 자료이다.

88.1 88.0 88.5 88.1 88.3 87.8 88.1 87.9 88.3 87.9 88.2 88.0 88.8 88.2 88.1

(a) 직경의 목표치가 88.0이라고 할 때 위의 표본자료를 바탕으로 판단한다면 모집단의 평균 직경이 이 목표치와 일치한다고 볼 수 있겠는가? 즉 다음 가설을 검정하라. 유의수준 10%를 사용하라.

$$H_0 : \mu = 88.0$$

$$H_1 : \mu \neq 88.0$$

(b) 유의수준 1%일 때 위의 가설검정을 실시하라. 결과에 대하여 간단히 설명하라.

6.2 페인트 제조회사에서 평균 2시간 내에 마르는 신제품을 개발하였다. 실제로 그런지를 알아보기 위해 20통의 페인트를 표본추출하여 건조시간(분)을 측정하였다. 표본평균은 123.1분이고 표본 표준편차는 10.2이다. 페인트의 건조시간이 정규분포를 이룬다고 가정할 때 이 페인트의 평균 건조시간이 120분 미만이라고 할 수 있는지 1% 유의수준으로 검정하여라.

6.3 어느 도시의 보건복지과에서 그 도시 식당의 위생 상태에 관심이 있다고 한다. 위생 상태를 평가하는 척도 중 하나로 단위부피 당 평균 세균수가 있는데, 그 수가 300 이상이면 비위생적이라고 판단한다. 식당 주방의 10군데에서 조사한 결과 단위부피당 세균수가 다음과 같이 나타났다.

275 290 315 298 284 307 310 293 296 280

이 자료로부터 식당의 단위부피당 평균 세균수(μ)가 300보다 작다고 말 할 수 있겠는가? 단 식당의 단위부피당 세균수에 대한 분포는 정규분포라 가정하며 유의수준 5%를 사용하여라.

6.4 다음은 와인의 알코올농도에 따른 말산(Malic acid)의 농도를 측정한 것이다. 두 모집단(알코올 농도 13이상, 알코올 농도 13 미만)은 각각 독립인 정규분포를 따르는데 모분산은 동일하다고 한다.

알코올농도	말산(Malic acid)							
13 이상	1.75	1.9	1.67	1.73	1.7	1.97	1.43	1.65
13 미만	1.36	1.25	1.45	1.67	1.81	1.01		

(a) 두 모집단의 말산 차에 대한 점추정치를 구하라.

(b) 두 모집단의 합동표본분산을 구하라.

(c) 두 모집단의 말산 평균에 차이가 있는지 유의수준 5%에서 검정하라.

6.5 모집단 1과 모집단 2는 각각 $N(\mu_1, \sigma_1^2)$, $N(\mu_2, \sigma_2^2)$분포를 따르며 분산들은 알려져 있다. 모집단 1과 2로부터 각각 n_1, n_2개의 표본을 추출하여 다음의 가설을 검정하고자 한다.

$$\mathrm{H}_0 : \mu_1 - \mu_2 = d_0 \quad (d_0\text{는 상수})$$
$$\mathrm{H}_1 : \mu_1 - \mu_2 \neq d_0$$

검정통계량을 유도하고 검정절차를 설명하라.

6.6 [예 6-8]에서 두 모집단의 분산이 서로 다르다 할 때 평균 압축강도에 차이가 있는지 유의수준 5%에서 검정하라.

6.7 구슬을 꿰어 팔찌를 만드는 두 대의 기계 A와 B가 있다. 이 두 기계에서 생산되는 팔찌의 평균 무게의 차이를 조사하기 위해서 A기계로부터 나온 팔찌 50개와 B기계로부터 나온 팔찌 100개를 조사한 결과 평균이 각각 453g과 401g이었다. 기계 A, B의 모분산은 안다고 가정하고 640과 360g으로 주어졌다. 이때 A기계에서 나온 팔찌의 모평균 무게가 B기계에서 나온 것보다 40g이 더 무겁다면 A기계를 사용하고자 한다. 팔찌는 A기계만을 사용하여 생산되어야 하는가? 유의수준 5%로 검정하여라.

6.8 어떤 콘크리트의 압축강도의 표준편차에 대한 다음 가설을 검정하고자 한다.

$$\mathrm{H}_0 : \sigma = 1.5$$
$$\mathrm{H}_1 : \sigma < 1.5$$

40개의 표본으로부터 표본 표준편차를 산출하여 1.47을 얻었다. 유의수준 5%에서 위의 가설을 검정하라.

6.9 자동차 부품공장에서 부품의 직경편차(목표치−실측치)에 대한 품질향상방안을 적용한 후 그 부품의 직경편차의 분산이 줄었는지를 판단하고자 한다. 방안 적용 전에 50개 표본에 대한 분산으로 1.25를 얻었으며, 방안 적용 후에 60개의 표본에 대한 분산으로 1.13을 얻었다. 유의수준 5%에서 판단할 때 방안 적용 후 그 부품의 직경편차 분산이 줄었다고 볼 수 있는가?

6.10 어떤 반도체 웨이퍼 한장에 100개의 칩이 포함되어있다. 전체 칩수에 대한 양품인 칩수의 비율을 수율이라 한다. 20장의 웨이퍼를 검사하여 표본수율로 0.68을 얻었다. 유의수준 5%에서 실제 수율이 0.7보다 높은지 여부를 검정하라.

6.11 모집단 1의 불량률을 p_1, 모집단 2의 불량률을 p_2라 한다. 두 모집단의 불량률이 동일한가를 검정하기 위하여 각 모집단에서 n개씩을 표본으로 추출하여 불량품수를 세어 표본불량률 $\hat{p_1}$과 $\hat{p_2}$를 산출하였다. 다음 가설을 검정하는 검정통계량을 유도하고 검정절차를 설명하라.

$$H_0 : p_1 = p_2$$
$$H_1 : p_1 \neq p_2$$

6.12 P 화장품 회사는 장기적인 매출 불황으로 인해 매출 증가를 바라며 화장품의 새로운 디자인을 개발하였다. 이 회사는 원래의 디자인에 비해 새로 개발한 디자인이 과연 더 좋은 지를 확인하기 위해 기존 디자인 제품은 대형마트 1에, 새로운 디자인 제품은 대형마트 2에 납품하고 한 달 뒤 모든 매출에 대한 기록을 수집하기로 했다. 그 결과 대형마트 1에서 팔린 총 화장품 904개 중 P 화장품 회사의 것은 180개이고, 대형마트 2에서 팔린 총 화장품 1038개 중 P 화장품 회사의 것은 155개이었다. 이로부터 P 화장품 회사는 두 디자인 중 어느 것을 선택해야 하는가?

07

상관분석

상관분석은 두 변수 간의 선형적 상관관계가 있는지를 조사하기 위한 통계적 기법이다. 계량형 데이터는 산점도나 상관계수에 의해 측정되며, 범주형 변수와 같은 정성데이터에 대해서는 분할표를 통한 관측도수와 기대도수간의 차이를 계산하여 그 상관여부를 검정한다.

7.1 산점도

산점도(scatter plot) 또는 산포도는 두 변수 X, Y의 대응되는 값 (X_i, Y_i)를 (x, y) 평면 좌표에 표시한 도표로서 시각적으로 두 변수의 관계를 쉽게 알 수 있게 해준다. 두 확률변수 X와 Y간의 산점도를 그려봄으로써 변수 간 관계의 방향, 형태, 그리고 관계의 강도를 알 수 있다.

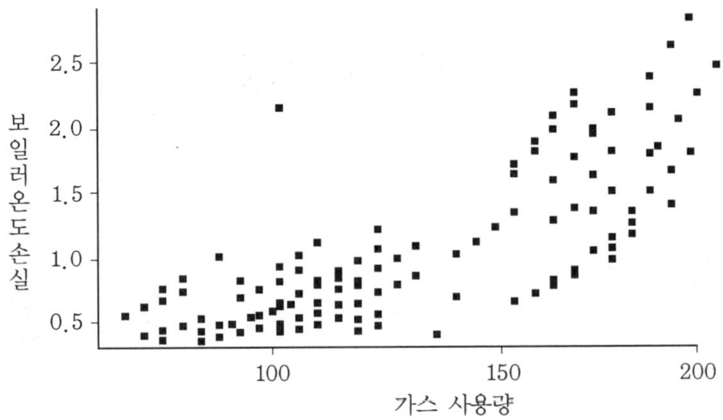

[그림 7-1] 가스 사용량과 보일러 온도손실간의 산점도

[그림 7-1]은 보일러의 온도손실(1분당 자연 열손실: ℃)에 영향을 주는 변수들 중 보일러 가스 사용량(Nm^3/분)과의 관계를 파악하기 위한 산점도이다. 이 그림에서 우리는 변수 X(가스 사용량)가 증가함에 따라 변수 Y(온도손실)가 증가하는 관계를 볼 수 있으며, 선형관계보다 좀 더 급히 증가하는 현상도 볼 수 있다.

7.2 공분산과 상관계수

7.2.1 공분산

두 확률변수 X와 Y의 선형적 상관관계를 측정할 수 있는 기본적 척도는 3장의 [정의 3-9]와 같은 X와 Y의 공분산(covariance)이라 할 수 있다.

$$\sigma_{xy} = Cov[X, Y] = E[(X - E[X])(Y - E[Y])] = E[XY] - E[X]E[Y]$$

공분산은 두 확률변수 X와 Y가 각각의 평균을 중심으로 하여 같은 방향으로 변화하는 정도를 나타낸다. X가 기대치 $E[X]$에서 멀어질 때 동시에 Y도 기대치 $E[Y]$로부터 멀어지면, 두 변수 X와 Y 간의 상관관계가 있다고 말할 수 있으며 이때 공분산 $Cov[X, Y]$ 값은 커지게 된다. 반대로 X가 $E[X]$에서 멀어짐에도 불구하고 Y는 $E[Y]$의 근처에 머물게 되면 X와 Y는 서로 상관관계가 없다고 할 수 있으며 이때 공분산은 0에 가까운 값을 갖게 될 것이다.

X와 Y에 대하여 n쌍의 데이터 $(X_i,\ Y_i)$, $i = 1,\ 2,\ \ldots,\ n$이 있을 때 공분산 σ_{xy}는 아래와 같은 표본공분산 s_{xy}로 추정할 수 있다.

$$s_{xy} = \frac{1}{n-1}\sum(X_i - \overline{X})(Y_i - \overline{Y}) = \frac{1}{n-1}(\sum X_i Y_i - n\overline{XY}) \tag{7.2}$$

여기서 n대신 $n-1$로 나누는 것은 표본분산에서 $n-1$로 나누는 이유와 동일하다.

7.2.2 상관계수와 표본상관계수

공분산은 두 확률변수에 대한 상관관계를 나타내는 척도이나 공분산 값의 크기가 단위 등에 따라 달라지므로 실제 사용하기는 곤란하다. 예를 들어 어떤 집단의 키와 몸무게와의 상관관계를 조사하는데 각각의 단위를 cm와 kg으로 사용할 때와 m와 kg으로 환산하여 사용할 때의 공분산 값이 서로 다를 것이다. 키의 단위가 cm이고 몸무게의 단위가 kg일 때의 공분산을 σ_{xy}라고 하면, 키의 단위를 m로 사용할 경우의 공분산은 $\sigma_{xy}/100$로 줄어든다. 이와 같이 공분산의 크기로 두 변수의 상관정도를 가늠하기는 어렵다. 따라서 상관관계를 나타내는 척도는 단위와 무관한 것이어야 하는데 이를 위해 다음과 같이 각 변수의 표준편차로 표준화시킨 상관계수를 고려하게 된다. 즉, X와 Y의 상관계수(correlation coefficient)는 아래와 같이 정의된다.

$$\rho_{xy} = \frac{Cov[X, Y]}{\sqrt{Var[X]}\sqrt{Var[Y]}} = \frac{\sigma_{xy}}{\sigma_x \sigma_y} \tag{7.3}$$

이때 상관계수 ρ_{xy}는 -1에서 1사이의 값을 가진다. 혼동이 없는 한 ρ_{xy}를 ρ로 간단히 표기하기도 한다.

정리 7.1

확률변수 X와 Y의 상관계수 ρ에 대하여 다음이 성립한다.

$$-1 \le \rho \le 1$$

(증명) 어떤 확률변수의 분산이 0보다 크거나 같다는 사실을 알고 있으므로 이를 이용하여 다음과 같은 분산을 구하여 보자.

$$Var[\frac{X}{\sigma_x} + \frac{Y}{\sigma_y}] = \frac{\sigma_x^2}{\sigma_x^2} + \frac{\sigma_y^2}{\sigma_y^2} + \frac{2\sigma_{xy}}{\sigma_x \sigma_y} = 2 + \frac{2\sigma_{xy}}{\sigma_x \sigma_y} = 2 + 2\rho \ge 0$$

분산은 항상 0보다 크거나 같으므로 $\rho \ge -1$이다. 비슷하게 다음과 같은 관계를 고려하여 보면 $\rho \le 1$임을 알 수 있다.

$$Var[\frac{X}{\sigma_x} - \frac{Y}{\sigma_y}] = 2 - 2\rho \ge 0$$

상관계수 ρ_{xy}의 추정량 r_{xy}를 표본상관계수 또는 피어슨(Pearson)의 상관계수라 하며, r_{xy}를 혼동이 없는 한 r로 표기하기도 한다. 식(7.3)에서 σ_{xy}를 s_{xy}로 추정하고 σ_x를 s_x로, σ_y를 s_y로 추정하면 아래와 같이 된다.

$$r = \frac{s_{xy}}{s_x s_y} = \frac{\sum_{i=1}^{n}(X_i - \overline{X})(Y_i - \overline{Y})}{\sqrt{\sum_{i=1}^{n}(X_i - \overline{X})^2}\sqrt{\sum_{i=1}^{n}(Y_i - \overline{Y})^2}} \tag{7.4}$$

표본상관계수는 −1에서 1 사이의 값을 갖는데 계수가 1일때는 완전한 양의 선형관계를, −1일 때는 완전한 음의 선형관계를 의미한다. 즉 ± 1에 가까우면 X와 Y사이의 선형관계가 있음을 의미하고 반면에 0에 가까우면 선형적인 상관관계가 없음을 의미한다.

예 7-1

다음은 어떤 철강제품에 대한 10개 표본의 탄소량(C)과 인장강도(TS)의 데이터이다. C와 TS의 표본상관계수를 구하라.

C(X)	71	71	69	69	69	68	72	70	70	68
TS(Y)	106.5	107.1	105.6	104.6	105.4	103.7	104.5	102.9	107.2	102.9

풀이 C의 표본평균은 $\overline{X}= 69.7$이며 표본표준편차는 $s_x = 1.337$이다. 또한 TS의 표본평균은 $\overline{Y}= 105.04$이며 표본표준편차는 $s_y = 1.596$이다. 그리고 공분산은 $s_{xy} = 0.991$이므로 표본상관계수는 다음과 같다.

$$r = \frac{s_{xy}}{s_x s_y} = \frac{0.991}{(1.337)(1.596)} = 0.464$$

[그림 7-2]는 몇 가지 산포도의 예와 이에 대응하는 표본상관계수를 보여주고 있다. (a)와 (b)는 상관계수가 $|r| = 1$인 완전한 선형관계를 이루고 있는 경우의 산점도이다. (c)와 (d)를 비교해보면 $|r| = 0.7$인 경우가 $|r| = 0.5$인 경우보다 직선에 좀 더 가까이 분포되어 있음을 알 수 있다. 그리고 $r = 0$인 경우에는 두 변수 사이에 선형적 관계가 없음을 의미하는데 (e)와 (f)의 예에서와 같이 기울기가 있는 직선을 그릴 수 없는 것을 볼 수 있다.

한가지 유의할 점은 상관계수가 0에 가깝다는 것은 두 변수 간에 선형관계가 약하다는 것이며 다른 형태의 함수관계는 존재할 수도 있다는 사실이다. 예를 들면, [그림 7-2]의 (e)에서는 X와 Y가 포물선(2차 함수) 관계가 있는 것을 알 수 있으나 표본상관계수는 0임을 보여주고 있다.

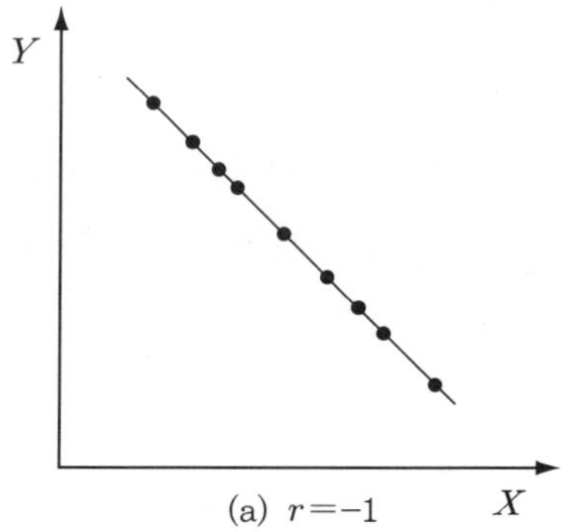

(a) $r=-1$

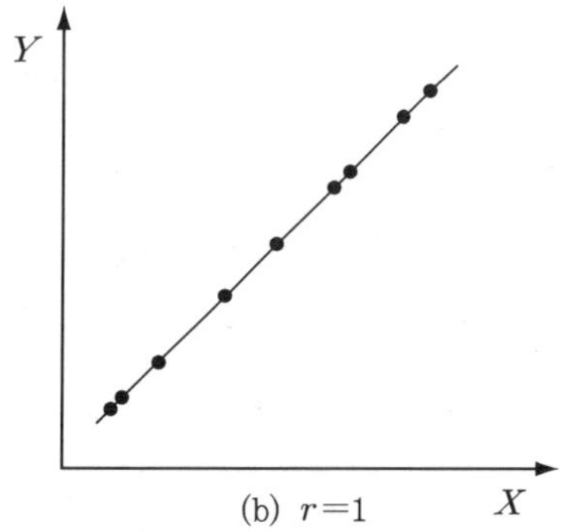

(b) $r=1$

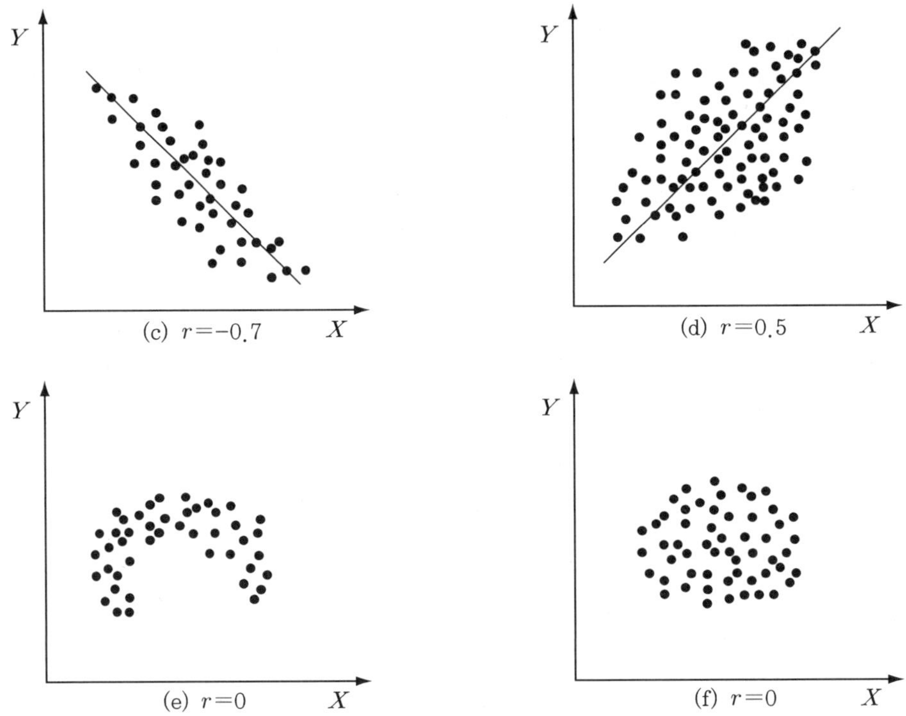

[그림 7-2] 데이터의 산점도와 표본상관계수

7.2.3 상관계수의 검정

많은 사람들이 갖고 있는 의문사항 중 하나는 표본상관계수가 얼마나 커야 두 변수 간의 선형관계가 있다고 볼 수 있는지 하는 것이다. 여기에 절대적인 기준은 없으며 모집단의 성격에 따라 경험적으로 판정할 수 밖에 없다. $r=0.4$가 큰 편이라고 말할 수 있는 경우도 있고 $r=0.7$도 작은 편이라고 말하는 상황도 있을 것이다. 통계적으로 말할 수 있는 것은 실제 상관계수 ρ가 0이 아닌 값을 갖는지 여부이다. 이를 판정하는 것이 상관계수의 검정이며, 귀무가설은 다음과 같이 모집단의 상관계수 ρ를 0으로 가정하는 것이다.

$$\mathrm{H}_0 \ : \ \rho=0$$

이를 검정하기 위해서는 우선 표본상관계수 r을 산출하여야 하며 사용하는 검정통계량은 다음과 같다(이는 예 8-5의 F-값과 관련된다).

$$T=\frac{(\sqrt{n-2})r}{\sqrt{1-r^2}} \tag{7.5}$$

검정통계량 T는 H_0이 옳을 때 자유도가 $(n-2)$인 t-분포를 따르는 것으로 알려져 있다. 따라서 유의수준 α에 대한 기각역은 대립가설 H_1의 형태에 따라 다음과 같다.

$$H_1 : \rho < 0 \text{일 때} \quad T < t_{(\alpha;n-2)}$$
$$H_1 : \rho > 0 \text{일 때} \quad T > t_{(\alpha;n-2)}$$
$$H_1 : \rho \neq 0 \text{일 때} \quad |T| > t_{(\alpha/2;n-2)}$$

예를 들어 $H_1 : \rho \neq 0$ 일 때는 $|T| > t_{(\alpha/2;n-2)}$일 때 유의수준 α에서 H_0을 기각하며 두 변수의 상관관계가 유의하다고 결론짓는다.

예 7-2

어떤 제품의 조업온도와 품질 특성치간의 상관계수가 0인지 아닌지 여부를 검정하기 위해 다음과 같은 가설을 설정하였다.

$$H_0 : \rho = 0$$
$$H_1 : \rho \neq 0$$

두 변수에 대한 132개의 표본으로부터 표본상관계수 $r = 0.786$을 얻었다. 유의수준 5%에서 위의 가설을 검정하라.

풀이 검정통계량의 값 T는

$$T = \frac{(\sqrt{132-2})(0.786)}{\sqrt{1-(0.786)^2}} = 14.4959$$

로 $t_{(0.025;130)} = 1.98$보다 크므로 귀무가설 H_0을 기각한다. 즉 $r = 0.786$은 통계적으로 0이 아닌 상관계수라 할 수 있다.

자주 사용하게 되는 다음과 같은 가설을 유의수준 5%에서 검정하는 문제를 살펴보자.

$$H_0 : \rho = 0$$
$$H_1 : \rho \neq 0$$

표본수 n이 충분히 클 때 다음 과정을 이용하면 표본상관계수 값만을 보고 쉽게 유의성 여부를 판단할 수 있다. H_0은 식(7.5)의 $|T|$가 $t_{(0.025;n-2)}$보다 클 때 기각되므로 $t_{(0.025;n-2)} \approx 2$로 간주하면 다음이 성립할 때 H_0을 기각할 수 있다.

$$\frac{(\sqrt{n-2})|r|}{\sqrt{1-r^2}} > 2 \text{ 또는 } \frac{(n-2)r^2}{1-r^2} > 4$$

따라서 r값이 다음과 같을 때 H_0이 기각된다고 할 수 있다.

$$|r| > \frac{2}{\sqrt{n+2}}$$

$\sqrt{n+2} \approx \sqrt{n}$으로 가정하면 표본상관계수 r이 다음과 같을 때 유의수준 5%에서 유의하다고 할 수 있다.

$$|r| > \frac{2}{\sqrt{n}} \tag{7.6}$$

예를 들어 $n=132$라면 표본상관계수가 0.174 이상일 때 5% 유의수준에서 0이 아닌 값이라 할 수 있을 것이다. 또한 역으로 $r=0.1$이 유의한 값이 되기 위해서는 $n=400$ 이상이어야 한다.

상관계수 ρ가 특정한 값 ρ_0이라고 할 수 있는지 여부를 검정할 수도 있는데 여기서는 생략한다.

7.3 범주형 변수의 상관관계

범주형(categorical)변수의 상관관계를 검정할 때는 χ^2통계량을 이용한다. 두 변수 간 특성이 종속적인지 독립적인지를 검정한다고 하여 독립성검정(test of independence)이라고도 한다. 예를 들어서 양, 불량의 발생이 기계에 따라 관계가 있는지 조사한다고 하자. 이 경우 양, 불량 여부와 기계의 종류는 모두 범주형 변수이므로 앞 절에서 설명한 상관계수 혹은 산점도로 두 변수 간의 상관관계는 파악할 수 없다. 범주형변수에 대해서는 χ^2값을 이용한 독립성검정을 통해 두 변수 간 상관관계를 검정할 수 있다.

두 변수를 행과 열에 배열하고 관측도수를 〈표 7-1〉과 같이 나타낸 표를 분할표(contingency table)라고 하며, 이 분할표의 각 관측도수와 기대도수의 차를 계산하여 검정한다.

〈표 7-1〉 분할표의 예

양·불량 \ 기계	기계 A	기계 B	기계 C	합계
불량품	17	25	32	74
양품	233	275	418	926
합계	250	300	450	1,000

두 변수 간의 상관관계가 있는가에 대한 귀무가설은 다음과 같이 두 변수가 서로 독립인 것을 전제하는 것이다.

$$\mathrm{H}_0 \ : \ P_{ij} = P_{i.} \, P_{.j}$$

여기서 P_{ij}는 임의의 한 관측값이 i번째 행, j번째 열에 위치할 확률이고, $P_{i.}$는 i번째 행에 있을 확률, $P_{.j}$는 j번째 열에 있을 확률이다. 검정통계량은 다음과 같이 계산되는데, O_{ij}는 관측도수이고 E_{ij}는 기대도수이며, r은 행의 수이고 c는 열의 수이다.

$$\chi^2 = \sum_{i=1}^{r} \sum_{j=1}^{c} \frac{(O_{ij} - E_{ij})^2}{E_{ij}}$$

N을 전체관측수라 할 때 기대도수는 $E_{ij} = P_{ij} \times N$로 산출된다. χ^2값은 관측도수와 기대도수간의 차의 제곱합으로서 그 값이 크면 가설 H_0은 기각하게 되고 두 변수 사이에는 상관관계가 있다고 할 수 있다. 위의 검정통계량은 자유도가 $(r-1)(c-1)$인 χ^2-분포를 따르므로 유의수준 α에 대한 기각역은 위의 검정통계량이 $\chi^2_{[\alpha;(r-1)(c-1)]}$보다 큰 영역이다.

〈표 7-1〉의 예를 이용해 검정과정을 알아보자. 우선 P_{ij}의 계산은 다음과 같다.

$$P_{11} = P(\text{불량}) \times P(\text{기계A}) = (74/1000) \ (250/1000) = 0.0185$$
$$P_{12} = P(\text{불량}) \times P(\text{기계B}) = (74/1000) \ (300/1000) = 0.0222$$
$$P_{13} = P(\text{불량}) \times P(\text{기계C}) = (74/1000) \ (450/1000) = 0.0333$$
$$P_{21} = P(\text{양품}) \times P(\text{기계A}) = (926/1000) \ (250/1000) = 0.2315$$
$$P_{22} = P(\text{양품}) \times P(\text{기계B}) = (926/1000) \ (300/1000) = 0.2778$$
$$P_{23} = P(\text{양품}) \times P(\text{기계C}) = (926/1000) \ (450/1000) = 0.4167$$

각 ij에 대한 기대도수는 위의 확률에 전체관측수를 곱한 것과 같다. 예를 들어서 기대도수 E_{11}(기계A의 불량품) = 0.0185 × 1000 = 18.5이고 E_{21}(기계B의 불량품) = 0.0222 × 1000 = 22.2이다. 양 불량품의 생산은 기계종류와 독립이라는 귀무가설을 검정하기 위한 검정통계량의 값은 다음과 같이 계산된다.

$$\chi^2 = \sum_{i=1}^{2} \sum_{j=1}^{3} \frac{(O_{ij} - E_{ij})^2}{E_{ij}} = \frac{(17-18.5)^2}{18.5} + \frac{(25-22.2)^2}{22.2} + \frac{(32-33.3)^2}{33.3}$$
$$+ \frac{(233-231.5)^2}{231.5} + \frac{(275-277.8)^2}{277.8} + \frac{(418-416.7)^2}{416.7} = 0.5675$$

유의수준 5%에서의 기각역은 $\chi^2_{[0.05;(2-1)(3-1)]} = \chi^2_{(0.05;2)} = 5.991$보다 큰 값을 갖는 영역이다. 따라서 검정통계량 0.5675는 5.991보다 작으므로 귀무가설을 기각할 수 없다. 즉, 양 불량품과 기계종류는 5% 유의수준에서 상관관계가 없다고 할 수 있다.

7.4 참고사항

상관계수의 검정과 관련하여 식(7.5)의 검정통계량 T는 8장에서 서술할 단순회귀모형의 기울기에 대한 검정통계량과 동일하다. 상관계수 ρ가 특정한 값 ρ_0를 갖는다고 볼 수 있는지에 대한 검정은 참고문헌 [1]을 참고할 수 있다. 순위를 나타내는 서열변수 간의 상관관계는 스피어만의 로우(Spearman's rho)가 사용되며 이에 대해서는 참고문헌 [2]를 참조할 수 있다. 범주형 변수의 상관관계를 나타내는 척도로 켄달의 타우계수(Kendall's tau coefficient)가 종종 사용되는데 이를 위해서는 참고문헌 [3]을 참조할 수 있다. 연습문제 7.4는 참고문헌 [4]에서 발췌한 것이다.

[1] 박성현, *공업통계학*, 민영사, 1985

[2] 홍두승, *사회조사분석*, 다산출판사, 1987

[3] V. K. Rohatgi, *An Introduction to Probability Theory and Mathematical Statistics*, Wiley, New York, 1976

[4] S. Makridakis, S.C. Wheelwright and V.E. McGee, *Forecasting: Methods and Applications*, 2nd ed., Wiley, New York, 1983

연습문제

7.1 어느 마케팅 회사에서 홍보비용이 수익에 미치는 영향을 알아보기 위하여 임의로 10가지 사례를 표본으로 추출하여 연간 홍보비용과 수익금을 조사하였다. 피어슨 상관계수를 구하고 유의수준 1%에서 유의한 양의 상관관계를 가지는지 검정하라.

홍보비용 (단위 : 만원)	40	50	30	60	70	60	30	60	20	80
수익금 (단위 : 백만원)	87	108	69	135	148	132	73	128	50	170

7.2 다음은 어느 중고차 100대의 주행거리(X)와 가격(Y)으로부터 계산된 데이터이다.

$$\overline{X} = 36.011 \quad \overline{Y} = 14.841$$

$$s_X^2 = 43.509$$

$$s_Y^2 = 9.821$$

$$s_{XY} = -2.909$$

위의 정보로부터 중고차의 주행거리와 가격 간의 상관계수를 구하고 유의한지를 5%의 유의수준으로 검정하라.

7.3 X와 Y를 다음과 같이 각각 사건 A와 B에 대한 지시 확률변수로 정의한다.

$$X = \begin{cases} 1 & \text{사건 } A\text{가 일어날 때} \\ 0 & \text{아닐 때} \end{cases}$$

$$Y = \begin{cases} 1 & \text{사건 } B\text{가 일어날 때} \\ 0 & \text{아닐 때} \end{cases}$$

$Cov[X, Y] > 0$일 때 $P\{Y=1 \mid X=1\} > P\{Y=1\}$이 됨을 보이라. 또한 위의 결과를 해석하라.

7.4 다음은 원숭이 20마리의 키와 몸무게에 대한 데이터이다.

키	몸무게	키	몸무게
55	29	45	45
45	27	47	35
35	17	35	25
39	29	49	25
53	31	43	31
41	21	51	33
51	31	31	29
35	13	53	27
57	37	47	17
57	41	51	45

(a) 원숭이의 키와 몸무게 간의 상관계수를 구하라. 유의수준 5%에서 상관계수가 유의한가? 유의수준 1%에서는 어떠한가?

(b) 위의 20마리 원숭이들 데이터 외에 킹콩의 데이터(키=130, 몸무게=150)가 추가되었다고 하자. 이때 키와 몸무게의 상관계수를 구하라. (a)의 경우와의 차이에 대하여 간단히 설명하라.

7.5 석유수송용 강판인 파이프 강재의 12개 표본에 대하여 항복강도와 인장강도를 측정하였다.

항복강도	43.3	52.3	48.5	54.5	54.1	57.9	58.5	62.3	61.3	60.9	63.6	59.6
인장강도	57.2	57.6	59.2	59.7	60.1	66.3	63.4	67.2	65.0	67.0	68.0	67.6

(a) 산점도를 그려보라.

(b) 항복강도와 인장강도간의 표본상관계수를 구하라.

(c) 위의 상관계수가 유의수준 10%에서 유의한지 검정하라.

7.6 1985년 생산된 차량 205대의 표본을 취하여 실린더 원통의 높이(X_1), 마력(X_2), 엔진의 분당 최고 회전수(X_3), 가격(X_4)을 측정하고 두 변수 쌍에 대하여 아래와 같이 표본상관계수를 얻었다. 유의수준 5%에서 유의한 상관계수를 어떤 쌍들인가?

	X_1	X_2	X_3	X_4
X_1	1	0.090	−0.071	0.082
X_2		1	0.131	0.811
X_3			1	−0.102
X_4				1

7.7 다음은 어떤 도시의 100가구를 무작위로 추출하여 월 소득수준과 주거상태를 조사한 것이다.

소득	100만원 미만	100~200만원	200만원 이상
주택소유	10	15	30
전세	8	17	20

유의수준 5%에서 소득수준과 주거상태에 대하여 독립성 검정을 하고 결과를 해석하라.

7.8 두 확률변수 X와 Y의 상관계수가 ρ일 때 aX와 bY(a와 b는 상수, $ab > 0$)의 상관계수도 ρ임을 보여라.

08

단순회귀분석

회귀분석은 관심 있는 변수를 설명하는데 있어 이에 영향을 주는 다른 변수들과의 관계를 함수식 형태로 나타내고, 각 변수의 영향력을 조사하며 영향변수들의 변화에 따른 관심변수의 변화를 예측하는데 사용된다. '회귀(regression)'라는 용어는 영국의 우생학자 Francis Galton(1885)이 아들의 키와 아버지의 키의 관계를 조사한 논문에서 "아들의 키는 아버지의 키가 크면(작으면) 대체적으로 크지만(작지만), 아버지의 키가 크(작)더라도 아들들의 키는 전체 평균키에 회귀하는(돌아가려는) 경향이 있다"라고 발표하면서 'regression toward mediocrity'라고 사용한데서 유래한다. 회귀분석에서 원인의 역할을 하는 변수를 독립변수(independent variable)라고 하고, 결과를 관측하는 변수를 종속변수(dependent variable)라고 한다. 일반적으로 회귀분석에서 종속변수는 양이나 크기 등으로 측정될 수 있는 양적변수이며, 독립변수는 양적변수 및 범주 등을 표현하는 질적변수 모두를 취할 수 있다.

이 장에서는 회귀분석 중 가장 간단한 형태인 단순선형회귀모형에 대해 알아보고 다중회귀모형에 대해서는 다음 장에서 살펴보겠다. 단순이란 용어는 독립변수가 하나인 것을 의미하며, 선형회귀는 변수 간의 관계가 선형이고 관련 회귀계수에 대해서도 선형식으로 표현되는 것을 의미한다. 여기서는 선형회귀모형만을 다룰 것이므로 선형이란 용어는 생략한다.

8.1 단순회귀모형

단순회귀모형은 독립변수를 X, 종속변수를 Y라고 할 때 Y를 X의 일차함수식으로 설명하려는 모형이다. 따라서 X와 Y에 관한 n쌍의 관측치 $(X_1, Y_1), \ldots, (X_n, Y_n)$에 대하여 단순회귀모형은 다음과 같다.

$$Y_i = \beta_0 + \beta_1 X_i + \varepsilon_i, \ i = 1, 2, \ldots, n \tag{8.1}$$

위의 식에서 β_0과 β_1은 추정해야 할 회귀계수이며, ε_i는 i번째 Y의 관측치에 관여된 오차항을 나타낸다. [그림 8-1]에서 보는바와 같이 Y_i는 X_i에 대응한 직선식값에 오차 ε_i가 결합되어 관측된다고 가정한 것이다.

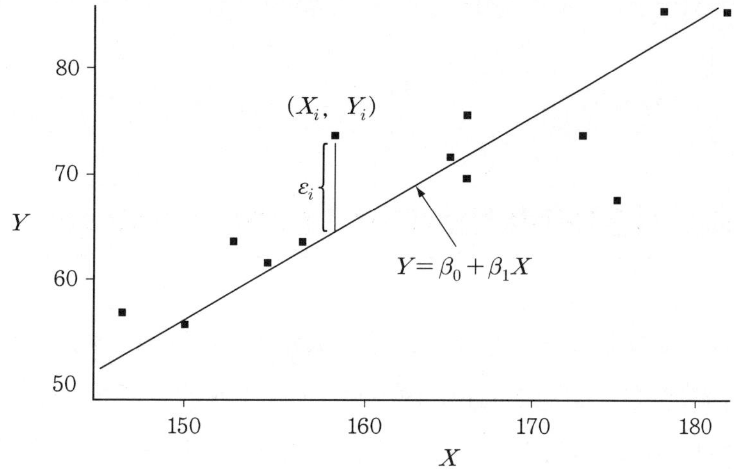

[그림 8-1] 회귀선과 오차항

식(8.1)은 관측번호를 생략하여 대표적으로 다음 식으로 나타내기도 한다.

$$Y=\beta_0+\beta_1X+\varepsilon$$

β_1은 직선식의 기울기로서 X가 한 단위 증가할 때 Y의 평균변화량이며, β_0은 절편으로서 $X=0$일 때 Y값의 평균이다. 만일 X의 범위에 0이 포함되지 않는 경우에는 β_0의 실질적인 의미를 설명하기는 어렵다.

회귀식에서 모수 β_0, β_1을 데이터로부터 추정하고 가설을 검정하는데 있어서 모형에 대한 몇가지 가정이 전제된다. 독립변수 X는 확률변수가 아니므로 측정오차가 없다고 보면 회귀모형에 대한 가정사항은 오차항에 대한 것이 된다(자세한 사항은 8.6절 참조). 모든 i에 대해 오차 ε_i의 기대값 $E[\varepsilon_i]$는 0이며, 각각의 오차는 다른 오차에 영향을 주지 않는다. 즉, 두 오차간의 공분산 $Cov[\varepsilon_i, \varepsilon_j]$이 0이다. 그리고 모든 i에 대해 ε_i는 같은 분산 σ^2을 갖는다는 것이 가정된다. 또한 회귀계수의 추정 및 검정을 위하여 ε_i가 정규분포를 따른다고 가정한다.

이를 요약하면, 오차항 ε_i는 모든 관측값에 대하여 서로 독립적이며, 동일한 분산을 갖는 정규분포 $N(0,\ \sigma^2)$을 갖는다고 가정되며 따라서 단순회귀모형을 다음과 같이 표현할 수 있다.

$$\begin{aligned} &Y_i=\beta_0+\beta_1X_i+\varepsilon_i,\ i=1,\ 2,\ \dots,\ n \qquad (8.2)\\ &\quad \varepsilon_i \sim N(0,\ \sigma^2)\\ &\quad Cov[\varepsilon_i, \varepsilon_j]=0,\ i\neq j \end{aligned}$$

그리고 독립변수 X_i가 상수로 간주되고 ε_i가 정규분포를 따르므로 Y_i도 정규확률변수임을 알 수 있다.

8.2 최소자승법(Method of Least Squares)

회귀분석의 주요과정 중 하나는 회귀모형에 포함된 모수를 추정하는 것이다. 회귀계수 β_0과 β_1을 구하는 것은 [그림 8-1]에서와 같이 X와 Y에 대한 데이터를 산점도로 나타내었을 때 여기에 “가장 알맞은” 직선식의 절편과 기울기를 구하는 것이라 할 수 있다. [그림 8-1]에서 직선식 $\beta_0+\beta_1 X$를 고려할 때 X_i값에 대응하는 Y의 실제값 Y_i와 직선값 $\beta_0+\beta_1 X_i$와의 차 $\varepsilon_i = Y_i - (\beta_0+\beta_1 X_i)$를 오차항이라 하며, 최소자승법은 오차항의 제곱합을 최소화시키는 β_0과 β_1의 추정값을 얻는 방법이다.

8.2.1 β_0과 β_1의 추정

최소자승법은 다음과 같은 오차제곱합을 최소로 하는 β_0과 β_1의 추정값을 구하는 방법이다.

$$Q=\sum_{i=1}^{n}\varepsilon_i^2=\sum_{i=1}^{n}(Y_i-\beta_0-\beta_1 X_i)^2 \tag{8.3}$$

이 제곱합을 최소화하기 위해 Q를 β_0과 β_1에 대해 각각 편미분하면

$$\frac{\partial(Q)}{\partial\beta_0}=-2\sum_{i=1}^{n}(Y_i-\beta_0-\beta_1 X_i)$$

$$\frac{\partial(Q)}{\partial\beta_1}=-2\sum_{i=1}^{n}(Y_i-\beta_0-\beta_1 X_i)X_i$$

가 된다. 이 편미분한 식을 각각 0으로 놓고 이를 만족하는 β_0과 β_1을 각각 $\widehat{\beta_0}$과 $\widehat{\beta_1}$이라 하면 다음과 같은 정규방정식(normal equation)을 얻는다.

$$n\widehat{\beta_0}+\widehat{\beta_1}\sum X_i=\sum Y_i \tag{8.4a}$$

$$\widehat{\beta_0}\sum X_i+\widehat{\beta_1}\sum X_i^2=\sum X_i Y_i \tag{8.4b}$$

위의 두 정규방정식으로부터 β_0과 β_1의 추정값 $\widehat{\beta_0}$과 $\widehat{\beta_1}$을 다음과 같이 구할 수 있다.

$$\widehat{\beta_1} = \frac{\sum_{i=1}^{n}(X_i - \overline{X})(Y_i - \overline{Y})}{\sum_{i=1}^{n}(X_i - \overline{X})^2} = \frac{\sum_{i=1}^{n} X_i Y_i - n\overline{X}\overline{Y}}{\sum_{i=1}^{n} X_i^2 - n\overline{X}^2} \tag{8.5a}$$

$$\widehat{\beta_0} = \overline{Y} - \widehat{\beta_1}\overline{X} \tag{8.5b}$$

추정된 회귀계수에 의하여 얻어지는 종속변수의 값을 $\widehat{Y}$라 하며 다음과 같은 식을 추정회귀식이라 한다(엄격히 말하면 $\widehat{Y}$는 $E[Y]$의 추정량이다).

$$\widehat{Y} = \widehat{\beta_0} + \widehat{\beta_1} X$$

예 8-1

어떤 세제 회사의 판매량(Y)과 TV 광고 지출액(X)의 관계를 조사하고자 다음과 같은 8분기의 데이터를 관측하였다.

〈표 8-1〉 TV 광고 지출액(X)과 판매량(Y)

	X	Y	X^2	XY
	150	1685	22500	252750
	50	1201	2500	60050
	50	1474	2500	73700
	100	1389	10000	138900
	50	1295	2500	65750
	100	1564	10000	156400
	100	1496	10000	149600
	50	1363	2500	68150
합계	650	11467	62500	964300

광고 지출액을 독립변수로, 판매량을 종속변수로 하는 단순회귀모형을 가정하면 최소자승법에 의한 회귀식을 다음과 같이 구할 수 있다. 우선, X, Y 데이터 열 옆에 X^2, XY를 부가함으로써 계산을 쉽게 할 수 있다.

$\overline{X} = 650/8 = 81.25$, $\overline{Y} = 11467/8 = 1433.375$ 이므로 $\widehat{\beta_0}$과 $\widehat{\beta_1}$은 다음과 같다.

$$\widehat{\beta_1} = \frac{964300 - 8 \times 81.25 \times 1433.375}{62500 - 8 \times 81.25^2} = 3.365806$$

$$\widehat{\beta_0} = 1433.375 - 3.365806(81.25) = 1159.903$$

이와 같이 구한 β_0과 β_1의 추정값 $\widehat{\beta_0}$과 $\widehat{\beta_1}$으로부터 광고 지출액과 판매량의 관계를 나타내

는 추정회귀식은 다음과 같다.

$$\widehat{Y} = 1159.903 + 3.365806X$$

이 식에서 1159.903($=\widehat{\beta_0}$)는 $X=0$일 때 Y의 값, 즉 절편이며 3.365806($=\widehat{\beta_1}$)는 회귀식의 기울기로서 광고 지출액이 한단위 증가할 때 평균판매량의 증가분이다. 광고 지출액과 판매량을 산점도에 나타내고 추정회귀식을 표시하면 [그림 8-2]와 같다.

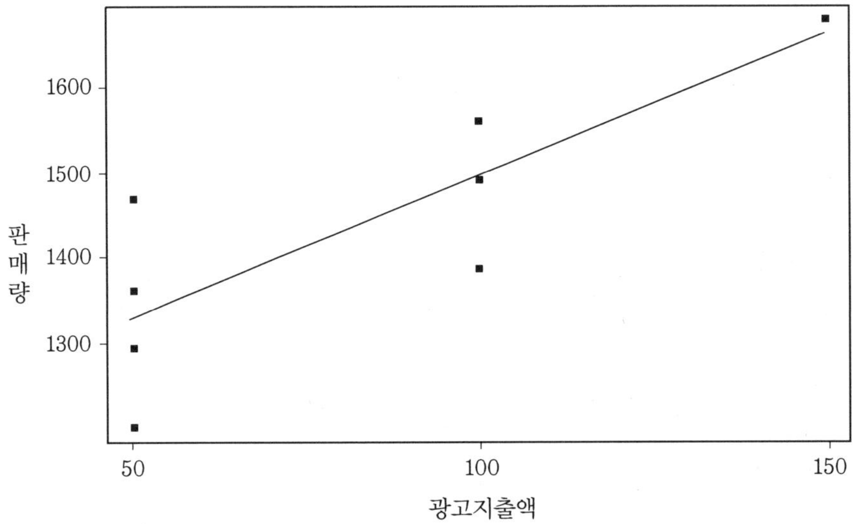

[그림 8-2] (예 8-1)의 산점도와 추정된 회귀식

8.2.2 분산 σ^2의 추정

단순회귀모형에서는 모수 β_0과 β_1의 값 이외에 오차항의 분산 σ^2의 값을 알 필요가 있다. 랜덤오차항 ε_i는 관측될 수 없는 것이므로 Y_i(실제관측값)와 $\widehat{Y_i}$(예측값)의 차, 즉 다음과 같은 잔차(residual)를 이용하여 이의 표본분산으로 σ^2을 추정한다.

$$\begin{aligned} e_i &= Y_i - \widehat{Y_i} \\ &= Y_i - \widehat{\beta_0} - \widehat{\beta_1} X_i \end{aligned}$$

우선 잔차제곱합(residual sum of squares; SSE)을 다음과 같이 정의하는데

$$SSE = \sum e_i^2 = \sum (Y_i - \widehat{Y_i})^2 \tag{8.6}$$

σ^2의 추정량 s^2은 잔차제곱합 SSE를 $(n-2)$로 나눈값이다. 즉,

$$\hat{\sigma}^2 = s^2 = \frac{SSE}{n-2} = \frac{1}{n-2}\sum_{i=1}^{n}(Y_i - \hat{Y}_i)^2 \tag{8.7}$$

위 식에서 분모 $n-2$는 SSE의 자유도인데, 단순회귀모형에는 모수가 2개(β_0, β_1)있으므로 표본관측치수 n에서 모수의 수 2를 뺀 값이라고 설명할 수 있다. SSE를 통상 오차제곱합(error sum of squares)이라 부르기도 하나 엄격히 말하면 잔차제곱합이 올바른 표현이다. 그리고 $SSE/(n-2)$를 잔차평균제곱(mean square error; MSE)이라 한다.

$$MES = \frac{SSE}{n-2} \tag{8.8}$$

따라서 σ^2은 MSE로 추정된다. 여기서 s를 회귀표준오차(standard error of regression)라 하며 MSE에 제곱근을 취한 것이기 때문에 *Root MSE* 라 부르기도 한다.

예 8-1 계속

[예 8-1]에서 단순회귀모형의 오차항 분산 σ^2은 다음과 같은 과정으로 추정할 수 있다. 우선, 추정회귀식을 이용하여 $\hat{Y}$을 산출하고 잔차를 구하면 아래 〈표 8-2〉와 같다.

〈표 8-2〉 잔차의 계산

X	Y	$\hat{Y}$ (=1159.903−3.365806X)	e ($=Y-\hat{Y}$)	e^2
150	1685	1664.774	20.22581	409.0832
50	1201	1328.194	−127.194	16178.2
50	1474	1328.194	145.8065	21259.52
100	1389	1496.484	−107.484	11552.78
50	1295	1328.194	−33.1935	1102.812
100	1564	1496.484	67.51613	4558.428
100	1496	1496.484	−0.48387	0.234131
50	1363	1328.194	34.806	1211.458
합계				56271.55

따라서 σ^2의 추정치 s^2은 다음과 같다.

$$s^2 = MSE = \frac{SSE}{8-2} = \frac{56271.55}{6} = 9378.591$$

식(8.6)의 잔차제곱합 SSE는 다음 식들을 이용하여 계산할 수도 있다(유도과정은 연습문제로 남겨둔다).

$$SSE = \sum Y_i^2 - \hat{\beta}_0 \sum Y_i - \hat{\beta}_1 \sum X_i Y_i \tag{8.9a}$$

$$SSE = \sum (Y_i - \overline{Y})^2 - \frac{\left\{\sum (X_i - \overline{X})(Y_i - \overline{Y})\right\}^2}{\sum (X_i - \overline{X})^2} \tag{8.9b}$$

위에서 회귀계수의 추정과 계산과정을 보여주었는데 관측치의 수가 많은 경우에는 직접 계산하기 어렵다. 따라서 컴퓨터로 통계프로그램을 이용하여 계산한다. 본 교재에서는 SAS(Statistical Analysis System)를 이용하여 분석한 결과를 제공한다. [그림 8-3]은 [예 8-1]의 데이터에 대한 회귀분석 결과이다.

```
                              Model: MODEL1
                        Dependent Variable: sales

                Number of Observations Read                 8
                Number of Observations Used                 8

                           Analysis of Variance
                                                          MSR
                                        Sum of          Mean
Source                       DF        Squares        Square    F Value    Pr > F

Model                 n-2 -->  1         109746        109746      11.70    0.0141
Error                        6          56272    9378.59140
Corrected Total              7         166018                  MSE

            Root MSE             96.84313    R-Square     0.6611 <-- R²
            Dependent Mean     1433.37500    Adj R-Sq     0.6046
            Coeff Var             6.75630

                           Parameter Estimates
                             β̂0
                                    Parameter       Standard
Variable                     DF      Estimate          Error    t Value    Pr > |t|

Intercept                     1    1159.90323       86.96770      13.34      <.0001
tv_advertising_expenditures   1       3.36581        0.98393       3.42      0.0141
                                  β̂1
```

[그림 8-3] (예 8-1)에 대한 SAS 결과

여기서 보듯이 SAS 결과는 크게 두 부분, 즉 분산분석(Analysis of Variance; ANOVA) 결과와 모수추론(Parameter Estimates) 부분으로 나누어 지는데, 이 장을 통하여 결과에 나오는 모든 숫자의 의미를 이해할 수 있게 된다. 모수추론부분은 8.3절에서 다룰 것이다. 또한 결정계수인 R^2 및 분산분석에 대해서는 8.4절에서 언급될 것이다. ANOVA표에서 $Pr > F$는 $F-$검정에 대한 $p-$값을, 모수추정에서 $Pr > |t|$는 $t-$검정에 대한 $p-$값을 나타낸다.

8.3 회귀계수에 대한 검정

8.3.1 회귀계수 추정량의 성질

식(8.5)와 같이 구한 $\widehat{\beta_0}$과 $\widehat{\beta_1}$은 각각 β_0과 β_1의 점추정량이라 할 수 있는데 [정리 8.1]에서 보듯이 이들은 불편추정량임을 알 수 있다. $\widehat{\beta_0}$과 $\widehat{\beta_1}$은 각각 확률변수인 Y_i들로 표현되므로 역시 확률변수임을 유의하여야 한다. 식(8.2)를 볼 때 Y_i의 기대치와 분산은 각각 다음과 같다.

$$E[Y_i] = \beta_0 + \beta_1 X_i$$
$$Var[Y_i] = Var[\varepsilon_i] = \sigma^2$$

정리 8.1

$\widehat{\beta_0}$과 $\widehat{\beta_1}$은 각각 β_0과 β_1의 불편추정량이다. 즉,

$$E[\widehat{\beta_0}] = \beta_0$$
$$E[\widehat{\beta_1}] = \beta_1$$

(증명) 우선 $\widehat{\beta_1}$은 다음과 같이 표현할 수 있다.

$$\widehat{\beta_1} = \frac{\sum_{i=1}^{n}(X_i - \overline{X})Y_i}{\sum_{i=1}^{n}(X_i - \overline{X})^2}$$

여기서 X_i들은 상수와 같이 취급되므로 $\widehat{\beta_1}$의 기대치는 다음과 같다.

$$E[\widehat{\beta_1}] = E\left[\frac{\sum_{i=1}^{n}(X_i - \overline{X})Y_i}{\sum_{i=1}^{n}(X_i - \overline{X})^2}\right] = \frac{\sum_{i=1}^{n}(X_i - \overline{X})E[Y_i]}{\sum_{i=1}^{n}(X_i - \overline{X})^2}$$

$$= \frac{\sum_{i=1}^{n}(X_i - \overline{X})(\beta_0 + \beta_1 X_i)}{\sum_{i=1}^{n}(X_i - \overline{X})^2}$$

$$= \beta_0 \frac{\sum_{i=1}^{n}(X_i - \overline{X})}{\sum_{i=1}^{n}(X_i - \overline{X})^2} + \beta_1 \frac{\sum_{i=1}^{n}(X_i - \overline{X})X_i}{\sum_{i=1}^{n}(X_i - \overline{X})^2} = 0 + \beta_1$$

한편 $\widehat{\beta_0}$의 기대치는 다음과 같다.

$$\begin{aligned} E[\widehat{\beta_0}] &= E[\overline{Y} - \widehat{\beta_1}\overline{X}] = E[\overline{Y}] - \overline{X}E[\widehat{\beta_1}] \\ &= \frac{1}{n}\sum E[Y_i] - \beta_1\overline{X} \\ &= \frac{1}{n}\sum(\beta_0 + \beta_1 X_i) - \beta_1\overline{X} \\ &= \beta_0 \end{aligned}$$

$\widehat{\beta_0}$과 $\widehat{\beta_1}$에 대한 보다 일반적인 결과인 가우스-마르코브 정리(Gauss-Markov Theorem)를 아래 [정리 8.2]에서 증명없이 소개한다.

정리 8.2 가우스-마르코브 정리

$\widehat{\beta_0}$과 $\widehat{\beta_1}$은 최우량선형불편추정량(best linear unbiased estimator; BLUE)이다.

위의 정리에서 선형이라는 것은 [정리 8.1]의 증명과정에서 볼 수 있듯이 $\widehat{\beta_0}$과 $\widehat{\beta_1}$이 확률변수인 Y_i들의 선형결합으로 이루어졌다는 것이다. 최우량(best 또는 most efficient)이라는 것은 선형추정량 중에서 최소분산을 갖는다는 의미이다. $\widehat{\beta_0}$과 $\widehat{\beta_1}$이 Y_i들의 선형결합이며 Y_i들이 정규분포를 따르므로 $\widehat{\beta_0}$과 $\widehat{\beta_1}$도 정규분포를 따름을 알 수 있다.

정리 8.3

$\widehat{\beta_0}$과 $\widehat{\beta_1}$은 각각 다음과 같은 정규분포를 따른다.

$$\widehat{\beta_0} \sim N\left(\beta_0,\ \sigma^2\left(\frac{1}{n} + \frac{\overline{X}^2}{\sum(X_i - \overline{X})^2}\right)\right) \tag{8.10}$$

$$\widehat{\beta_1} \sim N\left(\beta_1,\ \frac{\sigma^2}{\sum(X_i - \overline{X})^2}\right) \tag{8.11}$$

(증명) 정규분포의 평균은 [정리 8.1]에서 알아본 바와 같으므로 분산만을 구해보면 다음과 같다. 우선 $\widehat{\beta_1}$의 분산은 다음과 같다.

$$\begin{aligned} Var[\widehat{\beta_1}] &= Var\left[\frac{\sum_{i=1}^{n}(X_i - \overline{X})Y_i}{\sum_{i=1}^{n}(X_i - \overline{X})^2}\right] = \frac{\sum_{i=1}^{n}(X_i - \overline{X})^2 Var[Y_i]}{\left\{\sum_{i=1}^{n}(X_i - \overline{X})^2\right\}^2} \\ &= \frac{\sigma^2}{\sum_{i=1}^{n}(X_i - \overline{X})^2} \end{aligned}$$

$\widehat{\beta_0}$의 분산은 아래와 같이 산출되는데 이의 유도과정은 연습문제로 남겨둔다.

$$Var[\widehat{\beta_0}] = \sigma^2\left(\frac{1}{n} + \frac{\overline{X}^2}{\sum(X_i - \overline{X})^2}\right) = \sigma^2\left(\frac{\sum X_i^2}{n\sum(X_i - \overline{X})^2}\right)$$

다음의 결과에서 식(8.8)의 MSE가 σ^2의 불편추정량임을 알 수 있다.

정리 8.4

MSE는 σ^2의 불편추정량이다. 즉,

$$E[MSE] = E\left[\frac{SSE}{n-2}\right] = \sigma^2$$

(증명) 식(8.6)의 SSE의 기대치는 다음과 같다.

$$E[SSE] = E[\sum e_i^2] = \sum Var[e_i]$$

그런데 잔차 e_i의 분산은 다음과 같다(유도과정은 연습문제로 남겨둔다).

$$Var[e_i] = Var[(Y_i - \overline{Y}) - \widehat{\beta_1}(X_i - \overline{X})] = \sigma^2\left(1 - \frac{1}{n} - \frac{(X_i - \overline{X})^2}{\sum(X_i - \overline{X})^2}\right) \tag{8.12}$$

따라서 $E[SSE] = (n-2)\sigma^2$이므로 위의 결과가 성립한다.

8.3.2 β_1에 대한 t-검정

종속변수를 설명하는데 있어 어떤 독립변수를 도입하든지 추정회귀식은 얻어지게 마련이다. 즉, β_0과 β_1의 추정치는 항상 계산되는데 중요한 것은 이들이 의미있는 값을 갖는가 하는 것이다. 특히 기울기인 β_1이 0아닌 값을 갖느냐를 판별하는 것이 중요하다. X의 기울기가 0이라는 것은 독립변수 X가 Y를 설명하는데 전혀 도움이 되지 않음을 나타내기 때문이다. 따라서 우리는 다음과 같은 가설검정에 관심을 둔다.

회귀식의 기울기 β_1에 대한 가설은 다음과 같이 설정된다.

$$\mathrm{H}_0 : \beta_1 = 0$$
$$\mathrm{H}_1 : \beta_1 \neq 0$$

β_1의 점추정량이 $\widehat{\beta_1}$이며, $\widehat{\beta_1}$의 분산은 [정리8.3]의 식(8.11)에서와 같으나 σ^2을 MSE로 추정하면 $\widehat{\beta_1}$의 표준편차는 다음과 같이 추정되는데 이를 $\widehat{\beta_1}$의 표준오차(standard error)라고 한다.

$$se(\widehat{\beta_1}) = \sqrt{\frac{MSE}{\sum(X_i - \overline{X})^2}} \tag{8.13}$$

따라서 검정통계량은 다음과 같다(계산된 값을 t-값이라 한다).

$$T_1 = \frac{\widehat{\beta_1}}{se(\widehat{\beta_1})} \tag{8.14}$$

이는 H_0이 옳을 때 자유도가 $(n-2)$인 t-분포를 따른다. 자유도가 $(n-2)$인 것은 단순회귀모형에서는 추정할 모수가 β_0, β_1 두 개 있기 때문이다. 따라서 위 T_1값이 다음과 같을 때 유의수준 α에서 H_0을 기각한다.

$$|T_1| \geq t_{(\alpha/2;n-2)} \tag{8.15}$$

H_0을 기각한다는 것은 회귀선이 0이 아닌 기울기를 갖는다는 의미이며, 이는 'β_1이 통계적으로 유의하다' 혹은 'X가 유의한 변수다'라고 말할 수 있다.

β_1에 대한 100(1−α)% 신뢰구간은 $\widehat{\beta_1}$의 표준오차를 이용하면 다음과 같이 구할 수 있다.

$$\widehat{\beta_1} \pm t_{(\alpha/2;n-2)} se(\widehat{\beta_1})$$

β_0에 대한 검정도 아래와 같은 가설이 설정되었을 때 β_1과 유사한 절차로 수행된다.

$$H_0 : \beta_0 = 0$$
$$H_1 : \beta_0 \neq 0$$

$\widehat{\beta_0}$의 표준오차는 다음과 같다.

$$se(\widehat{\beta_0}) = \sqrt{MSE(\frac{1}{n} + \frac{\overline{X}^2}{\sum(X_i - \overline{X})^2})} \tag{8.16}$$

절편 β_0이 유의함은 실제적 의미가 별로 없으며 오히려 $\beta_0 = 0$이라 할 수 있는 경우에는 절편이 없는, 즉 원점을 통과하는 회귀모형을 고려하는 것이 바람직하다(연습문제 8-9 참조).

예 8-2

어떤 제품의 가격에 따른 판매량에 대한 단순회귀모형을 다음과 같이 설정하고

$$Y = \beta_0 + \beta_1 X + \varepsilon,$$
$$X : \text{제품가격}, \quad Y : \text{판매량}$$

55개의 데이터를 이용하여 아래와 같은 결과를 얻었다.

어떤 제품의 가격에 따른 판매량에 대한 단순회귀모형을 다음과 같이 설정하고

$$Y = \beta_0 + \beta_1 X + \varepsilon,$$

X : 제품가격, Y : 판매량

55개의 데이터를 이용하여 아래와 같은 결과를 얻었다.

변수	회귀변수	표준오차	t-값
절편	172.57	2.44	70.73
X	−2.50	0.23	−10.87

$MSE = 6.2517$, $R^2 = 0.6951$

(a) 회귀계수 β_1에 대한 아래 가설을 유의수준 0.05에서 t-검정하여 보자.

$$\mathrm{H}_0 : \beta_1 = 0$$
$$\mathrm{H}_1 : \beta_1 \neq 0$$

위의 가설에 대한 검정통계량은 다음과 같다.

$$T = \frac{\widehat{\beta_1}}{se(\widehat{\beta_1})} = \frac{-2.50}{0.23} = -10.87$$

기각역은 절대값이 $t_{(0.025;53)} = 2.01$보다 큰 영역이므로 −10.87은 기각역에 속한다. 따라서 귀무가설은 기각되며, 이 회귀식의 기울기는 유의하고 독립변수 X는 종속변수에 유의한 영향을 미친다고 할 수 있다.

(b) β_1에 대한 95% 신뢰구간은 다음과 같다.

$$-2.50 \pm t_{(0.025;53)}(0.23) = -2.50 \pm 2.01(0.23) = -2.50 \pm 0.462$$

8.3.3 t-값과 p-값

[예 8-2]에서 $\widehat{\beta_1}$은 유의수준 5%에서 유의하며 따라서 회귀계수 β_1(기울기)은 0이 아닌 다른 값이라는 것을 알았다. 이 값은 유의수준 1%에서도 유의함을 알 수 있는데 이는 관련된 t-값의 절대값이 상대적으로 크기 때문이다. 유의수준 1%에서 자유도가 15정도만 되어도 관련된 t-값의 절대값이 약 3이상이면 해당 회귀계수가 유의함을 알 수 있다. 유의수준 1%에서 유의하다는 의미를 상기하면, 이 경우의 유의성 판정에 대한 오류 가능성이 1% 이하라는 것이다. 또한, $\alpha = 0.01$에서 유의하면 $\alpha = 0.05$ 또는 $\alpha = 0.1$에서는 당연히 유의하다. 따라서 미리 유의수준을 정해놓지 않았더라도 t-값을 보고 이 값이 대체로 크면 관련 회귀계수가(1% 수준까지는) 유의하다고 판단할 수 있다. t-값이 커질수록 좀 더 작은 유의수준에서도 유의함을 알 수 있는데 이는 유의한 정도가 커진다고 말할 수 있으며 기울기가 0과는 확실하게 다른 값을 갖게 됨을 의미한다.

산출된 t−값에 대하여 유의수준을 어느 정도까지 낮추어도 유의한지를 알려주면 분석자에게 도움이 될 것인데, 최소로 낮춘 이 값을 p−값(p−value)이라 한다. 즉, t−검정에서 t−값이 T일 때 p−값은 [그림 8−4]에서 빗금친 면적에 해당하는 확률을 나타낸다. 따라서 β_1의 검정에서 식(8.15)대신 다음이 성립할 때 유의수준 α에서 H_0을 기각할 수 있다.

$$p\text{−값} \le \alpha \tag{8.17}$$

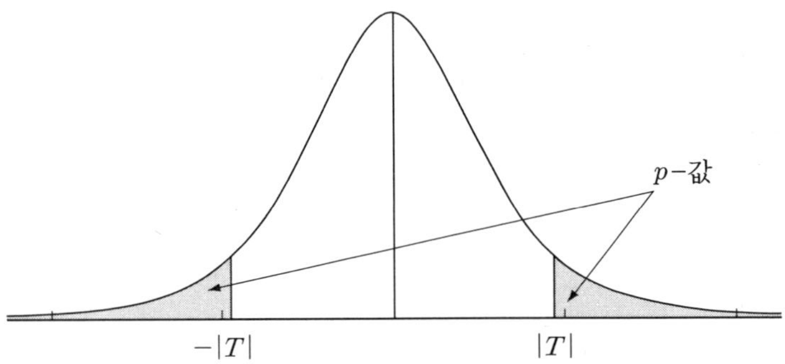

[그림 8−4] t−값에 대응한 p−값

예를 들어 p−값이 0.035라면 유의수준 5%에서는 H_0을 기각할 수 있으나 유의수준 1%에서는 기각할 수 없다. SAS 등의 통계 소프트웨어의 결과에는 이와 같은 p−값을 제공하기 때문에 t−분포표의 도움없이 이 값만을 보고 분석자가 고려하고 있는 유의수준과 비교함으로써 검정을 실시할 수 있다.

단순회귀분석에서 회귀계수의 추론과 관련된 결과를 요약하면 〈표 8−3〉과 같다.

〈표 8−3〉 단순회귀분석에서 회귀계수 추론 결과

변수	회귀계수 추정치	표준오차	t−값	p−값
절편	$\hat{\beta}_0$	$se(\hat{\beta}_0)$	$T_0 = \hat{\beta}_0 / se(\hat{\beta}_0)$	$P\{T_{n-2} > \lvert T_0 \rvert\}$
X	$\hat{\beta}_1$	$se(\hat{\beta}_1)$	$T_1 = \hat{\beta}_1 / se(\hat{\beta}_1)$	$P\{T_{n-2} > \lvert T_1 \rvert\}$

(주) T_{n-2}는 $t_{(n-2)}$−분포를 따르는 확률변수임.

예 8-3

어떤 제조공정을 위해 사전에 가열이 필요한데 이 공정의 직전온도(X)와 공정 직후 온도(Y)와의 관계를 알아보기 위하여 다음과 같은 모형을 고려한다.

$$Y = \beta_0 + \beta_1 X + \varepsilon$$

100개의 데이터에 대하여 분석하여 아래와 같은 결과를 얻었다.

변수	회귀계수	표준오차	t-값	p-값
절편	420.5	33.25	12.65	0.0001
X	0.613	0.028	21.89	0.0001

결과를 해석하라.

풀이 추정회귀식은 다음과 같다.

$$\widehat{Y} = 420.5 + 0.613X$$

기울기의 추정치는 0.613이며 이에 대한 p-값이 매우 작으므로 유의수준 1%에서도 유의함을 알 수 있다. 즉, 직전 온도가 1℃ 증가함에 따라 직후 온도가 평균적으로 0.613℃ 씩 증가함을 나타내며 이 값은 충분히 의미있음을 보여준다.

8.4 모형의 적합도 및 회귀성 검정

앞 절에서는 회귀계수의 검정방법을 설명하였는데, 본 절에서는 추정된 회귀식이 얼마나 데이터를 잘 반영하고 있는가를 판단하기 위해 척도로 사용되는 결정계수, 즉 R^2과 모형에 대한 종합적 회귀성 여부를 검정하는 F-검정에 대하여 알아본다. 사실 단순회귀분석의 경우에는 별도로 이와 같은 분석이 필요 없다. 독립변수가 하나인 경우에는 R^2이 독립변수와 종속변수의 상관계수 r의 제곱과 동일하기 때문이다. 또한, F-검정이란 독립변수의 기울기에 해당하는 회귀계수들이 모두 0과 같은지 여부를 검정하는 것인데 단순회귀분석에서는 기울기가 하나이기 때문에 8.3.2절의 t-검정과 동일하기 때문이다. 그러나 9장에서 다루게 될 독립변수가 2개 이상 있는 다중회귀분석의 이해를 돕기 위하여 단순회귀모형에 대하여서도 결정계수를 정의하고 F-검정 절차를 기술한다.

8.4.1 모형의 적합도와 결정계수

고려하고 있는 회귀모형 또는 추정된 회귀식이 얼마나 데이터를 잘 반영하고 있는가를 알아보기 위해서는 이에 알맞는 척도를 개발할 필요가 있다. 동일한 종속변수를 설명하는데 있어서도 어떤 독립변수를 도입하는가에 따라 설명력 또는 적합도(goodness of fit)가 다를 수 있기 때문에 이러한 척도로서 비교할 필요가 있다. 기본적으로 8.2.2절에서 언급한 잔차제곱합인 SSE가 작은 값을 가질수록 적합도는 높다고 말할 수 있는데 SSE는 단위등에 의하여 변하는 값이므로 이 자체는 적합도의 척도로 적절하지 않다. 즉, SSE의 크기를 비교할 수 있는 대상이 필요하게 되는데, 종속변수에 대한 전체제곱합은 모형에 관계없이 데이터가 주어지면 일정한 값을 가지므로 비교대상으로 삼을 수 있다.

그런데 전체제곱합(total sum of squares; SST)은 다음과 같이 분해됨을 알 수 있다([그림 8-5] 참조).

$$
\begin{aligned}
SST &= \sum(Y_i - \overline{Y})^2 \\
&= \sum(Y_i - \widehat{Y}_i + \widehat{Y}_i - \overline{Y})^2 \\
&= \sum(Y_i - \widehat{Y}_i)^2 + \sum(\widehat{Y}_i - \overline{Y})^2 + 2\sum(Y_i - \widehat{Y}_i)(\widehat{Y}_i - \overline{Y})
\end{aligned}
$$

위 식의 마지막 등식에서 첫 항은 SSE가 되며 마지막 항은 0이 된다. 또한 SSE는 모형으로 설명되지 않는 부분으로 해석될 수 있기 때문에 위 식의 마지막 등식에서 두 번째 항은 회귀모형으로서 설명되는 부분으로 해석하며 이를 회귀제곱합(regression sum of squares; SSR)이라 한다. 즉,

$$SSR = \sum(\widehat{Y}_i - \overline{Y})^2 \tag{8.18}$$

따라서 전체제곱합 SST는 다음과 같이 표현될 수 있다.

$$SST = SSE + SSR \tag{8.19}$$

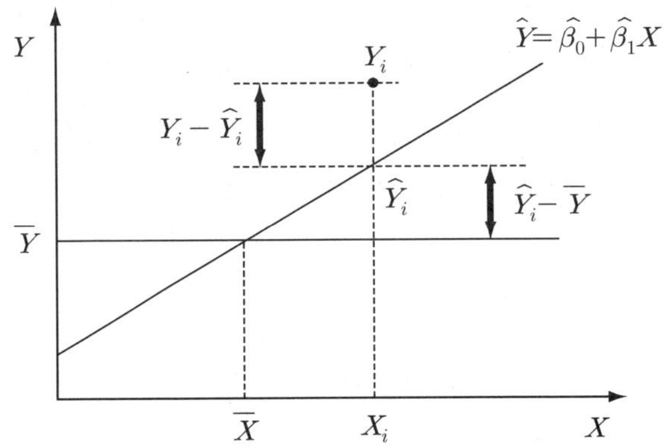

[그림 8-5] 전체제곱합의 분할

앞에서 언급하였듯이 SST는 Y에 대한 관측치가 주어지면 회귀모형과 관계없이 일정한 값을 갖게 되므로, 모형의 적합도가 높다는 것은 SSE가 상대적으로 작다는 것을 의미하고 이는 다시 SSR이 크다는 것을 의미한다. 따라서, 아래와 같이 SST에 대한 SSR의 비율을 적합도의 척도로 사용하며 R^2이라고 쓰고 이를 결정계수(coefficient of determination)라 부른다.

$$R^2 = \frac{SSR}{SST} = 1 - \frac{SSE}{SST} \tag{8.20}$$

결정계수 R^2는 0에서 1사이의 값을 가지며 1에 가까울수록 적합도가 높으며 0에 가까울수록 적합도는 약하다고 말할 수 있다. 만약 모든 관측값들이 회귀선상에 있다면 $SSE=0$이고 $SSR=SST$이므로 $R^2=1$이 되고, 반대로 X와 Y간에 회귀관계가 전혀 없다면 $\hat{\beta}_1 = 0$이 되고 $\hat{Y}_i = \overline{Y}$가 되므로 이 경우 $SSR=0$으로서 $R^2=0$이 된다.

단순회귀모형의 경우 결정계수 R^2은 X와 Y간의 표본상관계수의 제곱과 같다.

$$R^2 = \frac{SSR}{SST} = r^2 = \frac{\left\{\sum(X_i - \overline{X})(Y_i - \overline{Y})\right\}^2}{\sum(X_i - \overline{X})^2 \sum(Y_i - \overline{Y})^2} \tag{8.21}$$

결정계수는 상대적인 값이므로 일반적으로 결정계수가 얼마 이상이어야 모형의 적합도가 보장이 되는가에 대하여서는 단언적으로 말할 수 없으며 경험적으로 해석하여야 한다. 통계적으로는 단지 모형의 회귀성이 있는가를 판단할 수 있는데 이는 F-검정으로 이루어진다.

8.4.2 회귀모형에 대한 유의성 검정(F-검정)

각 회귀계수별로 유의여부를 검정한 바 있으나 때때로 모형에 대하여 종합적으로 회귀관계 여부를 알아볼 필요가 있다. 즉, 독립변수값의 변화에 따라 종속변수값에 영향을 미치는가를 판단하는 것이다. 단순회귀모형의 경우에는 독립변수가 하나이기 때문에 이에 대한 기울기 β_1이 통계적으로 0 아닌 값을 가질 때 회귀성이 있다고 말할 수 있다. 일반적으로 여러 독립변수를 포함하고 있는 회귀모형에서 회귀성이 없다는 것은 각 독립변수에 해당하는 기울기들이 모두 통계적으로 0인 값을 가질 때를 의미하게 된다.

언급하였듯이 단순회귀모형에서의 회귀성검정은 사실상 회귀계수 β_1에 대한 t-검정과 동일하다고 볼 수 있으나 보다 일반적인 다중회귀모형의 경우 분산분석표의 작성에 따른 F-

검정을 통하여 실시하므로 단순회귀모형에서도 이 방법을 적용하여 다시 회귀성검정을 실시하고자 한다.

회귀성검정을 위한 가설은 다음과 같다.

$$\mathrm{H}_0 : \beta_1 = 0$$
$$\mathrm{H}_1 : \beta_1 \neq 0$$

본 검정은 t-검정에서와는 달리 오차분산인 σ^2의 추정량을 고려하여 실시한다. [정리 8.4]에서 MSE가 σ^2의 불편추정량이 됨을 보았다. 즉, MSE는 위의 가설과는 관계없이 항상 σ^2의 추정량이 될 수 있다고 볼 수 있다. 한편, 가설 H_0이 옳을 때는 SSR 또한 σ^2의 추정량으로 사용할 수 있다. 이를 보이기 위하여서는 SSR의 기대치를 구하여야 하는데 우선 SSR은 다음과 같이 표현되는 것을 쉽게 보일 수 있다.

$$SSR = \sum(\widehat{Y}_i - \overline{Y})^2 = \widehat{\beta}_1^{\,2} \sum(X_i - \overline{X})^2 \tag{8.22}$$

따라서 SSR의 기대치는 다음과 같다.

$$\begin{aligned} E[SSR] &= E[\widehat{\beta}_1^{\,2}] \sum(X_i - \overline{X})^2 \\ &= \left\{ Var[\widehat{\beta}_1] + E^2[\widehat{\beta}_1] \right\} \sum(X_i - \overline{X})^2 \\ &= \sigma^2 + \beta_1^2 \sum(X_i - \overline{X})^2 \end{aligned} \tag{8.23}$$

위의 결과로부터 우리는 $\beta_1 = 0$일 때, 즉 H_0이 옳을 때 SSR을 σ^2의 불편추정량으로 사용할 수 있다는 것을 알 수 있다.

H_0이 옳다고 할 때 σ^2의 추정량으로 MSE와 SSR을 사용할 수 있기 때문에, 역으로 이 두 추정량의 비를 구하여 1에 가까운 값을 가지면 H_0이 옳다고 하고 1에서 먼 값을 얻으면 H_0이 옳지 않다고 할 수 있을 것이다. 즉, 검정통계량으로 다음과 같은 비를 고려한다.

$$F_0 = \frac{SSR}{MSE}$$

잔차제곱합 SSE를 이의 자유도 $(n-2)$로 나눈 것을 잔차평균제곱 MSE로 정의하듯이 회귀제곱합인 SSR을 해당 자유도 1로 나눈 값을 아래와 같이 회귀평균제곱 (regression mean squares; MSR)이라 한다.

$$MSR = \frac{SSR}{1}$$

이때 F_0은 다음과 같이 쓸 수 있다.

$$F_0 = \frac{MSR}{MSE} \tag{8.24}$$

검정에 대한 기각역을 구하기 위하여서는 H_0이 옳다고 할 때 F_0의 분포를 알아야 하는데 다음과 같이 이는 F-분포를 따른다.

정리 8.5

가설 H_0이 옳을 때 다음의 F_0는 자유도 1, $n-2$를 갖는 F-분포를 따른다. 즉,

$$F_0 = \frac{MSR}{MSE} \sim F_{(1,n-2)}$$

(증명) 우선 SSE에 관련하여 다음이 성립한다.

$$\frac{SSE}{\sigma^2} \sim \chi^2_{(n-2)}$$

그리고 H_0이 옳을 때 SSR에 대하여서는 다음이 성립한다.

$$\frac{SSR}{\sigma^2} \sim \chi^2_{(1)}$$

여기서 두 확률변수는 서로 독립임을 증명할 수 있다. 따라서 두 확률변수를 각각 자유도로 나눈 후의 비는 F-분포를 따르게 되며 이 비율이 위의 F_0과 동일함을 알 수 있다.

$$F_0 = \frac{\dfrac{SSR}{\sigma^2}/1}{\dfrac{SSE}{\sigma^2}/(n-2)} = \frac{MSR}{MSE} \sim F_{(1,n-2)}$$

식(8.23)에서 $E[MSR] \geq E[MSE]$임을 알 수 있고 MSR이 MSE보다 클수록 β_1이 0이 아니라는 사실을 뒷받침해줄 것이다. 따라서 회귀성검정(F-검정)에 대한 판정은 다음과 같다. 즉, 유의수준 α에서

$F_0 \geq F_{(\alpha;1,n-2)}$이면 가설 H_0 기각

유의할 것은 가설의 형태는 양쪽검정이나 F-값을 구할 때 분자가 분모보다 큰 경우만 관심을 두므로 기각역은 한쪽검정의 경우와 동일하다는 것이다.

SAS 등의 통계소프트웨어에서는 t−검정의 경우와 마찬가지로 F−검정에 대하여서도 p−값을 출력하여 주는데 이를 사용하면 분석자가 고려하고 있는 유의수준에 대하여 가설을 판정하는데 편리하다. F−검정에 대한 p−값은 [그림 8-6]과 같이 $F_{(1,n-2)}$−분포상에서 F_0값 이상일 확률을 나타낸다.

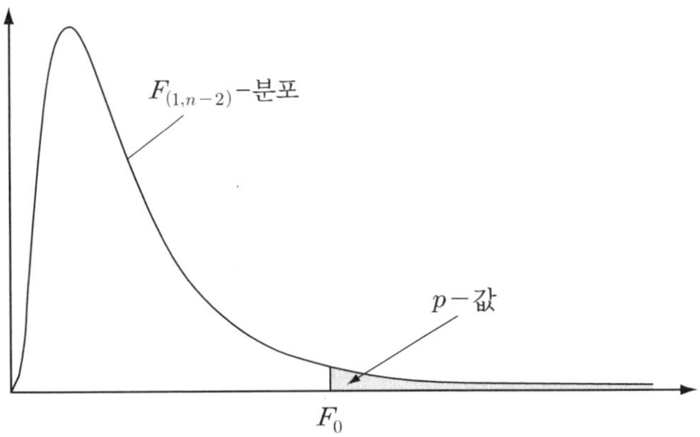

[그림 8-6] F−값과 p−값

즉, $F_{(1,n-2)}$−분포를 따르는 확률변수를 $F_{1,n-2}$라 할 때 p−값은 아래와 같이 표현된다.

$$p\text{−값} = P\{F_{1,n-2} \geq F_0\}$$

따라서 p−값이 생각하고 있는 유의수준 α보다 작으면 H_0을 기각하고 회귀성이 있다고 결론짓는다.

이상과 같은 회귀성검정에 필요한 계산과정은 다음과 같은 분산분석표(ANOVA table)로 요약될 수 있다.

〈표 8-4〉 단순회귀모형의 분산분석표

요인	제곱합	자유도	평균제곱	F−값	p−값
모델	SSR	1	$MSR = SSR/1$	$F_0 = MSR/MSE$	$P\{F_{1,n-2} > F_0\}$
잔차	SSE	$n-2$	$MSE = SSE/(n-2)$		
전체	SST	$n-1$			

단순회귀분석에서 F−검정은 기울기에 대한 t−검정과 동일한데 이는 다음 관계로 알 수 있다.

$$F_0 = \frac{MSR}{MSE} = \frac{\hat{\beta}_1^{\,2}\sum(X_i - \overline{X})^2}{MSE} = \frac{\hat{\beta}_1^{\,2}}{s^2(\hat{\beta}_1)} = T_1^2 \tag{8.25}$$

예 8-4

다음은 DIY용 나무 재목의 두께를 독립변수로 나무 재목의 강도를 종속변수로 하는 단순회귀분석을 실시하여 얻은 분산분석표이다. 결과를 해석하라.

요인	제곱합	자유도	평균제곱	F-값	p-값
모델	586.7	1	586.7	2.066	0.1528
잔차	40,316.6	142	283.9		
전체	40,903.3	143			

풀이 p-값이 0.1528로 큰 편이므로 유의수준 10%에서도 모형이 유의하지 않음을 알 수 있다. 즉, 독립변수인 나무 재목의 두께가 나무 재목의 강도를 유의하게 설명하지 못한다. 한편 자유도를 볼 때 144개의 데이터가 사용된 것을 알 수 있으며, 모형의 결정계수는 다음과 같이 산출할 수 있다.

$$R^2 = 586.7/40,903.3 = 0.014$$

또한, $MSE = 283.9$ 이므로 회귀표준오차가 $s = \sqrt{MSE} = 16.85$ 임을 계산할 수 있다. 회귀모형을 사용하지 않을 경우 종속변수의 표준편차는

$$s_Y = \sqrt{\frac{SST}{n-1}} = \sqrt{\frac{40,903.3}{143}} = 16.91$$

이므로 위의 회귀모형을 사용한 후 오차가 그다지 줄어들지 않았음을 볼 수 있고 이 회귀모형이 유의하지 않음을 알 수 있다.

예 8-5

도금공장에서 생산되는 제품의 도금량(Y)과 라인속도(X)와의 관계에 대한 회귀모형은 다음과 같다.

$$Y_i = \beta_0 + \beta_1 X_i + \varepsilon_i$$

현장에서 얻어진 86개의 표본데이터에 대하여 다음과 같은 결과를 얻었다.

$$\overline{X} = 161.6, \quad s_X = \sqrt{\frac{\sum(X_i - \overline{X})^2}{n-1}} = 32.5$$

$$\overline{Y} = 1,012.0, \quad s_Y = \sqrt{\frac{\sum(Y_i - \overline{Y})^2}{n-1}} = 108.4$$

X와 Y의 상관계수 : $r = 0.638$

위의 값을 이용하여 $\hat{\beta}_0$와 $\hat{\beta}_1$을 구하고 분산분석표를 만들어라.

풀이 s_X와 s_Y로부터 다음을 구할 수 있다.

$$\sum(X_i - \overline{X})^2 = (n-1)s_X^2 = 85(32.5)^2 = 89,781.25$$

$$\sum(Y_i - \overline{Y})^2 = (n-1)s_Y^2 = 85(108.4)^2 = 998{,}797.6$$

그리고

$$r = \frac{\sum(X_i - \overline{X})(Y_i - \overline{Y})}{\sqrt{\sum(X_i - \overline{X})^2 \sum(Y_i - \overline{Y})^2}} = \frac{s_{XY}}{s_X s_Y}$$

이라는 것을 이용하면 $\widehat{\beta_0}$와 $\widehat{\beta_1}$을 다음과 같이 구할 수 있다.

$$\widehat{\beta_1} = \frac{(n-1)s_{XY}}{(n-1)s_X^2} = \frac{rs_Y}{s_X} = \frac{(0.638)(108.4)}{32.5} = 2.128$$

$$\widehat{\beta_0} = 1{,}012 - 2.128 \times 161.6 = 668.12$$

따라서 추정회귀식은 다음과 같다.

$$\widehat{Y} = 668.12 + 2.128X$$

한편, 전체제곱합은 $SST = \sum(Y_i - \overline{Y})^2$이고, SSR은 아래와 같으므로

$$\begin{aligned} SSR &= SST \times R^2 = SST \times r^2 \\ &= 998{,}797.6 \times (0.638)^2 \\ &= 406{,}554.57 \end{aligned}$$

분산분석표는 다음 표와 같다.

요인	자유도	제곱합	평균제곱	F-값
모델	1	406,554.6	406,554.6	57.7
잔차	84	592,243.0	7,050.5	
전체	85	998,797.6		

회귀성검정에 대한 검정통계량은

$$F_0 = \frac{MSR}{MSE} = 57.7$$

이고, 기각임계점 $F_{(0.05;1,84)} = 3.97$이므로 귀무가설을 기각한다. 따라서 유의수준 5%에서 추정회귀식은 유의하다고 할 수 있다.

8.5 반응치에 대한 추정

8.5.1 평균반응치에 관한 추정

회귀분석의 목적 중 하나는 독립변수의 값 x_0에 대해 종속변수 Y의 값을 예측하는 것이다. 독립변수 $X = x_0$의 값을 가질 때 Y의 기대치, 즉 $E[Y|x_0]$을 평균반응치(mean response)라 하는데 이에 대한 추정을 알아 본다. $X = x_0$일 때 Y에 대한 기대치는 다음과 같다.

$$E[Y|x_0] = E[\widehat{\beta_0} + \widehat{\beta_1} x_0] = \beta_0 + \beta_1 x_0$$

따라서 $X = x_0$일 때 평균반응치의 추정량은 다음과 같다.

$$\widehat{Y_0} = \widehat{\beta_0} + \widehat{\beta_1} x_0$$

평균반응치에 대한 신뢰구간을 구하기 위해서는 아래와 같이 $\widehat{Y_0}$에 대한 분산을 알아야 한다.

$$\begin{aligned} Var[\widehat{Y_0}] &= Var[\widehat{\beta_0} + \widehat{\beta_1} x_0] = Var[\overline{Y} + \widehat{\beta_1}(x_0 - \overline{X})] \\ &= Var[\overline{Y}] + (x_0 - \overline{X})^2 Var[\widehat{\beta_1}] \\ &= \frac{\sigma^2}{n} + (x_0 - \overline{X})^2 \frac{\sigma^2}{\sum (X_i - \overline{X})^2} \end{aligned}$$

위에서 $\overline{Y}$와 $\widehat{\beta_1}$은 서로 독립이므로 공분산항은 0이 되어 생략되었다. 즉, $E[Y|x_0]$의 추정량은 다음과 같은 분포를 따른다.

$$\widehat{\beta_0} + \widehat{\beta_1} x_0 \sim N\left(\beta_0 + \beta_1 x_0, \ \sigma^2 \left(\frac{1}{n} + \frac{(x_0 - \overline{X})^2}{\sum (X_i - \overline{X})^2}\right)\right)$$

따라서 $E[Y|x_0]$의 100(1−α)% 신뢰구간은 다음과 같다.

$$(\widehat{\beta_0} + \widehat{\beta_1} x_0) \pm t_{(\alpha/2; n-2)} \sqrt{MSE} \sqrt{\frac{1}{n} + \frac{(x_0 - \overline{X})^2}{\sum (X_i - \overline{X})^2}} \qquad (8.26)$$

여기서 MSE는 σ^2의 추정량이다. 위의 신뢰구간은 x_0의 값에 따라 달라지는데, $x_0 = \overline{X}$일 때 구간은 가장 좁아지며, x_0이 $\overline{X}$에서 멀어질수록 구간폭은 넓어진다.

예 8-6

[예 8-2]에서 제품가격이 20일 때 평균판매량에 대한 95% 신뢰구간을 구하라.
단, $\overline{X} = 10.507$, $\sum (X_i - \overline{X})^2 = 118.18$이다.

풀이 $x_0 = 20$일 때 평균반응치는 다음과 같으며

$$\widehat{Y_0} = 172.57 - 2.50(20) = 122.57$$

$n = 55$, $MSE = 6.2517$이므로 평균반응치의 95% 신뢰구간은 아래와 같다.

$$\begin{aligned} & 122.57 \pm t_{(0.025;53)} \sqrt{6.2517} \sqrt{\frac{1}{55} + \frac{(20 - 10.507)^2}{118.18}} \\ &= 122.57 \pm 2.01(2.209) = 122.57 \pm 4.441 \end{aligned}$$

8.5.2 미래반응치의 예측

독립변수값이 x_0일 때 미래반응치(future response) Y_0은 다음과 같다.

$$Y_0 = \beta_0 + \beta_1 x_0 + \varepsilon$$

따라서 Y_0의 예측치는 $\hat{Y}_0$으로 평균반응치의 추정치와 동일하다. 그러나 Y_0의 예측구간은 오차항이 추가됨에 따라 다소 넓어지게 된다. 평균반응치란 x_0 수준에서 여러차례 반복하여 Y값을 관측(또는 실험)할 때 평균적으로 취해지는 값을 의미하며, 미래반응치란 x_0 수준에서 한번 실험할 때 나올 값이라 할 수 있다.

$X = x_0$일 때 반응치 Y_0은 다음과 같은 정규분포를 따른다.

$$Y_0 \sim N(\beta_0 + \beta_1 x_0,\ \sigma^2)$$

그리고 예측오차 $Y_0 - (\hat{\beta}_0 + \hat{\beta}_1 x_0)$는 아래와 같은 분포를 따르므로

$$Y_0 - (\hat{\beta}_0 + \hat{\beta}_1 x_0) \sim N\left(0,\ \sigma^2\left\{1 + \frac{1}{n} + \frac{(x_0 - \overline{X})^2}{\sum (X_i - \overline{X})^2}\right\}\right)$$

위의 변량을 표준화하고 σ^2을 MSE로 추정하면 다음과 같다.

$$\frac{Y_0 - (\hat{\beta}_0 + \hat{\beta}_1 x_0)}{\sqrt{MSE}\sqrt{\dfrac{n+1}{n} + \dfrac{(x_0 - \overline{X})^2}{\sum (X_i - \overline{X})^2}}} \sim t_{(n-2)}$$

따라서 독립변수값 x_0에서의 반응치(종속변수값)에 대한 $100(1-\alpha)\%$ 예측구간은 다음과 같다.

$$(\hat{\beta}_0 + \hat{\beta}_1 x_0) \pm t_{(\alpha/2;n-2)}\sqrt{MSE}\sqrt{\frac{n+1}{n} + \frac{(x_0 - \overline{X})^2}{\sum (X_i - \overline{X})^2}} \tag{8.27}$$

예 8-7

[예 8-2]에서 제품가격이 20일 때 미래판매량에 대한 95% 예측구간을 구해보자.
단, $\overline{X} = 10.507$, $\sum (X_i - \overline{X})^2 = 118.18$이다.

풀이 $x_0 = 20$에서 Y의 예측치는 $172.57 - 2.50(20) = 122.57$이고, $n=55$, $MSE = 6.2517$이므로 95% 예측구간은 다음과 같다.

$$122.57 \pm t_{(0.025;53)} \sqrt{6.2517} \sqrt{\frac{55+1}{55} + \frac{(20-10.507)^2}{118.18}}$$
$$= 122.57 \pm 2.01(3.337) = 122.57 \pm 6.706$$

[예 8-6]의 평균반응치에 대한 신뢰구간과 비교하면 약간 넓어진 것을 볼 수 있다.

8.6 회귀분석의 가정과 진단

회귀모형에서 모수에 대한 추정은 모집단 회귀모형에 포함된 랜덤오차 ε_i에 대한 몇 가지 가정을 바탕으로 한다. 식(8.2)의 단순회귀모형에서 오차항의 분포가 $N(0,\ \sigma^2)$을 따른다는 것은 [그림 8-7]에서 보는 바와 같이 $X = X_i$가 주어졌을 때 Y값은 평균이 $\beta_0 + \beta_1 X_i$인 정규분포를 따르며 분산은 σ^2으로 X_i값에 의존하지 않고 모두 동일하다는 것을 가정하고 있다.

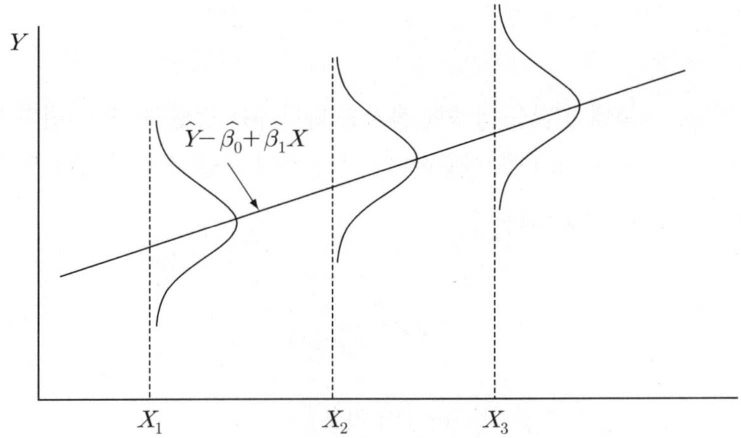

[그림 8-7] Y의 분포

오차항에 대한 가정을 정리하면 다음과 같은데 이는 또한 회귀모형의 가정사항이다.

가정 1 두 변수 X와 Y의 관계는 선형성을 가진다.

가정 2 오차항 ε_i는 확률변수로서 모든 i에 대하여 평균이 0이다.

$$E[\varepsilon_i] = 0,\ i = 1,\ 2,\ \ldots,\ n$$

가정 3 (등분산성) 오차항 ε_i의 분산은 모든 i에 대하여 똑같은 상수이다.

$$Var[\varepsilon_i] = \sigma^2,\ i = 1,\ 2,\ \ldots,\ n$$

즉, 오차항의 분산은 X의 값에 상관없이 항상 일정한 상수이다. 여기서 모수 β_0과 β_1, 그리고 독립변수 X는 확률변수가 아니므로 Y_i의 분산도 ε_i의 분산과 같이 σ^2이다.

가정 4 (독립성) 오차항 ε_i는 서로 독립이다.

$$Cov[\varepsilon_{i,}\ \varepsilon_j] = 0,\ i \neq j,\ i,\ j = 1,\ 2,\ \ldots,\ n$$

즉, 어떤 Y값을 관찰하는데 발생하는 오차는 또 다른 Y값을 관찰할 때의 오차와 아무런 상관관계가 없다.

가정 5 (정규성) 오차항 ε_i들의 확률분포는 정규분포이다.

이러한 가정들이 만족되는지의 여부는 잔차와 $\hat{Y}$간의 산점도, 그리고 정규확률분포도를 [그림 8-8]과 같이 그려봄으로써 판단할 수 있다. 위의 가정사항이 만족되지 않으면 최소자승법에 의해 추정된 회귀계수가 무용한 것이 되고, 그 회귀계수에 의한 모형자체가 의미가 없는 것이라 할 수 있다.

$\hat{Y}$과의 산점도는 x축에 $\hat{Y}$값을, y축에 잔차를 나타내는 것인데, 흔히 잔차 대신 스튜던트화 잔차(studentized residual)를 사용한다. 이는 잔차 e_i를 잔차의 표준오차로 나눈 것으로서 다음과 같이 e_i^*로 표기한다.

$$e_i^* = \frac{e_i}{se(e_i)}$$

여기서 표준오차는 아래와 같다(식(8.12) 참조).

$$se(e_i) = \sqrt{MSE\left\{1 - \frac{1}{n} - \frac{(X_i - \overline{X})^2}{\sum(X_i - \overline{X})^2}\right\}}$$

스튜던트화 잔차 e_i^*는 e_i와 달리 척도에 영향을 받지않으며 따라서 회귀분석의 진단에 있어서 매우 유용한 값이다. 가정된 모형이 타당할 경우 스튜던트화 잔차는 평균 0, 분산 1을 가진다. 또한 정규분포를 따른다는 가정이 만족된다면 e_i^*의 95%는 −2에서 2 사이에 있고, 99.7%는 −3에서 3사이에 있는 것으로 기대된다. 이와 같이 e_i^*는 표준화되지 않은 잔차보다 유용한 정보를 제공한다.

[그림 8-8]의 (a), (b), (c)는 잔차산점도를 나타낸 것으로, (a)의 경우는 잔차의 분포가 0을 중심으로 고르게 퍼져 있으므로 선형성과 등분산성의 가정에 부합됨을 알 수 있다. (b)의 경우 잔차의 분포가 0을 중심으로 대칭이므로 선형성의 가정은 만족하나 $\widehat{Y}_i$이 커짐에 따라 잔차의 분산이 증가됨을 볼 수 있다. 즉, 등분산성의 가정에 위배된다. 이와 같이 분산이 일정하지 않은 경우를 이분산성(heteroscedasticity)이라 한다.

[그림 8-8]의 (c)는 잔차의 값이 −에서 +로 증가한 뒤 다시 감소하는 경우로서, 잔차의 평균이 항상 0이어야 한다는 가정과 독립성 가정에 위배된다. 또한, 잔차가 패턴을 보이므로 이러한 패턴을 반영하는 새로운 모형을 고려할 필요가 있다.

[그림 8-8]의 (d)는 정규확률분포도(normal probability plot)로서 각 점들이 직선에 가까운 형태를 보이면 오차항이 가정과 같이 정규분포를 따른다고 판단한다. 정규확률분포도를 그리는 방법은 여러 가지가 있으나 보통 잔차를 크기순으로 나열한 값을 x축으로, 정규분포 가정 하에서 각 순서에 해당하는 값들의 기대치를 y축으로 하여 타점한다.

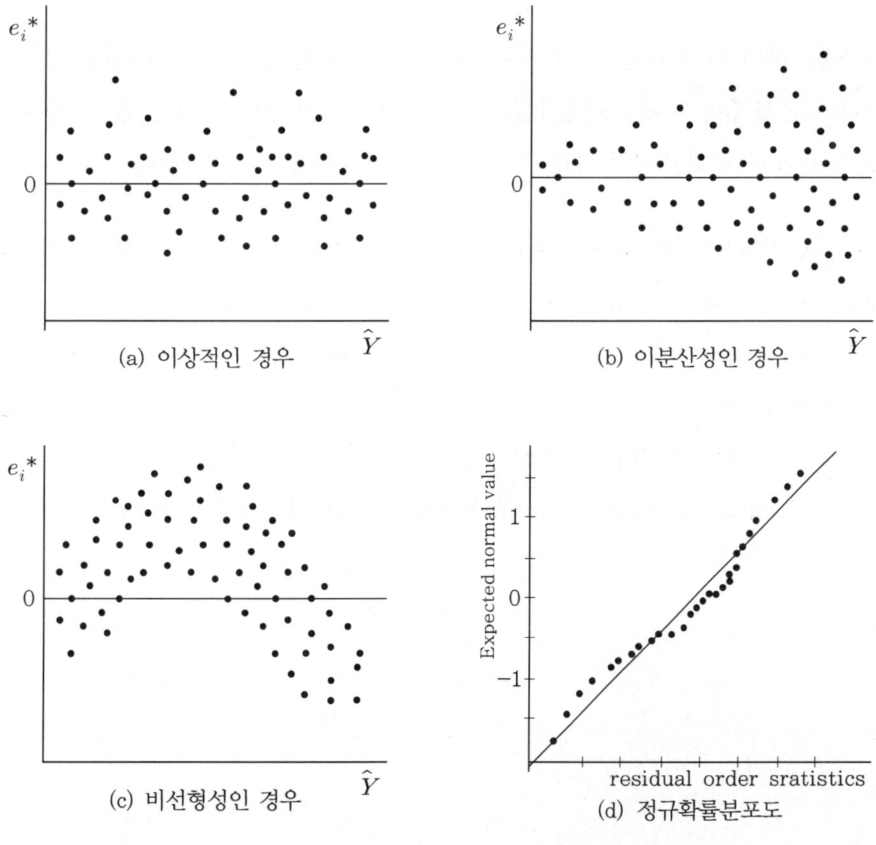

[그림 8-8] 잔차산점도와 정규확률분포도

이와 같이 잔차와 $\widehat{Y}_i$에 대한 산포도로 선형성, 등분산성에 대한 판정을 할 수 있으며, 정규성에 대한 판단은 정규확률분포도를 이용한다. 회귀분석의 가정에 위배되는 경우에는 변수의 변환 혹은 다른 회귀모형을 사용할 수 있다. 이에 대한 자세한 내용은 10장의 특수회귀분석에서 다룰 것이다.

또한 적합한 회귀모형을 얻기 위해서는 이상치(outlier)의 점검이 필요하다. 하나의 이상치에 의해서도 회귀식의 기울기와 절편은 크게 달라지고, 그에 따라 왜곡된 추정식을 얻을 수도 있기 때문이다. 보편적으로 표준화된 잔차의 절대값이 2 이상인 경우 의심해 볼 수 있으며, 각 통계 프로그램이 제공하는 통계치로서 검토해 볼 수 있다. 이상치의 점검은 회귀분석뿐 아니라 모든 통계기법이 적용되기 전에 이루어져야 하는 중요한 과정이다.

8.7 참고사항

잔차산점도에 의한 회귀분석의 가정과 진단은 참고문헌 [2]의 9장, 10장을 참조할 수 있다. 이상치의 존재 유무는 참고문헌 [1], [2]를 참조하기 바란다. 참고문헌 [3]은 참고문헌 [4]를 많이 인용한 회귀분석만 다룬 책으로서 자세한 내용을 볼 수 있다.

[1] D. A, Belsley, E. Kuh, and R.E. Welsch, *Regression Diagnostics: Identifying Influential Data and Source of Collinearity*, Wiley, New York, 1980

[2] John O. Rawling, *Applied Regression Analysis*, Wordsworth & Brooks/Cole, California, 1988

[3] 강명욱, 김영일, 안철환, 이용구, 회귀분석, 율곡출판사, 1995

[4] S. Weisberg, *Applied Linear Regression*, 2nd ed., Wiley, New York, 1985

연습문제

8.1 어떤 제품의 외부응력(stress)에 대한 수명과의 관계를 알아보기 위하여 응력(X)을 독립변수로, 수명(Y)을 종속변수로 하여 단순회귀분석을 실시하고자 한다. 총 100개의 제품에 대한 데이터를 분석하여 다음과 같은 결과를 얻었다.

$$\overline{X} = 578.1 \qquad s_X = 16.1$$

$$\overline{Y} = 58.2 \qquad s_Y = 2.89$$

$$s_{XY} = -16.90$$

추정회귀식을 기술하라.

8.2 다음은 자동차의 중량(단위 : 톤)와 연비(리터당 주행거리) 데이터이다. 연비(Y)를 종속변수로 하여 단순회귀식을 구하라.

차종번호	중량	연비
1	4.36	47.65
2	4.05	43.71
3	3.60	54.14
4	3.94	52.17
5	2.15	84.6
6	2.32	77.55
7	3.14	47.94
8	3.07	58.65
9	3.62	52.45
10	1.91	90.24

8.3 문제 8.2에 대하여 분산분석표를 작성하라. 또한, F-검정에 대한 p-값이 어느 정도되는가 알아보고 결과를 해석하라.

8.4 야구 경기장 구내매점의 음료수 수급량 조정을 위해 기온(일별)이 음료수 판매량에 미치는 영향을 조사하고자 한다. 10경기의 표본을 추출하여 판매된 음료수의 수량과 경기 중

간 시점의 기온을 기록하였다.

기온	27	17	26	24	30	23	29	35	25	29
판매량	20481	1478	14427	21284	30774	17187	30120	36247	9724	28464

(a) 단순회귀식의 계수들을 계산하라.

(b) 회귀계수들을 해석하라.

8.5 문제 8.4에 대하여 분산분석표를 작성하라. 또한, F-검정에 대한 p-값이 어느 정도 되는가 알아보고 결과를 해석하라.

8.6 다음은 몸무게(X)와 혈압(종속변수)과의 관계를 알기 위해 단순회귀분석을 행한 결과이다. 표본의 수는 65이다.

변수	회귀계수	표준오차
절편	92.3	20.15
X(몸무게)	0.55	0.184

(a) 추정회귀식을 기술하라.

(b) 몸무게에 대한 회귀계수의 95% 신뢰구간을 구하라.

(c) 별도의 계산없이 (b)의 결과로부터 5% 유의수준에서 몸무게의 회귀계수가 유의한지 검정하라.

8.7 텔레비전 시청이 아동의 운동량 감소를 통한 체중 증가에 영향을 미치는지를 알아보기 위해 10세 아동 20명의 데이터가 추출하였다. 다음은 아동의 과다체중량(음의 값은 과소체중량)과 주당 TV시청 시간이다.

TV 시청 시간	42	34	25	35	37	40	32	33	19	29
과다 체중	8.2	2.7	0	−0.5	5.9	6.4	3.2	3.2	−4.1	3.6
TV 시청 시간	38	28	29	36	18	38	20	27	38	23
과다 체중	3.5	2.3	1.4	6.6	−3.2	4.9	3.7	2.5	4.0	−0.5

(a) 회귀계수의 추정치와 오차분산의 추정치를 구하라.

(b) 10% 유의수준에서 다음 가설을 검정하고 결과를 해석하라.

$$H_0 : \beta_1 = 0$$

$$H_1 : \beta_1 \neq 0$$

(c) 분산분석표를 작성하고 회귀성 검정(F검정)을 실시하라(유의수준 5%).

8.8 다음은 어떤 합성섬유의 인장강도(tensile strength; TS)에 섬유건조시간(X)이 미치는 영향을 분석하기 위하여 18개의 표본을 취한 자료이다.

모형 $TS_i = \beta_0 + \beta_1 X_i + \varepsilon_i,\ \varepsilon_i \sim N(0, \sigma^2)$을 사용할 때, 다음 물음에 답하라.

번호	X	TS	번호	X	TS
1	129	3.98	10	84	8.47
2	127	5.37	11	135	5.48
3	125	5.28	12	150	4.81
4	123	4.78	13	122	5.02
5	126	5.75	14	128	5.43
6	127	5.16	15	146	5.40
7	87	7.96	16	137	5.88
8	129	6.51	17	150	4.78
9	149	5.16	18	130	3.51

(a) 회귀계수의 추정치와 오차분산의 추정치를 구하라.

(b) 10% 유의수준에서 다음 가설을 검정하고 결과를 해석하라.

$$H_0 : \beta_1 = 0$$
$$H_1 : \beta_1 \neq 0$$

(c) 분산분석표를 작성하고 회귀성 검정(F검정)을 실시하라(유의수준 5%).

8.9 전기아연도금 제품에 대하여 도금용액의 양과 색상(종속변수)과의 관계를 알아보기 위하여 표본 120개를 취하여 단순회귀분석을 실시하였다. 분산추정치가 0.5, $R^2 = 0.625$를 얻었다.

(a) 분산분석표를 작성하라.

(b) 회귀성 검정을 실시하라(유의수준 1%).

8.10 유리병 제작 과정에서 총 열에너지(Y)를 종속변수로 하고 생산량(X)을 독립변수로 하여 단순회귀분석을 실시한 결과 다음을 얻었다.

$N = 358$ $\overline{X} = 217.1$ $\overline{Y} = 5180.1$

$MSE = 24695$ $R^2 = 0.826$

Variable	Parameter Estimate	Standard Error	t-value	p-value
Intercept	10836.9	138.0	78.55	0.000
X	−26.0561	0.6343	−41.08	0.000

(a) $X = 200$에서의 평균열에너지에 대한 90% 신뢰구간을 구하라.

(b) $X = 200$에서의 열에너지에 대한 90% 예측구간을 구하라.

8.11 광고와 매출액 사이의 관계를 분석하기 위해 어느 의류 브랜드의 마케팅 책임자는 표본으로 선택된 12개월의 월간 광고비(100만원 기준)와 매출액(10억 기준)을 기록하였다. 이에 대한 데이터는 다음과 같다.

광고비	23	46	60	54	28	33
매출액	9.6	11.3	12.8	9.8	8.9	12.5
광고비	25	31	36	88	90	99
매출액	12.0	11.4	12.6	13.7	14.4	15.9

(a) 회귀계수들을 구하라.

(b) 추정치의 표준오차를 구하라.

(c) 광고비와 매출액 간에 선형관계의 증거가 존재하는가?

(d) 결정계수를 계산하라.

8.12 식(8.4)의 정규방정식을 유도하고 $\widehat{\beta}_0$, $\widehat{\beta}_1$이 식(8.5)와 같이 됨을 보여라.

8.13 독립변수 X와 종속변수 Y간의 관계에 대하여 다음과 같은 원점을 통과하는(절편이 없는) 단순회귀모형이 적합할 것으로 판단되었다.

$$Y = \beta_1 X + \varepsilon \qquad \varepsilon \sim N(0, \sigma^2)$$

최소자승법을 이용하여 기울기 β_1을 추정하라.

8.14 두 단순회귀모형 $Y=\beta_0+\beta_1 X+\varepsilon$과 $X=\beta_0{}'+\beta_1{}'Y+\varepsilon$에서 $\widehat{\beta_1}\widehat{\beta_1}{}'=r^2$이 됨을 증명하라(여기서 r은 X와 Y의 표본상관계수임).

8.15 식(8.9a)와 식(8.9b)를 증명하라.

8.16 식(8.10)을 증명하라.

8.17 단순회귀모형에서 다음을 보여라.

$$Cov[\widehat{\beta_0},\widehat{\beta_1}]=-\frac{\overline{X}\sigma^2}{\sum(X_i-\overline{X})^2}$$

8.18 잔차의 분산이 식(8.12)와 같이 됨을 증명하라($\overline{Y}$와 $\widehat{\beta_1}$가 독립임을 이용하라).

8.19 식(7.5)의 상관계수에 대한 검정통계량과 식(8.14)의 단순회귀모형의 기울기에 대한 검정통계량이 동일함을 증명하라.
(힌트 F-값을 r로 표현하라)

09

다중회귀분석

다중회귀분석(multiple regression analysis)은 단순회귀분석의 확장으로 독립변수가 두 개 이상인 회귀모형에 대한 분석이다. 이 장에서는 다중회귀모형에 대한 추정 및 검정, 변수선택방법, 다중공선성 등의 문제를 다루도록 한다.

9.1 다중회귀모형

종속변수 Y를 설명하는데 k개의 독립변수인 X_1, X_2, ..., X_k를 도입할 때 다중회귀모형은 다음과 같이 정의된다.

$$Y_i = \beta_0 + \beta_1 X_{1i} + \beta_2 X_{2i} + \cdots + \beta_k X_{ki} + \varepsilon_i, \ i = 1, \ 2, \ \ldots, \ n \tag{9.1}$$

여기서 β_0, β_1, ..., β_k는 추정되어야 할 회귀계수들이며, ε_i는 서로 독립이고 동일한 분포 $N(0, \ \sigma^2)$을 따르는 오차항이다. $\beta_j (j = 1, ..., k)$는 j번째 독립변수 X_j의 회귀계수(기울기)를 의미하는데, X_j를 제외한 다른 모든 독립변수의 값이 고정된 상태에서 X_j의 값이 한 단위 증가할 때의 Y값의 평균변화량을 나타낸다. 그리고 X_{ji}는 독립변수 X_j의 i번째 관측치를 의미한다.

위의 회귀모형은 각 독립변수에 대한 1차항만을 포함하고 있는데 경우에 따라서는 2차항 이상의 고차항이나 교호작용(interaction)항이 모형에 다음과 같이 포함될 수도 있다.

$$Y_i = \beta_0 + \beta_1 X_{1i} + \beta_2 X_{1i}^2 + \varepsilon_i \tag{9.2}$$

$$Y_i = \beta_0 + \beta_1 X_{1i} + \beta_2 X_{2i} + \beta_3 X_{1i} X_{2i} + \varepsilon_i \tag{9.3}$$

고차항은 그 독립변수와 비선형관계에 있을 때 적합시키기 위한 것으로 고차항이 포함된 식(9.2)와 같은 모형을 다항식모형(polynomial model)이라고 한다. 다항식모형을 식(9.1)과 같은 모형에 포함될 수 있는 이유는 예를 들어 식(9.2)의 모형에서 X_{1i}^2을 새로운 독립변수 X_{2i}로 치환하면 식(9.1)의 모형으로 바꿀 수 있기 때문이다. 또한 식(9.3)과 같은 모형도 $X_1 X_2$항을 새로운 독립변수 X_3으로 치환하면 식(9.1)의 모형으로 변환할 수 있다. 그러나 다음과 같이 회귀계수에 있어 선형적이지 않은 모형은 이 장에서 다루지 않는다.

$$Y_i = \beta_0 + \beta_1 X_{1i} + \beta_2 X_{2i} + \beta_3 X_{3i} + \varepsilon_i$$

이와 같은 모형은 비선형모형(nonlinear model)이라 한다.

다중회귀모형은 행렬로 표현함으로써 간단한 형태로 나타낼 수 있다. 식(9.1)을 행렬형태로 표현하기 위해 β_0에 형식적으로 '1'을 넣고 관측번호 i를 1에서 n까지 풀어쓰면 다음과 같다.

$$\begin{aligned} Y_1 &= \beta_0 \cdot 1 + \beta_1 X_{11} + \beta_2 X_{21} + \cdots + \beta_k X_{k1} + \varepsilon_1 \\ Y_2 &= \beta_0 \cdot 1 + \beta_1 X_{12} + \beta_2 X_{22} + \cdots + \beta_k X_{k2} + \varepsilon_2 \\ &\vdots \\ Y_n &= \beta_0 \cdot 1 + \beta_1 X_{1n} + \beta_2 X_{2n} + \cdots + \beta_k X_{kn} + \varepsilon_n \end{aligned} \tag{9.4}$$

Y항, X항, 모수, 오차를 각각 묶어 다음과 같이 벡터와 행렬로 정의하자.

$$Y = \begin{bmatrix} Y_1 \\ Y_2 \\ \vdots \\ Y_n \end{bmatrix} \qquad X = \begin{bmatrix} 1 & X_{11} & X_{21} & \cdots & X_{k1} \\ 1 & X_{12} & X_{22} & \cdots & X_{k2} \\ \vdots & \vdots & \vdots & & \vdots \\ 1 & X_{1n} & X_{2n} & \cdots & X_{kn} \end{bmatrix}$$

$$\beta = \begin{bmatrix} \beta_0 \\ \beta_1 \\ \vdots \\ \beta_k \end{bmatrix} \qquad \varepsilon = \begin{bmatrix} \varepsilon_1 \\ \varepsilon_2 \\ \vdots \\ \varepsilon_n \end{bmatrix}$$

여기서 벡터는 모두 열벡터(column vector)인데 벡터 y와 ε는 크기 n의 열벡터이며, β는 크기 $(k+1)$의 열벡터이다. 그리고 X는 $n\times(k+1)$의 행렬이 된다. 이때 다중회귀모델은 다음과 같은 간단한 형태로 나타낼 수 있다(행렬 X와 벡터 β를 곱하여 실제 $X\beta$가 식(9.4)와 같이 됨을 확인하라).

$$y = X\beta + \varepsilon \tag{9.5}$$

오차항 벡터 ε은 정규분포를 따르는 n개의 확률변수 ε_i들로 이루어졌기 때문에 다변량 정규분포를 따른다고 말한다. 다변량 정규분포를 따르는 벡터의 기대치는 벡터로 표현되며, 그 산포의 척도는 행렬로 표현되는데 이를 분산 공분산행렬(variance-covariance matrix)이라 한다. 즉, $E[\varepsilon]=0$이고, 분산-공분산행렬 $Var[\varepsilon]$은 각 ε_i들이 독립이므로 대각원소의 분산값 σ^2을 제외한 모든 공분산값은 0이 되어 다음과 같이 표현될 수 있다.

$$Var[\varepsilon] = \begin{bmatrix} \sigma^2 & & & 0 \\ & \sigma^2 & & \\ & & \ddots & \\ 0 & & & \sigma^2 \end{bmatrix} = \sigma^2 I$$

여기서 I는 단위행렬(identity matrix)이다.

9.2 회귀계수의 추정

다중회귀모형에서도 회귀계수들의 추정은 최소자승법에 근거하고 있다. 오차항의 제곱합 Q는 다음과 같이 표현된다.

$$Q = \sum[Y_i - (\beta_0 + \beta_1 X_{1i} + \cdots + \beta_k X_{ki})]^2 \tag{9.6}$$

최소자승법에 의한 회귀계수의 추정은 제곱합 Q를 각 β_j에 대하여 편미분하고 이를 0으로 하는 다음과 같은 연립방정식을 풀어 $\hat{\beta}_j$들을 구하는 것이다.

$$\begin{aligned}
\frac{\partial Q}{\partial \beta_0} &= -2\sum[Y_i - (\beta_0 + \beta_1 X_{1i} + \cdots + \beta_k X_{ki})] = 0 \\
\frac{\partial Q}{\partial \beta_1} &= -2\sum X_{1i}[Y_i - (\beta_0 + \beta_1 X_{1i} + \cdots + \beta_k X_{ki})] = 0 \\
&\vdots \\
\frac{\partial Q}{\partial \beta_k} &= -2\sum X_{ki}[Y_i - (\beta_0 + \beta_1 X_{1i} + \cdots + \beta_k X_{ki})] = 0
\end{aligned}$$

위의 연립방정식을 만족하는 β_j를 $\hat{\beta}_j$라 하면 다음 관계가 성립하는데 이를 정규방정식이라 한다.

$$\begin{aligned}
\hat{\beta}_0 n + \hat{\beta}_1 \sum X_{1i} + \cdots + \hat{\beta}_k \sum X_{ki} &= \sum Y_i \\
\hat{\beta}_0 \sum X_{1i} + \hat{\beta}_1 \sum X_{1i}^2 + \cdots + \hat{\beta}_k \sum X_{1i} X_{ki} &= \sum X_{1i} Y_i \\
&\vdots \\
\hat{\beta}_0 \sum X_{ki} + \hat{\beta}_1 \sum X_{ki} X_{1i} + \cdots + \hat{\beta}_k \sum X_{ki}^2 &= \sum X_{ki} Y_i
\end{aligned} \tag{9.7}$$

정규방정식(9.7)을 벡터-행렬식으로 표현하면 편리한데 이를 위해서 우선 행렬 $(X^T X)$이 다음과 같음을 알아야 한다.

$$(X^T X) = \begin{bmatrix} n & \sum X_{1i} & \sum X_{2i} & \cdots & \sum X_{ki} \\ \sum X_{1i} & \sum X_{1i}^2 & \sum X_{1i} X_{2i} & \cdots & \sum X_{1i} X_{ki} \\ \vdots & \vdots & \vdots & & \vdots \\ \sum X_{ki} & \sum X_{ki} X_{1i} & \sum X_{ki} X_{2i} & \cdots & \sum X_{ki}^2 \end{bmatrix} \tag{9.8}$$

식(9.8)을 이용하면 식(9.7)의 정규방정식이 다음과 같이 표현됨을 보일 수 있다.

$$(X^T X)\hat{\beta} = X^T y \tag{9.9}$$

따라서 β의 최소자승추정량은 다음과 같다.

$$\hat{\beta} = (X^T X)^{-1} X^T y \tag{9.10}$$

식(9.10)에서 $(X^T X)^{-1}$는 $(X^T X)$의 역행렬 inverse matrix)인데 여기서는 이 역행렬이 존재한다는 것을 가정한다. 뒤에서 다루겠지만 독립변수 간에 선형관계가 있는 경우에는 역행렬이 존재하지 않을 수 있다.

예 9-1

다음과 같은 단순회귀모형에 대하여 벡터 행렬기호를 사용하여 식(9.10)과 같은 β의 추정량을 구하여 보자(여기서 X_i는 독립변수X의 i번째 관측치임을 유의하라. 즉, 식(9.1)의 모형으로 보면 X_i는 X_{1i}를 의미한다).

$$Y_i = \beta_0 + \beta_1 X_i + \varepsilon_i, \qquad i = 1,\ 2,\ \ldots,\ n$$

이 경우 행렬 X와 벡터 β는 아래와 같다.

$$X = \begin{bmatrix} 1 & X_1 \\ 1 & X_2 \\ \vdots & \vdots \\ 1 & X_n \end{bmatrix} \qquad \beta = \begin{bmatrix} \beta_0 \\ \beta_1 \end{bmatrix}$$

따라서 행렬$(X^T X)$는 다음과 같이 구해진다.

$$(X^T X) = \begin{bmatrix} n & \sum X_i \\ \sum X_i & \sum X_i^2 \end{bmatrix}$$

그리고 역행렬 $(X^T X)^{-1}$은 다음과 같이 구해진다.

$$(X^T X)^{-1} = \frac{1}{\sum (X_i - \overline{X})^2} \begin{bmatrix} \sum X_i^2/n & -\overline{X} \\ -\overline{X} & 1 \end{bmatrix}$$

한편 $X^T y$는 아래와 같으므로

$$X^T y = \begin{bmatrix} \sum Y_i \\ \sum X_i Y_i \end{bmatrix}$$

식(9.10)에 의한 $\hat{\beta}$은 다음과 같이 표현된다.

$$\hat{\beta} = \begin{bmatrix} \hat{\beta}_0 \\ \hat{\beta}_1 \end{bmatrix} = \frac{1}{\sum (X_i - \overline{X})^2} \begin{bmatrix} \sum X_i^2/n & -\overline{X} \\ -\overline{X} & 1 \end{bmatrix} \begin{bmatrix} \sum Y_i \\ \sum X_i Y_i \end{bmatrix}$$

$$= \frac{1}{\sum (X_i - \overline{X})^2} \begin{bmatrix} \overline{Y} \sum X_i^2 - \overline{X} \sum X_i Y_i \\ \sum X_i Y_i - n\overline{X}\,\overline{Y} \end{bmatrix}$$

따라서 $\widehat{\beta_1}$과 $\widehat{\beta_0}$이 다음과 같으며 식(8.5)의 결과와 동일함을 확인할 수 있다.

$$\widehat{\beta_1} = \frac{\sum X_i Y_i - n\overline{XY}}{\sum_{i=1}^{n}(X_i - \overline{X})^2} \qquad \widehat{\beta_0} = \overline{Y} - \widehat{\beta_1}\overline{X}$$

예 9-2

독립변수가 두 개 있는 다음 모형에 대한 회귀계수 추정을 위한 정규방정식과 $(X^TX)^{-1}$을 구하라.

$$Y_i = \beta_0 + \beta_1 X_{1i} + \beta_2 X_{2i} + \varepsilon_i$$

풀이 행렬 X는 다음과 같으므로

$$X = \begin{bmatrix} 1 & X_{11} & X_{21} \\ 1 & X_{12} & X_{22} \\ \vdots & \vdots & \vdots \\ 1 & X_{1n} & X_{2n} \end{bmatrix}$$

(X^TX) 행렬은 아래와 같다.

$$(X^TX) = \begin{bmatrix} n & \sum X_{1i} & \sum X_{2i} \\ \sum X_{1i} & \sum X_{1i}^2 & \sum X_{1i}X_{2i} \\ \sum X_{2i} & \sum X_{1i}X_{2i} & \sum X_{2i}^2 \end{bmatrix}$$

따라서 정규방정식은 아래와 같다.

$$\begin{bmatrix} n & \sum X_{1i} & \sum X_{2i} \\ \sum X_{1i} & \sum X_{1i}^2 & \sum X_{1i}X_{2i} \\ \sum X_{2i} & \sum X_{1i}X_{2i} & \sum X_{2i}^2 \end{bmatrix} \begin{bmatrix} \widehat{\beta_0} \\ \widehat{\beta_1} \\ \widehat{\beta_2} \end{bmatrix} = \begin{bmatrix} \sum Y_i \\ \sum X_{1i} Y_i \\ \sum X_{2i} Y_i \end{bmatrix}$$

즉 $\widehat{\beta_0}$, $\widehat{\beta_1}$, $\widehat{\beta_2}$는 아래 연립방정식의 해가 된다.

$$\begin{aligned} \widehat{\beta_0} n + \widehat{\beta_1}\sum X_{1i} + \widehat{\beta_2}\sum X_{2i} &= \sum Y_i \\ \widehat{\beta_0}\sum X_{1i} + \widehat{\beta_1}\sum X_{1i}^2 + \widehat{\beta_2}\sum X_{1i}X_{2i} &= \sum X_{1i} Y_i \\ \widehat{\beta_0}\sum X_{2i} + \widehat{\beta_1}\sum X_{1i}X_{2i} + \widehat{\beta_2}\sum X_{2i}^2 &= \sum X_{2i} Y_i \end{aligned}$$

그리고 $(X^TX)^{-1}$는 다음과 같이 표현된다.

$$(X^TX)^{-1} = \frac{1}{\sum(X_{1i} - \overline{X_1})^2 \sum(X_{2i} - \overline{X_2})^2 - \{\sum(X_{1i} - \overline{X_1})(X_{2i} - \overline{X_2})\}} \times \tag{9.11}$$

$$\begin{bmatrix} \{\sum X_{1i}^2 \sum X_{2i}^2 - (\sum X_{1i}X_{2i})^2\}/n & \overline{X_2}\sum X_{1i}X_{2i} - \overline{X_1}\sum X_{2i}^2 & \overline{X_1}\sum X_{1i}X_{2i} - \overline{X_2}\sum X_{1i}^2 \\ & \sum(X_{2i} - \overline{X_2})^2 & -\sum(X_{1i} - \overline{X_1})(X_{2i} - \overline{X_2}) \\ & & \sum(X_{1i} - \overline{X_1})^2 \end{bmatrix}$$

예 9-3

탄소량(X_1)과 권취온도(X_2)가 냉연코일의 인장강도(Y)에 미치는 영향을 조사하기 위해 60개의 관측치를 얻었고 회귀모형은 다음과 같다.

$$Y_i = \beta_0 + \beta_1 X_{1i} + \beta_2 X_{2i} + \varepsilon_i$$

아래에 주어진 값들을 이용하여 추정량 $\hat{\beta}$을 구해 보자.

$$\sum X_{1i} = 1803.0 \qquad \sum X_{1i}^2 = 86665.0$$
$$\sum X_{2i} = 37057.0 \qquad \sum X_{2i}^2 = 23290449.0$$
$$\sum Y_i = 2032.0$$
$$\sum X_{1i} X_{2i} = 1003718.0$$
$$\sum X_{1i} Y_i = 65045.6$$
$$\sum X_{2i} Y_i = 1241187.0$$

우선 $(X^T X)$은 다음과 같다.

$$(X^T X) = \begin{bmatrix} 60.0 & 1803.0 & 37057.0 \\ 1803.0 & 86665.0 & 1003718.0 \\ 37057.0 & 1003718.0 & 23290449.0 \end{bmatrix}$$

$(X^T X)$의 역행렬과 $X^T y$는 다음과 같다.

$$(X^T X)^{-1} = \begin{bmatrix} 16.2113 & -0.0769 & -0.0225 \\ -0.0769 & 0.0004 & 0.0001 \\ -0.0225 & 0.0001 & 0.00003 \end{bmatrix}$$

$$X^T y = \begin{bmatrix} 2032.0 \\ 65045.6 \\ 1241187.0 \end{bmatrix}$$

식(9.10)을 이용하여 β의 추정량 $\hat{\beta}$을 구해보면 다음과 같다

$$\begin{aligned} \hat{\beta} &= (X^T X)^{-1} X^T y \\ &= \begin{bmatrix} 16.2113 & -0.0769 & -0.0225 \\ -0.0769 & 0.0004 & 0.0001 \\ -0.0225 & 0.0001 & 0.00003 \end{bmatrix} \begin{bmatrix} 2032.0 \\ 65045.60 \\ 1241187.0 \end{bmatrix} \\ &= \begin{bmatrix} 37.790075 \\ 0.086869 \\ -0.010579 \end{bmatrix} \end{aligned}$$

따라서 추정된 회귀식은 다음과 같이 쓸 수 있다.

$$\hat{Y} = 37.7901 + 0.0869 X_1 - 0.0106 X_2$$

식(9.1)의 다중회귀모형에 대한 추정회귀식은 다음과 같이 표현되며

$$\hat{Y} = \hat{\beta}_0 + \hat{\beta}_1 X_1 + \hat{\beta}_2 X_2 + \cdots + \hat{\beta}_k X_k$$

이를 벡터로 나타내면 아래와 같다.

$$\hat{y}= X\hat{\beta}= X(X^TX)^{-1}X^Ty \tag{9.12}$$

또한 i번째 관측치에 대한 잔차는 다음과 같다.

$$e_i = Y_i - \widehat{Y_i}= Y_i - (\widehat{\beta_0}+ \widehat{\beta_1}X_{1i} + \widehat{\beta_2}X_{2i} +\cdots+ \widehat{\beta_k}X_{ki}) \tag{9.13}$$

예 9-3 계속

다음의 두 관측치에 대한 잔차를 구하여 보자.

i	X_1	X_2	Y
1	47	535	37.1
2	49	532	37.2

$$e_1 = 37.1 - \{37.7901 + 0.0869(47) - 0.0106(535)\}= 0.8966$$

$$e_2 = 37.2 - \{37.7901 + 0.0869(49) - 0.0106(532)\}= 0.7910$$

식(9.13)의 잔차에 대한 제곱합을 단순회귀모형에서와 같이 (식(8.6) 참조) 잔차제곱합 (residual sum of squares; SSE) 또는 오차제곱합이라 한다. 즉,

$$SSE = \sum e_i^2 = \sum(Y_i - \widehat{Y_i})^2 \tag{9.14}$$

또한, 단순회귀모형에서와 같이 σ^2의 추정량은 잔차제곱합 SSE를 자유도 $(n-k-1)$로 나눈 잔차평균제곱(MSE)이다. 즉,

$$\widehat{\sigma^2}= MSE = \frac{SSE}{n-k-1} = \frac{1}{n-k-1}\sum_{i=1}^{n}(Y_i - \widehat{Y_i})^2 \tag{9.15}$$

위에서 자유도가 $(n-k-1)$이 되는 이유는 모수인 회귀계수가 $(k+1)$개 있기 때문이다. 그리고 식(9.15)의 σ^2의 추정량은 불편추정량임을 알 수 있다.

$$E[MSE] = \sigma^2 \tag{9.16}$$

참고로 식(9.13)을 벡터로 표현하면 다음과 같은데 이를 잔차벡터라 한다.

$$\begin{aligned} e &= y - \hat{y}= y - X\hat{\beta} \\ &= y - X(X^TX)^{-1}X^Ty \\ &= (I - X(X^TX)^{-1}X^T)y \end{aligned} \tag{9.17}$$

그리고 식(9.14)의 잔차제곱합 SSE는 다음과 같이 나타낼 수 있다.

$$SSE = y^T y - \hat{\beta}^T X^T y \tag{9.18}$$

예 9-4

[예 9-3]에서 설정한 회귀모형의 오차항 분산을 추정하라.

풀이 오차항 분산 σ^2은 식(9.15)와 같이 MSE로 추정되므로 우선 식(9.18)을 이용하여 SSE를 산출한다(단, $\sum Y_i^2 = y^T y = 69361.89$은 주어졌다고 하자).

$$\begin{aligned} SSE &= y^T y - \widehat{\beta}^T X^T y \\ &= 69361.89 - [37.790075 \ \ 0.086869 \ \ -0.010579] \begin{bmatrix} 2032.0 \\ 65045.6 \\ 1241187 \end{bmatrix} = 52.63 \end{aligned}$$

따라서 σ^2의 추정치는 다음과 같다.

$$\widehat{\sigma^2} = MSE = \frac{SSE}{n-k-1} = \frac{52.63}{57} = 0.9233$$

9.3 모형에 대한 추론

다중회귀모형의 추론은 주로 모수, 즉 회귀계수 β_j들에 대한 추정 및 검정을 의미한다. 모수의 추정방법은 단순회귀모형에서와 같이 잔차의 제곱합을 최소화시키는 최소자승법에 의해 구해진다는 것은 앞에서 설명하였다. 본 절에서는 다중회귀모형에 대하여 추정된 회귀계수 및 모형의 유의성을 검정하는 방법을 알아보자.

9.3.1 회귀성 검정

회귀성 검정에 앞서 우선 추정회귀식의 적합도에 대한 척도인 결정계수 R^2에 대해 알아보자. 단순회귀분석에 대하여 8.4.1절에서 자세히 설명한 바와 같이 다중회귀모형에 대하여서도 종속변수에 대한 전체제곱합(SST)이 다음과 같이 회귀제곱합(SSR)과 잔차제곱합(SSE)로 분해된다.

$$SST = SSR + SSE$$

또한, 결정계수 역시 다음과 같이 회귀제곱합을 전체제곱합으로 나눈 값으로 정의된다.

$$R^2 = \frac{SSR}{SST} = 1 - \frac{SSE}{SST} \tag{9.19}$$

즉, R^2의 값은 전체 제곱합 중 모형이 설명하는 제곱합의 비율로 해석되며 0에서 1 사이의 값을 갖는데 그 값이 1에 가까울수록 모형의 적합도가 높은 것을 의미하며 0에 가까울수록 적합도가 낮음을 뜻한다.

그러나 R^2의 값은 독립변수가 추가됨에 따라 증가함으로 (최소한 감소하지는 않으므로) 독립변수의 수에 따른 R^2의 증가분에 대한 조정을 필요로 한다. 수정결정계수(adjusted coefficient of determination) R^2_{adj}는 다음과 같이 정의되는데 독립변수의 추가에 의해 증가된다는 R^2의 결점을 보완한 것이다.

$$R^2_{adj} = 1 - \frac{SSE/(n-k-1)}{SST/(n-1)} = 1 - (\frac{n-1}{n-k-1})(1-R^2) \tag{9.20}$$

따라서 독립변수가 많이 포함된 다중회귀분석에서는 회귀모형의 적합도의 척도로서 R^2보다 수정결정계수인 R^2_{adj}를 사용한다.

다중회귀모형에 있어서 유의성검정, 즉 회귀성 검정은 독립변수의 기울기에 해당하는 모든 회귀계수(β_0은 제외됨을 유의)가 0의 값을 갖는가 또는 그렇지 않은가를 검정하는 것이다. 따라서 귀무가설과 대립가설은 아래와 같다.

$$\mathrm{H}_0 : \beta_1 = \beta_2 = \cdots = \beta_k = 0$$
$$\mathrm{H}_1 : \text{모든 } \beta_j (j = 1, 2, \cdots, k)\text{가 0은 아니다.}$$

독립변수의 기울기에 해당하는 모든 회귀계수가 0일 때 우리는 회귀성이 없다고 말하며 (H_0을 채택), 적어도 하나의 기울기가 0이 아니라고 판단되면 H_0이 기각되고 회귀성이 있다고 말하게 된다.

위의 가설을 검정하기 위하여 8.4.2절에서 단순회귀모형의 경우에 대하여 설명하였듯이 다중회귀모형에서도 σ^2의 두 가지 추정량을 고려하게 된다. 우선, 식(9.16)과 같이 MSE는 위의 가설과 관계없이 항상 σ^2의 불편추정량이며, 한편 회귀제곱합을 자유도 k로 나눈 값을 아래와 같이 회귀평균제곱(MSR)으로 정의할 때

$$MSR = \frac{SSR}{k}$$

H_0이 옳으면 MSR 역시 σ^2의 불편추정량이 됨을 보일 수 있다. 즉,

$$E[MSR] = \sigma^2 \quad \beta_1 = \beta_2 = \cdots = \beta_k = 0 \text{일 때} \tag{9.21}$$

따라서 위의 가설을 검정하기 위한 검정통계량으로 다음과 같은 F-값을 이용한다.

$$F_0 = \frac{MSR}{MSE} \tag{9.22}$$

귀무가설 H_0이 옳으면 위의 F-값이 1에 가까울 것이므로 만약 F-값이 1보다 매우 큰 값을 가질 때는 가설 H_0을 기각한다.

그런데 여기서 SSE/σ^2는 분포를 따르고 SSR/σ^2는 H_0이 옳을 때 $\chi^2_{(k)}$-분포를 따르므로 식(9.22)의 검정통계량 F_0은 다음과 같은 F-분포를 따름을 알 수 있다.

$$F_0 = \frac{MSR}{MSE} \sim F_{(k,n-k-1)} \quad (H_0\text{이 옳을 때})$$

따라서 다음과 같을 때 유의수준 α에서 가설 H_0을 기각한다.

$$F_0 > F_{(\alpha;k,n-k-1)}$$

또한, F_0에 대응되는 p-값이 산출되어 있으면 다음과 같을 때 유의수준 α에서 H_0을 기각한다.

$$p\text{-값} < \alpha$$

위의 과정을 통하여 회귀성검정을 하기 위해 〈표 9-1〉과 같이 요약된 표를 분산분석표라 한다.

〈표 9-1〉 다중회귀모형의 분산분석표

요인	제곱합	자유도	평균제곱	F-값	p-값
회귀	SSR	k	$MSR = SSR/k$	$F_0 = MSR/MSE$	$P\{F_{k,n-k-1} > F_0\}$
잔차	SSE	$n-k-1$	$MSE = SSE/(n-k-1)$		
전체	SST	$n-1$			

예 9-5

[예 9-3]의 냉연코일의 데이터로부터 얻은 추정 회귀식과 분산분석표는 다음과 같다. 회귀성검정을 실시하라.

$$\hat{Y} = 37.7901 + 0.0869X_1 - 0.0106X_2$$

〈표 9-2〉 냉연코일 데이터의 분산분석표

요인	제곱합	자유도	평균제곱
모델	492.18	2	246.09
잔차	52.63	57	0.923
전체	544.81	59	

풀이 이 회귀모형의 유의성을 검정하기 위한 가설은 다음과 같다.

$$H_0 : \beta_1 = \beta_2 = 0$$

$$H_1 : \beta_1\text{과 } \beta_2 \text{ 모두가 0은 아니다.}$$

검정통계량 F-값은 다음과 같다.

$$F_0 = \frac{246.09}{0.923} = 266.6$$

이 값은 기각임계치 $F_{(0.05;2,57)} = 3.15$보다 크므로 회귀성이 없다는 귀무가설을 기각한다. 따라서 위에서 추정된 회귀모형은 유의수준 $\alpha = 0.05$에서 유의한 모형이라 할 수 있다. 한편, σ^2의 추정치는 MSE=0.923임을 〈표 9-2〉에서 볼 수 있고, 결정계수는 $R^2 = 492.18/544.81 = 0.9034$로 계산된다.

9.3.2 개별회귀계수에 대한 검정(t-검정)

회귀계수 $\beta_j (j = 0, 1, \cdots, k)$에 대한 구간추정 및 검정은 $\hat{\beta}_j$이 정규분포를 따름을 이용하면 쉽게 유도된다. 다만, $\hat{\beta}_j$의 분산이 조금 복잡한데 이를 구하기 위해 우선 회귀계수벡터 β의 추정량 $\hat{\beta}$의 분산을 알아야 한다.

정리 9.1

회귀계수벡터 β의 추정량 $\hat{\beta}$은 다음과 같은 기대치와 분산-공분산행렬을 갖는 다변량 정규분포를 따른다.

$$E[\hat{\beta}] = \beta \tag{9.23}$$

$$Var[\hat{\beta}] = \sigma^2 (X^T X)^{-1} \tag{9.24}$$

[정리 9.1]의 식(9.23)으로부터 우리는 $\hat{\beta}_j$이 $\beta_j (j = 0, 1, \ldots, k)$의 불편추정량임을 알 수 있

다. 또한, $\widehat{\beta_0}$의 분산은 식(9.24)로 주어진 분산-공분산행렬의 첫 번째 대각원소이며, $\widehat{\beta_j}$ $(j=1,\ 2,\ \ldots,\ k)$의 분산 $\mathrm{Var}[\widehat{\beta_j}]$은 행렬의 $(j+1)$번째 대각원소임을 알 수 있다. 따라서 $\widehat{\beta_j}$는 평균이 β_j, 분산이 $\mathrm{Var}[\widehat{\beta_j}]$ (식(9.24)의 $(j+1)$번째 대각원소)인 정규분포를 따른다. 한편, 식(9.24)로 주어진 행렬의 $(i+1)$번째 행과 $(j+1)$번째 열에 해당하는 원소는 $\widehat{\beta_i}$와 $\widehat{\beta_j}$의 공분산인 $Cov[\widehat{\beta_i},\ \widehat{\beta_j}]$을 나타낸다.

예 9-6

독립변수가 두 개 있는 다음 모형에서 $\widehat{\beta_1}$과 $\widehat{\beta_2}$의 분산을 각각 구하라.

풀이 $(X^TX)^{-1}$행렬이 식(9.11)과 같은데 $\widehat{\beta_1}$과 $\widehat{\beta_2}$의 분산은 각각 식(9.24)로 주어진 행렬의 각각 2번째, 3번째 대각원소이므로 다음과 같다.

$$Var[\widehat{\beta_1}] = \frac{\sigma^2\sum(X_{2i}-\overline{X_2})^2}{\sum(X_{1i}-\overline{X_1})^2\sum(X_{2i}-\overline{X_2})^2-\left\{\sum(X_{1i}-\overline{X_1})(X_{2i}-\overline{X_2})\right\}^2} \quad (9.25)$$

$$Var[\widehat{\beta_2}] = \frac{\sigma^2\sum(X_{1i}-\overline{X_1})^2}{\sum(X_{1i}-\overline{X_1})^2\sum(X_{2i}-\overline{X_2})^2-\left\{\sum(X_{1i}-\overline{X_1})(X_{2i}-\overline{X_2})\right\}^2} \quad (9.26)$$

$\hat{\beta}$의 분산-공분산 행렬의 추정량은 식(9.24)에 σ^2대신 MSE를 대입한 아래식과 같다.

$$s^2(\hat{\beta}) = MSE(X^TX)^{-1} \quad (9.27)$$

따라서 $\widehat{\beta_j}$의 분산 추정량인 $s^2(\widehat{\beta_j})$은 이 행렬의 $(j+1)$번째 대각 원소이며, 이의 제곱근을 $\widehat{\beta_j}$의 표준오차라 하고 $se(\widehat{\beta_j})$로 표기한다.

$$se(\widehat{\beta_j}) = MSE(X^TX)^{-1}\text{의 } (j+1)\text{번째 대각원소의 제곱근} \quad (9.28)$$

결국 관련 $\widehat{\beta_j}$분포는 다음과 같다.

$$\frac{\widehat{\beta_j}-\beta_j}{se(\widehat{\beta_j})} \sim t_{(n-k-1)} \quad (9.29)$$

그러므로, $\beta_j(j=0,1,\cdots,k)$에 대한 $100(1-\alpha)\%$신뢰구간은 다음과 같다.

$$\widehat{\beta_j} \pm se(\widehat{\beta_j})t_{(\alpha/2;n-k-1)} \quad (9.30)$$

우리의 주목적인 개별 회귀계수에 관한 다음과 같은 가설검정에 대하여 알아보자.

$$H_0 \; : \; \beta_j = 0$$
$$H_1 \; : \; \beta_j \neq 0$$

물론 회귀계수 β_j에 대하여 식(9.30)과 같은 신뢰구간이 구해지면 본 검정은 자연적으로 이루어진다. 즉, 위의 신뢰구간이 0을 포함하면 유의수준 α에서 가설 H_0을 기각하지 못하며, 0을 포함하지 않을 경우 기각하게 된다. 직접 위의 검정을 하기 위해서는 다음의 검정 통계량 t-값을 이용한다.

$$T_j = \frac{\hat{\beta}_j}{se(\hat{\beta}_j)} \tag{9.31}$$

위의 통계량은 식(9.29)에 의하여 가설 H_0이 옳을 때 $t_{(n-k-1)}$분포를 따르기 때문에 유의수준 α에서

$$|T_j| > t_{(\alpha/2;n-k-1)}$$

이면 H_0을 기각하게 된다. H_0을 기각한다는 것은 β_j가 통계적으로 0이 아니라는, 즉 X_j가 유의수준 α에서 유의한 변수라는 것을 의미한다. 또한, 8.3.3절에서와 같이 위의 t-값에 대응하는 p-값이 산출될 경우 다음과 같이 용이하게 기각 여부의 판정을 할 수 있다. 즉, 다음이 성립할 때 유의수준 α에서 H_0을 기각하게 된다.

$$p\text{-값} < \alpha$$

개별 회귀계수의 검정과 관련된 결과를 정리하면 〈표 9-3〉과 같다.

〈표 9-3〉 다중회귀분석에서 회귀계수 추론 결과

변수	회귀계수 추정치	평균오차	F-값	p-값
절편	$\hat{\beta}_0$	$se(\hat{\beta}_0)$	$T_0 = \hat{\beta}_0/se(\hat{\beta}_0)$	$P\{T_{n-k-1} > \lvert T_0 \rvert\}$
X_1	$\hat{\beta}_1$	$se(\hat{\beta}_1)$	$T_1 = \hat{\beta}_1/se(\hat{\beta}_1)$	$P\{\lvert T_{n-k-1} > \lvert T_1 \rvert\}$
⋮	⋮	⋮	⋮	⋮
X_k	$\hat{\beta}_k$	$se(\hat{\beta}_k)$	$T_k = \hat{\beta}_k/se(\hat{\beta}_k)$	$P\{T_{n-k-1} > \lvert T_k \rvert\}$

(주) T_{n-k-1}는 $t_{(n-k-1)}$-분포를 따르는 확률변수임.

예 9-7

[예 9-3]의 회귀모형에 대한 SAS 통계패키지를 이용한 회귀분석 결과는 다음과 같다.

Y : 인장강도(TS), X_1 : 탄소량 (C), X_2 : 권취온도(CT)

Root MSE	0.96088	R-square	0.9034
Dep Mean	33.86667	Adj R-sq	0.9000
C.V.	2.83724		

Parameter Estimates

Variable	DF	Parameter Estimate	Standard Error	T for H0: Parameter=0	Prob > |T|
INTERCEP	1	37.790075	3.86881777	9.768	0.0001
C	1	0.086869	0.01893031	4.589	0.0001
CT	1	-0.010579	0.00537174	-1.969	0.0538

[그림 9-1] 인장강도 데이터의 회귀분석 결과

(a) 회귀계수 β_1에 대한 아래 가설을 유의수준 0.05에서 t-검정하여 보자.

$$\mathrm{H}_0 \ : \beta_1 = 0$$
$$\mathrm{H}_1 \ : \beta_1 \neq 0$$

위의 가설에 대한 검정통계량 t-값은

$$T_1 = \frac{\widehat{\beta_1}}{se(\widehat{\beta_1})} = \frac{0.0869}{0.0189} = 4.598$$

이며, 기각임계치 $t_{(0.025;57)} = 2.00$보다 크므로 귀무가설을 기각한다. 따라서 탄소량은 유의수준 $\alpha = 0.05$에서 인장강도에 유의한 영향을 갖는 변수라고 할 수 있다. 위의 결과 [그림 9-1]에서 $\widehat{\beta_1}$에 대한 p-값은 0.0001이며, 이것은 유의수준 0.05보다 작으므로 p-값만 보고도 X_1이 유의한 영향을 갖는 변수라고 판단할 수 있다.

(b) 회귀계수 β_2에 대한 아래 가설을 유의수준 $\alpha = 0.05$에서 검정하여 보자.

$$\mathrm{H}_0 \ : \beta_2 = 0$$
$$\mathrm{H}_1 \ : \beta_2 \neq 0$$

위의 가설에 대한 검정통계량은 다음과 같이 산출된다.

$$|T_2| = \left| \frac{\widehat{\beta_2}}{se(\widehat{\beta_2})} \right| = \left| \frac{-0.0106}{0.0054} \right| = 1.969$$

1.969는 기각임계치 $t._{(0025;57)} = 2.00$보다 작은 값이므로 귀무가설을 기각할 수 없다. 이는 또한 p-값으로도 확인할 수 있는데, 이 경우 p-값이 0.0538로 유의수준 0.05보다 크므로 5% 유의수준에서는 권취온도가 유의하지 않다고 하겠다. 그러나 이 경우는 p-값이 0.05에 상당히 가까우므로 권취온도(X_2)는 인장강도에 어느정도 유의한 영향을 갖는 변수라고 말할 수 있다.

9.3.3 일부계수에 대한 부분검정

9.3.1절에서는 모든 회귀계수 (절편 제외)들이 0인지 여부를 검정하였는데 경우에 따라서는 특정한 몇몇 회귀계수들이 0인지 여부를 검정할 필요가 있다. 이와 같이 모형을 구성하고 있는 일부분의 회귀계수에 대한 검정을 부분 F-검정이라고 한다. 주어진 k개의 설명변수 중 회귀계수가 0인지 여부에 관심 있는 변수를 $(r+1)$번째부터 k번째 변수(총 $k-r$개)라고 하면 귀무가설 및 대립가설을 다음과 같이 설정할 수 있다.

$$\mathrm{H}_0 : \ \beta_{r+1} = \beta_{r+2} = \cdots = \beta_k = 0$$
$$\mathrm{H}_1 : \ \beta_j (j = r+1, r+2, \cdots, k) \text{ 모두가 0은 아니다.}$$

이 가설을 검정하기 위하여 다음과 같이 완전모형과 축소모형을 고려하는데, 우선 k개의 모든 독립변수로 구성된 모형을 완전모형(full model)이라 한다.

$$\text{완전모형} : \ Y_i = \beta_0 + \beta_1 X_{1i} + \beta_2 X_{2i} + \cdots + \beta_r X_{ri} + \beta_{r+1} X_{r+1,i} + \cdots + \beta_k X_{ki} + \varepsilon_i$$

그리고, H_0이 사실이라 할 때 위의 완전모형은 아래와 같이 r개의 독립변수로 구성되는데 이 모형을 축소모형(reduced model)이라 한다.

$$\text{축소모형} : \ Y_i = \beta_0 + \beta_1 X_{1i} + \beta_2 X_{2i} + \cdots + \beta_r X_{ri} + \varepsilon_i$$

이 검정의 아이디어는 다음과 같다. 즉, 완전모형이 축소모형보다 독립변수를 $(k-r)$개 더 포함하고 있으므로 당연히 완전모형의 잔차제곱합이 축소모형의 경우보다 작게(크지는 않게) 될 것이다. 그러나 그 차이가 매우 작다면 완전모형에 추가되어 있는 독립변수들이 유의하지 않다는 의미일 것이며 가설 H_0을 채택하게 되며, 그 차이가 어느 정도 크면 H_0을 기각하여 추가된 독립변수들이 의미있음을 시사하게 될 것이다.

따라서 가설검정을 위하여 다음과 같은 F-값을 산출한다.

$$F = \frac{\dfrac{SSE(R) - SSE(F)}{(k-r)}}{\dfrac{SSE(F)}{(n-k-1)}} = \frac{\dfrac{SSR(F) - SSR(R)}{(k-r)}}{\dfrac{SSE(F)}{(n-k-1)}} \tag{9.32}$$

여기서 $SSE(F)$는 완전모형의 잔차제곱합이고 $SSE(R)$은 축소모형의 잔차제곱합이다. 마찬가지로 $SSR(F)$는 완전모형의 회귀제곱합이고 $SSR(R)$은 축소모형의 회귀제곱합이며 다음이 성립한다.

$$SST = SSR(F) + SSE(F) = SSR(R) + SSE(R)$$

따라서 식(9.32)의 분자 $SSE(R) - SSE(F)$는 $(k-r)$개의 변수가 추가되면서 SSE가 얼마나 줄었는지를 나타내며, $SSR(F) - SSR(R)$은 SSR이 얼마만큼 늘어났는지를 나타낸다. 그리고 각 양을 자유도로 나누어 평균제곱 형태로 바꾼 것이다.

식(9.32)의 F는 H_0이 옳을 때 $F_{(k-r, n-k-1)}$분포를 따르므로 다음과 같을 때 유의수준 α에서 귀무가설 H_0이 기각되고 추가된 변수들이 의미가 있다고 판단되므로 완전모형을 채택하게 된다.

$$F > F_{(\alpha; k-r, n-k-1)}$$

예 9-8

[예 9-3]과 관련하여 인장강도(Y)를 설명하는 독립변수로서 탄소량(X_1), 권취온도(X_2) 외에 규소(X_3)를 추가하여 회귀모형을 세우면 다음과 같다.

$$Y_i = \beta_0 + \beta_1 X_{1i} + \beta_2 X_{2i} + \beta_3 X_{3i} + \varepsilon_i$$

위의 모형을 완전모형이라 하면 처음 두 개의 독립변수만을 가진 아래의 모형은 축소모형이라 할 수 있다.

$$Y_i = \beta_0 + \beta_1 X_{1i} + \beta_2 X_{2i} + \varepsilon_i$$

3번째 독립변수 X_3을 추가함으로써 모형의 설명력이 유의하게 증가하는지 검정해 보자. 즉, 가설은 다음과 같다.

$$H_0 : \beta_3 = 0$$
$$H_1 : \beta_3 \neq 0$$

〈표 9-4〉 완전모형의 분산분석표

요인	제곱합	자유도	평균제곱
회귀	496.77	3	165.59
잔차	48.04	56	0.858
전체	544.81	59	

〈표 9-5〉 축소모형의 분산분석표(이는 〈표 9-2〉와 같다)

요인	제곱합	자유도	평균제곱
회귀	492.18	2	246.09
잔차	52.63	57	0.923
전체	544.81	59	

두 모형의 각 분산분석표인 〈표 9-4〉와 〈표 9-5〉의 결과로부터 F-값을 계산하면 다음과 같다.

$$F=\frac{\frac{SSE(R)-SSE(F)}{(k-r)}}{\frac{SSE(F)}{(n-k-1)}}=\frac{\frac{52.63-48.04}{(3-2)}}{\frac{48.04}{(60-3-1)}}=\frac{4.59}{0.858}=5.35$$

F-값인 5.35는 $F_{(0.05;1,56)}=4.00$ 보다 크므로 귀무가설은 기각된다. 따라서 X_3은 인장강도(Y)를 설명하는데 유의한 변수로서 이를 포함시킨 완전모형을 채택하는 것이 바람직하다고 하겠다.

9.4 변수선택방법

종속변수를 설명하기 위한 독립변수들의 후보가 매우 많은 경우 어떤 독립변수들의 조합에 의한 회귀모형이 가장 좋은가를 판단하는 것은 어려운 문제이다. 기본법칙으로는 가능한 한 간단한 모형을 선택하는 것이 바람직하다. 또한 해당분야에 알려진 이론을 최대한 활용하고 논리적으로 인과관계가 강한 변수들을 선택하는 등 분석자의 주관이 필요하다. 단순히 자동적인 방법에 의하여 모형을 선택하는 것은 지양되어야 할 것이다. SAS등의 컴퓨터 소프트웨어에서는 자동에 가까운 변수선택방법을 제공한다. 본 절에서는 변수선택의 판정기준 척도로서 어떠한 것들이 있고 어떤 기준으로 선택할 것인지, 그리고 단계적 변수선택의 방법에 대해서 알아본다.

총 k개의 독립변수들 중 일부를 포함하는 다중회귀모형을 고려하여 보자. 즉, $(p-1)$개의 독립변수(이때 회귀계수는 p개임)를 갖는 다중회귀모형은 아래와 같다.

$$Y=\beta_0+\beta_1X_1+\cdots+\beta_{p-1}X_{p-1}+\varepsilon$$

9.4.1 결정계수

p개의 회귀계수로 구성되는 다중회귀모형(p항 회귀모형)의 결정계수인 R_p^2는 다음과 같이 정의된다.

$$R_p^2=\frac{SSR_p}{SST}=1-\frac{SSE_p}{SST}$$

여기서 SSR_p 및 SSE_p는 각각 위의 p항 회귀모형에 대한 회귀제곱합과 잔차제곱합을 나타낸다. R_p^2은 p가 증가함에 따라 커져 모든 독립변수가 다 포함된 $(p=k+1)$ 완전모형에서 최대가 된다.

따라서 최대의 R^2값을 갖는 모형을 선택하는 것은 의미가 없고 변수를 하나씩 증가시키면서 R^2의 증가가 둔화되는 독립변수까지를 선택하는 것이 바람직하다.

식(9.20)의 수정결정계수는 독립변수의 수가 추가되면 항상 증가된다는 R^2의 결점을 보완한 것으로서 p항 회귀모형에 대해 다음과 같이 정의할 수 있다.

$$R_{adj,p}^2 = 1 - \frac{SSE_p/(n-p)}{SST/(n-1)} = 1 - \left(\frac{n-1}{n-p}\right)(1-R_p^2) \tag{9.33}$$

즉, 수정결정계수는 독립변수의 수가 증가하여도 항상 증가하는 값은 아니다. 따라서 $R_{adj,p}^2$가 최대가 되는 독립변수의 조합을 찾아 모형을 선택할 수 있다.

한편 MSE도 모형선택의 기준으로 사용할 수 있는데 잔차제곱합 SSE는 변수가 추가될수록 작아지나 MSE는 반드시 그렇지 않기 때문에 MSE가 최소로 되는 독립변수의 조합을 찾아 최종모형을 결정할 수 있다. 이 기준은 수정결정계수가 최대가 되는 기준과 동일한 것임을 다음 사실로부터 알 수 있다. 즉, 식(9.33)을 다시 쓰면

$$R_{adj,p}^2 = 1 - \frac{MSE}{SST/(n-1)}$$

이므로 모형선택에서 최소의 MSE_p와 $R_{adj,p}^2$ 최대 기준은 동일함을 알 수 있다.

9.4.2 맬로우즈의 C_p 통계량

맬로우즈(Mallows)가 개발한 C_p통계량은 p항 회귀모형이 완전모형에 얼마나 가까운가를 나타내는 척도로서 아래와 같이 정의된다.

$$C_p = \frac{SSE_p}{MSE} - n + 2p \tag{9.34}$$

여기서 MSE는 완전모형에서의 σ^2의 추정량이며, SSE_p는 독립변수 $p-1$개를 포함시켰을 때의 잔차제곱합이다. 그리고 완전모형, 즉 $p=k+1$일 때 $C_p=k+1$임을 알 수 있다.

다음과 같이 p항 회귀모형이 완전모형에 비해 편의(bias)가 없다면 C_p의 기대치는 p가 됨을 알 수 있다.

$$E[C_p|bias=0] \approx \frac{E[SSE_p|bias=0]}{\sigma^2} - n + 2p = \frac{(n-p)\sigma^2}{\sigma^2} - n + 2p = p$$

그리고 p항 회귀모형이 완전모형에 비하여 편의가 클수록 C_p값은 p보다 큰 값을 갖는다. 따라서, $C_p = p$일 때 그 모형은 편의가 없는 모형이며, C_p값이 p에 가까울수록 편의가 적은 모형이라 할 수 있겠다. 다시말하면 [그림 9-2]에서와 같이 p와 C_p를 각각 x, y축에 나타낼 때 45° 직선에 가깝게 위치한 모형일수록 편의가 적은 모형이라 할 수 있다. 그러므로 45° 직선에 가깝게 위치하면서 적은 변수의 수(작은 p값)를 가진 모형이 가장 적절한 것이라고 할 수 있겠다.

9.4.3 모든 가능한 조합의 회귀분석

이 방법은 모든 가능한 독립변수들의 조합에 대한 회귀모형을 분석하여 가장 적합한 회귀모형을 선택하는 방법이다. 만일 β_0이 모든 조합의 식에 포함된다고 가정하면 k개의 독립변수가 있는 경우 총 2^k개의 모형이 조사 분석되어야 할 것이다. 통상 모든 경우의 수의 모형에 대하여 앞 절에서 언급한 결정계수와 C_p통계량을 참조하여 적절한 모형을 선정한다. 그러나, 하나의 최적 모형을 얻기 위해서는 위에서 언급한 어떤 하나의 척도보다는 여러 척도를 산출하여 비교분석하여야 할 것이다.

예 9-9

다음은 코일의 인장강도(TS)에 미치는 요인들과의 관계를 조사하기 위해 독립변수의 후보로 선정된 탄소량(C), 구리(CU), 망간(MN), 니켈(NI)의 함량에 대한 데이터를 얻었다(데이터는 생략). 가장 적절한 회귀모형을 설정하라.

풀이 각 변수조합에 따른 회귀분석 결과는 〈표 9-6〉에서 보는 바와 같다고 하자. 만약 1개의 변수만으로 인장강도를 설명하고자 한다면 R^2_{adj}가 높고 C_p가 작은 C(탄소량)을 선택하고, 2개의 변수를 선택한다면 탄소량(C)과 망간(MN)을 포함시키는 것이 인장강도를 설명할 수 있는 최적 모형이 될 것이다. 마찬가지로 3개의 변수조합 중 최적모형을 선택한다면 탄소량(C)과 니켈(NI), 망간(MN)을 포함한 모형이 될 것이다.

〈표 9-6〉 각 변수조합에 대한 선택척도 산출

Number in Model	R-square	Adjusted R-square	C_p	MSE	Variables in Model
1	0.7960	0.7932	52.57	3.9142	C
1	0.4921	0.4852	236.71	9.7468	MN
1	0.0893	0.0768	480.79	17.4782	CU
1	0.0430	0.0299	508.83	18.3661	NI

2	0.8776	0.8742	5.14	2.3810	C, MN
2	0.7988	0.7932	52.91	3.9151	C, NI
2	0.7970	0.7914	53.95	3.9486	C, CU
2	0.5404	0.5276	209.46	8.9428	MN, CU
2	0.5348	0.5219	212.83	9.0512	NI, MN
2	0.0927	0.0675	480.75	17.6553	NI, CU
3	0.8844	0.8795	3.01	2.2800	C, NI, MN
3	0.8797	0.8746	5.88	2.3735	C, MN, CU
3	0.7988	0.7903	54.88	3.9695	C, NI, CU
3	0.5516	0.5326	204.67	8.8477	NI, MN, CU
4	0.8844	0.8778	5.00	2.3122	C, NI, MN, CU

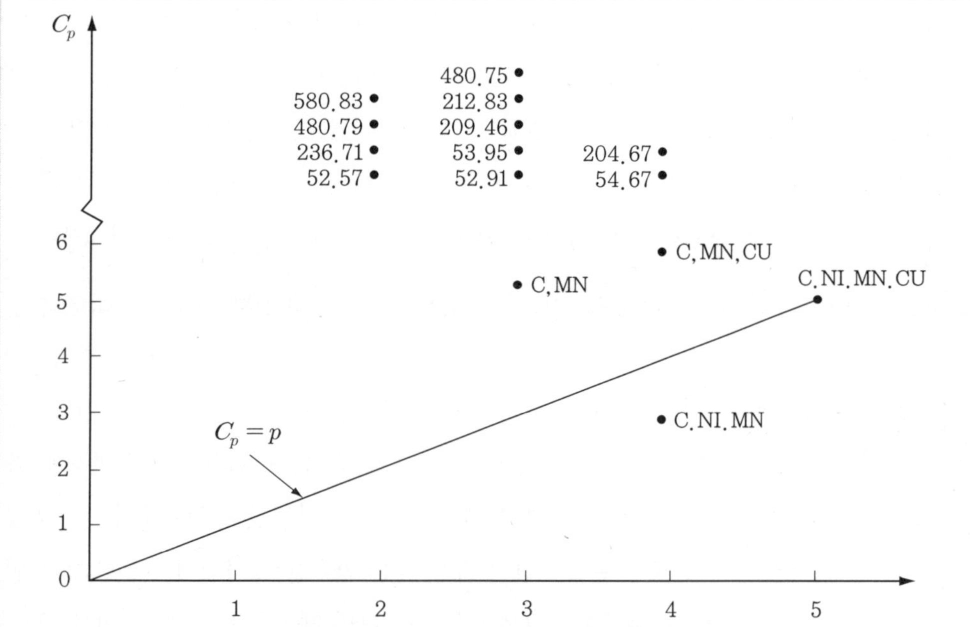

[그림 9-2] (예 9-9)의 모형별 C_p 그림표

[그림 9-2]는 독립변수 수에 따른 각 모형에 대한 C_p를 나타낸 것인데, 변수가 3개인 ($p=4$인 경우) 모형에서는 (C, NI, MN)이 포함된 모형의 경우의 C_p가 가장 직선식에 가까운 것을 볼 수 있다. 결과적으로 결정계수와 C_p만을 볼 때 (C, NI, MN)을 포함한 모형이 가장 적절하다고 하겠다.

9.4.4 단계적 회귀분석

종속변수 Y에 영향을 준다고 예상되는 k개의 설명변수 X_1, X_2, ..., X_k 중에서 적절한 독립변수를 단계적으로 선택하는 단계적 회귀분석(stepwise regression) 방법에는 전진선택법(forward selection), 후진제거법(backward elimination), 단계별방법(stepwise method)이 있으며 SAS등의 통계 소프트웨어에서는 이와 같은 기능을 제공한다. 아래에서 이들에 대해 간단히 설명한다.

① **전진선택법** : k개의 독립변수 후보들 중에서 종속변수에 가장 큰 영향을 주는 변수부터 선택하여 모형에 포함시키면서 더 이상 추가할 의미 있는 변수가 없다고 판단될 때 변수의 선택을 중단하는 방법이다. k개의 변수들 각각에 대한 종속변수와의 단순회귀모형에서 F-검정통계량이 가장 큰 독립변수가 처음으로 선택되고, 나머지 $k-1$개의 독립변수 중 처음 선택된 변수의 영향을 뺀 부분 F-값(partial F-value)이 가장 큰 독립변수가 다음으로 선정되는 방식으로 진행되어 주어진 유의수준에서 의미 있는 변수까지 포함시키게 된다. 각 독립변수에 해당하는 부분 F-값이 유의수준에 대응하는 F 경계치(F_{in})보다 모두 작으면 더 이상 유의한 변수가 없다고 보고 과정을 마치게 된다.

② **후진제거법** : 독립변수를 하나씩 선택하여 포함시키는 전진선택법과는 반대로 후진제거법은 k개의 독립변수들 모두를 포함시킨 모형에서 출발하여 가장 적은 영향을 주는 변수부터 하나씩 제거하면서 더 이상 제거할 변수가 없을 때의 모형을 선택하는 방법이다. 어느 단계에서 r개의 독립변수가 포함되어 있다고 할 때, r개의 각 독립변수가 마지막으로 모형에 포함된 것으로 보고 부분 F-값을 구한 후 정해진 유의수준에서의 F경계치(F_{out})보다 작은 변수들 중 부분 F-값이 가장 작은 변수를 제거한다. 이때 모든 변수에 대한 부분 F-값이 유의수준에서의 F경계치보다 크면 제거할 변수가 더 이상 없는 것으로 판단하여 과정을 끝내게 된다. 따라서 유의수준을 정하기에 따라 더 많은 독립변수들이 포함될 수 있다. 예를 들어 변수제거의 유의수준 기준을 0.05로 할 때, 각 독립변수의 p-값이 0.05보다 작으면 그 모형에 남고 0.05보다 크면 제거된다. 따라서 유의수준이 0.05인 경우 0.10의 경우보다 많은 독립변수들이 제거되어 간단한 모형이 될 것이다.

③ **단계별방법** : 전진선택법에서는 일단 선택된 독립변수는 새로운 독립변수가 포함되면서 그 중요도를 상실하더라도 그대로 모형에 남아있게 된다. 반대로 후진제거법에서는 한 번 제거된 변수는 다시 모형에 추가될 수 없다. 이를 개선하기 위하여 전진선택법과 후

진제거법을 결합시킨 방법이 단계별방법이며 가장 널리 사용된다. 이 방법은 전진선택법에 의하여 변수를 추가하면서 새롭게 추가된 변수에 기인하여 기존 변수가 그 중요도가 약화되어 제거될 수 있는지를 매 단계별로 검토하여 해당변수를 제거하는 과정을 거치며 추가 또는 제거되는 변수가 더 이상 없을 때 끝내는 선택방법이다.

예 9-10

국내 프로야구 타자 98명의 개인성적과 연봉을 조사하여 회귀모델을 구성하고자 한다. 연봉(Salary)을 예측하기 위한 독립변수들은 루타수(TR), 홈런(HR), 볼넷(BB), 삼진(KK)의 기록이 사용되었다. 단계별방법에 의한 적절한 회귀모형을 설정하라.

풀이 1단계에서는 4개의 독립변수 중 연봉(종속변수)의 변동을 가장 많이 설명해주는 변수 TR이 선정된다. 연봉의 변동을 69%($R^2 = 0.6917$) 설명해준다. 2단계에서부터는 남은 독립변수 중 하나씩 추가시킨 모형 중에서 F-검정통계량을 가장 크게 하는 변수가 포함되고, 이와 같은 방법으로 [그림 9-3]에서와 같이 3단계에서는 3개의 변수, 즉 TR, HR, BB를 포함한 모델이 선정되었다. 단계별 변수선택방법의 요약표를 보면 루타수(TR)는 원래 첫 번째 기여하는 변수로서 포함되었으나, 3단계에서 볼넷(BB)변수가 들어가면서 루타수(TR)는 유의도가 설정수준 0.1보다 낮아져 제외되었다. 그러나 그 다음단계에서 삼진(KK)변수가 들어간 다음 다시 추가적으로 들어감을 볼 수 있다. 이와 같이 새롭게 추가된 변수에 기인하여 기존 변수가 그 중요도가 낮아지면 모델에서 제거되기도 하고 추가되는 것이 단계별 선택방법의 특징이다. 최종적으로 4개의 모든변수가 포함된 모형이 선정되었다.

```
-----------------------------------------------------------------------
     Step 1   Variable TR Entered: R-Square = 0.6917 and C(p) = 30.2696
-----------------------------------------------------------------------
     Step 2   Variable HR Entered: R-Square = 0.7247 and C(p) = 18.9466
-----------------------------------------------------------------------
     Step 3   Variable BB Entered: R-Square = 0.7538 and C(p) = 9.2236
                         Analysis of Variance
                            Sum of          Mean
Source              DF     Squares        Square      F Value     Pr > F
Model                3   6594941197   2198313732       95.95     <.0001
Error               94   2153650741     22911178
Corrected Total     97   8748591939

                Parameter     Standard
  Variable       Estimate        Error   Type II SS   F Value     Pr > F
  Intercept    -158.92881    962.84531       624223      0.03     0.8692
  TR              7.35367      6.68285      2774159      1.21     0.2740
  HR            142.88335     40.18074    289717497     12.65     0.0006
  BB             64.12281     19.24137    254448765     11.11     0.0012
-----------------------------------------------------------------------
```

[그림 9-3] 단계별 선택방법에 의한 회귀모델 선택의 예

Step 4 Variable TR Removed: R-Square = 0.7507 and C(p) = 8.5017

Analysis of Variance

Source	DF	Sum of Squares	Mean Square	F Value	Pr > F
Model	2	6567199606	3283599803	143.00	<.0001
Error	95	2181392333	22962025		
Corrected Total	97	8748591939			

Variable	Parameter Estimate	Standard Error	Type II SS	F Value	Pr > F
Intercept	338.04632	851.29131	3620814	0.16	0.6922
HR	168.76917	32.61052	615008296	26.78	<.0001
BB	79.65816	13.08765	850642818	37.05	<.0001

Step 5 Variable KK Entered: R-Square = 0.7606 and C(p) = 6.5064

Analysis of Variance

Source	DF	Sum of Squares	Mean Square	F Value	Pr > F
Model	3	6653917381	2217972460	99.53	<.0001
Error	94	2094674558	22283772		
Corrected Total	97	8748591939			

Variable	Parameter Estimate	Standard Error	Type II SS	F Value	Pr > F
Intercept	2026.18633	1198.16738	63725387	2.86	0.0941
HR	208.41711	37.89431	674073874	30.25	<.0001
BB	90.86419	14.08886	926877437	41.59	<.0001
KK	-25.72453	13.04031	86717775	3.89	0.0515

Step 6 Variable TR Entered: R-Square = 0.7693 and C(p) = 5.0000

Analysis of Variance

Source	DF	Sum of Squares	Mean Square	F Value	Pr > F
Model	4	6730024312	1682506078	77.52	<.0001
Error	93	2018567627	21705028		
Corrected Total	97	8748591939			

Variable	Parameter Estimate	Standard Error	Type II SS	F Value	Pr > F
Intercept	1693.81901	1195.75279	43552346	2.01	0.1600
TR	12.86293	6.86923	76106931	3.51	0.0643
HR	175.74852	41.26803	393655401	18.14	<.0001
BB	67.25420	18.77007	278655432	12.84	0.0005
KK	-33.90656	13.59137	135083114	6.22	0.0144

All variables left in the model are significant at the 0.1000 level.

Summary of Stepwise Selection

Step	Variable Entered	Variable Removed	Label	Number Vars In	Partial R-Square	Model R-Square	C(p)	F Value	Pr > F
1	TR	TR	1	0.6917	0.6917	30.2696	215.38	<.0001	
2	HR	HR	2	0.0331	0.7247	18.9466	11.41	0.0011	
3	BB	BB	3	0.0291	0.7538	9.2236	11.11	0.0012	
4	TR	TR	2	0.0032	0.7507	8.5017	1.21	0.2740	
5	KK	KK	3	0.0099	0.7606	6.5064	3.89	0.0515	
6	TR	TR	4	0.0087	0.7693	5.0000	3.51	0.0643	

[그림 9-3 계속] 단계별 선택방법에 의한 회귀모델 선택의 예

[예 9-10]을 이용하여 Type Ⅱ 제곱합에 대해서 추가적 설명을 하고자 한다. r개의 독립변수 X_1, X_2, …, X_r이 포함된 다중회귀모형에서 변수 X_i에 대한 Type Ⅱ 제곱합은 타 변수가 이미 포함된 모형에 X_i가 추가로 도입될 때 증가되는 회귀제곱합을 의미하며, 이를 $\triangle SSR(X_i|X_1, \cdots, X_{i-1}, X_{i+1}, \cdots, X_r)$로 나타낼 때 다음과 같이 산출된다.

$$\triangle SSR(X_i|X_1, \ldots, X_{i-1}, X_{i+1}, \ldots, X_r) = SSR(X_1, \ldots, X_r) - SSR(X_1, \ldots, X_{i-1}, X_{i+1}, \ldots, X_r)$$

여기서 $SSR(X_1, \cdots, X_r)$은 변수 X_1, X_2, …, X_r이 포함된 모형의 회귀제곱합을 말한다. 따라서 5단계에서 삼진아웃(KK)변수가 추가될 때의 TypeⅡ 제곱합은 다음과 같이 계산된다.

$$\triangle SSR(KK|HR, BB) = 6653917381 - 6567199606 = 86717775$$

이의 유의성은 F검정을 통하여 이루어지는데 이를 위해 변수 X_i에 대한 F-값(또는 부분 F-값)은 다음과 같이 산출된다.

$$F_i = \frac{\triangle SSR(X_i|X_1, \ldots, X_{i-1}, X_{i+1}, \ldots, X_r)}{MSE(X_1, \ldots, X_r)}$$

이는 실제로 변수 X_i의 회귀계수에 대한 t-검정과 동일함을 알 수 있으며, 따라서 다음 관계가 성립한다.

$$F_i = T_i^2 = \left(\frac{\hat{\beta}_i}{se(\hat{\beta}_i)} \right)^2 \quad i = 1, \ \ldots, \ r$$

따라서 Type Ⅱ 제곱합은 다음과 같이 계산할 수도 있다.

$$\triangle SSR(X_i|X_1, \ldots, X_{i-1}, X_{i+1}, \ldots, S, X_r) = T_i^2 MSE(X_1, \ldots, X_r)$$

위의 단계별방법의 어떤 단계에서 변수가 추가되었다면 이의 F-값이 대상변수 중 가장 큰 것을 의미하며, 반대로 변수 X_i가 제거되었다면 이의 F-값이 대상변수 중 가장 작음을 의미한다고 하겠다.

또한 단계별 선택방법에 의한 모형이라 할지라도 회귀모형의 가정에 위배되는 등 여러 문제를 지닐 가능성이 있으므로 다중회귀분석에 있어서 모형의 선택은 다양한 각도에서 검토가 요구된다.

9.5 반응치에 대한 추정 및 예측

9.5.1 평균반응치의 추정

독립변수들이 아래와 같은 값들을 취할 때 종속변수 Y의 기대치를 평균반응치라 하는데 이에 대한 추정을 알아본다.

$$(X_1, X_2, \dots, X_k) = (x_{10}, x_{20}, \dots, x_{k0})$$

이때 Y의 기대치는 다음과 같으므로

$$E[Y|(x_{10,}x_{20,} \cdots, x_{k0})] = E[\widehat{\beta_0} + \widehat{\beta_1}x_{10} + \dots + \widehat{\beta_k}x_{k0}] = \beta_0 + \beta_1 x_{10} + \dots + \beta_k x_{k0} \tag{9.35}$$

평균반응치의 추정량은 다음과 같다.

$$\widehat{Y_0} = \widehat{\beta_0} + \widehat{\beta_1}x_{10} + \dots + \widehat{\beta_k}x_{k0} \tag{9.36}$$

평균반응치에 대한 신뢰구간을 구하기 위해서는 $\widehat{Y_0}$에 대한 분산을 구하여야 하는데 이는 아래와 같이 표현된다.

$$\begin{aligned} Var[\widehat{Y_0}] &= Var[\widehat{\beta_0} + \widehat{\beta_1}x_{10} + \dots + \widehat{\beta_k}x_{k0}] \\ &= Var[\widehat{\beta_0}] + x_{10}^2 Var[\widehat{\beta_1}] + \dots + x_{k0}^2 Var[\widehat{\beta_k}] + 2x_{10} Cov[\widehat{\beta_0}, \widehat{\beta_1}] + \dots + 2x_{k0} Cov[\widehat{\beta_0}, \widehat{\beta_k}] \\ &\quad + 2x_{10}x_{20} Cov[\widehat{\beta_1}, \widehat{\beta_2}] + \dots + 2x_{10}x_{k0} Cov[\widehat{\beta_1}, \widehat{\beta_k}] + \dots + 2x_{k-1,0}x_{k0} Cov[\hat{\beta}_{k-1}, \widehat{\beta_k}] \end{aligned} \tag{9.37}$$

위에서 보는 바와 같이 분산은 상당히 복잡한 과정을 통하여 계산된다. 이를 벡터-행렬식을 이용하면 보다 편리한데 이를 위해 우선 독립변수의 주어진 값에 대하여 다음과 같은 벡터를 정의한다.

$$x_0 = (1, x_{10}, x_{20}, \dots, x_{k0})^T$$

이때 식(9.36)의 평균반응치의 추정량은 다음과 같이 표현되며

$$\widehat{Y_0} = x_0^T \hat{\beta} \tag{9.38}$$

식(9.37)의 분산은 다음과 같다.

$$Var[\widehat{Y_0}]=x_0^T Var[\hat{\beta}]x_0 = \sigma^2 x_0^T (X^T X)^{-1} x_0 \tag{9.39}$$

식(9.39)에서 $Var[\hat{\beta}]$는 식(9.24)로 주어진 분산–공분산행렬이다. 그리고 이 분산을 추정하기 위해서는 식(9.39)의 σ^2대신 MSE를 대입하면 될 것이다.
따라서 식(9.35)의 평균반응치의 100(1−α)% 신뢰구간은 식(9.38)과 식(9.39)에 의하여 다음과 같이 주어진다.

$$x_0^T\hat{\beta} \pm t_{(\alpha/2;n-k-1)}\sqrt{MSEx_0^T(X^TX)^{-1}x_0} \tag{9.40}$$

9.5.2 미래반응치의 예측

8.5절의 단순회귀분석의 경우와 마찬가지로 주어진 독립변수값들에 대응하는 미래반응치인 Y_0의 예측치는 평균반응치의 추정치와 동일하며 반응치의 예측구간을 구하기 위해서는 예측오차의 분산을 알아야 하는데 이는 아래와 같이 식(9.39)의 분산보다 σ^2이 더 크게 된다.

$$Var[Y_0 - \widehat{Y_0}] = \sigma^2 + \sigma^2 x_0^T(X^TX)^{-1}x_0 = \sigma^2(1 + x_0^T(X^TX)^{-1}x_0)$$

위에서 Y_0는 새로운 독립변수값에 의해 산출되는 값이므로 기존의 독립변수값에 의하여 계산된 $\widehat{Y_0}$와는 독립이라는 사실을 이용하고 있다. 그리고 이 예측오차의 분산을 추정하기 위해서는 σ^2을 MSE로 추정하여 대입하면 된다.

따라서 미래반응치 Y_0에 대한 100(1−α)% 예측구간은 아래와 같이 주어진다.

$$x_0^T\hat{\beta} \pm t_{(\alpha/2;n-k-1)}\sqrt{MSE[1 + x_0^T(X^TX)^{-1}x_0]} \tag{9.41}$$

9.6 다중공선성

독립변수들 사이에 상관관계를 갖고 있는 현상을 다중공선성(multicollinearity)이라고 한다. 어떤 독립변수가 다른 독립변수들의 선형결합, 예를 들어 $X_2 = 5X_1$와 같이 표현된다면 완전공선성(perfect collinearity)이 존재하는 것이다. 이 경우 식(9.10)에서 역행렬 $(X^TX)^{-1}$이 산출되지 않기 때문에 회귀계수를 추정할 수 없게 된다. 비록 이와 같이 완전공선성은 없다하여도 변수 간에 상당히 높은 선형관계가 존재하면 역행렬$(X^TX)^{-1}$을 산출하는데 있어 매우 큰 오차가 유발되는데 이 현상을 다중공선성이라 한다.

모형 내에 포함된 독립변수들간에 다중공선성이 존재하는 경우에는 추정된 회귀계수의 분산이 매우 커지며 따라서 정확한 모수추정 및 검정에 어려움이 있다. 다음과 같은 두 개의 독립변수를 포함하는 회귀모형에서

$$Y = \beta_0 + \beta_1 X_1 + \beta_2 X_2 + \varepsilon$$

회귀계수의 추정량 $\widehat{\beta_1}$의 분산은 식(9.25)와 같은데, r_{12}를 X_1과 X_2의 표본상관계수라고 하면 이는 다시 다음과 같이 표현된다.

$$Var[\widehat{\beta_1}] = \sigma^2 \left(\frac{1}{1 - r_{12}^2} \right) \frac{1}{\sum (X_{1i} - \overline{X_1})^2} \tag{9.42}$$

따라서 표본상관계수 r_{12}가 1에 가까워짐에 따라 $\widehat{\beta_1}$의 분산은 매우 커지게 된다.

다중공선성의 또 다른 문제점은 회귀계수의 해석상에 있다. 회귀계수는 해당 독립변수의 값이 한 단위 증가할 때 종속변수의 변화량을 의미하는데, 이때 다른 독립변수의 값이 일정할 때라는 전제가 부가되어 있음을 전술한 바 있다. 그러나 두 독립변수가 높은 상관관계에 있으면 동시에 변화할 수 있기 때문에 위와 같은 해석을 할 수 없게 될 것이다.

9.6.1 다중공선성의 진단방법 및 척도

회귀모형을 분석하는 과정에서 다음 중 하나에 해당되면 독립변수들 사이의 다중공선성을 조사해 보아야 한다.

1. 독립변수들간의 상관계수가 매우 높을 때
2. 한 독립변수를 모형에 추가하거나 기존의 변수를 제거하는 것이 추정된 회귀계수의 크기나 부호에 큰 변화를 줄 때
3. 중요한 영향을 가질 것이라 예상되는 독립변수에 대한 검정결과가 유의하지 않게 나타날 때
4. 추정된 회귀계수의 부호가 기존 연구나 이론적인 면에서 알려진 부호와 상반될 때

위와 같은 결과들이 나타나면 다중공선성을 의심해볼 수 있으며, 다음의 몇 가지 척도로서 다중공선성의 정도를 알아볼 수 있다. 여기서는 분산팽창계수(variance inflation factor)와 상태지표(condition index)에 대해 설명해보기로 한다.

(1) 분산팽창계수(VIF : variance inflation factor)

j번째 회귀계수의 추정량 $\widehat{\beta}_j$에 대한 분산팽창계수 VIF_j는 다음과 같이 정의된다.

$$VIF_j = \frac{1}{1-R_j^2},\ j=1,\ 2,\ \ldots,\ k \tag{9.43}$$

여기서 R_j^2은 X_j를 종속변수로 하고 나머지 변수를 독립변수로 하는 회귀모형에서의 결정계수를 말한다. VIF_j는 독립변수 사이에서 발생하는 다중공선성으로 인한 분산의 증가를 의미한다. 일반적으로 k개의 VIF_j 중 가장 큰 값이 5를 넘으면(가장 큰 R_j^2이 0.8을 넘으면) 다중공선성이 있으므로 주의를 요하며 10을 넘는 경우 문제가 되고 조치가 필요하다고 할 수 있다.

예 9-11

다음과 같은 독립변수가 2개인 회귀모형에서 각 변수의 회귀계수 추정량에 해당하는 분산팽창계수를 구하라.

$$Y = \beta_0 + \beta_1 X_1 + \beta_2 X_2 + \varepsilon$$

풀이 r_{12}를 X_1과 X_2의 표본상관계수라고 하면 식(9.43)에 의하여 $\widehat{\beta_1}$ 및 $\widehat{\beta_2}$의 분산팽창계수는 다음과 같이 표현된다.

$$VIF_1 = VIF_2 = \frac{1}{1-r_{12}^2}$$

따라서 식(9.42)에 의하여 $\widehat{\beta_1}$의 분산은 다음과 같이 됨을 알 수 있다.

$$Var[\widehat{\beta_1}] = \frac{\sigma^2}{\sum(X_{1i}-\overline{X_1})^2} VIF_1$$

위 식에서 $\sigma^2/\sum(X_{1i}-\overline{X_1})^2$은 독립변수가 X_1 하나인 단순회귀모형에서 $\widehat{\beta_1}$의 분산임을 볼 때 위의 VIF_1은 다른 독립변수 X_2가 추가됨에 따라 $\widehat{\beta_1}$의 분산을 증가시키는 배수임을 알 수 있다.

(2) 상태지표(condition index)

각 독립변수의 관측치를 표본표준편차로 나누어 표준화시킨 후 식(9.8)과 같은 $(X^T X)$행렬을 구성할 때 이 행렬의 $(k+1)$개의 고유값(eigenvalue), $\lambda_0, \lambda_1, \lambda_2, \cdots, \lambda_k$의 합은 $(k+1)$과 같고 고유값의 평균은 1이 된다. 최대 고유값 $\lambda_{\max}$이 1보다 매우 크다는 것은 고유값 중에서 1보다 상당히 작은 것이 있다는 것을 의미하며, 이러한 경우 다중공선성이 있을 수 있다. 이 행렬의 고유값을 이용한 다중공선성에 대한 척도인 상태지표는 다음과 같이 정의된다.

$$c_j = \sqrt{\frac{\lambda_{max}}{\lambda_j}} \quad j = 0,\ 1,\ 2,\ \ldots,\ k \tag{9.44}$$

최대 상태지표가 30 이상일 때 독립변수 간 선형관계, 즉 다중공선성이 존재한다고 볼 수 있다.

9.6.2 다중공선성의 해결방법

다중공선성의 문제를 해결하는 방안으로 다음을 들 수 있다.

1. 다중공선성을 사전에 방지하기 위하여서는 변수선택 과정에서 상관계수가 높은 두 변수 중에는 하나만을 선택하는 것이 한 방법이 될 것이다. 이 경우 종속변수 Y를 설명하는데 중요한 역할을 하는 변수를 빠뜨리는 경우가 없도록 주의해야 한다.
2. 다중공선성이 국부적인 자료수집과정에서 비롯될 가능성이 있으므로 좀 더 많은 데이터를 수집하여 분석을 다시 한다.
3. 독립변수 중 일부를 차례로 모형에서 제거해보고 회귀계수의 표준오차가 줄어드는가를 관찰해서 표준오차를 현격히 감소시키는 변수를 제거한다.
4. 다중공선성을 해결하기 위한 이론적 방법으로는 모수추정을 위해 최소자승법 대신에 능형회귀(ridge regression)나 주성분회귀(principal components regression)를 사용하는 방법이 있다.

다음의 예를 통하여 다중공선성을 설명해보자.

예 9-12

종속변수(Y)는 인장강도이고, 독립변수로서는 X_1(탄소량), X_2(권취온도), X_3(망간)이 포함된 회귀모형에 대한 추정결과는 〈표 9-7〉과 같다. 총 37개의 관측치가 사용되었다. 독립변수 간의 공선성이 있는가를 진단하는 방법과 해결방안을 제시해 보도록 한다.

〈표 9-7〉 모든 독립변수를 포함한 회귀분석 결과

	회귀계수	표준오차	t-값	분산팽창계수(VIF)
절편	47.403	2.475	19.15	0
X_1	0.0398	0.0326	1.22	6.949
X_2	−0.0290	0.00247	−11.73	2.141
X_3	4.485	3.799	1.18	6.898

$MSE = 0.5419,\ R^2_{adj} = 0.931$

분산팽창계수 VIF가 5 이상의 값이면 다중공선성을 의심해 볼 수 있는데 $VIF_1 = 6.949$와 $VIF_3 = 6.898$은 X_1과 X_3 간의 다중공선성이 있음을 알려준다. 독립변수 간의 상관계수를 보면 아래와 같은데, X_1과 X_3 간의 상관계수 0.921은 두 변수 간 높은 상관관계를 갖는다는 것을 보여준다.

$$\begin{array}{c} \\ X_1 \\ X_2 \\ X_3 \end{array} \begin{array}{c} \begin{array}{ccc} X_1 & X_2 & X_3 \end{array} \\ \begin{bmatrix} 1.00 & -0.716 & 0.921 \\ & 1.00 & -0.714 \\ & & 1.00 \end{bmatrix} \end{array}$$

참고로 X_1만을 독립변수로 하는 단순회귀분석에서 $\widehat{\beta_1}$의 표준오차는 0.02827이고 $MSE = 42.8394$이다. <표 9-7>의 $MSE = 0.5419$를 사용해서 $\widehat{\beta_1}$의 분산추정치를 조정하면 $(0.02827)^2 \times (0.5419/2.8394) = 0.0001525$이므로 <표 9-7>에서 $\widehat{\beta_1}$의 분산추정치 $(0.0326)^2 = 0.001063$은 단순회귀모형에서의 $\widehat{\beta_1}$의 분산추정치의 6.9배가 됨을 알 수 있고 X_1의 분산팽창계수와 일치함을 알 수 있다.

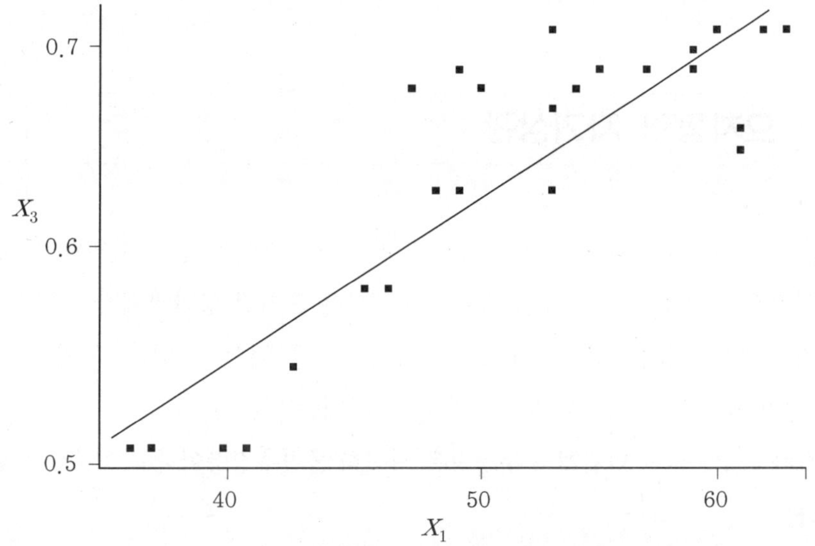

[그림 9-4] X_1과 X_3의 산점도

여기서 한 가지 주의해야 할 것은 상관계수의 값은 이상점(outlier)에 매우 민감한 통계량이므로 산점도를 통해 상관관계를 검토할 필요가 있다. X_1과 X_3의 산점도 [그림 9-4]는 두 변수 간에 뚜렷한 선형관계가 있음을 보여준다. 따라서 이 경우 X_1과 X_3 중 하나를 모형에서 제거하는 것이 바람직하다. X_3을 제거한 경우의 회귀분석 결과는 <표 9-8>과 같다. <표 9-7>에서 보면 독립변수 간 공선성이 있는 경우 X_1, X_3 모두 $\alpha = 0.10$에서도 유의하지 않았다. 독립변수 X_3을 제거한 뒤의 결과인 <표 9-8>에서 보면 X_1이 매우 유의한 변수임을 알 수 있다.

〈표 9-8〉 X_3을 제거한 모형의 회귀분석 결과

	회귀계수	표준오차	$t-$값	분산팽창계수(VIF)
절편	48.932	2.121	23.069	0
X_1	0.072	0.018	4.046	2.056
X_2	−0.029	0.002	−12.137	2.056

$MSE = 0.548,\ R^2_{adj} = 0.930$

이와 같이 다중공선성이 존재하는 경우는 서로 그 영향을 상쇄시켜 실제 유의한 것으로 예측된 변수가 유의하지 않은 것으로 나타나기도 한다. 다중공선성의 문제는 자료수집과정에서 나타날 수 있으므로 데이터를 추가 수집하는 것도 한 방법이다. 물론 추가수집이 어렵다든지 추가수집으로도 다중공선성이 배제되지 않는 경우는 모형의 보완을 통해 해결하는 것이 바람직하다고 하겠다.

9.7 오차항의 자기상관

자기상관(autocorrelation)은 오차항간 관계가 독립적이지 않은 경우를 의미한다. 일반적으로 시간적 순서에 따른 시계열 데이터의 경우는 오차간 상관관계가 흔히 나타나는데, 이러한 자기상관은 경영, 경제분야의 데이터에서 자주 접할 수 있다. 자기상관이 있는 경우 최소자승법에 의한 회귀모형은 다음과 같은 문제를 갖는다.

1. 최소자승법에 의한 회귀계수 추정량은 여전히 불편추정량이나 최소분산추정량이라 할 수 없다.
2. 오차가 양의 자기상관을 갖는다면 평균잔차제곱(MSE)은 분산 σ^2을 실제보다 작게 추정하고, 그로 인해 회귀계수 추정량의 표준오차는 작은 값이 된다. 따라서 회귀계수에 대한 검정은 신뢰할 수 없다. 즉, 실제 유의하지 않은 회귀계수가 유의하다고 판정될 수 있다.

[그림 9-5]에서 보는 바와 같이 자기상관은 잔차의 산점도로 알 수 있다.

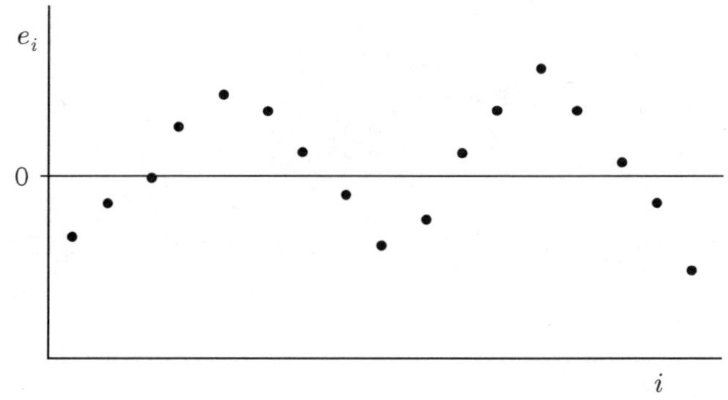

[그림 9-5] 자기상관이 있는 경우의 잔차산점도

만일 자기상관이 중요한 변수가 제외된 이유에서라면 그 변수를 추가함으로써 자기상관의 문제를 해결할 수 있다. 그러나 자기상관이 생략된 변수에 의한 것이 아니라면 자기상관을 갖는 데이터의 구조에 맞는 다른 모형을 선택하도록 해야 할 것이다. 이때 통상적으로 오차항간에 다음과 같은 관계가 있다고 가정한다.

$$Y_i = \beta_0 + \beta_1 X_{1i} + \cdots + \beta_k X_{ki} + \varepsilon_i$$
$$\varepsilon_i = \rho\varepsilon_{i-1} + \nu_i \ (\nu_i \text{ : 서로 독립인 새로운 오차항}) \qquad (9.45)$$

식(9.45)에서 보듯이 i번째 관측치에 붙은 오차항 ε_i는 $(i-1)$번째 관측치에 붙은 오차항 ε_{i-1}과 자기상관계수(autocorrelation coefficient) ρ를 갖는 관계를 갖는다고 가정한다. 이 관계식을 통하여 ε_i는 ε_{i-1}뿐만 아니라 그 이전 관측치에 관련된 오차항과도 상관관계를 갖게 된다. $\rho = 0$일 때는 오차항이 서로 독립인 (자기상관이 없는) 원래 모형이 되는 것을 알 수 있다. 참고로 식(9.45)와 같은 관계를 시계열분석에서는 자기회귀과정(autoregressive process; AR process)이라 한다.

자기상관이 있는지 여부를 검정하기 위하여 자기상관계수 ρ에 대한 다음과 같은 가설을 설정한다.

$$H_0 \ : \ \rho = 0$$
$$H_1 \ : \ \rho \neq 0$$

위의 가설을 검정하기 위하여 아래와 같은 Durbin-Watson 통계량을 이용한다.

$$DW = \frac{\sum_{i=2}^{n}(e_i - e_{i-1})^2}{\sum_{i=1}^{n} e_i^2} \tag{9.46}$$

식(9.46)의 DW 통계량은 근사적으로 다음과 같은 관계를 갖는다(유도과정은 연습문제로 남겨둔다).

정리 9.2

자기상관계수의 추정치를 $\hat{\rho}$라 할 때 DW 통계치는 근사적으로 다음과 같다.

$$DW \approx 2(1-\hat{\rho}) \tag{9.47}$$

식(9.47)을 보면 $\hat{\rho}=1$일 때 $DW=0$이 되고, $\hat{\rho}=-1$일 때 $DW=4$가 되므로 DW는 항상 0에서 4 사이의 값을 갖음을 알 수 있다. 또한, $\hat{\rho}=0$일 때 $DW=2$임을 알 수 있으므로 식(9.46)에 의하여 DW통계치를 산출한 후 그 값이 2에 가까우면 자기상관이 없다고 할 수 있을 것이다. 그리고 DW값이 0에 가까우면 양의 자기상관 $(\rho>0)$이 있음을 나타낸다. 양의 자기상관이 있을 때 DW값이 작게 됨은 식(9.46)에서도 볼 수 있다. 즉, 오차항간 양의 자기상관이 있다는 것은 인근 관측값에 붙은 오차값이 비슷함을 의미하므로 식(9.46)의 분자항이 매우 작게 될 것이기 때문이다. 한편, DW값이 4에 가까우면 음의 자기상관 $(\rho<0)$이 있음을 나타낸다.

따라서 앞의 가설검정에 대한 판정은 다음과 같이 이루어진다.

〈표 9-9〉 자기상관계수에 대한 가설검정

DW 통계치	판정	추론
$0<DW<d_L$	H_0 기각 $(\rho>0)$	양의 자기상관을 가진다.
$d_L<DW<d_U$	미결정	미결정
$d_U<DW<2$	H_0 채택 $(\rho=0)$	자기상관이 없다.
$2<DW<4-d_U$		
$4-d_U<DW<4-d_L$	미결정	미결정
$4-d_L<DW<4$	H_0 기각 $(\rho<0)$	음의 자기상관을 가진다.

〈표 9-9〉에서 d_L과 d_U는 관측수(n), 독립변수의 수, 유의수준에 따라 부록 〈표 A-5〉에 의하여 정해진다. 미결정의 판정이 나는 경우에는 자기상관이 그다지 심각한 문제는 아니라고도 할 수 있으나 잔차분석을 통하여 모형상에 다른 문제가 없는지를 분석해 보아야 하며 더 많은 데이터를 수집하여 재분석을 시도하는 것이 좋을 것이다.

최종적으로 자기상관이 있다고 판정되면 보통의 최소자승법에 근거한 회귀계수의 추정치 및 기타 회귀분석 결과를 사용할 수 없게 되며 식(9.45)의 모형에 근거하여 새로운 방법으로 회귀계수를 추정하여야 한다. 이때 자기상관계수도 동시에 추정하게 된다. 이를 위한 방법으로 Cochrane-Orcutt 방법, Hildreth-Lu 방법, Durbin 방법 등이 있다.

이 방법들은 대체로 다음과 같은 일반차감법(generalized differencing)을 사용한다. 즉, ρ를 우선 아는 것으로 가정하고 다음과 같이 차감된 새로운 변수를 정의한다.

$$Y_i^* = Y_i - \rho Y_{i-1}$$
$$X_{ji}^* = X_{ji} - \rho X_{j,i-1}, \ j = 1, \ 2, \ \ldots, \ k$$

그리고 모형을 Y_i와 Y_{i-1}을 중심으로 각각 표현하면 아래와 같다.

$$Y_i = \beta_0 + \beta_1 X_{1i} + \beta_2 X_{2i} + \cdots + \beta_k X_{ki} + \varepsilon_i$$
$$Y_{i-1} = \beta_0 + \beta_1 X_{1,i-1} + \beta_2 X_{2,i-1} + \cdots + \beta_k X_{k,i-1} + \varepsilon_{i-1}$$

위의 첫 번째 식에서 두 번째 식에 ρ를 곱한 것을 빼면 다음과 같이 됨을 알 수 있다.

$$Y_i^* = \beta_0(1-\rho) + \beta_1 X_{1i}^* + \beta_2 X_{2i}^* + \cdots + \beta_k X_{ki}^* + \nu_i \tag{9.48}$$

따라서 ρ값을 안다면 식(9.48)의 모형은 보통의 다중회귀분석방법으로 추정할 수 있다. ρ값을 모를 때 Cochrane-Orcutt방법은 아래와 같은 절차를 통하여 ρ값과 회귀계수를 추정한다.

1. 원래의 모형에 보통의 다중회귀분석법을 적용한다.
2. 잔차(e_i)를 산출한다.
3. 잔차에 대한 다음 모형으로부터 ρ를 추정한다.

$$e_i = \rho e_{i-1} + \nu_i$$

4. 식(9.48) 모형을 구성하고 회귀계수를 추정한다.
5. 필요에 따라 단계 2부터 반복한다.

9.8 참고사항

9.4.4절의 단계적 변수선택방법에 대한 보다 자세한 내용을 원하는 독자는 참고문헌 [1]을 참조하기 바란다. 9.6절의 다중공선성의 척도 중 상태지표에 대한 설명은 참고문헌 [2] 등에 언급되어 있다. 9.7절에서 언급한 자기상관이 있는 경우의 회귀계수 추정방법인 Cochrane-Orcutt 방법, Hildreth-Lu 방법, Durbin 방법에 대한 설명을 위해서는 참고문헌 [3]을 참조할 수 있다.

[1] D. C. Montgomery and E.A.Peck, *Introduction to Linear Regression Analysis*, 2nd ed., Wiley, New York, 1992

[2] John O. Rawling, *Applied Regression Analysis*, Wordsworth & Brooks/Cole, California, 1988

[3] R. S. Pindyck and D. L. Rubinfeld, *Econometric Models & Economic Forecasts*, 2nd ed., McGraw Hill, New York, 1981

연습문제

9.1 공장수가 지나가는 파이프의 부식도에 수질이 미치는 영향관계를 알아보기 위하여 다음과 같은 모형을 고려하고자 한다.

$$Y = \beta_0 + \beta_1 X_1 + \beta_2 X_2 + \beta_3 X_3 + \beta_4 X_4 + \varepsilon$$

Y : 부식도; X_1 : pH ; X_2 : 탁도; X_3 : 염소량; X_4 : 약품농도

모형을 추정하기 위하여 다음과 같은 30개의 표본자료를 얻었다.

	pH	탁도	염소량	약품농도	부식도
1	7.93	11.9	19	59.8	2.2
2	8.07	12.9	26.6	59.6	10.3
3	7.85	11	17	26.3	19.5
4	7.98	9.3	15.3	27.4	13.2
5	7.77	6.4	13.1	51.5	7.2
6	7.87	7.1	11.9	41.9	23.5
7	8.07	12.9	26.6	59.6	10.3
8	7.85	11	17	26.3	19.5
9	7.98	9.3	15.3	27.4	13.2
10	7.89	7.1	13.5	44.9	8
11	7.96	9.8	16.5	34.5	12.2
12	7.87	9.4	15.3	32.4	11.2
13	7.50	13	17.6	24.9	36.2
14	7.92	11.4	17.4	37.3	18.9
15	7.89	7.1	13.5	44.9	8
16	7.96	9.8	16.5	34.5	12.2
17	7.87	9.4	15.3	32.4	11.2
18	7.83	11	13.8	56.9	3.2
19	7.72	4	11.8	23.9	5.4
20	7.67	13	24.6	53.9	19.8
21	7.77	6	12.5	35.5	10.6
22	7.66	4	10.1	49.3	9.1
23	7.48	2	7.8	70.9	4
24	7.57	2	8.5	81.4	3.5
25	7.71	4	9.8	92	1.7
26	7.6	7	11.6	81.8	4.3
27	8.21	21.4	84.7	68.1	18.7
28	8.2	26.4	127.4	54.7	19.4
29	8.2	31.3	38.3	76.3	17.8
30	7.84	13.4	24.9	72.1	2.6

(a) 위의 다중회귀모형을 추정하라. 각 회귀계수의 추정치, 표준오차, t-값을 나타내는 표를 작성하고 5%에서 유의하면 t-값에 * 표를, 1%에서 유의하면 **표를 하라.

(b) 분산분석표를 작성하고 회귀성검정을 하라. (a)와 유사하게 * 또는 ** 표를 하라. 또한, 결정계수는 얼마인가?

9.2 코크스품질을 대표하는 냉간강도(DI)에 영향을 주는 인자로 휘발분(VM)과 조직평형지수(CBI)를 고려하여 다음과 같은 다중회귀식을 추정하고자 한다.

$$DI = \beta_0 + \beta_1 VM + \beta_2 CBI + \varepsilon$$

다음과 같이 7개의 자료를 얻었다.

번호	VM	CBI	DI
1	26.7	1.14	87.8
2	26.9	1.41	87.0
3	27.6	1.13	88.0
4	26.9	1.37	87.1
5	27.2	1.14	87.9
6	27.0	1.26	87.0
7	26.2	1.28	88.0

(a) 벡터-행렬을 사용하여 회귀계수들을 추정하라.

(b) 회귀표준오차를 구하라.

(c) 각 회귀계수에 대한 t-검정을 실시하라.

(d) ANOVA Table을 작성한 후, 결정계수를 구하고 F-검정을 실시하라.

9.3 자동차 매출액에 대하여 다음과 같은 다중회귀모형을 고려한다.

$$S_t = \beta_0 + \beta_1 YP_t + \beta_2 R_t + \beta_3 CPI + \varepsilon_t$$

S = 분기별 자동차 매출액

YP = 분기별 개인소득

R = 해당분기 대출 이자율 (3개월간)

CPI = 분기별 자동차 소비자가격지수

80개의 관측자료로부터 모형을 추정한 결과 다음과 같은 추정식을 얻었다.

$$\hat{S}_t = 56.36 + 0.036\,YP_t - 0.508R_t - 0.088\,CPI_t \qquad R^2 = 0.841$$

회귀표준오차는 2.97이며, $(X^TX)^{-1}$행렬의 대각선 원소들은 차례로 5.089, 1.02×10^{-6}, 6.04×10^{-4}, 1.39×10^{-4}이었다.

(a) 각 회귀계수 추정치의 표준오차를 구하고 t-값을 산출하라. 유의수준 5%에서 유의한지 검정하라.

(b) 회귀성에 대한 F-검정을 실시하라(유의수준 5%).

(c) adjusted R-square를 산출하라.

(d) 추정된 회귀식에서 CPI에 대한 계수의 의미를 설명하라. 부호는 적합한가?

9.4 반도체 Mask-ROM의 품질특성치로 수율(%)이 중요한 것으로 알려져 있으며 이에 영향을 주는 공정조건으로 A, B, C, D를 고려하여 다중회귀모형을 세우고 SAS를 이용하여 다음과 같은 결과를 얻었다. 총 관측수는 193이다.

Source	df	Sum of Square	Mean Square	F-value
Model		233.6		
Error				
Total				

Root MSE 1.79 R-Square ________

DW 1.85

Variables	Parameter Estimates	Standard Error	T for H_0 Parameter = 0	Prob > |T|
Intercept	78.941	6.843	11.536	0.0001
A	−0.014	0.00476	−2.942	0.0037
B	0.012	0.00538	2.229	0.0270
C	−0.020	0.00775	−2.579	0.0107
D	0.584	0.1327	4.400	0.0001

(a) 위 표에서 빈칸을 채우라.

(b) 유의수준 1%에서 회귀성 여부를 검정하라.

(c) 유의수준 5%에서 자기상관 여부를 검정하라(관측수가 100이상일 때 DW 값의 경계치는 관측수 100일 때와 동일하다고 가정).

(d) 유의수준 1%에서 유의한 회귀계수는?

(e) 유의수준 5%에서 A의 회귀계수의 신뢰구간을 구하라.

(f) A=546, B=765, C=730, D=12에서의 반응치를 예측하라.

9.5 경도(Hardness)에 영향을 갖는 공정변수들이 두께(Thickness), 시간(SS_SEC), 코일 온도(TAIL_CT), 황(S), 인(P), 망간(MN)이라고 하자.

(a) 모든 가능한 조합의 회귀분석을 통하여 경도(Hardness)를 설명하는 최적모형을 선정하라.

(b) 단계적 회귀분석(stepwise regression)을 통하여 최적모형을 선정하라.

HARDNESS	THICKNES	SS SEC	TAIL CT	MIN	P	S
60	0.2	38	749	30	14	12
61.8	0.2	38	741	31	12	9
60.4	0.21	38	717	28	13	10
61	0.21	38	716	28	13	10
59.3	0.23	36	612	29	11	10
59	0.24	37	616	29	11	10
58.4	0.23	36	617	29	11	10
58	0.28	44	631	28	13	10
58.2	0.24	38	627	29	11	10
59.2	0.23	37	623	29	11	10
60	0.21	38	726	27	13	12
60.2	0.23	39	624	29	11	10
60.6	0.2	38	728	28	12	8
60.4	0.2	49	733	28	12	8
61	0.2	41	731	29	13	10
59	0.24	38	644	29	14	9
60.6	0.2	39	746	28	12	8
60.8	0.2	38	736	28	12	8
59.4	0.23	38	629	26	14	10
59.4	0.21	38	733	29	12	8
63.2	0.2	44	731	28	12	8
60.4	0.22	38	737	28	12	8
59	0.22	41	727	28	12	8
60.2	0.23	46	627	30	13	8
59.4	0.25	56	632	28	10	10
59.8	0.2	47	758	30	13	9
59.9	0.2	45	758	30	13	12
61.4	0.21	48	740	28	15	12
58.7	0.23	39	659	27	12	12
58.9	0.23	39	665	27	12	9
59.4	0.27	48	676	31	15	9
58.8	0.27	44	679	31	15	9
58.3	0.3	41	655	31	15	9
59.1	0.25	38	675	31	11	6
59.7	0.25	39	663	31	11	6
59.4	0.25	38	652	31	11	6
59	0.23	59	664	28	10	10
59.1	0.25	54	660	31	11	6
58.4	0.27	54	689	29	12	7

9.6 1962~1981 기간의 미국 국방예산을 설명하기 위해 다음의 모형을 고려하여 보자.

$$Y_i = \beta_0 + \beta_1 X_{1i} + \beta_2 X_{2i} + \beta_3 X_{3i} + \beta_4 X_{4i} + \epsilon_i$$

Y: 국방예산지출; X_1: GNP; X_2: 군사판매보조; X_3: 항공우주산업판매;
X_4: 100,000병력 이상이 개입된 군사적 분쟁. 100,000 이상이면 1, 작으면 0
모형을 추정하기 위하여 20년(1962~1981) 동안의 표본자료를 얻었다.

년도	Y	X_1	X_2	X_3	X_4
1962	51.1	560.3	0.6	16	0
1963	52.3	590.5	0.9	16.4	0
1964	53.6	632.4	1.1	16.7	0
1965	49.6	684.9	1.4	17	1
1966	56.8	749.9	1.6	20.2	1
1967	70.1	793.9	1	23.4	1
1968	80.5	865	0.8	25.6	1
1969	81.2	931.4	1.5	24.6	1
1970	80.3	992.7	1	24.8	1
1971	77.7	1077.6	1.5	21.7	1
1972	78.3	1185.9	2.95	21.5	1
1973	74.5	1326.4	4.8	24.3	0
1974	77.8	1434.2	10.3	26.8	0
1975	85.6	1549.2	16	29.5	0
1976	89.4	1718	14.7	30.4	0
1977	97.5	1918.3	8.3	33.3	0
1978	105.2	2163.9	11	38	0
1979	117.7	2417.8	13	46.2	0
1980	135.9	2633.1	15.3	57.6	0
1981	162.1	2937.7	18	68.9	0

(a) 위의 다중회귀모형을 추정하라. 각 회귀계수의 추정치, 표준오차, t-값을 나타내는 표를 작성하고 5%와 1%에서 유의할 때 각각 t-값에 *표와 **표를 하라.

(b) ANOVA Table을 작성한 후, 결정계수와 수정결정계수를 구하고 F-검정을 실시하라.

(c) 단계적 회귀분석(stepwise regression)을 통하여 최적모형을 선정한 뒤 처음 가정

한 모형과 비교하라.

(d) 단계적 회귀분석을 통해 구해진 모델이 처음과 다르다면 (a)와 (b)의 과정을 반복한 뒤, 비교해 보아라.

9.7 전화선에 대한 수요를 분석하기 위해 다음과 같은 모델을 설정하자.

$$Y_i = \beta_0 + \beta_1 X_{1i} + \beta_2 X_{2i} + \beta_3 X_{3i} + \beta_4 X_{4i} + \beta_5 X_{5i} + \epsilon_i$$

Y: 전화선판매량; X_1: GNP; X_2: 주택건설; X_3: 실업률; X_4: 이자율
X_5: 가입자이익률

Y	X_1	X_2	X_3	X_4	X_5
5873	1051.8	1503.6	3.6	5.8	5.9
7852	1078.8	1486.7	3.5	6.7	4.5
8189	1075.3	1434.8	5	8.4	4.2
7497	1107.5	2035.6	6	6.2	4.2
8534	1171.1	2360.8	5.6	5.4	4.9
8688	1235	2043.9	4.9	5.9	50
7270	1217.8	1331.9	5.6	9.4	4.1
5020	1202.3	1160	8.5	9.4	3.4
6035	1271	1535	7.7	7.2	4.2
7425	1332.7	1961.8	7	6.6	45
9400	1399.2	2009.3	6	7.6	3.9
9350	1431.6	1721.9	6	10.6	4.4
6540	1480.7	1298	7.2	14.9	3.9
7675	1510.3	1100	7.6	16.6	3.1
7419	1492.2	1039	9.2	17.5	0.6
7923	1535.4	1200	8.8	16	1.5

(a) 위의 다중회귀모형을 추정하라. 각 회귀계수의 추정치, 표준오차, t-값을 나타내는 표를 작성하고 5%와 1%에서 유의할 때 각각 t-값에 *표와 **표를 하라.

(b) ANOVA Table을 작성한 후, 결정계수와 수정결정계수를 구하고 F-검정을 실시하라.

(c) 단계적 회귀분석(stepwise regression)을 통하여 최적모형을 선정한 뒤 처음 가정한 모형과 비교하라.

(d) DW 통계량을 얻은 후 자기 상관이 있는지를 검정하라.

9.8 고용인 수에 영향을 미치는 변수들을 알아보기 위해 다음과 같은 모델을 생각해보자.

$$Y_i = \beta_0 + \beta_1 X_{1i} + \beta_2 X_{2i} + \beta_3 X_{3i} + \beta_4 X_{4i} + \beta_5 X_{5i} + \epsilon_i$$

Y: 고용인 수; X_1: GNP디플레이터(상대); X_2: GNP(절대); X_3: 실업자 수
X_4: 군인 수; X_5: 경제참여인구

Y	X_1	X_2	X_3	X_4	X_5
60323	830	234289	2356	1590	107608
61122	885	259426	2325	1456	108632
60171	882	258054	3682	1616	109773
61187	895	284599	3351	1650	110929
63221	962	328975	2099	3099	112075
63639	981	346999	1932	3594	113270
64989	990	365385	1870	3547	115094
63761	1000	363112	3578	3350	116219
66019	1012	397469	2904	3048	117388
67857	1046	419180	2822	2857	118734
68169	1084	442769	2936	2798	120445
66513	1108	444546	4681	2637	121950
68655	1126	482704	3813	2552	123366
69564	1142	502601	3931	2514	125368
69331	1157	518173	4806	2572	127852
70551	1169	554894	4007	2827	130081

(a) 위의 다중회귀모형을 추정하라. 각 회귀계수의 추정치, 표준오차, t-값을 나타내는 표를 작성하고 5%와 1%에서 유의할 때 각각 t-값에 *표와 **표를 하라.

(b) ANOVA Table을 작성한 후, 결정계수와 수정결정계수를 구하고 F-검정을 실시하라.

(c) t-값과 결정계수를 비교해 본 뒤, 다중공선성이 있는지 검정하라.

9.9 TV부품 중 하나인 Shadow Mask의 수율(Y; %)과 공정조건 X_1, X_2, X_3의 관계를 알아보기 위하여 다음과 같은 모델을 사용하여

$$Y = \beta_0 + \beta_1 X_1 + \beta_2 X_2 + \beta_3 X_3 + \varepsilon$$

다중회귀분석을 하였더니 다음과 같은 결과를 얻었다.

$$n = 105,\quad \sum_{i=1}^{105} (Y_i - \overline{Y})^2 = 10651.2,\quad R^2 = 0.475$$

Variable	Parameter Estimate	Standard Error
Intercept	72.213	11.229
X_1	−0.311	0.137
X_2	−0.223	0.047
X_3	0.585	0.143

(a) 분산분석표를 작성하고 회귀성검정을 실시하라(유의수준 1%).

(b) 오차항의 표준편차(회귀 표준오차)를 추정하라.

(c) 1% 유의수준에서 유의한 회귀계수는 어떤 것들인가?

9.10 열연코일의 인장강도(TS)에 영향을 미치는 요인으로 탄소(C), 망간(Mn), 권취온도(CT)를 택하여 다중회귀분석을 실시하여 다음과 같은 결과를 얻었다. 사용한 데이터수는 100이다.

$$\text{TS} = 40.56 + 84.2\text{C} + 6.72\text{Mn} - 0.015\text{CT}$$

(14.2) (4.8) (1.6) (−3.2) ← t−값임

Root MSE = 1.5 Adjusted R−square = 0.9

(a) ANOVA Table을 작성하라.

(b) 유의수준 5%에서 회귀계수의 유의성 여부를 검정하라.

(c) CT의 회귀계수에 대한 95% 신뢰구간을 구하라.

(d) C의 회귀계수를 β_1이라 할 때 다음을 검정하라(유의수준 5%).

$$\text{H}_0 : \beta_1 = 80$$
$$\text{H}_1 : \beta_1 \neq 80$$

9.11 소비함수를 추정하기 위하여 다음과 같이 소비(Consumption; C)를 종속변수로, 가처분소득(Disposable Income; Y)을 독립변수로 하는 회귀모델을 설정하고 18년간의 분기별 자료를 분석하여 다음과 같은 결과를 얻었다.

Model I: C = 14.51 + 0.88Y $R^2 = 0.9977$, Root MSE = 3.72
(7.03) (173.06) ← t-값

한편, 다음과 같이 저축(Savings; $S = Y - C$)을 종속변수로 하는 회귀모델을 고려한다고 하자.

$$\text{Model II: } S = \beta_0 + \beta_1 Y + \varepsilon$$

(a) Model II에서 회귀계수를 추정하라.
(b) Model II의 결정계수는 Model I과 동일한가? 간단히 설명하라.
(c) Model II의 Root MSE는 Model I과 동일한가? 간단히 설명하라.
(d) Model II의 회귀계수 β_1 추정치에 대한 t값을 구하라.

9.12 어떤 냉연제품의 항복강도(YP)에 미치는 영향변수로 탄소량(X_1), 망간(X_2), 소둔온도(X_3), 조질압하율(X_4)을 독립변수로 하여 중회귀분석을 한 결과 다음과 같은 분산분석표를 얻었다. 총 97개의 데이터를 사용하였다.

요인	자유도	제곱합	평균제곱	F-값	p-값
회귀	4	1059.54	264.88	79.3	0.0001
잔차	92	307.08	3.34		
전체	96	1366.62			

한편, 탄소량과 망간만을 독립변수로 하여 회귀분석한 결과는 다음과 같다.

요인	자유도	제곱합	평균제곱	F-값	p-값
회귀	2	1051.18	525.59	156.4	0.0001
잔차	94	315.44	3.36		
전체	96	1366.62			

(a) 다음 가설을 유의수준 5%에서 검정하고 해석하라.

$$H_0 : \beta_3 = \beta_4 = 0$$

$$H_1 : \beta_3\text{와 } \beta_4 \text{ 모두 0은 아니다.}$$

(b) 탄소와 망간만을 독립변수로 사용한 모형의 C_p값을 구하라.

9.13 어떤 열연코일의 항복강도(Y)에 미치는 영향변수로 슬라브 재가열시간(X_1)과 사상압연 후면온도(X_2)를 독립변수로 하여 중회귀모형을 수립하고 총 100개의 관측치에 대하여 회귀분석을 한 결과 다음을 얻었다.

$$\hat{Y} = 159.947 - 0.050X_1 - 0.1054X_2$$

요인	자유도	제곱합	평균제곱	F-값	p-값
회귀	2	376.03	188.01	40.29	0.0001
잔차	97	452.60	4.67		
전체	99	828.63			

또한 데이터로부터 다음 결과를 얻었다.

$$\overline{X_1} = 247.36 \qquad s_{X_1}^2 = 8.3694$$

$$\overline{X_2} = 847.77 \qquad s_{X_2}^2 = 8.3694 \qquad r_{12} = 0.2241$$

(a) $\widehat{\beta_1}$ 및 $\widehat{\beta_2}$의 분산팽창계수를 구하라.

(b) $\widehat{\beta_1}$ 및 $\widehat{\beta_2}$의 분산을 각각 추정하라.

(c) $(X^TX)^{-1}$를 구하라.

(d) X_1=280, X_2=860에서 항복강도의 95% 예측구간을 구하라.

9.14 [예 9-12]에 대하여 X_3(망간)만을 독립변수로 하는 단순회귀분석의 결과로 다음을 얻었다.

	회귀계수	표준오차
절편	19.040	2.0824
X_3	26.510	3.3285

$MSE = 2.8695$, $R^2 = 0.6444$

이를 바탕으로 〈표 9-7〉의 X_3의 분산팽창계수가 약 6.9가 됨을 보여라.

9.15 식(9.7)의 정규방정식이 식(9.9)와 같이 됨을 보여라.

9.16 독립변수가 두 개 있는 다음 모형에서 $\hat{\beta}_1$과 $\hat{\beta}_2$의 공분산을 구하라.

$$Y_i = \beta_0 + \beta_1 X_{1i} + \beta_2 X_{2i} + \varepsilon_i$$

9.17 독립변수가 두 개 있는 다음 모형에서

$$Y_i = \beta_0 + \beta_1 X_{1i} + \beta_2 X_{2i} + \varepsilon_i$$

MSR의 기대치가 아래와 같음을 증명하라.

$$E[MSR] = \sigma^2 + \frac{1}{2}\{\beta_1^2 \sum (X_{1i} - \overline{X_1})^2 + \beta_2^2 \sum (X_{2i} - \overline{X_2})^2 + 2\beta_1\beta_2 \sum (X_{1i} - \overline{X_1})(X_{2i} - \overline{X_2})\}$$

(힌트 $SSR = SST - SSE = \sum Y_i^2 - n\overline{Y^2} - SSE$의 관계를 이용하라)

9.18 True Regression Model이 다음과 같다고 한다.

$$Y_i = \beta_0 + \beta_1 X_{1i} + \beta_2 X_{2i} + \varepsilon_i$$

그런데 모르고 독립변수 X_2를 모델에서 빠뜨리고 다음의 모델을 사용하였다.

$$Y_i = \beta_0^* + \beta_1^* X_{1i} + \varepsilon_i^*$$

(a) β_1^*의 추정량을 구하고 이의 기대치를 구하라.

(b) β_1^*의 추정량이 β_1의 불편추정량인가? 간단히 설명하라.

9.19 다중회귀모델에서 오차항이 다음과 같은 자기회귀과정을 따를 때

$$\varepsilon_i = \rho\varepsilon_{i-1} + \nu_i$$

Durbin-Watson 통계량 DW가 근사적으로 다음과 같음을 보여라(식9.47 참조).

$$DW \approx 2(1 - \hat{\rho})$$

10

특수회귀모형

이제까지는 회귀분석에 있어서 독립변수와 종속변수 간에 선형관계를 갖는다는 것을 가정하였다. 그러나 비선형관계에 있거나 종속변수가 0과 1의 두 가지 값 또는 세 가지 이상의 범주형 값을 갖는 경우 일반선형모형이 아닌 특수한 형태의 모형에 적합시켜야 한다. 본 장에서는 회귀모형에서 지시변수(indicator variable)의 사용과 변수변환 방법, 가중최소자승법, 종속변수가 두 가지 범주의 값을 갖는 경우 사용되는 로지스틱 회귀모형에 대해 다루기로 한다.

10.1 지시변수와 회귀모형

지금까지 회귀모형은 독립변수 X와 종속변수 Y가 모두 정량적 변수인 경우에만 국한되어 다루어졌다. 그러나 경우에 따라서는 성별, 주거지역, 인종 등 범주형변수가 회귀모형에 포함될 수 있는데 이 경우 0과 1의 값을 갖는 지시변수(indicator variable 또는 dummy variable)를 사용하게 된다.

예를 들어 종속변수가 월평균소득(Y)이고 독립변수가 경력연수(X_1), 성별(X_2)이라고 하면 경력연수는 양적변수이고 성별은 범주형변수라고 할 수 있다. X_2를 지시변수로 간주하여 아래와 같이 정의하면 다음과 같은 회귀모형을 고려할 수 있다.

$$Y = \beta_0 + \beta_1 X_1 + \beta_2 X_2 + \varepsilon \tag{10.1}$$

$$X_2 = \begin{cases} 1 \text{ 남자의 경우} \\ 0 \text{ 여자의 경우} \end{cases}$$

즉, 응답자가 남자인 경우의 회귀모형은

$$Y = (\beta_0 + \beta_2) + \beta_1 X_1 + \varepsilon \tag{10.2}$$

이고, 여자인 경우는 X_2가 0이므로 다음과 같다.

$$Y = \beta_0 + \beta_1 X_1 + \varepsilon \tag{10.3}$$

회귀모형에서 양적변수의 회귀계수가 갖는 의미는 해당변수의 한 단위 변화에 따른 종속변수의 변화량을 의미한다. 그러나 지시변수의 경우 회귀계수가 갖는 의미는 다른 독립변수들의 고정된 상태에서 범주간의 차이를 의미한다. 남/녀에 따른 기대반응치를 구하면 다음과 같다.

$$E[Y] = \begin{cases} \beta_0 + \beta_2 + \beta_1 X_1 & \text{남자의 경우} \\ \beta_0 + \beta_1 X_1 & \text{여자의 경우} \end{cases} \tag{10.4}$$

이를 그림으로 나타내면 [그림 10-1]과 같다.

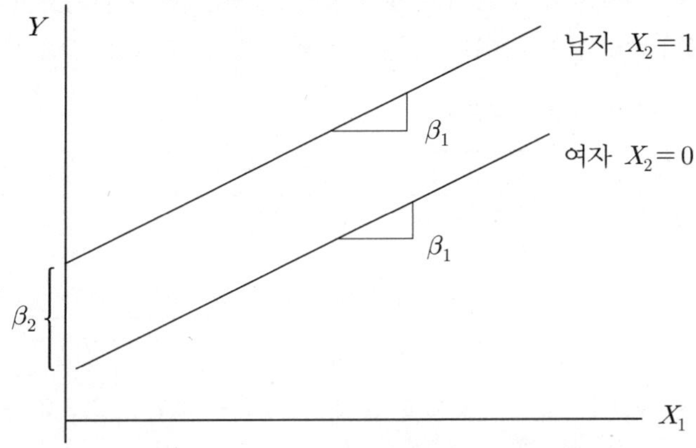

[그림 10-1] 지시변수를 포함한 회귀모형

즉 β_2는 경력연수가 같을 때 남자와 여자의 월평균 소득의 차이를 의미한다. β_2에 대한 가설검정은 다른 회귀계수와 같이 t-검정통계량을 이용하여 검정한다.

$$H_0 : \beta_2 = 0$$
$$H_1 : \beta_2 \neq 0$$

위의 가설에 대한 검정통계량은 $T = \widehat{\beta_2}/se(\widehat{\beta_2})$이며, 유의수준 α에서 기각역은 $|T| > t_{(\alpha/2;n-2-1)}$이다. 만일 귀무가설 H_0이 기각되면 같은 경력을 가진 남녀 간의 월평균소득에 유의한 차이가 있다고 해석하고, 기각되지 않으면 차이가 없다고 결론 내릴 수 있다.

남녀에 따라 별도의 회귀식(10.2)와 (10.3)을 추정하지 않고 식(10.1)과 같이 굳이 지시변수를 사용하여 하나의 회귀식으로 추정하는 이유는 모형에서 보듯이 경력변수 X_1에 대하여 동일한 (남녀 구분없이) 기울기와 동일한 오차분산을 가정하고 있으므로 합한 데이터를 사용하는 것이 자유도를 크게 하여 추정의 정도를 높이기 때문이다. 예를 들어 남자에 대한 관측치가 60개, 여자에 대한 관측치가 40개 있다고 할 때 총 100개의 데이터를 사용하여 하나의 회귀추정식을 얻는 것이 각각 60, 40개의 관측치를 이용한 두 개의 회귀추정식을 얻는 것보다 효율적일 것이다.

식(10.1)의 모형에서는 남녀에 대하여 경력 1년 증가에 따른 평균소득 증가량이 같다고 가정하였는데 그렇지 않은 상황에서는 다른 모형을 설정하여야 한다. 이에 대해서는 추후에 다시 언급하기로 한다.

예 10-1

유리병 제작 과정에서 총 에너지(Y)에 생산량(X)이 어떤 영향을 미치는가를 조사하기위해 Y를 종속변수, X를 독립변수로 하여 회귀분석을 실시하기로 하였다. 그런데 수집된 데이터 데이 두 개의 색그룹(Green, Olive)이 포함되어 있다. 각 색 그룹에 대하여 생산량에 대한 에너지의 기울기는 동일하다고 가정할 때 적절한 회귀모형을 기술하고 추정하라. 또한 색 그룹에 대하여 에너지에 있어 차이가 있는지를 검정하라. 수집된 데이터는 아래와 같다.

〈표 10-1〉 유리병에 대한 데이터

	1	2	3	4	5	6	7	8	9	10	11
X	226.4	225.1	226.6	226.6	226.6	226.6	226.6	226.6	223.3	221.9	221.9
색	1	1	1	1	1	1	1	1	1	1	1
Y	4907.2	4921.7	4897.1	4921.6	4939.5	4939.5	4919.2	4879.2	4952.6	5124.5	5221.

	12	13	14	15	16	17	18	19	20	21	22
X	221.9	221.7	221.7	222.5	222.2	222.2	222.2	222.2	222.2	223.0	225.
색	0	0	0	0	0	0	0	0	0	0	0
Y	5228.1	5268.1	5234.7	5163.1	5166.6	5178.1	5215.2	5251.8	5251.0	5219.5	5177.

풀이 색을 나타내는 변수를 D라 하고 Green일 때 1, Olive일 때 0을 갖는 지시변수로 정의하면 회귀모형은 다음과 같다.

$$Y = \beta_0 + \beta_1 X + \beta_2 D + \varepsilon \tag{10.5}$$

회귀분석의 결과는 다음과 같다.

〈표 10-2〉 지시변수가 포함된 회귀결과

Variable	Parameter Estimate	Standard Error	t-value	p-value
Intercept	14180	1563	9.09	0.000
X	−40.3001	7.026	−5.76	0.000
D	−137.2724	28.98	−4.75	0.000

$R^2 = 0.901$ $MSE = 2491$ $n = 22$

따라서 추정된 회귀식은 다음과 같다.

$$Y = 14180 - 40.3001X - 137.2724D$$

여기서 색을 구분하는 지시변수 D의 회귀계수 −137.2724는 다음과 같이 해석된다. 생산량이 일정하다고 할 때 Green 색의 유리병이 Olive 색의 유리병보다 에너지량이 137.2724만큼 더 절약된다고 할 수 있다. 변수 D에 대한 p-value 값은 0.05보다 작으므로 색 그룹에 따라 에너지량의 차이가 유의수준 5%에서 유의하다고 할 수 있다.

범주형변수의 경우 그 범주의 수가 m이라면 $(m-1)$개의 지시변수가 필요한데 다음의 예를 통해서 범주가 4일 때 3개의 지시변수에 대한 회귀계수는 어떻게 해석되는지 알아보자.

예 10-2

계절에 따른 판매량의 차이를 조사하고자 할 때 회귀모형을 설정하고(다른 독립변수는 없다고 가정) 각 회귀계수가 갖는 의미를 설명하라. 또한 겨울판매량과 여름판매량에 차이가 있는지를 검정하기 위한 가설을 설정하라.

풀이 우선 회귀모형에 포함될 범주형변수가 계절이고 그 범주가 4개이므로 3개의 지시변수가 필요하며 다음과 같은 회귀모형을 설정할 수 있다.

$$Y = \beta_0 + \beta_1 X_1 + \beta_2 X_2 + \beta_3 X_3 + \varepsilon$$

$$X_1 = \begin{cases} 1 \text{ 여름이면} \\ 0 \text{ 여름이 아니면} \end{cases}$$

$$X_2 = \begin{cases} 1 \text{ 가을이면} \\ 0 \text{ 가을이 아니면} \end{cases}$$

$$X_3 = \begin{cases} 1 \text{ 겨울이면} \\ 0 \text{ 겨울이 아니면} \end{cases}$$

따라서 각 계절에 대응하는 지시변수의 값은 다음과 같다.

	X_1	X_2	X_3
봄	0	0	0
여름	1	0	0
가을	0	1	0
겨울	0	0	1

그러면 각 계절마다의 평균판매량 $E[Y]$은 다음과 같이 나타낼 수 있다.

$$E[Y|\text{봄}] = \beta_0$$

$$E[Y|\text{여름}] = \beta_0 + \beta_1$$

$$E[Y|\text{가을}] = \beta_0 + \beta_2$$

$$E[Y|\text{겨울}] = \beta_0 + \beta_3$$

위에서 보는 바와 같이 β_0은 봄일 때의 판매량이며, β_1은 여름판매량과 봄판매량의 차이이며, β_2는 가을판매량과 봄판매량의 차이이고, β_3은 겨울판매량과 봄판매량의 차이이다. 따라서 봄판매량과 여름판매량 또는 봄판매량과 가을판매량에 차이가 있는지를 검정하기 위해서는 β_1 또는 β_2에 대한 $t-$검정을 하면 될 것이다.

그리고 물음과 같이 겨울판매량과 여름판매량에 차이가 있는지를 검정하기 위한 가설은 다음과 같이 설정된다.

$$\mathrm{H}_0 \ : \ \beta_1 - \beta_3 = 0$$

$$\mathrm{H}_1 \ : \ \beta_1 - \beta_3 \neq 0$$

위의 귀무가설이 사실일 때의 회귀모형을 설정하면 다음과 같다.

$$Y = \beta_0 + \beta_1 (X_1 + X_3) + \beta_2 X_2 + \varepsilon$$

위의 모형을 축소모형($X_1 + X_3$을 새로운 하나의 독립변수로 간주)으로 보고 원래의 모형을 완전모형으로 보면 9.3.3절에서 설명한 일부 계수에 대한 부분검정에 의거하여 다음과 같은 검정통계량으로 검정할 수 있다.

$$F=\frac{\dfrac{SSE(R)-SSE(F)}{(3-2)}}{\dfrac{SSE(F)}{(n-4)}}=\frac{\dfrac{SSR(F)-SSR(R)}{(3-2)}}{\dfrac{SSE(F)}{(n-4)}}$$

여기서 F는 완전모형을, R은 축소모형을 의미하며, F값의 자유도는 $(1,\ n-4)$가 된다.

이 예에 대하여 계절을 나타내는 하나의 변수 X를 다음과 같이 정의하고 X만을 독립변수로 하면 어떻게 되는지 알아보자.

$$Y=\beta_0+\beta_1X+\varepsilon$$

$$X=\begin{cases}1\ \text{봄}\\2\ \text{여름}\\3\ \text{가을}\\4\ \text{겨울}\end{cases}$$

이 경우 계절별 평균판매량 $E[Y]$는 다음과 같다.

$$E[Y\,|\,\text{봄}]=\beta_0+\beta_1$$
$$E[Y\,|\,\text{여름}]=\beta_0+2\beta_1$$
$$E[Y\,|\,\text{가을}]=\beta_0+3\beta_1$$
$$E[Y\,|\,\text{겨울}]=\beta_0+4\beta_1$$

즉, 이 모형에서는 계절이 봄에서 여름으로, 여름에서 가을로, 가을에서 겨울로 변할 때마다 평균판매량이 일정하게 β_1만큼 증가함을 가정한 것으로 볼 수 있으므로 현실성이 없다고 할 수 있다.

예 10-3

어떤 열연코일의 인장강도(TS)에 권취온도(CT)가 어떤 영향을 미치는가를 조사하기 위해 TS를 종속변수, CT를 독립변수로 하여 회귀분석을 실시하기로 하였다. 그런데 수집된 데이터에는 두 개의 두께그룹(2mm, 6mm)이 포함되어 있다. 두께를 나타내는 변수를 D라 하고 2mm일 때 1, 6mm일 때 0을 갖는 지시변수로 정의하자. 각 두께 그룹에 대하여 권취온도에 대한 인장강도의 기울기는 동일하다고 가정할 때 회귀모형은 다음과 같다.

$$TS=\beta_0+\beta_1CT+\beta_2D+\varepsilon$$

한편, 두께그룹에 따라 CT에 대한 TS의 기울기가 다르다고 예상되면 CT와 두께 간에 교호작용(interaction)이 존재한다고 말하며 이 때 회귀모형은 다음과 같이 설정될 수 있다. 위 식에서 CT와 D의 곱으로 표현된 새로운 독립변수가 모형에 포함된 것을 볼 수 있다.
두께를 나타내는 지시변수 D의 값에 따라 TS 기대치는 다음과 같이 됨을 알 수 있다.

$$E[TS|D=1]=\beta_0+\beta_2+(\beta_1+\beta_3)CT$$
$$E[TS|D=0]=\beta_0+\beta_1CT$$

위에서 우리는 CT에 대한 TS의 기울기가 서로 다른 것을 볼 수 있다. 물론 이 기울기가 유의하게 다른가를 검정하는 것은 $\beta_3 = 0$의 여부를 검정하는 것이 될 것이다.

교호작용이 추가된 식(10.6)의 회귀모형에 적합시킨 결과는 다음과 같다.

〈표 10-3〉 열연코일 예의 회귀결과

변수	회귀계수	표준오차	p-값
절편	60.1364	0.7499	0.0001
CT	−0.0161	0.0012	0.000
D	3.2785	1.2104	0.0352
$CT \cdot D$	−0.0039	0.0019	0.0857

$R^2 = 0.9836$, $MSE = 0.0356$, $n = 10$

따라서 추정회귀식은 다음과 같이 표현되는데

$$\hat{TS} = 60.1364 - 0.0161\,CT + 3.2785\,D - 0.0039\,CT \cdot D$$

각 두께그룹에 대하여 아래와 같이 두 개의 회귀식으로 쓸 수 있다.

$$\hat{TS} = 63.4149 - 0.02\,CT \quad D = 1\text{일 때}$$
$$\hat{TS} = 60.1364 - 0.0161\,CT \quad D = 0\text{일 때}$$

두 두께그룹에 대한 회귀선을 그려보면 [그림 10-2]와 같은데 두 회귀선의 기울기가 같지 않음을 알 수 있다. 〈표 10-3〉에서 교호작용 $CT \cdot D$에 대응하는 회귀계수가 유의수준 10%에서 유의함을 볼 수 있다.

한편 두께그룹에 따라 TS의 절편이 동일한가를 검정하는 것은 $\beta_2 = 0$의 여부를 검정하는 것인데, 〈표 10-3〉으로부터 유의수준 5%에서 절편이 동일하다고 할 수 없을 것이다.

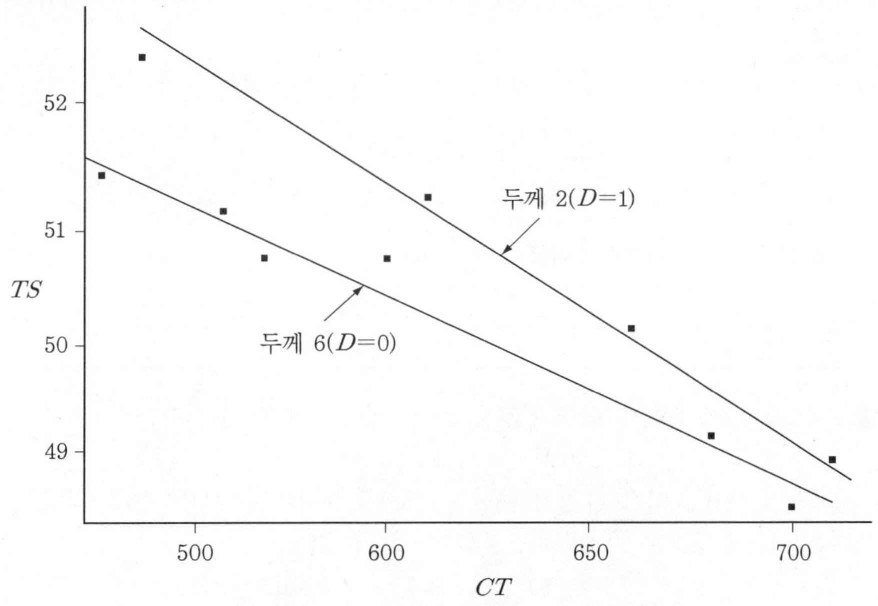

[그림 10-2] 두께에 따른 CT와 TS의 관계

10.2 변수의 변환

변수의 변환은 모형의 적합성과 예측력을 향상시키기 위해 혹은 회귀모형의 가정에 적합시키기 위해 시도되는 방법이다. 독립변수와 종속변수 Y와의 관계가 〈표 10-4〉에서와 같은 함수형태로 알려져 있는 경우는 적절한 변환을 통하여 선형회귀모형으로 바꿀 수 있다. 유의할 사항은 변환된 회귀모형에 추가될 오차항의 분포가 평균 0, 분산 σ^2의 정규분포로 가정된다는 사실이다.

또한 적합도를 높이기 위하여 Box-Cox변환을 종종 사용하는데 이는 아래와 같이 Y를 멱(power)변환의 한 형태인 Y^{λ}로 변환시키고 오차제곱합(SSE)을 최소로 하는 λ값(대체로 $-2 \sim 2$사이)을 찾는 방법이다.

$$Y^{\lambda} = \beta_0 + \beta_1 X_1 + \ \dots\ + \beta_k X_k + \varepsilon \tag{10.7}$$

〈표 10-4〉 선형화를 위한 변환

함수	적절한 변환	변환된 선형 형태
지수함수 : $Y = \beta_0 e^{\beta_1 X_1 + \beta_2 X_2}$	$Y^* = \ln Y$	$Y^* = \ln\beta_0 + \beta_1 X_1 + \beta_2 X_2$
멱(power)함수 : $Y = \beta_0 X_1^{\beta_1} X_2^{\beta_2}$	$Y^* = \ln Y;\ X_1^* = \ln X_1;\ X_2^* = \ln X_2$	$Y^* = \ln\beta_0 + \beta_1 X_1^* + \beta_2 X_2^*$
역함수 : $Y = \beta_0 + \beta_1 (\frac{1}{X})$	$X^* = \frac{1}{X}$	$Y = \beta_0 + \beta_1 X^*$
쌍곡선함수 : $Y = \frac{X}{\beta_0 X - \beta_1}$	$Y^* = \frac{1}{Y}\ ;\ X^* = \frac{1}{X}$	$Y^* = \beta_0 - \beta_1 Y^*$

예 10-4

휘발유가격 X와 휘발유 소비량 Y와는 다음과 같은 관계가 있는 것으로 알려져 있다.

$$Y = \beta_0 X^{\beta_1}$$

X와 Y에 대하여 아래의 관측치들을 수집하였을 때 β_0및 β_1을 추정하라.

〈표 10-5〉 휘발유가격과 소비량

가격(X)	5	5.5	6	6.5	7	7.5	8	8.5
소비량(Y)	10	9.9	9.7	9.5	9.2	9.0	8.5	8.3

풀이 〈표 10-4〉에 의하여 아래와 같은 회귀모형을 고려할 수 있다.

$$\ln Y = \ln\beta_0 + \beta_1 \ln X + \varepsilon \tag{10.8}$$

즉, 원래의 데이터 X와 Y에 대해 자연로그(ln)를 취하여 선형관계 형태로 변환한 뒤 얻은 회귀식은 다음과 같으며 추정결과는 〈표 10-6〉과 같다.

$$\ln \hat{Y} = 2.8794 - 0.3438 \ln X$$

〈표 10-6〉 변수변환에 의한 회귀결과

변수	회귀계수	표준오차	t-값	p-값
절편	2.8794	0.0847	33.999	0.0001
$\ln X$	−0.3438	0.0442	−7.776	0.0001

$R^2 = 0.8962$, $MSE = 0.00049$, $n = 8$

따라서 $\widehat{\beta_0} = e^{2.8794} = 17.8035$이며, 위의 데이터에 대한 가격과 소비량의 관계식은 다음과 같이 쓸 수 있다.

$$\widehat{Y} = 17.8035X^{-0.3438}$$

식(10.8)과 같은 모델을 log-log모형이라고도 하는데 경제학자들은 이와 같은 회귀모형을 자주 사용한다. 식(10.8)에서 β_1이 수요에 대한 가격탄력치(price elasticity of demand)로 해석되기 때문이다. 즉, β_1은 아래 관계와 같이 가격이 1% 변할 때 수요가 몇 % 변하는가를 나타낸다.

$$\beta_1 = \frac{\partial \ln Y}{\partial \ln X} = \frac{\partial Y/Y}{\partial X/X} \approx \frac{\Delta Y/Y}{\Delta X/X}$$

10.3 가중최소자승법

가중최소자승법(weighted least squares; WLS)은 선형회귀모형에서 가정하고 있는 오차항의 분산이 동일하지 않을 때 최소자승법대신 사용되는 방법이다. 등분산의 가정이 성립될 경우 최소자승법에 의한 추정량은 최소분산을 가진 불편추정량이지만, 등분산의 가정이 위배될 때 최소자승법을 적용할 경우 그 추정량이 불편추정량이기는 하지만 최소분산을 갖는 것은 아니다.

다음과 같은 단순회귀모형으로 가중최소자승법에 의한 회귀계수의 추정방법을 설명해 보자.

$$Y_i = \beta_0 + \beta_1 X_i + \varepsilon_i,\ \varepsilon_i \sim N(0,\ \sigma_i^2),\ i = 1,\ 2,\ \ldots,\ n \tag{10.9}$$

위의 식에서 오차항의 분산 σ_i^2은 관측번호에 따라 다르지만 알고있는 값이라 가정하자. 이때 양변을 σ_i로 나누면 아래식과 같이 된다.

$$\frac{Y_i}{\sigma_i} = \frac{\beta_0}{\sigma_i} + \beta_1 \frac{X_i}{\sigma_i} + \frac{\varepsilon_i}{\sigma_i} \tag{10.10}$$

이 경우 오차항 ε_i/σ_i의 분산은 다음과 같이 관측번호에 관계없이 일정하게 된다.

$$Var[\frac{\varepsilon_i}{\sigma_i}] = \sigma_i^2/\sigma_i^2 = 1$$

따라서 식(10.10)의 모형에는 보통의 최소자승법(ordinary least square; OLS)을 적용하여 아래와 같은 제곱합 Q를 최소화시키는 회귀계수를 찾을 수 있다.

$$Q = \sum(\frac{Y_i}{\sigma_i} - \frac{\beta_0}{\sigma_i} - \beta_1 \frac{X_i}{\sigma_i})^2 = \sum \frac{1}{\sigma_i^2}(Y_i - \beta_0 - \beta_1 X_i)^2 \tag{10.11}$$

여기서 $1/\sigma_i^2$대신 일반적인 가중치 기호 w_i를 사용하면 식(10.11)은 가중치 w_i들을 갖는 가중자승합이 되며 가중최소자승법은 다음과 같은 가중제곱합을 최소로 하는 회귀계수들의 추정량을 얻는 것이다.

$$Q_w = \sum_{i=1}^{n} w_i (Y_i - \beta_0 - \beta_1 X_i)^2$$

Q_w를 최소화하기 위한 두 정규방정식은 다음과 같다.

$$\hat{\beta}_0 \sum w_i + \hat{\beta}_1 \sum w_i X_i = \sum w_i Y_i$$
$$\hat{\beta}_0 \sum w_i X_i + \hat{\beta}_1 \sum w_i X_i^2 = \sum w_i X_i Y_i$$

위의 두 정규방정식으로부터 β_0과 β_1의 추정값 $\hat{\beta}_0$과 $\hat{\beta}_1$을 다음과 같이 구할 수 있다.

$$\hat{\beta}_1 = \frac{\sum w_i X_i Y_i - \frac{\sum w_i X_i \sum w_i Y_i}{\sum w_i}}{\sum w_i X_i^2 - \frac{(\sum w_i X_i)^2}{\sum w_i}} \tag{10.12a}$$

$$\hat{\beta}_0 = \frac{\sum w_i Y_i - \hat{\beta}_1 \sum w_i X_i}{\sum w_i} \tag{10.12b}$$

X와 Y의 가중평균을 다음과 같이 정의하면

$$\overline{X_w}= \frac{\sum w_i X_i}{\sum w_i}, \quad \overline{Y_w}= \frac{\sum w_i Y_i}{\sum w_i}$$

회귀계수의 추정량은 다음과 같다.

$$\widehat{\beta_1}= \frac{\sum w_i X_i Y_i - \overline{X_w}\,\overline{Y_w}\sum w_i}{\sum wi X_i^2 - \overline{X_w^2} \cdot \sum w_i}, \quad \widehat{\beta_0}= \overline{Y_w} - \widehat{\beta_1}\overline{X_w}$$

모든 가중치가 1, 즉 $w_i = 1(i = 1, \ldots, n)$일 때 위의 추정량은 OLS추정량과 동일함을 확인할 수 있다.

예 10-5

독립변수 X_1, X_2가 포함된 다음과 같은 중회귀모형을 고려하여 보자.

$$Y_i = \beta_0 + \beta_1 X_{1i} + \beta_2 X_{2i} + \varepsilon_i$$

여기서 오차항의 분산은 독립변수 X_1의 제곱에 비례한다고 가정하면 오차항의 분포는 다음과 같이 설정된다.

$$\varepsilon_i \sim \mathrm{N}(0,\ cX_{1i}^2),\ c\text{는 비례상수}$$

이때 모형식의 양변을 X_{1i}로 나누면 아래와 같다.

$$\frac{Y_i}{X_{1i}}= \frac{\beta_0}{X_{1i}} + \beta_1 + \beta_2\frac{X_{2i}}{X_{1i}} + \frac{\varepsilon_i}{X_{1i}} \tag{10.13}$$

그리고 ε_i / X_{1i}의 분산은 다음과 같이 상수가 된다.

$$Var[\frac{\varepsilon_i}{X_{1i}}] = \frac{cX_{1i}^2}{X_{1i}^2} = c$$

결국 식(10.13)을 새로운 회귀모형으로 간주하면 등분산성을 가지므로 OLS를 적용할 수 있다. 즉, 다음과 같은 회귀모형을 다루는 것과 동일하다고 하겠다.

$$Y_i^* = \beta_1 + \beta_0 X_{1i}^* + \beta_2 X_{2i}^* + \varepsilon_i^*,\ \varepsilon_i^* \sim \mathrm{N}(0,\ c)$$

$$(Y_i^* = Y_i / X_{1i}, X_{1i}^* = 1/X_{1i}, X_{2i}^* = X_{2i}/X_{1i})$$

예 10-6

어떤 반응로에 잔류되어 있는 불순물량(X)이 반응속도(Y)에 어떤 영향을 주는지를 알아보고자 다음과 같은 회귀모형을 고려한다.

$$Y_i = \beta_0 + \beta_1 X_i + \varepsilon_i \tag{10.14}$$

X와 Y에 대한 15개의 데이터를 다음과 같이 수집하였다.

〈표 10-7〉 불순물량과 반응속도

i	불순물량	반응속도	i	불순물량	반응속도
1	700	0.001	9	350	0.094
2	680	0.003	10	330	0.101
3	650	0.080	11	300	0.106
4	580	0.080	12	250	0.106
5	500	0.082	13	200	0.107
6	480	0.083	14	200	0.108
7	450	0.083	15	100	0.113
8	400	0.085			

최소자승법(OLS)을 이용하여 적합시킨 후 얻은 잔차산점도 [그림 10-3]은 X의 값이 커짐에 따라 분산이 증가됨을 보이는데, 이는 최소자승법에서 가정하고 있는 오차항의 등분산성 가정이 위배된다는 것을 나타낸다(회귀결과는 〈표 10-8〉에 있으며, 회귀식은 [그림 10-4]에 나타내었음).

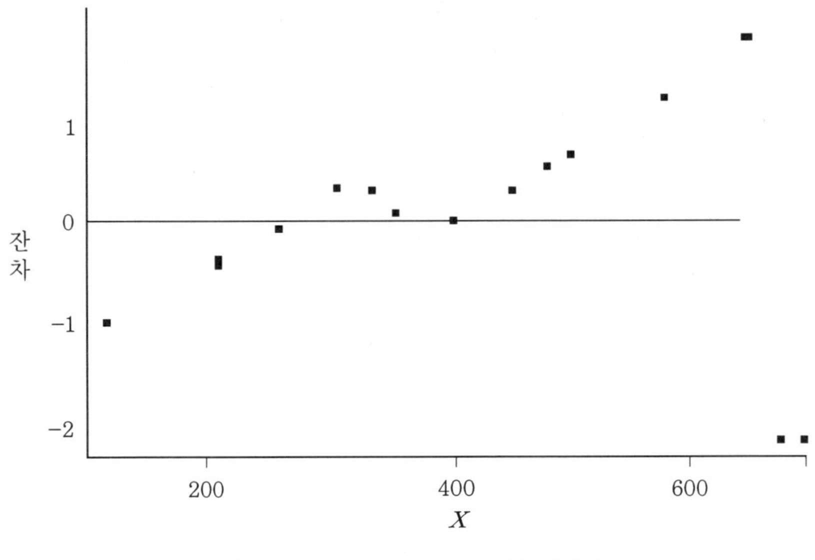

[그림 10-3] OLS 결과에 의한 잔차산점

따라서 OLS에 의한 추정은 이 데이터에 대한 적합한 방법이라고 볼 수 없다. 이 분산성의 문제를 해결하기 위한 방법으로 가중최소자승법에 의해 회귀계수를 추정해 보자. 앞에서 설명한대로 오차항의 분산이 알려지지 않은 경우는 오차의 분산과 독립변수들 간의 변화를 조사하여 가중치를 정하게 된다. 이 데이터의 경우 오차항의 분산이 독립변수 X에 비례하여 증가하는 현상을 보이므로 [예 10-5]에서와 같이 X^2에 비례한다고 가정하자. 따라서 식(10.14)의 양변을 아래와 같이 X로 나누어 주면 오차의 분산은 [예 10-5]에서 설명한대로 상수가 되어 등분산성을 가지므로 다음의 새로운 모형에 대해서는 OLS를 적용할 수 있게 된다.

$$\frac{Y_i}{X_i} = \frac{\beta_0}{X_i} + \beta_1 + \frac{\varepsilon_i}{X_i}$$

위의 모형에 OLS를 적용하여 추정할 경우 절편의 추정치가 $\widehat{\beta_1}$ 임을 유의하여야 한다. 이는 가중최소자승법에서 $w_i = 1/X_i^2$ 으로 놓은 경우와 동일하다. 이에 대한 결과는 〈표 10-9〉와 같다. 이 표에서 회귀계수 추정치는 식(10.12)를 이용한 것이다.

〈표 10-8〉 OLS에 의한 회귀결과

회귀계수	추정치	표준오차	t-값	p-값
β_0	0.1447	0.0131	11.081	0.0001
β_1	−0.0002	2.9E−05	−5.235	0.0002

$R^2 = 0.6783$, $MSE = 0.0004$, $n = 15$

〈표 10-9〉 가중최소자승법에 의한 회귀결과

회귀계수	추정치	표준오차	t-값	p-값
β_0	0.1261	0.0044	28.528	0.0001
β_1	−0.0001	1.7E−05	−5.936	0.0001

$R^2 = 0.9843$, $MSE = 1.34\text{E}{-9}$, $n = 15$

〈표 10-8〉과 〈표 10-9〉에서 R^2값은 직접적으로 비교하기에는 곤란하다. 왜냐하면 원래의 모형과 새로운 모형과는 종속변수의 값이 다르기 때문이다. $\widehat{\beta_1}$의 오차를 비교해보면 OLS에 의한 값(2.9E−05)이 가중최소자승법에 의한 값(1.7E−05)의 거의 2배 가까운데, 이는 오차항의 등분산성이 위배될 때 추정회귀계수의 오차가 커진다는 것을 보여준다.

최소자승법(OLS)와 가중최소자승법에 의한 결과를 [그림 10-4]에서 보면 OLS에 의한 회귀선은 두 관측치($i = 1,\ 2$)에 의해 기울기가 아래 방향으로 당겨졌음을 알 수 있다. 반면, 가중최소자승법에 의한 회귀식은 분산의 이분산성을 낳은 관측치들의 영향을 상쇄시켜줌으로써 이 두 관측치에 의한 영향이 적음을 알 수 있다.

가중최소자승법에 의한 회귀계수의 표준오차는 보다 적은 값을 갖고 따라서 모수에 대한 보다 정확한 신뢰구간을 제공한다.

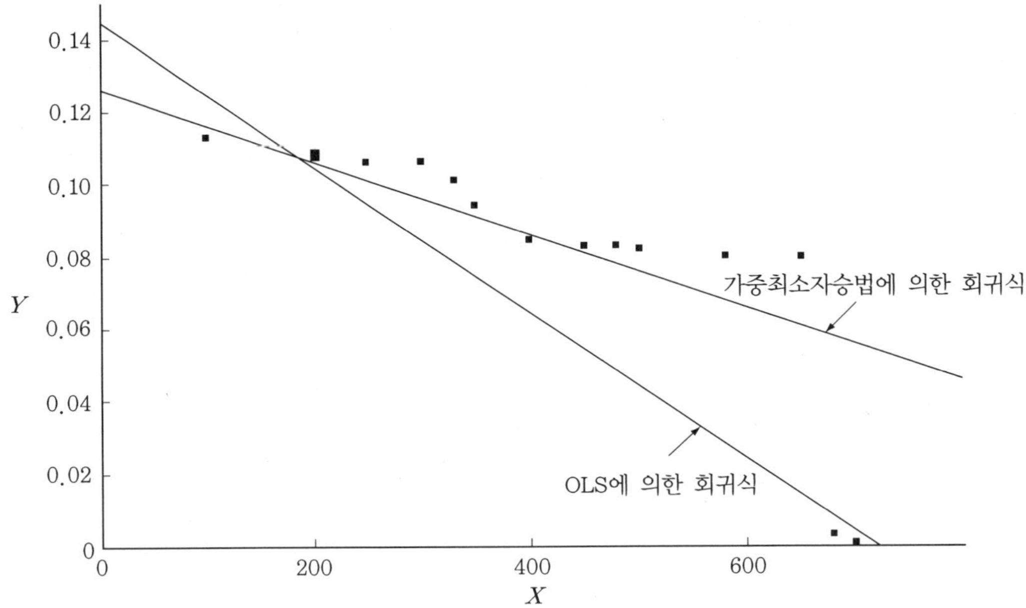

[그림 10-4] 가중최소자승법에 의한 회귀식

10.4 로지스틱 회귀모형

10.4.1 선형확률모형

회귀분석을 하는데 있어서 종속변수가 2가지 값의 범주를 취하는 경우가 있다. 예를 들어 특정후보에 대한 지지여부, 제품의 불량여부, 승용차의 보유여부 등을 들 수 있다. 종속변수가 0, 1의 두 가지 값을 취하는 다음과 같은 단순회귀모형을 고려해 보자.

$$Y_i = \beta_0 + \beta_1 X_i + \varepsilon_{i,} \quad Y_i = 0, 1 \tag{10.15}$$

여기서 오차항 ε_i는 기대치 0을 갖는다고 하고 분포에 대해서는 그 가정을 보류하기로 한다. Y_i의 기대값은 다음과 같은데

$$E[Y_i] = \beta_0 + \beta_1 X_i$$

Y_i가 지시변수이므로 $E[Y_i]$는 Y_i가 1일 확률과 같다. 이 확률을 P_i라 하면 다음과 같은 식이 성립된다.

$$P_i = P\{Y_i = 1\} = \mathrm{E}[Y_i] = \beta_0 + \beta_1 X_i$$

따라서 Y_i에 대한 확률분포는 다음과 같이 베르누이 분포를 따른다.

Y_i	확률
1	$P_i = \beta_0 + \beta_1 X_i$
0	$1 - P_i = 1 - \beta_0 - \beta_1 X_i$

그러므로 오차항 ε_i는 다음과 같은 확률분포를 가진다.

Y_i	ε_i	확률
1	$1 - \beta_0 - \beta_1 X_i$	P_i
0	$-\beta_0 - \beta_1 X_i$	$1 - P_i$

이때 ε_i의 기대값은 0이 됨을 확인할 수 있다.

$$\begin{aligned} E[\varepsilon_i] &= P_i(1 - \beta_0 - \beta_1 X_i) + (1 - P_i)(-\beta_0 - \beta_1 X_i) \\ &= P_i - \beta_0 - \beta_1 X_i = 0 \end{aligned}$$

그리고 ε_i의 분산은 다음과 같다.

$$\begin{aligned} Var[\varepsilon_i] &= Var[Y_i] = E[Y_i^2] - (E[Y_i])^2 \\ &= E[Y_i] - (E[Y_i])^2 = E[Y_i](1 - E[Y_i]) \\ &= P_i(1 - P_i) \end{aligned}$$

위에서 보는 바와 같이 오차항의 분산은 X_i에 따라 달라진다. 즉, 오차항이 등분산성을 갖지않기 때문에 최소자승법을 적용하는데 문제가 있다. 이보다 더 문제가 되는 것은 $E[Y_i]$가 확률값이므로 0에서 1의 값을 가져야하는데 식(10.15)의 모형은 X에 대하여 선형이므로 X값에 따라 0 이하 또는 1 이상의 값을 가질 수 있다는 점이다. 위와 같은 모형을 선형확률모형(linear probability model)이라 한다.

10.4.2 로지스틱 회귀모형(로짓 모형)

이와 같은 선형확률모형의 문제를 해결하는 모형으로 제시된 것이 로지스틱 회귀모형이다. 로지스틱함수(logistic function)는 분포함수 형태와 같이 S곡선을 그리고 있으며 변수변환에 의해 선형으로 바꾸기가 용이하기 때문에 널리 사용된다. 즉, $E[Y_i]$가 X_i값에 따라 0에서 1사이의 값을 갖는 다음과 같은 로지스틱 함수를 따른다고 가정한다.

$$E[Y_i] = P_i = \frac{\exp(\beta_0 + \beta_1 X_i)}{1 + \exp(\beta_0 + \beta_1 X_i)} \tag{10.16}$$

위의 로지스틱 함수는 [그림 10.5]에서 보듯이 X값에 상관없이 항상 확률 P가 0과 1사이 값을 갖게 된다.

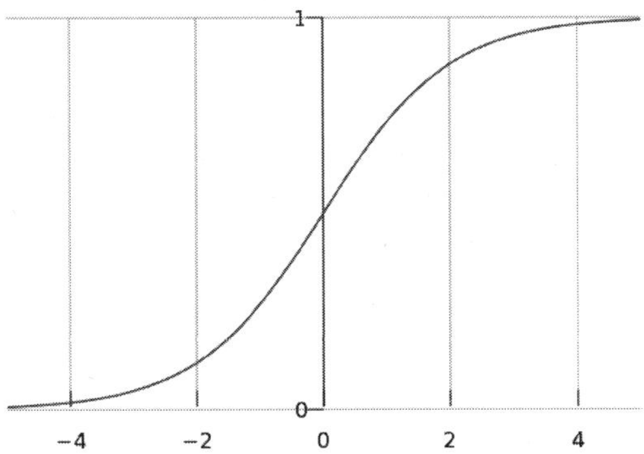

[그림 10.5] 로지스틱 함수의 예

식(10.16)은 다음과 같은 로짓(logit)변환을 통해 선형화되는데 여기서 $P/(1-P)$는 발생하지 않을 확률에 대한 발생확률의 비로서 승산비(odds ratio)라고 한다.

$$\text{logit}(P) = \ln\left[\frac{P}{(1-P)}\right] \tag{10.17}$$

$\text{logit}(P)$는 P가 증가함에 따라 증가하며 $-\infty$에서 ∞까지 모든 실수값을 취한다. 이때 식(10.16)의 로지스틱 회귀모형은 다음과 같이 종속변수를 로짓으로 변환한 선형모형 형태로 표현된다(이를 확인하라).

$$\text{logit}(\text{P}) = \beta_0 + \beta_1 \text{X} \tag{10.18}$$

식(10.18)에서 회귀계수 β_1의 의미는 선형회귀모형에서와는 달리 다소 복잡하다. β_1은 X가 한 단위 증가할 때 $\text{logit}(P)$, 즉 승산비의 로그값의 증가분을 말하므로 승산비가 e^{β}만큼 증가함을 의미한다. 로지스틱 모형에서 파라미터 추정은 최우추정법(maximum likelihood estimation)을 이용한다. Y_i가 10.4.1절에서와 같이 베르누이 분포를 따르므로, 데이터

$(X_1, y_1), \cdots, (X_n, y_n)$ 이 주어질 때 우도함수(likelihood function)는 다음과 같다.

$$L = \prod_{i=1}^{n} f(y_i) = \prod_{i=1}^{n} P_i^{y_i}(1-P_i)^{1-y_i} \tag{10.19}$$

그리고 우도함수에 자연로그를 취하면 아래와 같다.

$$\begin{aligned}\log L &= \sum_{i=1}^{n} y_i \log P_i + \sum_{i=1}^{n}(1-y_i)\log(1-P_i) \\ &= \sum_{i=1}^{n} y_i \log\frac{P_i}{1-P_i} + \sum_{i=1}^{n}\log(1-P_i)\end{aligned} \tag{10.20}$$

따라서 이는 다시 다음 식으로 유도된다.

$$\log L = \sum_{i=1}^{n} y_i(\beta_0 + \beta_1 X_i) - \sum_{i=1}^{n}\log(1+e^{\beta_0+\beta_1 X_i}) \tag{10.21}$$

위 식을 β_0와 β_1에 대하여 각각 편미분하고 0으로 놓으면 다음의 두 식을 얻는다.

$$\sum_{i=1}^{n} y_i = \sum_{i=1}^{n} \frac{e^{\beta_0+\beta_1 X_i}}{1+e^{\beta_0+\beta_1 X_i}} \tag{10.22a}$$

$$\sum_{i=1}^{n} X_i y_i = \sum_{i=1}^{n} X_i \frac{e^{\beta_0+\beta_1 X_i}}{1+e^{\beta_0+\beta_1 X_i}} \tag{10.22b}$$

위의 비선형 방정식을 풀어 β_0와 β_1에 대한 최우추정치를 얻는다. 이를 위해 주로 뉴턴-랩슨 알고리즘 (Newton-Raphson algorithm)이나 quasi-Newton 알고리즘이 사용된다.

한편, i번째 객체에 대한 Y_i가 r_i번 반복한 경우 '1'이 나오는 수를 나타낸다면 이는 다음과 같이 이항분포 (binomial distribution)를 따르게 된다.

$$f_i(y_i) = P\{Y_i = y_i\} = \binom{r_i}{y_i} P_i^{y_i}(1-P_i)^{r_i - y_i}, \quad y_i = 0, 1, \cdots, r_i \tag{10.23}$$

따라서 이때 우도함수는 다음과 같다.

$$L = \prod_{i=1}^{n} \binom{r_i}{y_i} P_i^{y_i}(1-P_i)^{r_i - y_i} \tag{10.24}$$

그리고 최우추정치를 얻는 방법은 위의 경우와 유사하다.

독립변수가 2개 이상인 경우도 용이하게 취급할 수 있다. 독립변수가 k개 있을 때 확률 P에 대한 로짓모형은 식(10.18)을 확장한 다음과 같다.

$$\text{logit}(P) = \beta_0 + \beta_1 X_1 + \cdots + \beta_k X_k \tag{10.25}$$

또한 두 개 이상의 독립변수 간의 교호작용(interaction)이 있는 경우 두 개 또는 그 이상의 변수의 곱을 또 다른 독립변수로 간주하여 추가할 수 있다.

예 10-7

다음은 어떤 부품의 강도 시험을 위해 부하 (load)에 따른 시험 부품수와 파괴 부품수를 나타낸 것이다. 로지스틱 회귀모형을 이용하여 부하에 따른 파괴확률의 추정식을 도출하라.

〈표 10-12〉 부하에 따른 시험부품수 및 파괴부품수

관측번호	부하	시험 부품수	파괴 부품수
1	20	40	5
2	25	50	7
3	30	25	4
4	35	60	10
5	40	45	13
6	45	50	20
7	50	20	11
8	55	30	17
9	60	40	27
10	65	40	23
11	70	30	22
12	75	35	25

풀이 부하를 X라 할 때 파괴확률 P에 대한 로짓모형의 Minitab에 의한 추정결과는 〈표 10-13〉과 같다.

〈표 10-13〉 로짓모형에 의한 회귀결과(예 10-7)

변수	회귀계수	표준오차	Z-값	p-값
절편	−3.3100	0.3468	−9.54	0.0001
X	0.0609	0.00678	8.97	0.0001

Log-Likelihood = −262.68

로짓모형의 추정식은 다음과 같다.

$$\text{logit}(P) = -3.31 + 0.0609X$$

추정승산비는 $\exp(\hat{\beta}_1) = \exp(0.0609) = 1.063$ 으로 부하가 한 단위 증가함에 따라 부품의

파괴확률이 1.06배 (6% 증가) 되는 것으로 해석할 수 있다. 그리고 부하 X에 따른 파괴확률 $P(X)$가 다음과 같은 함수관계에 있음을 알 수 있다.

$$P(X) = \frac{\exp(-3.31 + 0.0609X)}{1 + \exp(-3.31 + 0.0609X)} = \frac{0.0365e^{0.0609X}}{1 + 0.0365e^{0.0609X}}$$

10.5 로지스틱회귀를 이용한 분류분석

분류분석 (classification analysis)은 다수의 속성 (attribute) 또는 변수를 갖는 객체 (관측치)를 사전에 정해진 그룹 또는 범주 (class, category) 중의 하나로 분류하는 것이다. 예를 들어, 기업의 3개의 재무지표를 기준으로 우량 또는 불량으로 분류하는 것은 범주수가 2이고 변수수가 3인 분류분석 문제가 될 것이다. 이를 위해서는 이미 범주 (우량 또는 불량)가 알려진 여러 기업에 대하여 3개의 재무지표 데이터를 수집하여 (이러한 데이터를 학습표본이라 함) 분류규칙 (classification rule)을 만든 후, 새로운 기업에 적용하여 우량 또는 불량을 예측하는 것이다. 물론 범주가 2보다 큰 문제도 다룰 수 있으나 본 절에서는 2 범주 문제만 다루고자 한다.

일반적인 2 범주 (이분형) 로지스틱 회귀모형인 식(10.25)를 다시 기술하면 다음과 같다.

$$logit(P) = \beta_0 + \beta_1 X_1 + \ldots + \beta_k X_k$$

여기서 P는 범주가 1일 확률, 즉 $P = P\{Y = 1\}$이다.

로지스틱 회귀모형에서 학습표본으로 회귀계수를 추정한 후 새로운 객체에 대한 범주를 예측하기 위해서는 $logit(P)$ 값 또는 P 값을 예측한다. 이분형 로지스틱 회귀모형에서 기본적인 분류규칙은 Y=1일 확률이 Y=0일 확률보다 크면 범주 1로 분류하고, 그렇지 않으면 범주 0으로 분류하는 것이다. 즉,

$P_i > 0.5$ 이면 i번째 객체를 '1'로 분류 (10.26a)

$P_i \le 0.5$ 이면 i번째 객체를 '0'으로 분류 (10.26b)

이 규칙은 로짓에 대하여서는 다음과 같다.

$$logit(P_i) > 0 \text{ 이면 i번째 객체를 '1'로 분류} \quad (10.27a)$$

$$logit(P_i) \le 0 \text{ 이면 i번째 객체를 '0'으로 분류} \quad (10.27b)$$

예 10-8

(예 10-7)의 데이터를 다시 고려하자. 부하에 따른 부품의 파괴확률에 대한 로지스틱 회귀식이 추정된 후 부하가 42인 경우와 부하가 80인 경우 부품의 파괴 여부를 각각 예측하라.

풀이 추정 회귀식이 다음과 같으므로

$$\widehat{logit}(P) = -3.31 + 0.0609X$$

X=42와 X=80에서의 $logit(P)$값은 각각 -0.7522와 1.562이다. 따라서 식(10.27)에 의하면 부하 42에서는 비파괴, 부하 80에서는 파괴로 분류된다.

이분형 분류기법의 성능 평가지표로 통상 오류율 또는 정확도, 그리고 민감도 및 특이도를 사용한다. 의학분야에서는 실제 범주가 질병이 있는 경우 (양성; 1 또는 +로 표기)와 질병이 없는 경우 (음성; 0 또는 −로 표기)의 두 가지로 분류된다고 하고, 분류규칙이 양성 또는 음성으로 판정할 때 [표 10.14]와 같이 4가지 경우가 발생한다. 이와 같은 표를 정오분류표 (confusion matrix)라 한다.

〈표 10-14〉 이분형 분류분석의 정오분류표

		실제 범주	
		1 (+)	0 (−)
예측 범주	1 (+)	a	b
	0 (−)	c	d

[표 10.14]에서 문자들을 다음과 같이 부르기도 한다.

a = true positive 관측수

b = false positive 관측수

c = false negative 관측수

d = true negative 관측수

여기서 "positive" 는 양성으로 예측되는 것이고 "negative"는 음성으로 예측됨을 나타낸다. 그리고, "true" 또는 "false"는 예측의 결과가 맞는지 틀리는지를 나타낸다. 이 때, 오류율은 다음과 같이 산출된다.

$$오류율 = \frac{b+c}{a+b+c+d} \tag{10.28}$$

정확도 (accuracy)는 오류율의 반대 개념으로 실제 범주를 제대로 예측한 전체 비율을 나타내며 아래와 같이 산출된다.

$$정확도 = \frac{a+d}{a+b+c+d} = 1 - 오류율 \tag{10.29}$$

한편, 민감도 (sensitivity)는 실제 질병이 있는 경우를 양성으로 판정하는 비율을 나타내는 것으로 다음과 같이 산출된다.

$$민감도 = \frac{a}{a+c} \tag{10.30}$$

그리고 특이도 (specificity)란 실제 질병이 없는 경우를 음성으로 판정하는 비율을 나타내는 것으로 다음과 같다.

$$특이도 = \frac{d}{b+d} \tag{10.31}$$

예 10-9

다음 데이터는 건강검진으로 지방간 여부를 판정받은 사람들에 대한 데이터이다. 'GENDER'는 성별로서 1은 남자, 0은 여자를 나타내며, 'BMI (body mass index)'는 체질량지수로서 체중(kg)을 신장(m)의 제곱으로 나눈 값이고, 'TG'는 중성지방 수치를 나타낸다. 그리고 'FAT'은 지방간 여부를 나타내는 종속변수로서 1은 지방간을 0은 정상임을 나타낸다.

〈표 10-15〉 지방간관련 건강검진 데이터

객체	GENDER	BMI	TG	FAT
1	1	22.2	169	1
2	0	26.6	46	0
3	0	22.6	58	0
4	1	19.9	70	0
5	0	33.2	179	0
6	0	22	68	0
7	1	28.6	66	1
8	1	24.5	78	1
9	1	22	40	0

10	0	24.1	72	0
11	1	20.6	141	0
12	1	24.9	56	0
13	1	23.9	132	1
14	1	20.7	55	0
15	0	23.9	59	0
16	0	19.8	140	0
17	1	32.2	151	1
18	1	25.6	188	1
19	1	23.5	108	0
20	1	34.3	79	1
21	1	21.6	43	0
22	1	27.6	45	0
23	1	21	16	0
24	1	21	130	0
25	0	24.6	45	0
26	1	29.1	184	1
27	0	21.4	140	0
28	0	25.6	90	0
29	1	24.5	74	0
30	0	21.5	57	0
31	0	24.5	79	0
32	1	25.4	89	0
33	1	22.5	93	0
34	1	24.7	37	0
35	1	26.5	216	1
36	0	27.6	159	1
37	0	23.5	60	0
38	0	22.2	102	0
39	1	27.5	231	1
40	0	27.3	79	0

(a) 로지스틱 회귀모형을 추정하고 각 계수추정치를 해석하라.
(b) 위의 학습표본에 대한 범주를 예측하고 오분류행렬을 작성하라.
(c) BMI=30, TG=50인 남성에 대하여 지방간 여부를 예측하라.

풀이

(a) 로지스틱 회귀모형의 추정 결과를 표로 정리하면 다음과 같다.

〈표 10-16〉 지방간 데이터에 대한 로지스틱 회귀 추정결과

변수	계수추정치	표준오차	Z-값	p-값	승산비
상수	−18.8971	7.7810	−2.43	0.015	
GENDER	4.5308	2.5363	1.79	0.074	1.90
BMI	0.4151	0.2108	1.97	0.049	1.51
TG	0.0363	0.0161	2.26	0.024	1.04

BMI와 TG는 유의수준 5%에서 통계적으로 유의하며, GENDER는 유의수준 10%에서 유의하고 (남녀간 차이가 있다), 남자가 여자에 비해 지방간에 대한 승산비가 약 1.9배라 할 수 있다.

(b) 회귀 추정식이 다음과 같으므로

$$\widehat{\text{logit}}(P) = -18.8971 + 4.5308\,GENDER + 0.4151\,BMI + 0.0363\,TG$$

지방간확률 P는 아래와 같이 추정된다.

$$\hat{P} = \frac{\exp(-18.8971 + 4.5308\,GENDER + 0.4151\,BMI + 0.0363\,TG)}{1+\exp(-18.8971 + 4.5308\,GENDER + 0.4151\,BMI + 0.0363\,TG)}$$

이 식을 [표 10.15] 데이터에 적용하면 각 객체(사람)에 대한 지방간확률 추정값을 얻고 0.5 이상일 때 지방간으로 범주를 예측하면 아래와 같은 결과를 얻는다.

〈표 10-17〉 지방간 데이터의 실제 범주와 예측 범주 비교

객체	FAT (실제범주)	추정확률	예측범주
1	1	0.7278	1
2	0	0.0021	0
3	0	0.0006	0
4	0	0.0275	0
5	0	0.7993	1
…	…	…	…
40	0	0.0090	0

위의 결과를 정오분류표로 정리하면 다음과 같다.

		실제 범주	
		1 (+)	0 (−)
예측 범주	1 (+)	8	1
	0 (−)	3	28

따라서 관련 평가척도는 아래와 같이 산출된다.

$$\text{정확도} = \frac{36}{40} = 0.9, \quad \text{민감도} = \frac{8}{11} = 0.727, \quad \text{특이도} = \frac{28}{29} = 0.966$$

(c) GENDER=1, BMI=30, TG=50에 대한 logit(P)값은 -0.0983 이므로 이 남자는 정상 (범주 0)으로 예측된다.

이상에서는 이분형 로지스틱 회귀모형에 의한 분류분석을 다루었으나, 분류분석을위한 방법론은 무수하게 많은데 크게 아래와 같이 대별된다.

1) 통계적 방법: 로지스틱 회귀분석, 판별분석 등 다변량 통계이론에 바탕을 둔 방법
2) 트리기반 기법: CART, C4.5 등 트리형태의 분지방법을 이용하는 기법
3) 비선형최적화 기법: 서포트벡터 머신 (support vector machine: SVM) 등
4) 기계학습기법: 신경망 (neural network), 딥러닝 (deep learning) 등의 블랙박스 형태의 기법

10.6 참고사항

10.2절에서 설명한 변수의 변환에 관한 보다 자세한 사항은 참고문헌 [1] 4장 7절, 참고문헌 [2]의 5장 4절을 참조하기 바란다. 또한 간단히 언급한 Box-Cox변환에 대한 사항을 위해서는 참고문헌 [3]을 참조할 수 있다. 참고문헌 [4]에는 로지스틱모형의 계수추정에서 최우추정법 대신 가중최소자승법을 사용하는 방안이 기술되어있다. 참고문헌 [5]에는 세 가지 범주 이상을 다루는 로지스틱모형을 포함한 다양한 분석방법을 서술하고 있다. 참고문헌 [6]에는 여러 가지 분류분석기법 뿐 아니라 군집분석기류 등 다양한 데이터마이닝 기법을 소개하고 있다.

[1] J. Neter, W. Wasserman and M.H. Kutner, *Applied Linear Statistical Models*, 3rd ed., Richard D. Irwin, 1990
[2] 강명욱, 김영일, 안철환, 이용구, 회귀분석, 율곡출판사, 1996
[3] G.E.P. Box and D.R. Cox, "An Analysis of Transformations", *Journal of Royal Statistical Society* B 26(1964), pp.211-43
[4] D.C. Montgomery and E.A. Peck, *Introduction to Linear Regression Analysis*, 2nd edition, Wiley, 1992.
[5] A. Agresti, *Introduction to Categorical Data Analysis*, Wiley, 1996.
[6] 전치혁, 데이터마이닝 기법과 응용, 한나래출판사, 2020.

연습문제

10.1 흡연자와 비흡연자의 수명을 조사하였더니 다음과 같았다.

대상	1	2	3	4	5
흡연여부	흡연	비흡연	비흡연	흡연	비흡연
수명	70	75	65	72	76

(a) 흡연여부에 따른 수명에서의 유의차를 살펴볼 수 있는 회귀모델을 기술하라.
(b) 흡연여부에 따라 수명에 차이가 있는가? (5% 유의수준 사용)

10.2 냉장고 매출에 계절성이 영향을 주는지 알아보기 위해 다음과 같은 데이터를 수집하였다.

매출액	내구재지출액	판매시기
1317	252.6	봄
1615	272.4	여름
1662	270.9	가을
1295	273.9	겨울
1271	268.9	봄
1555	262.9	여름
1639	270.9	가을
1238	263.4	겨울
1277	260.6	봄
1258	231.9	여름
1417	242.7	가을
1185	248.6	겨울
1196	258.7	봄
1410	248.4	여름
1417	255.5	가을
919	240.4	겨울
943	247.7	봄
1175	249.1	여름
1269	251.8	가을
973	262	겨울
1102	263.3	봄
1344	280	여름
1641	288.5	가을
1225	300.5	겨울
1429	312.6	봄
1699	322.5	여름
1749	324.3	가을
1117	333.1	겨울
1242	344.8	봄
1684	350.3	여름
1764	369.1	가을
1328	356.4	겨울

(a) 냉장고 매출액이 내구재지출액 뿐만 아니라 계절성에도 영향을 받는지 조사하고자 할 때 회귀모형을 설정하라.

(b) 설정된 회귀모형을 추정하고, 5%수준에서 유의한 변수는 *표, 1%수준에서 유의한 변수는 **표 하라.

(c) 추정된 회귀계수의 의미에 대해서 서술하라.

10.3 스테인레스 냉간압연기가 2대 있는데(#1, #2), 동일한 압연조건하에서 압연기에 따라 두께적중률에 차이가 있는지를 알아보기 위하여 다음과 같은 자료를 얻었다.

대상	1	2	3	4	5
작업압연기	#1	#1	#1	#2	#2
두께적중률(%)	98.1	95.3	99.0	97.4	96.5

(a) 압연기에 따라 두께적중률에 있어 유의차를 살펴볼 수 있는 회귀모델을 기술하라. 또한 어떻게 유의차를 검정할 수 있는지 설명하라.

(b) 추정된 회귀식을 기술하라.

10.4 독립변수 X와 종속변수 Y에 대하여 회귀분석을 하고자 하는데 데이터를 분석한 결과 $X = 100$을 기준으로 두 개의 다른 직선식을 사용하기로 하였다. 즉,

$$Y = \beta_0 + \beta_1 X \qquad X < 100 \text{일 때}$$
$$Y = \beta_3 + (\beta_1 + \beta_2) X \qquad X \geq 100 \text{일 때}$$

(a) 하나의 회귀식으로 분석할 수 있는 모델을 수립하라. 단, $X = 100$에서 두 직선이 만나도록 β_3을 조정하라.

(b) 두 직선이 동일함을 검정하려면 어떻게 하여야 하는가?

(c) $X = 100$을 기준으로 두 직선을 사용하되 그 기울기는 동일하도록 하고자 할 때 하나의 회귀모델을 수립하라.

10.5 장미의 수요 분석을 위해 여러 변수들의 분기별 자료를 가져와 다음과 같은 모형을 고려하고자 한다.

Y : 장미판매량; X_1 : 장미가격; X_2 : 카네이션가격; X_3 : 평균가처분소득

Y	X_1	X_2	X_3
11484	2.26	3.49	158.11
9348	2.54	2.85	173.36
8429	3.07	4.06	165.26
10079	2.91	3.64	172.92
9240	2.73	3.21	178.46
8862	2.77	3.66	198.62
6216	3.57	3.76	186.28
8253	3.23	3.49	188.98
8038	2.6	3.13	180.49
7476	2.89	3.2	183.33
5911	3.77	3.65	181.87
7950	3.64	3.6	185
6134	2.82	2.94	184
5868	2.96	3.12	188.2
3160	4.24	3.58	175.67
5872	3.69	3.53	188

(a) 다음의 다중회귀모형을 추정하라.

$$Y_i = \alpha_0 + \alpha_1 X_{1i} + \alpha_2 X_{2i} + \alpha_3 X_{3i} + \epsilon_i$$

각 회귀계수의 추정치, 표준오차, t-값을 나타내는 표를 작성하고 5%와 1%에서 유의할 때 각각 t-값에 *표와 **표를 하라. 또한, 각 결과의 의미를 설명하라.

(b) 로그-로그모형의 모수를 추정하라.

$$\ln Y_i = \beta_0 + \beta_1 \ln X_{1i} + \beta_2 \ln X_{2i} + \beta_3 \ln X_{3i} + \epsilon_i$$

(c) β_1, β_2, β_3은 각각 수요의 가격탄력성, 교차가격탄력성, 그리고 소득탄력성을 나타낸다. 이들을 해석하고 부호가 적합한지 논하라.

10.6 어떤 수영장의 염소량(Y)과 시간(t)과는 다음과 같은 관계가 있다고 알려져 있다.

$$Y = ae^{-bt} \ (a,\ b\ :\ \text{모르는 상수})$$

시간에 따른 염소량을 측정한 결과 다음과 같은 자료를 수집하였다.

시간(hr)	2	4	6	8	10	12
염소량(ppm)	1.8	1.5	1.45	1.42	1.38	1.36

(a) a, b를 추정할 수 있는 회귀모형을 기술하라.

(b) a, b의 추정치를 구하라.

(c) b에 대한 95% 신뢰구간을 구하라.

(d) 5% 유의수준에서 H_0 : $b=0$을 검정하라.

(e) $t=15$에서 염소량의 예측치를 구하라.

10.7 연도별 가구당 자동차 보급률을 다음과 같은 logistic growth curve로 예측하고자 한다.

$$y=\frac{\theta_1}{1+\theta_2 e^{-\theta_3 t}}$$

여기서 t는 연도를 나타내며, y는 해당연도의 가구당 보급률(가구당 자동차 대수)을 나타낸다. $t\to\infty$일 때 보급률은 0.8로 알려져 있다고 하면, 위와 같은 curve의 파라미터를 회귀모형으로 추정할 수 있겠는가? 그렇다면, 그 회귀모형을 기술하라.

10.8 Milling Machine의 공구의 수명을 예측하기 위해 다음과 같은 모델을 수립하였다.

$$Y=\beta_0+\beta_1 X_1+\beta_2 X_2+\beta_3 X_1 X_2+\varepsilon$$

여기서 각 변수는 다음과 같다.

Y : 공구의 수명(Hr)
X_1 : 주축회전수(rpm)
X_2 : 공작물 재질(aluminum이면 1, steel이면 0)

20개의 관측치에 의한 분석결과는 다음과 같았다.

회귀계수	추정치	표준오차
β_0	28.516	
β_1	−0.032	0.0086
β_2	19.841	5.4807
β_3	−0.015	0.0111

source of variation	sum of squares
Regression	1,257.23
Error	128.92
Total	1,386.15

(a) Root MSE를 구하라.

(b) 회귀성 검정을 실시하라(유의수준 5% 사용).

(c) 공작물재질에 따라 주축회전수의 영향이 같은지 여부를 검정하라(유의수준 5%).

(d) 공작물재질이 steel이고, 주축회전수가 600rpm일 때 공구수명의 95% 예측구간을 구하라(소수 세자리까지). 단, $(X^TX)^{-1}$행렬은 symmetric이며 다음과 같다.

$$\begin{pmatrix} 3.921 & & & \\ 2.12\times10^{-7} & 9.18\times10^{-6} & & \\ 0.015 & 1.29\times10^{-7} & 3.728 & \\ 4.28\times10^{-6} & 3.24\times10^{-7} & 5.29\times10^{-8} & 1.53\times10^{-5} \end{pmatrix}$$

10.9 다음은 우리나라의 연도별 칼라TV의 보급률(TV대수를 가구수로 나눈 값; %)을 나타낸 것이다. 로지스틱 회귀모형을 사용하여 연도에 따른 보급률의 관계식을 추정하라.

연도	1980	1981	1982	1983	1984	1985	1986	1987	1988
보급률	1.74	14.70	27.31	36.30	45.71	49.86	50.00	52.97	57.25

10.10 기숙사에 거주하는 남자 대학생 12명을 대상으로 아침식사여부, 수면시간, 서클활동시간에 대한 설문조사를 하여 아래 표와 같은 결과를 얻었다. 그리고 이 학생들의 평점을 기준으로 '우수'와 '보통' 학생으로 구분하였다.

학생	아침식사여부	수면시간	서클활동시간	범주
1	0	8	2	우수
2	1	7	1	우수
3	0	9	0	우수
4	1	6	4	우수
5	1	8	2	우수
6	0	7	3	보통
7	0	7	0	보통
8	1	6	1	보통
9	0	7	2	보통
10	0	8	1	보통
11	0	5	2	보통
12	1	8	0	보통
13	0	6	3	보통
14	1	7	2	보통
15	0	6	1	보통

위의 표에서 아침식사여부는 지시변수로서 아침식사를 하는 경우 1, 그렇지 않은 경우 0으로 한다. P를 우수학생일 확률로 정의할 때 P에 대한 로짓모형을 추정하라.

10.11 미국 대학원 지원자들의 수리 및 언어능력에 대한 GRE 시험점수와 허가여부가 다음과 같다.

수리	언어	허가여부
760	550	1
600	350	0
720	320	0
710	630	1
530	430	0
650	570	0
800	500	1
650	680	1
520	660	0
800	250	0
670	480	0
670	520	1
780	710	1

(a) 선형 확률 모형을 통해 계수를 추정하라.

(b) 로지스틱 회귀모형을 통해 계수를 추정하라.

(c) 어느 모형을 사용하는 것이 더 합리적이겠는가?

10.12 다음과 같은 단순회귀모형이 있다.

$$Y_i = \beta_0 + \beta_1 X_i + \varepsilon_i \ , \ \varepsilon_i \sim N(0, \sigma_i^2) \qquad \sigma_i^2 \ : \text{known}$$

(a) 가중최소자승법으로 기울기 β_1를 추정할 때 이 추정량의 기대치와 분산을 구하라.

(b) 다음의 가설을 검정하는 절차를 설명하라.

$$\mathrm{H}_0 \ : \ \beta_1 = 0 \qquad \mathrm{H}_1 \ : \ \beta_1 \neq 0$$

10.13 다음과 같은 회귀모형이 있다.

$$Y_i = \beta_0 + \beta_1 X_i + \varepsilon_i \quad (i = 1, \cdots, n) \qquad \text{단, } \varepsilon_i \sim N(0, cX_i) \quad c > 0$$

(a) 가중최소자승법에 의한 회귀계수 추정치를 구하라.

(b) (a)에서 구한 $\widehat{\beta_1}$이 불편추정량임을 보여라.

10.14 다음과 같은 원점을 통과하는 회귀모형이 있다.

$$Y_i = \beta X_i + \varepsilon_i \quad \varepsilon_i \sim N(0, \sigma_i^2) \quad i = 1, \cdots, n \quad \sigma_i : \text{known}$$

(a) 가중최소자승법에 의한 β의 추정량을 유도하라.

(b) (a)에서 구한 β의 추정량의 분포를 구하라.

10.15 하나의 설명변수 X와 종속변수 Y에 대한 다음과 같은 모델을 고려한다.

$$Y_i = \beta_0 + \beta_1 (X_t + wX_{t-1} + w^2 X_{t-2} + \ldots) + \varepsilon_i$$

여기서 $0 < w < 1$이며 데이터는 무한히 있다고 가정한다. 또한, 오차항은 서로 독립이며 동일한 분포를 따른다.

(a) 설명변수 X의 값이 한 단위 증가할 때 평균반응치의 변화량은 어떻게 되겠는가?

(b) 위의 모델이 다음 모델과 동일함을 보여라.

$$Y_i = \beta_0 (1 - w) + w Y_{t-1} + \beta_1 X_t + u_t \quad u_t = \varepsilon_t - w\varepsilon_{t-1}$$

(c) (b)에 기술된 모델의 오차항에 자기상관이 있는가? 다음을 구하라(필요한 기호는 정의하라).

$$Cov[u_t, u_{t-1}] = ? \qquad Cov[u_t, u_{t-2}] = ?$$

10.16 문제 10.11의 데이터에 대하여 다음을 구하라.

(a) 로지스틱 회귀모형 추정식을 다시 데이터에 대입하여 허가여부를 예측하라.

(b) (a)의 결과를 정오분류표로 정리하고 정확도, 민감도 및 특이도를 산출하라.

(c) 수리점수 = 750, 언어점수 = 400인 지원자의 허가여부를 예측하라.

10.17 다음 데이터는 30개 기업의 3가지 재무지표와 범주(Y)를 나타낸 것이다. 범주 중 1은 2년후 파산한 기업을 말하며 0은 생존기업을 의미한다. $X1$은 잉여이익금율 (=잉여이익

금/총자산, %), $X2$는 세전이익율 (=세전이익/총자산, %), $X3$는 매출액 비율 (=매출액/총자산, %)을 나타낸다.

	X1	X2	X3	Y		X2	X2	X3	Y
1	−48.2	6.8	1.6	1	16	21.5	−14.4	1.0	0
2	−49.2	−17.2	0.3	1	17	8.5	5.8	1.5	0
3	−19.2	−36.7	0.8	1	18	40.6	5.8	1.8	0
4	−18.1	−6.5	0.9	1	19	34.6	26.4	1.8	0
5	−98.0	−20.8	1.7	1	20	19.9	26.7	2.3	0
6	−129.0	−14.2	1.3	1	21	17.4	12.6	1.3	0
7	−4.0	−15.8	2.1	1	22	54.7	14.6	1.7	0
8	−8.7	−36.3	2.8	1	23	53.5	20.6	1.1	0
9	−59.2	−12.8	2.1	1	24	35.9	26.4	2.0	0
10	−13.1	−17.6	0.9	1	25	39.4	30.5	1.9	0
11	−38.0	1.6	1.2	1	26	53.1	7.1	1.9	0
12	−57.9	0.7	0.8	1	27	39.8	13.8	1.2	0
13	−8.8	−9.1	0.9	1	28	59.5	7.0	2.0	0
14	−64.7	−4.0	0.1	1	29	16.3	20.4	1.0	0
15	−11.4	4.8	0.9	1	30	21.7	−7.8	1.6	0

(a) 로지스틱 회귀모형을 추정하고 결과를 해석하라.

(b) 추정모형을 데이터에 다시 대입하여 파산확률을 추정하고 이를 바탕으로 범주를 추정하라. 또한 정오분류포를 작성하고, 정확도, 민감도 및 특이도를 산출하라.

11

실험계획법

실험계획법(design of experiments)이란 실험에 대한 설계 및 분석방법을 의미하는 것으로, 품질 및 공정최적화를 위해서 어떻게 실험을 행하고, 데이터를 어떻게 취하며, 어떠한 통계적 방법으로 데이터를 분석할 것인가를 계획하는 것이다. 본 장에서는 일원배치법, 이원배치법 그리고 요인배치법을 소개하며 인자의 유의성 검정을 주로 다룬다.

11.1 실험계획의 기본개념

11.1.1 인자 및 수준

제품 등의 품질이나 공정에 영향을 주는 주요요인으로 판단되어 실험에서 관심의 대상이 되는 변수를 인자(factor)라 하며, 해당인자에 대하여 몇가지로 나뉘는 실험조건 즉, 인자를 양적 또는 질적으로 변화시킬 경우의 단계를 그 인자의 수준(level)이라 한다. 예를 들어, 세 가지 코팅방식(코팅안함, 산화코팅, 크롬산염코팅)에 따라 알루미늄 부식정도에 차이가 있는지 실험을 수행한다고 할 때 코팅방식은 인자라 하며, 코팅안함, 산화코팅, 크롬산염코팅은 인자의 세 가지 수준이라 한다. 다른 예로서 〈표 11-1〉과 같은 것을 들 수 있다.

〈표 11-1〉 분석대상에 따른 인자와 수준

분석대상	인자	수준
컨베어속도에 따른 제품결함	컨베어속도(m/분)	1.2, 1.3, 1.4, 1.5
권취온도에 따른 열연코일의 인장강도	권취온도(℃)	550, 570, 600
타이어의 마모도조사	타이어폭	광폭, 협폭

또한, 인자들의 각 수준들의 조합을 수준조합 또는 처리조건(treatment)이라 부른다. 예를 들어, 알루미늄에 대한 실험인자를 코팅방식과 습도의 2개로 하고 코팅방식의 수준을 세 가지, 습도의 수준을 저습도(55% 미만), 고습도(55% 이상)의 두 가지로 할 때, 총 6가지의 처리조건이 있으며 수준조합의 하나인 (산화코팅, 저습도)를 하나의 처리조건이라고 한다. 인자가 하나일 때는 각 수준이 처리조건이 될 것이다.

11.1.2 교호작용

어떤 품질요인으로 다수의 인자가 관여될 수 있으며 또한 두 개 이상의 인자를 취급할 때는 두 인자 간의 교호작용(interaction)이 있을 수 있다. 한 인자의 수준에 따른 종속변수의 변화가 다른 인자의 수준에 따라 다르게 나타날 때, 두 인자 간의 교호작용이 있다고 한다.

예를 들어 알루미늄 부식에 코팅방식(A인자)와 습도(B인자)의 두 인자가 영향을 준다고 하자. 코팅방식의 세 수준(각각 A_1, A_2, A_3라 하자)과 습도의 두 수준(각각 B_1, B_2라 하자)에서 실험을 하고 알루미늄 부식도를 측정을 하여 [그림 11-1](a)와 같은 결과를 얻었다고 하자. 이는 코팅방식과 습도수준이 각각 부식도에 영향을 주지만 두 인자의 결합에 의한 더 이상의 영향은 없는 것을 보여주고 있다. 다시 말하면 (A_3, B_2)에서의 부식도를 (A_1, B_1) 조합에서 부식도와 비교할 때 인자 A의 수준의 변화에 의한 증가량에 인자 B수준의 변화에 따른 증가량을 합한 형태로 나타난다.

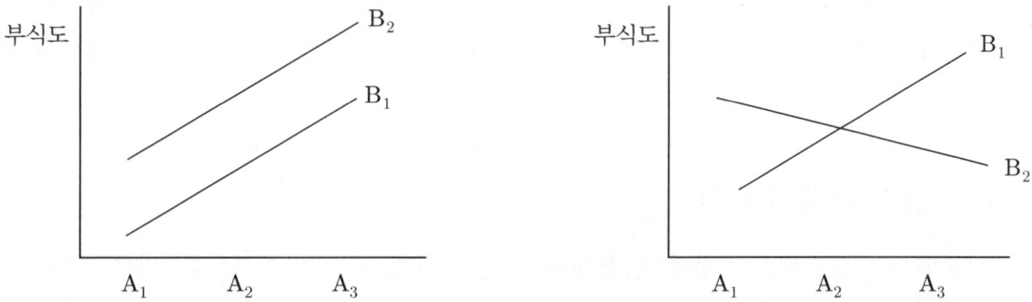

(a) 교호작용이 없는 경우 (b) 교호작용이 있는 경우

[그림 11-1] 두인자의 교호작용

이와 같은 경우 인자 A와 인자 B간에는 교호작용이 없다고 한다. 그러나 인자 A와 B의 변화에 따라 부식도가 [그림 11-1](b)의 경우와 같이 나타나는 경우에는 인자 간의 교호작용이 존재한다고 말한다.

11.1.3 실험계획법의 종류

주요 실험계획법으로 다음과 같은 방법들이 있으며, 본장에서는 일원배치법, 이원배치법, 요인배치법에 대하여 주로 다루고자 한다.

(1) 일원배치법(single factor design)

한 인자의 영향을 조사하기 위한 실험계획법이다. 일원배치법은 각 실험처리에 대해 실험단위를 완전히 랜덤하게 배치하여 실험하는 방법이므로 완전무작위계획법(completely randomized design)이라고도 한다.

(2) 이원배치법(two-factor design)

두 개의 인자에 대해 그 영향을 조사할 때 쓰이는 방법이다. 각 인자의 수준수는 다를 수 있으며 모든 수준조합에 대하여 실험을 행한다. 이때 각 수준조합에 대하여 반복적으로 실험을 행할 수 있다. 이원배치법을 확장하여 두 개 이상의 인자를 포함한 실험을 다원배치법이라고 한다.

(3) 요인배치법(factorial design)

각 인자의 수준수를 동일하게 설계하여 실험을 행하는 것으로 인자수가 n개 있고 각 인자의 수준이 2라면 2^n형 요인배치법, 3수준의 경우는 3^n형 요인배치법이라고 한다.

(4) 일부실시법(fractional factorial design)

각 인자의 수준조합 중에서 일부만 선택하여 실험횟수를 가능한 적게 하는 방법이다. 대신 불필요한 교호작용을 분석하지 않는다. 12장에서 다룰 직교배열표에 의한 실험이 이에 속한다고 할 수 있다.

11.1.4 실험계획법의 순서

실험연구는 실험목적의 정의, 실험계획, 실험의 진행, 자료의 분석, 결과의 해석의 과정을 거친다. 좀 더 세부적으로 각 단계에 이루어져야 할 사항들을 언급해보면 다음과 같다.

1단계 : 실험목적을 설정하고 구체적인 문제를 정의하며 연구가설을 세운다.

2단계 : 실험목적에 따른 반응치를 설정한다. 이때 측정가능성 및 반응치에 대한 타인자의 영향은 없는지 고려한다.

3단계 : 인자와 인자의 수준을 결정한다. 인자의 수준을 나눌때는 실험에 드는 시간 및 비용도 고려하여야 한다.

4단계 : 실험의 배치방법과 실험순서를 정한다. 실험장비의 배치는 실험이 용이하고 외부환경의 영향을 통제할 수 있도록 해야한다. 실험순서에 민감한 실험인 경우에는 무작위로 실험순서를 정하여야 한다.

5단계 : 실험을 실시한다. 예비실험을 통해 실험방법을 보완할 수도 있다.

6단계 : 데이터를 분석하고 결과를 해석한다. 인자의 유의성을 판정하기 위해서는 주로 분산분석법을 사용하며, 필요시 수준조합별 평균의 점추정 또는 신뢰구간을 산출한다. 결측치(missing value)는 분석 전에 적절한 조치를 취해 주어야한다. 품질 또는 공정 최적화를 목적으로 행한 실험의 경우 영향인자를 추출하고 최적 수준조합을 도출한다.

11.2 일원배치법

인자가 하나인 실험에 대한 설계를 일원배치법이라고 한다. 인자의 수준수가 a이고 각 수준에서의 실험반복수가 r일 때 총 ar번의 실험이 요구되며, 완전무작위계획법에 의하여 실험이 실시되는 것을 전제로 한다. 난수표 등을 사용하여 무작위로 실험순서를 정하여야 하는데 1번부터 ar번까지의 순서를 무작위로 나열한 랜덤순열(random permutation)을 구할 필요가 있다.

인자 A의 수준이 a개이고, 각 수준에서의 반복수가 r이라고 하고 일원배치법에 의한 i번째 수준에서 j번째 반복으로부터 얻어진 실험결과치를 Y_{ij}라 하면, 이를 설명하는 모형은 다음과 같다.

$$Y_{ij} = \mu_i + \varepsilon_{ij}, \quad i = 1,\ 2,\ \ldots, a;\ j = 1,\ 2,\ \ldots, r \tag{11.1}$$
$$\mu_i = \mu + \alpha_i$$

여기서 μ_i는 인자 A의 i번째 수준에서의 평균을 의미하는데, 이는 다시 전체평균 μ와 인자 A의 i번째 수준이 주는 효과 α_i의 합으로 표시된다고 가정한 것이다. 수준에 따라 평균이 다르다는 것은 α_i가 수준 i에 따라 서로 다름을 의미한다. 어떤 수준 i에서 평균이 전체평균(μ)보다 크다면 $\alpha_i > 0$을 나타내며 이때 어떤 수준 j에서는 그 평균이 전체평균보다 작으며 $\alpha_j < 0$이 될 것이다. 따라서 $\sum \alpha_i = 0$이 된다. 한편, ε_{ij}는 오차항으로 서로 독립이며 수준과 관계없이 평균 0, 분산 σ^2인 정규분포를 따른다고 가정한다.

〈표 11-2〉는 일원배치법에 의한 실험 관측치와 수준별 합계, 표본평균 등을 나타낸 것이다. 여기서 총관측수는 ar이고, i번째 수준의 (표본)평균 $\overline{Y_{i.}}$과 전체 관측값의 총평균 $\overline{Y}_{..}$은 다음과 같다.

$$\overline{Y_{i.}} = \frac{1}{r}\sum_{j=1}^{r} Y_{ij} = \frac{T_i}{r}, \quad i = 1,\ 2,\ \ldots,\ a$$

$$\overline{Y}_{..} = \frac{1}{ar}\sum_{i=1}^{a}\sum_{j=1}^{r} Y_{ij} = \frac{T}{ar}$$

〈표 11-2〉 일원배치법의 데이터구조

	인자의 수준				
	A_1	A_2	$\cdots$	A_a	
실험의 반복	Y_{11} Y_{12} $\vdots$ Y_{1r}	Y_{21} Y_{22} $\vdots$ Y_{2r}	$\cdots$ $\cdots$ $\cdots$	Y_{a1} Y_{a2} $\vdots$ Y_{ar}	
합	T_1	T_2	$\cdots$	T_a	T
평균	$\overline{Y}_1$	$\overline{Y}_2$	$\cdots$	$\overline{Y}_a$	$\overline{Y}_{..}$

우리의 관심사는 인자 A의 수준을 변화시킬 때 평균반응치가 변하는지 여부에 있다. 인자 수준이 변할 때 반응치가 심하게 변할수록 그 인자가 큰 영향을 준다고 말할 수 있으며, 인자수준이 변하여도 반응치가 별로 변하지 않으면 그 인자는 영향요인이 아니라고 말할 수 있다. 그리고 수준별 평균(μ_i)이 서로 동일한가 여부는 수준별 효과인 α_i들이 서로 동일한가 여부를 다루는 것과 같다. 따라서 우리는 다음과 같은 가설을 검정하고자 한다.

$$\mathrm{H}_0 : \alpha_1 = \alpha_2 = \cdots = \alpha_a = 0 \tag{11.2}$$

$$\mathrm{H}_1 : \alpha_i \text{들이 모두 0은 아니다.}$$

귀무가설 H_0이 기각될 때 우리는 인자 A의 수준별 평균이 서로 동일하지 않다고 말하며 인자 A가 유의하다고 한다.

예 11-1

세제의 판매량에 포장이 미치는 영향을 평가하고자 한다. 포장은 3가지가 있으며, 규모와 주변환경이 비슷한 12개의 상점을 골라 무작위로 한 종류의 포장을 4군데에서 판매하게 하였다. 일주일간 판매량은 아래와 같다.

〈표 11-3〉 포장에 따른 세제의 판매량

	인자의 수준			
	포장1	포장2	포장3	
판매량	371	353	325	
	375	341	342	
	370	357	334	
	374	359	322	
합	1,490	1,410	1,323	4,223
평균	372.5	352.5	330.7	351.9

위에서 세 가지 포장을 각각 1, 2, 3으로 나타낼 때, 각 수준에서의 판매량 평균에 대한 추정치는 다음과 같다.

$$\widehat{\mu_1} = 372.5,\ \widehat{\mu_2} = 352.5,\ \widehat{\mu_3} = 330.7$$

전체평균은 다음과 같이 추정되므로

$$\hat{\mu} = 351.9$$

각 수준에 대한 효과인 α_i들은 아래와 같이 추정될 것이다.

$$\widehat{\alpha_1} = \widehat{\mu_1} - \hat{\mu} = 372.5 - 351.9 = 20.6,\ \widehat{\alpha_2} = 0.6,\ \widehat{\alpha_3} = -21.2$$

식(11.2)의 가설 검정은 위의 값들이 과연 통계적으로 0과 같은 값이라 할 수 있는가 여부를 판단하는 것이다.

식(11.2)의 가설을 검정하기 위하여 다중회귀분석에서 F검정하는 방법과 유사한 방법을 사용한다. 즉 오차항의 분산 σ^2의 두 가지 추정량을 이용하는데 H_0의 진위와 관계없이 사용할 수 있는 σ^2의 추정량을 유도하고 H_0가 옳을 때만 사용할 수 있는 σ^2의 추정량을 유도하여 그 비를 검정통계량으로 이용한다. 이를 위해서 우선 회귀분석에서와 마찬가지로 전체제곱합을 분해하여야 한다.

전체제곱합(SST)은 다음과 같이 오차제곱합(잔차제곱합)과 인자 A에 의한 제곱합으로 나눌 수 있다(이를 확인하라).

$$\sum_i \sum_j (Y_{ij} - \overline{Y}_{..})^2 = r \sum_i (\overline{Y}_{i.} - \overline{Y}_{..})^2 + \sum_i \sum_j (Y_{ij} - \overline{Y}_{i.})^2 \qquad (11.3)$$

총제곱합(SST) = 인자 A의 제곱합(SSA) + 오차제곱합(SSE)

SSA는 인자 A의 각 수준에서의 평균과 전체평균과의 차의 제곱합이므로 자유도가 $(a-1)$이고, SSE는 서로 독립인 a개의 수준에서 각 관측값과 수준평균과의 차의 제곱합으로 한 수준내의 자유도가 각각 $r-1$이 되어 SSE의 자유도는 $a(r-1)$이다. 따라서 평균제곱은 다음과 같이 각각의 제곱합을 자유도로 나눈 값이다.

인자 A 평균제곱 $MSA = SSA/(a-1)$

오차평균제곱 $MSE = SSE/a(r-1)$

여기서 MSE는 가설과 관계없이 항상 σ^2의 불편추정량이 되며 MSA는 가설 H_0가 옳을 때 σ^2의 불편추정량으로 사용할 수 있다. 식(11.3)을 볼 때 SSA를 구하기 위해 $\overline{Y}_{i.}$와 $\overline{Y}_{..}$의 차를 고려하는데 H_0가 옳지않다는 것은 수준별 평균과 전체평균이 다르다는 것이므로,

이 경우 $(\overline{Y}_{i.} - \overline{Y}_{..})$는 오차에 의한 것만이 아니기 때문에 이 차를 바탕으로 오차 분산을 추정할 수는 없을 것이다.

따라서 식(11.2)의 가설에 대한 검정통계량은 다음과 같다.

$$F = \frac{MSA}{MSE} \tag{11.4}$$

식(11.4)에 의하여 구한 F-값이 1보다 매우 크다는 것은 MSA가 MSE와는 상당히 다른 값을 갖는 것을 의미하므로 MSA를 σ^2의 불편추정량으로 사용할 수 없고 따라서 가설 H_0를 기각하게 된다. 검정통계량 F는 가설 H_0가 옳을 때 자유도가 $(a-1,\ a(r-1))$인 F분포를 따르는 사실을 이용하여 다음과 같을 때 유의수준에서 가설 H_0를 기각하며 인자 A가 유의한 영향을 준다고 판단한다.

$$F > F_{(\alpha;a-1,a(r-1))}$$

여기서도 F-값이 1보다 큰 경우만을 관심에 두기 때문에 단측검정에 해당함을 유의하라. 또한 회귀분석에서와 같이 F-값에 대응한 p-값이 산출되면 보다 용이하게 다양한 유의수준에서 검정을 실시할 수 있다.

이와 같은 과정을 정리하면 〈표 11-4〉와 같은 분산분석표로 요약될 수 있다.

〈표 11-4〉 일원배치법의 분산분석표

변동요인	자유도	제곱합	평균제곱	F-값
인자 A	$a-1$	SSA	MSA	$F=MSA/MSE$
오차	$a(r-1)$	SSE	MSE	
전체	$ar-1$	SST		

예 11-1 계속

[예 11-1]에서 인자인 포장종류의 변화에 따라 판매량에 차이가 있는지를 검정하여 보자.

풀이 여기서 검정하고자하는 가설은 다음과 같다.

$$H_0 : \alpha_1 = \alpha_2 = \alpha_3 = 0$$
$$H_1 : \alpha_i\text{들이 모두 0은 아니다.}$$

〈표 11-3〉의 데이터로부터 요인별 제곱합을 계산하면 다음과 같다.

$$SST = \sum_i \sum_j (Y_{ij} - \overline{Y}_{..})^2 = (371-351.9)^2 + \ldots + (334-351.9)^2 + (322-351.9)^2 = 3946.9$$

$$SSA = r\sum_i (\overline{Y_{i.}} - \overline{Y_{..}})^2 = 4\{(372.5-351.9)^2 + (352.5-351.9)^2 + (330.8-351.9)^2\} = 3488.2$$

$$SSE = \sum_i \sum_j (Y_{ij} - \overline{Y_{i.}})^2 = (371-372.5)^2 + \ldots + (353-352.5)^2 + \ldots + (322-330.8)^2 = 458.7$$

(또는 $SSE = SST - SSA = 3946.9 - 3488.2 = 458.7$)

위의 제곱합으로부터 분산분석표를 작성해보면 〈표 11-5〉와 같고, 검정통계량 F-값은 1744.1/ 51=34.2이며, 이 값은 유의수준 5%의 기각임계치 $F_{(0.05;2,9)} = 4.26$보다 크므로 귀무가설을 기각한다. 따라서 유의수준 $\alpha = 0.05$에서 포장종류의 변화에 따른 판매량은 차이가 있다고 할 수 있다.

〈표 11-5〉 (예 11-1)의 분산분석표

변동요인	자유도	제곱합	평균제곱	F-값
포장종류	2	3488.2	1744.1	34.2
오차	9	458.7	51	
전체	11	3946.9		

11.3 이원배치법

이원배치법은 두 개의 인자를 취하여 실험을 하는 방법이다. 두 개의 인자 A와 B의 수준들의 조합에 대한 실험을 하여 각 인자의 영향을 조사하는 것이다. 예를 들어 제강공정 중 취련 후 강의 품질에 영향을 주는 인자로서 냉각재 종류와 용선온도가 있다고 할 때, 냉각재 종류에 따른 품질의 차이가 있는지, 그리고 용선온도에 따른 품질의 차이가 있는지를 알고자 하면 이원배치법을 사용할 수 있다.

11.3.1 반복이 없는 이원배치법

인자 A의 수준이 a개이고 인자 B의 수준이 b개일 때 모든 실험처리조합에 대해서 한번씩의 실험을 행하는 경우를 고려하여 보자. 반복이 없는 이원배치법의 데이터의 구조식은 다음과 같이 나타낼 수 있다.

$$Y_{ij} = \mu_{ij} + \varepsilon_{ij},\ i = 1, 2, \ldots, a;\ j = 1, 2, \ldots, b \tag{11.5}$$

$$\mu_{ij} = \mu + \alpha_i + \beta_j$$

μ_{ij} = 인자 A의 i수준과 인자 B의 j수준 조합에서의 평균반응치
μ = 전체 평균
α_i = 인자 A의 i수준에 의한 효과
β_j = 인자 B의 j수준에 의한 효과

또한 실험결과를 〈표 11-6〉과 같이 정리할 수 있다.

〈표 11-6〉 반복이 없는 이원배치법의 데이터구조

인자 B \ 인자 A	A_1	A_2	…	A_a	합	평균
B_1	Y_{11}	Y_{21}	…	Y_{a1}	$T_{.1}$	$\overline{Y}_{.1}$
B_2	Y_{12}	Y_{22}	…	Y_{a2}	$T_{.2}$	$\overline{Y}_{.2}$
⋮	⋮	⋮		⋮	⋮	⋮
B_b	Y_{1b}	Y_{2b}	…	Y_{ab}	$T_{.b}$	$\overline{Y}_{.b}$
합	$T_{1.}$	$T_{2.}$	…	$T_{a.}$	T	
평균	$\overline{Y}_{1.}$	$\overline{Y}_{2.}$	…	$\overline{Y}_{a.}$		$\overline{Y}_{..}$

여기서 우리의 관심사는 인자 A의 수준변화에 따라 반응치에 차이가 있는지, 그리고 인자 B의 수준변화에 따라 반응치에 차이가 있는지 여부이다. 이는 다시 말하면 다음과 같은 귀무가설로 표현할 수 있다.

$$H_{0A} : \alpha_1 = \alpha_2 = \cdots = \alpha_a = 0 \qquad (11.6a)$$

$$H_{0B} : \beta_1 = \beta_2 = \cdots = \beta_b = 0 \qquad (11.6b)$$

이 가설을 검정하기 위하여 분산분석표를 작성하여야 하는데 우선 전체제곱합은 다음과 같이 분해된다.

$$\begin{aligned} SST &= \sum_{i=1}^{a}\sum_{j=1}^{b}(Y_{ij}-\overline{Y}_{..})^2 \\ &= \sum_i\sum_j(\overline{Y}_{i.}-\overline{Y}_{..})^2 + \sum_i\sum_j(\overline{Y}_{.j}-\overline{Y}_{..})^2 + \sum_i\sum_j(Y_{ij}-\overline{Y}_{i.}-\overline{Y}_{.j}+\overline{Y}_{..})^2 \\ &= SSA + SSB + SSE \end{aligned}$$

여기서 SSA는 인자 A의 제곱합인데 관련 자유도는 $(a-1)$이며, SSB는 인자 B의 제곱합을 나타내며 관련 자유도는 $(b-1)$이다. 따라서 일원배치법과 유사한 방법으로 평균제곱을 산출하고 분산분석표를 작성하면 〈표 11-7〉과 같다.

〈표 11-7〉 반복이 없는 이원배치법의 분산분석표

변동요인	제곱합	자유도	평균제곱	F-값
인자 A	SSA	$a-1$	$MSA=SSA/(a-1)$	$F_A=MSA/MSE$
인자 B	SSB	$b-1$	$MSB=SSB/(b-1)$	$F_B=MSB/MSE$
오차	SSE	$(a-1)(b-1)$	$MSE=SSE/(a-1)(b-1)$	
전체	SST	$ab-1$		

이 경우에도 MSE는 가설과 관계없이 σ^2의 불편추정량이 되는데, MSA는 식(11.6a)의 가설 H_{0A}가 옳을 때 σ^2의 불편추정량이 되며 MSB는 식(11.6b)의 가설 H_{0B}가 옳을 때 σ^2의 불편추정량이 된다. 따라서 〈표 11-7〉과 같이 두 개의 F-값을 산출하여 유의수준 α에서 다음과 같이 가설을 검정한다.

$$F_A > F_{(\alpha;a-1,(a-1)(b-1))} \text{ 이면, } H_{0A} \text{ 기각}$$
$$F_B > F_{(\alpha;b-1,(a-1)(b-1))} \text{ 이면, } H_{0B} \text{ 기각}$$

11.3.2 반복이 있는 이원배치법

반복이 없는 이원배치법에서는 두 인자의 수준들의 조합에 대해 한번의 실험을 하는데, 가능하다면 2번 이상의 실험을 하는 것이 바람직하다. 본 절에서는 수준조합당 실험반복을 r번씩 하는 경우를 다룬다. 반복이 있는 이원배치법에서는 두 인자의 교호작용(interaction)에 대한 분석을 추가로 할 수 있다.

반복이 있는 이원배치법의 데이터구조식은 다음과 같다.

$$Y_{ijk}=\mu_{ij}+\varepsilon_{ijk},\ i=1,2,\ldots,a;\ j=1,2,\ldots,b;\ k=1,2,\ldots,r \tag{11.7}$$
$$\mu_{ij}=\mu+\alpha_i+\beta_j+(\alpha\beta)_{ij}$$

여기서 μ_{ij}는 인자 A의 i수준과 인자 B의 j수준 조합에서의 평균, α_i는 인자 A의 i수준에 의한 효과, β_j는 인자 B의 j수준에 의한 효과를, $(\alpha\beta)_{ij}$는 두 인자 A, B 간의 교호작용을 의미한다. 그리고 실험결과를 〈표 11-8〉과 같이 정리한다.

전체 제곱합을 요인별로 분해하기 위하여 우선 SST가 다음과 같이 됨을 보일 수 있다.

$$SST=\sum_{i=1}^{a}\sum_{j=1}^{b}\sum_{k=1}^{r}(Y_{ijk}-\overline{Y}_{...})^2=r\sum_{i=1}^{a}\sum_{j=1}^{b}(\overline{Y}_{ij.}-\overline{Y}_{...})^2+\sum_{i=1}^{a}\sum_{j=1}^{b}\sum_{k=1}^{r}(Y_{ijk}-\overline{Y}_{ij.})^2 \tag{11.8}$$

〈표 11-8〉 반복이 있는 이원배치법의 데이터 구조

인자 B \ 인자 A	A_1	A_2	⋯	A_a	합	평균
B_1	$\left.\begin{matrix}Y_{111}\\Y_{112}\\\vdots\\Y_{11r}\end{matrix}\right\}T_{11.}$	$\left.\begin{matrix}Y_{211}\\Y_{212}\\\vdots\\Y_{21r}\end{matrix}\right\}T_{21.}$	⋯	$\left.\begin{matrix}Y_{a11}\\Y_{a12}\\\vdots\\Y_{a1r}\end{matrix}\right\}T_{a1.}$	$T_{.1.}$	$\overline{Y}_{.1.}$
B_2	$\left.\begin{matrix}Y_{121}\\Y_{122}\\\vdots\\Y_{12r}\end{matrix}\right\}T_{12.}$	$\left.\begin{matrix}Y_{221}\\Y_{222}\\\vdots\\Y_{22r}\end{matrix}\right\}T_{22.}$	⋯	$\left.\begin{matrix}Y_{a21}\\Y_{a22}\\\vdots\\Y_{a2r}\end{matrix}\right\}T_{a2.}$	$T_{.2.}$	$\overline{Y}_{.2.}$
⋮	⋮	⋮	⋮	⋮	⋮	⋮
B_b	$\left.\begin{matrix}Y_{1b1}\\Y_{1b2}\\\vdots\\Y_{1br}\end{matrix}\right\}T_{1b.}$	$\left.\begin{matrix}Y_{2b1}\\Y_{2b2}\\\vdots\\Y_{2br}\end{matrix}\right\}T_{2b.}$	⋯	$\left.\begin{matrix}Y_{ab1}\\Y_{ab2}\\\vdots\\Y_{abr}\end{matrix}\right\}T_{ab.}$	$T_{.b.}$	$\overline{Y}_{.b.}$
합	$T_{1..}$	$T_{2..}$	⋯	$T_{a..}$	T	
평균	$\overline{Y}_{1..}$	$\overline{Y}_{2}$	⋯	$\overline{Y}_{a..}$		$\overline{Y}_{...}$

위 식의(두 번째 등식 다음의) 두 번째 항은 오차제곱합을 나타내며, 첫 번째 항은 각 처리조건에 대한 평균과 전체 평균과의 차에 대한 제곱합이므로 이를 처리제곱합(treatment sum of squares; $SSTR$)이라 한다. 즉,

$$SSTR = r\sum_{i=1}^{a}\sum_{j=1}^{b}(\overline{Y}_{ij.} - \overline{Y}_{...})^2 \tag{11.9}$$

따라서 식(11.8)의 전체제곱합은 다음과 같이 분해된다.

$$SST = SSTR + SSE \tag{11.10}$$

그리고 식(11.9)에 관련된 $\overline{Y}_{ij.} - \overline{Y}_{...}$가 다음과 같이 표현되므로

$$\overline{Y}_{ij.} - \overline{Y}_{...} = \underbrace{(\overline{Y}_{i..} - \overline{Y}_{...})}_{A\text{효과}} + \underbrace{(\overline{Y}_{.j.} - \overline{Y}_{...})}_{B\text{효과}} + \underbrace{(\overline{Y}_{ij.} - \overline{Y}_{i..} - \overline{Y}_{.j.} + \overline{Y}_{...})}_{A\text{와 }B\text{교호작용}}$$

처리제곱합 $SSTR$은 다시 다음과 같이 인자 A의 제곱합(SSA), 인자 B의 제곱합(SSB), 그리고 인자 A와 인자 B의 교호작용 제곱합($SSAB$)의 합으로 분해된다.

$$SSTR = SSA + SSB + SSAB \tag{11.11}$$

결국 전체제곱합은 다음과 같이 분해된다고 볼 수 있다.

$$SST = SSA + SSB + SSAB + SSE \tag{11.12}$$

각 요인별 제곱합을 산출하기 위하여 다음 식들을 이용하면 편리하다.

$$SST = \sum_{i=1}^{a}\sum_{j=1}^{b}\sum_{k=1}^{r} Y_{ijk}^2 - CT \tag{11.13a}$$

$$SSTR = \frac{1}{r}\sum_{i=1}^{a}\sum_{j=1}^{b} T_{ij.}^2 - CT \tag{11.13b}$$

$$SSE = SST - SSTR \tag{11.13c}$$

$$SSA = \frac{1}{br}\sum_{i=1}^{a} T_{i..}^2 - CT \tag{11.13d}$$

$$SSB = \frac{1}{ar}\sum_{j=1}^{b} T_{.j.}^2 - CT \tag{11.13e}$$

$$SSAB = SSTR - SSA - SSB \tag{11.13f}$$

앞에서 CT는 수정항(correction term)으로 다음과 같이 주어진다.

$$CT = \frac{T^2}{abr} \tag{11.14}$$

이상의 결과로부터 11.3.1절에서와 유사한 과정을 거쳐 분산분석표를 작성하면 〈표 11-9〉와 같다.

〈표 11-9〉 반복이 있는 이원배치법의 분산분석표

변동요인	제곱합	자유도	평균제곱	F-값
인자 A	SSA	$a-1$	$MSA = SSA/(a-1)$	$F_A = MSA/MSE$
인자 B	SSB	$b-1$	$MSB = SSB/(b-1)$	$F_B = MSB/MSE$
교호작용	$SSAB$	$(a-1)(b-1)$	$MSAB = SSAB/((a-1)(b-1))$	$F_{AB} = MSAB/MSE$
오차	SSE	$ab(r-1)$	$MSE = SSE/(ab(r-1))$	
전체	SST	$ab-1$		

아래에 각 요인에 대한 가설과 검정방법을 기술한다.

(1) 인자 A의 효과에 대한 검정

$$\begin{aligned} &H_0 : \alpha_1 = \alpha_2 = \cdots = \alpha_a = 0 \\ &H_1 : \text{모든 } \alpha_i \text{가 0은 아니다.} \end{aligned} \tag{11.15}$$

검정통계량 $F_A = MSA/MSE$의 값이 $F_{(\alpha;a-1,ab(r-1))}$보다 크면 귀무가설은 기각된다.

(2) 인자 B의 효과에 대한 검정

$$\begin{aligned} &H_0 : \beta_1 = \beta_2 = \cdots = \beta_b = 0 \\ &H_1 : \text{모든 } \beta_i \text{가 0은 아니다.} \end{aligned} \tag{11.16}$$

검정통계량 $F_B = MSB/MSE$의 값이 $F_{(\alpha;b-1,ab(r-1))}$보다 크면 귀무가설은 기각된다.

(3) 교호작용에 대한 검정

인자 A와 인자 B간의 교호작용이 있는지에 대한 가설은 다음과 같다.

$$\begin{aligned} &H_0 : (\alpha\beta)_{ij} = 0 \ (\text{모든 } i\text{와 } j\text{에 대해}) \\ &H_1 : \text{모든 } (\alpha\beta)_{ij}\text{가 0은 아니다.} \end{aligned} \tag{11.17}$$

이에 대한 검정통계량은 $F_{AB} = MSAB/MSE$이고, F_{AB}의 값이 $F_{(\alpha;(a-1)(b-1),ab(r-1))}$보다 크면 귀무가설은 기각되고 교호작용이 있다고 판단할 수 있다.

반복이 있는 이원배치법에서는 우선 인자 A와 B간의 교호작용이 있는가를 검정하고 교호작용이 유의하지 않은 경우에는 교호작용을 오차항과 합하여 풀링(pooling)한 오차제곱합을 이용하여 검정할 수 있다. 〈표 11-7〉과 〈표 11-9〉를 비교할 때 반복이 없는 경우($r=1$)는 원래 오차항의 자유도는 0이 되는데 교호작용의 제곱합을 오차의 제곱합으로 간주한 것임을 알 수 있다. 또한 반복이 없는 이원배치법에 대하여서도 $r=1$로 놓고 식(11.13)과 식(11.4)를 적용하여 제곱합을 산출할 수 있다. 단, 반복이 없는 실험에서는 그 실험에서의 최고차 교호작용(여기서는 $SSAB$)을 오차(SSE)로 간주한다.

예 11-2

2가지의 휘발유와 3가지의 첨가제의 효과를 분석하기 위해 동일한 차량에 동일한 양의 휘발유와 첨가제를 넣고 주행시험을 하였다. 두 인자의 실험처리조합 내에서 2번의 실험을 반복하여 측정한 주행거리는 아래 표와 같다.

〈표 11-8〉 반복이 있는 이원배치법의 데이터 구조

인자 B \ 인자 A	첨가제 1	첨가제 2	첨가제 3	합	평균
휘발유 1	37 37.1	34.1 35.3	32.2 32.5	208.2	34.7
휘발유 2	37.4 37.5	35.7 35.9	33.4 34.2	214.1	35.68
합 평균	149 37.25	141 35.25	132.3 33.075	422.3	35.19

우선 식(11.13)을 이용하여 각 요인별 제곱합을 구하면 다음과 같다.

$$CT = (422.3)^2/12 = 14,861.441$$
$$SST = 37^2 + 37.1^2 + \ldots + 33.4^2 + 34.22 - 14,861.441 = 39.469$$
$$SSTR = (74.1^2 + \ldots + 67.6^2)/2 - 14,861.441 = 38.354$$
$$SSE = 39.469 - 38.354 = 1.115$$
$$SSA = (149^2 + 141^2 + 132.3^2)/4 - 14,861.441 = 34.881$$
$$SSB = (208.2^2 + 214.1^2)/6 - 14,861.441 = 2.901$$
$$SSAB = 38.354 - 34.881 - 2.901 = 0.572$$

따라서 분산분석표는 다음과 같다.

〈표 11-10〉 (예 11-2)의 분산분석표

변동요인	제곱합	자유도	평균제곱	F-값
인자 A	34.881	2	17.441	93.8
인자 B	2.901	1	2.901	15.6
교호작용	0.572	2	0.286	1.54
오차	1.115	6	0.186	
전체	39.469	11		

(1) 인자 A와 인자 B의 효과에 대한 검정

인자 A에 대한 검정통계량 $F_A = MSA/MSE$의 값 93.8은 유의수준 5%에서 기각임계치 $F_{(0.05;2,6)} = 5.14$보다 크므로 귀무가설을 기각한다. 인자 B에 대해서도 검정통계량 $F_B = MSB/MSE$의 값 15.6이 유의수준 5%에서 기각임계치 $F_{(0.05;1,6)} = 5.99$보다 크므로 귀무가설을 기각한다. 따라서 첨가제 종류와 휘발유 종류는 주행거리에 유의한 영향을 미친다고 할 수 있다.

(2) 교호작용에 대한 검정

검정통계량 $F_{AB} = MSAB/MSE$의 값 1.54가 기각임계치 $F_{(0.05;2,6)} = 5.14$보다 작으므로 귀무가설을 기각할 수 없다. 즉, 인자 A(첨가제종류)와 인자 B (휘발유종류)간의 교호작용은 유의하지 않은 것으로 나타났다.

11.4 요인배치법

인자의 수가 n이고 각 수준수가 k개인 실험계획법을 k^n 요인배치법(factorial design)이라 한다. 인자 A, B, C가 있고 각 수준이 2개씩이라면 2^3 요인배치법이 되고, 인자가 A, B 두 개이고 각 수준이 3이면 3^2 요인배치법이 된다.

요인배치법은 모든 인자의 주효과뿐만 아니라 모든 가능한 교호작용를 검정하고자 할 때 효과적인 디자인이다. 요인배치법은 다원배치법의 특수한 형태인데 그 분석방법이 단순하기 때문에 널리 사용된다. 그러나 요인의 수가 많은 경우에는 실험조건이 많아지므로 시간 및 비용의 고려도 필요하다. 본 절에서는 가장 기본적인 2^2 요인배치법과 2^3 요인배치법만을 다룬다.

11.4.1 2^2 요인배치법

2^2 요인배치법은 인자가 A, B의 두 개이며 각 인자의 수준이 2개인 실험으로 이원배치법의 특수한 형태이므로 모형은 기본적으로 식(11.7)과 동일하다. 즉,

$$\begin{aligned} &Y_{ijk} = \mu_{ij} + \varepsilon_{ijk},\ i = 0,1;\ j = 0,\ 1;\ k = 1,2,\ldots,r \\ &\mu_{ij} = \mu + \alpha_i + \beta_j + (\alpha\beta)_{ij} \end{aligned} \tag{11.18}$$

각 인자가 두 수준을 갖기 때문에 편이상 첫 수준을 0, 두 번째 수준을 1로 나타내며, A_0과 A_1을 각각 인자 A의 첫 수준 및 두 번째 수준으로, B_0과 B_1을 각각 인자 B의 첫 수준 및 두 번째 수준으로 나타낸다. 인자 A의 수준 i에서의 평균을 $\mu_{i.}$, 인자 B의 수준 j에서의 평균을 $\mu_{.j}$라 하면 이들은 다음과 같이 표현되므로

$$\mu_{i.} = \mu + \alpha_i \qquad\qquad \mu_{.j} = \mu + \beta_j$$

식(11.18)의 μ_{ij}는 다음과 같다.

$$\mu_{ij} = \mu_{i.} + \mu_{.j} - \mu + (\alpha\beta)_{ij} \tag{11.19}$$

이 실험에 대한 데이터 구조는 〈표 11-11〉과 같다.

〈표 11-11〉 2^2 요인배치법의 데이터 구조

	A_0	A_1	합
B_0	$\left.\begin{matrix} Y_{001} \\ \vdots \\ Y_{00r} \end{matrix}\right\} T_{00.}$	$\left.\begin{matrix} Y_{101} \\ \vdots \\ Y_{10r} \end{matrix}\right\} T_{10.}$	$T_{.0.}$
B_1	$\left.\begin{matrix} Y_{011} \\ \vdots \\ Y_{01r} \end{matrix}\right\} T_{01.}$	$\left.\begin{matrix} Y_{111} \\ \vdots \\ Y_{11r} \end{matrix}\right\} T_{11.}$	$T_{.1.}$
합계	$T_{0..}$	$T_{1..}$	T

분석방법은 11.3.2절의 반복이 있는 이원배치법과 동일한 방식을 이용할 수 있으나 아래 결과를 이용하면 보다 간단하게 각 요인의 제곱합을 구할 수 있다. 우선, 인자 A의 주효과는 수준 A_1과 수준 A_0에서의 평균반응치의 차이므로 다음과 같고

$$\text{인자 A 주효과} = \mu_{1.} - \mu_{0.} = \alpha_1 - \alpha_0$$

다음 식으로 추정할 수 있다.

$$\text{A 주효과} = \frac{1}{2r}[T_{1..} - T_{0..}] \tag{11.20}$$

식(11.20)에서 $\mu_{i.}$을 $T_{i..}/2r$로 추정한 것을 볼 수 있다. 마찬가지로 인자 B의 주효과는 $\mu_{.1} - \mu_{.0} = \beta_1 - \beta_0$이며 다음과 같이 추정할 수 있다.

$$\text{B 주효과} = \frac{1}{2r}[T_{.1.} - T_{.0.}] \tag{11.21}$$

한편 인자 A과 B의 교호작용이 있다는 것은 수준 A_1에서의 인자 B의 두 수준 간의 반응치 차이가 수준 A_0에서의 인자 B의 두 수준 간의 반응치 차이와 서로 다름을 의미하므로 교호작용효과는 다음과 같이 표현된다.

$$\text{AB교호작용} = \frac{(\mu_{11} - \mu_{10}) - (\mu_{01} - \mu_{00})}{2} = \frac{\{(\alpha\beta)_{11} - (\alpha\beta)_{10}\} - \{(\alpha\beta)_{01} - (\alpha\beta)_{00}\}}{2}$$

따라서 이는 아래와 같이 추정할 수 있다.

$$\text{AB교호작용} = \frac{1}{2r}[(T_{11.} - T_{10.}) - (T_{01.} - T_{00.})] = \frac{1}{2r}[T_{11.} + T_{00.} - T_{10.} - T_{01.}] \tag{11.22}$$

각 요인에 대한 제곱합은 위에서 계산된 각 효과의 제곱에 r을 곱함으로써 다음과 같이 산출된다.

$$SSA = r(A\text{주효과})^2 = \frac{1}{4r}(T_{1..} - T_{0..})^2 \tag{11.23a}$$

$$SSB = r(B\text{주효과})^2 = \frac{1}{4r}(T_{.1.} - T_{.0.})^2 \tag{11.23b}$$

$$SSAB = r(AB\text{교호작용})^2 \tag{11.23c}$$

위 식에서 분모의 $4r$은 전체실험수임을 볼 수 있다.

예 11-3

식(11.23a)에 의한 SSA가 식(11.13d)로부터 유도한 제곱합과 동일함을 확인하여 보자. 식(11.13d)로부터 SSA는 다음과 같다.

$$SSA = \frac{1}{2r}(T_{1..}^2 - T_{0..}^2) - \frac{T^2}{4r} = \frac{1}{4r}\left(2T_{1..}^2 + 2T_{0..}^2 - (T_{1..} + T_{0..})^2\right)$$
$$= \frac{1}{4r}(T_{1..} - T_{0..})^2$$

따라서 식(11.23a)와 같다.

전체제곱합 SST는 다음 식으로부터 산출된다.

$$SST = \sum_{i=0}^{1}\sum_{j=0}^{1}\sum_{k=1}^{r} Y_{ijk}^2 - \frac{T^2}{4r} \tag{11.24}$$

따라서 오차제곱합은 아래와 같이 산출된다.

$$SSE = SST - (SSA + SSB + SSAB)$$

위의 결과로부터 얻은 분산분석표는 다음과 같다.

〈표 11-12〉 2^2 요인배치법의 분산분석표

변동요인	제곱합	자유도	평균제곱	F-값
A	SSA	1	$MSA = SSA/1$	$F_A = MSA/MSE$
B	SSB	1	$MSB = SSB/1$	$F_B = MSB/MSE$
AB	$SSAB$	1	$MSAB = SSAB/1$	$F_{AB} = MSAB/MSE$
오차	SSE	$4(r-1)$	$MSE = SSE/(4(r-1))$	
전체	SST	$4r-1$		

인자 A의 효과, 인자 B의 효과, 교호작용에 대한 검정을 위한 가설은 각각 식(11.15), (11.16), (11.17)과 같으며 검정과정은 반복이 있는 이원배치법의 경우와 동일하다. 각 수준 조합 내 반복이 없는 경우에는 교호작용과 오차를 서로 분리하여 검출할 수 없으며, 따라서 주효과 A와 B에 대해서만 검정할 수 있다.

예 11-4

어떤 반도체의 수율에 영향을 줄 것으로 생각되는 인자 A의 두 수준(A_0, A_1)과 인자 B의 두 수준(B_0, B_1)하에서 두번씩 실험한 결과 다음과 같은 수율 데이터를 얻었다. 분산분석표를 작성하고 각 인자 및 교호작용의 유의성을 판단하라.

인자 B \ 인자 A	A_0		A_1		합계
B_0	37 37.1	74.1	34.1 35.3	69.4	143.5
B_1	37.4 37.5	74.9	35.7 35.9	71.6	146.5
합	149		141		290

식(11.20), (11.21), (11.22)를 이용하여 주효과와 교호작용을 구해보면 다음과 같다.

$$\text{A 주효과} = \frac{1}{2r}[T_{1..} - T_{0..}] = \frac{1}{4}[141 - 149] = -2$$

$$\text{B 주효과} = \frac{1}{2r}[T_{.1.} - T_{.0.}] = \frac{1}{4}[146.5 - 143.5] = 0.75$$

$$\text{AB교호작용} = \frac{1}{2r}[T_{11.} + T_{00.} - T_{10.} - T_{01.}] = \frac{1}{4}[71.6 + 74.1 - 69.4 - 74.9] = 0.35$$

위에서 A주효과 = −2의 의미는 인자 A를 A_0에서 A_1으로 변화시킬 때 평균 수율이 2만큼 감소한다는 것이다. 식(11.23)을 이용하여 각 요인의 제곱합을 구하면 다음과 같다.

$$SSA = 2(-2)^2 = 8$$

$$SSB = 2(0.75)^2 = 1.125$$

$$SSAB = 2(0.35)^2 = 0.245$$

그리고 식(11.24)에 의한 전체제곱합은 $SST = 10.12$이므로 오차제곱합은 아래와 같다.

$$SSE = 10.12 - 9.37 = 0.75$$

따라서 이 실험의 분산분석표는 〈표 11-13〉과 같다.

〈표 11-13〉 (예 11-4)의 분산분석표

변동인자	제곱합	자유도	평균제곱	F-값
A	8.000	1	8.000	42.67
B	1.125	1	1.125	6.00
AB	0.245	1	0.245	1.31
오차	0.750	4	0.1875	
전체	10.120	7		

유의수준 0.05에서 $F_A = 42.67$은 $F_{(0.05;1,4)} = 7.71$보다 크므로 귀무가설을 기각하고 A인자에 의한 차이가 유의하다고 할 수 있으며, $F_B = 6.00$은 $F_{(0.05;1,4)} = 7.71$보다 작으므로 B인자에 의한 차이는 유의하지 않다고 하겠다. 교호작용 AB에 대해서도 $F_{AB} = 1.31$이 $F_{(0.05;1,4)} = 7.71$보다 작으므로 유의하다고 할 수 없다.

11.4.2 2^3 요인배치법

2^3 요인배치법은 인자가 A, B, C의 3개이고 각 인자의 수준이 2개인 실험을 말한다. 반복수가 r일 때 모형은 다음과 같다.

$$Y_{ijkm} = \mu + \alpha_i + \beta_j + \gamma_k + (\alpha\beta)_{ij} + (\beta\gamma)_{jk} + (\alpha\gamma)_{ik} + (\alpha\beta\gamma)_{ijk} + \varepsilon_{ijkm} \tag{11.25}$$
$$(i,\ j,\ k = 0,1;\ m = 1,2,\ \ldots\ ,r)$$

여기서 γ_k는 인자 C의 수준 k에서의 효과를 나타내며 $(\beta\gamma)_{jk}$는 인자 B와 인자 C의 교호작용, $(\alpha\beta\gamma)_{ijk}$은 인자 A, 인자 B, 인자 C의 3차 교호작용을 의미한다. 각 인자의 첫수준을 0, 두 번째 수준을 1로 나타내면, 각 실험처리조합의 데이터합은 〈표 11-14〉와 같이 나타낼 수 있다.

〈표 11-14〉 2^3 요인배치법의 데이터 구조

		A_0		A_1		합
B_0	C_0	T_{000}	$T_{00.}$	T_{100}	$T_{10.}$	$T_{.0.}$
	C_1	T_{001}		T_{101}		
B_1	C_0	T_{010}	$T_{01.}$	T_{110}	$T_{11.}$	$T_{.1.}$
	C_1	T_{011}		T_{111}		
합계		$T_{0..}$		$T_{1..}$		T

〈표 11-14〉에 나타내지는 않았으나 $T_{..k}$, $T_{i.k}$, $T_{.jk}$ 등은 해당인자 수준 또는 수준조합에 대한 데이터합을 나타낸다.

인자 A의 주효과는 수준 A_1과 수준 A_0에서의 평균반응치의 차라고 할 수 있으므로 다음과 같이 추정할 수 있다.

$$\text{A 주효과} = \frac{1}{4r}[T_{1..} - T_{0..}] \tag{11.26a}$$

마찬가지로 B와 C의 주효과는 각각 다음과 같이 추정할 수 있다.

$$\text{B 주효과} = \frac{1}{4r}[T_{.1.} - T_{.0.}] \tag{11.26b}$$

$$\text{C 주효과} = \frac{1}{4r}[T_{..1} - T_{..0}] \tag{11.26c}$$

2^3 요인배치법에서 AB, AC, BC의 2차 교호작용은 각각 다음과 같이 추정할 수 있다.

$$\text{AB교호작용} = \frac{1}{4r}[T_{11.} + T_{00.} - T_{10.} - T_{01.}] \tag{11.27a}$$

$$\text{AC교호작용} = \frac{1}{4r}[T_{1.1} + T_{0.0} - T_{0.1} - T_{1.0}] \tag{11.27b}$$

$$\text{BC교호작용} = \frac{1}{4r}[T_{.11} + T_{.00} - T_{.01} - T_{.10}] \tag{11.27c}$$

그리고 ABC의 3차 교호작용은 다음과 같이 얻을 수 있다. 즉, ABC의 3차 교호작용은 B_1 수준에서의 AC교호작용과 B_0수준에서의 AC교호작용과의 차라고 할 수 있는데, B_1수준에서의 AC교호작용은 $(T_{111} - T_{110}) - (T_{011} - T_{010})$과 관련되며 B_0수준에서의 AC 교호작용은 $(T_{101} - T_{100}) - (T_{001} - T_{000})$로 표현되므로 다음과 같이 나타낼 수 있다.

$$\begin{aligned}\text{ABC교호작용} &= \frac{1}{4r}[(T_{111} - T_{110}) - (T_{011} - T_{010}) - \{(T_{101} - T_{100}) - (T_{001} - T_{000})\}] \\ &= \frac{1}{4r}[T_{111} + T_{100} + T_{010} + T_{001} - T_{011} - T_{101} - T_{110} - T_{000}]\end{aligned} \tag{11.28}$$

각 인자의 제곱합 및 인자들의 교호작용에 대한 제곱합은 다음과 같은 방식으로 산출된다 (2^2 요인배치법의 경우와 어떻게 다른지 비교하라).

$$SSA = 2r(\text{A주효과})^2 = \frac{1}{8r}(T_{1..} - T_{0..})^2 \tag{11.29a}$$

$$SSB = 2r(\text{B주효과})^2 = \frac{1}{8r}(T_{.1.} - T_{.0.})^2 \tag{11.29b}$$

$$SSC = 2r(\text{C주효과})^2 = \frac{1}{8r}(T_{..1} - T_{..0})^2 \tag{11.29c}$$

$$SSAB = 2r(\text{AB교호작용})^2 \tag{11.29d}$$

$$SSAC = 2r(\text{AC교호작용})^2 \tag{11.29e}$$

$$SSBC = 2r(\text{BC교호작용})^2 \tag{11.29f}$$

$$SSABC = 2r(\text{ABC교호작용})^2 \tag{11.29g}$$

위 식에서 분모의 $8r$은 전체실험수임을 알 수 있다. 그리고 전체제곱합은 다음과 같이 계산된다.

$$SST = \sum_{i=0}^{1}\sum_{j=0}^{1}\sum_{k=0}^{1}\sum_{m=1}^{r} Y_{ijkm}^2 - \frac{T^2}{8r} \tag{11.30}$$

위의 결과로부터 언은 분산분석표는 다음과 같다.

〈표 11-15〉 2^3 요인배치법의 분산분석표

변동요인	제곱합	자유도	평균제곱	F-값
A	SSA	1	$MSA = SSA/1$	$F_A = MSA/MSE$
B	SSB	1	$MSB = SSB/1$	$F_B = MSB/MSE$
C	SSC	1	$MSC = SSC/1$	$F_C = MSC/MSE$
AB	$SSAB$	1	$MSAB = SSAB/1$	$F_{AB} = MSAB/MSE$
AC	$SSAC$	1	$MSAC = SSAC/1$	$F_{AC} = MSAC/MSE$
BC	$SSBC$	1	$MSBC = SSBC/1$	$F_{BC} = MSBC/MSE$
ABC	$SSABC$	1	$MSABC = SSABC/1$	$F_{ABC} = MSABC/MSE$
오차	SSE	$8(r-1)$	$MSE = SSE/(8(r-1))$	
전체	SST	$8r-1$		

분석방법은 2^2 요인배치법의 분석방법을 확장한 것으로 유사하게 진행할 수 있다. 한 예로 인자 A와 인자 C의 교호작용이 있는지에 대한 가설은 다음과 같으며

H_0 : $(\alpha\gamma)_{ik} = 0$ (모든 i와 k에 대해)

H_1 : 모든 $(\alpha\gamma)_{ik}$가 0은 아니다.

이에 대한 검정통계량은 $F_{AC} = MSAC/MSE$이고, F_{AC}의 값이 $F_{(\alpha;1,8(r-1))}$ 보다 크면 유

의수준 α에서 귀무가설이 기각되고 교호작용이 있다고 판단할 수 있다.

수준수가 2이고 인자수가 n인 2^n 요인배치법의 경우도 유사하게 분석할 수 있다. 요인배치법에서 인자의 수 또는 수준수가 증가하면 필요한 실험수는 급격하게 증가한다. 예를 들어 인자의 수가 5개이고 각 수준의 수가 3개이면 총 $3^5 = 243$번의 실험을 요한다. 이 경우 일부 고차의 교호작용을 무시할 수 있다면 교락법(confounding method)을 이용하여 전체 실험처리 중 일부만의 실험을 하는 일부실시법을 채택할 수도 있다. 교락법은 실험전체를 몇개의 블럭으로 나누는 방법이고 일부실시법은 나누어진 블럭 중 하나를 택하여 실험하는 방법이다.

11.5 수준조합 모평균의 추정

지금까지 주로 분산분석법을 통하여 각 인자의 유의성을 검정하였다. 본 절에서는 대표적으로 반복이 있는 이원배치법에 대하여 수준조합에 대한 모평균을 추정하고자 한다. 즉 인자 A와 인자 B의 (A_i, B_j) 수준조합에 대한 평균반응치가 얼마나 될 것인가를 추정하는 것으로 그 신뢰구간을 구하고자 한다. 특히, (A_i, B_j) 수준조합이 최적조건으로 판정된 경우에는 이와 같은 추정이 필요할 것이다.

식(11.7)로 주어진 반복이 있는 이원배치법에 대한 모형을 다시 쓰면 다음과 같다.

$$Y_{ijk} = \mu_{ij} + \varepsilon_{ijk},\ i = 1,2, \ldots, a;\ j = 1,2, \ldots, b;\ k = 1,2, \ldots, r$$
$$\mu_{ij} = \mu + \alpha_i + \beta_j + (\alpha\beta)_{ij}$$

위 식에서 μ_{ij}에 대한 신뢰구간을 구하고자 하는 것으로 교호작용이 무시되지 않는 경우와 교호작용이 무시되는 경우를 나누어 다룬다. 교호작용에 대한 검정에서 기각되지 않으면 이 교호작용을 무시할 수 있다.

11.5.1 교호작용이 무시되지 않는 경우

이 경우 μ_{ij}의 점추정량은 (A_i, B_j) 수준조합에 대한 표본평균으로 다음과 같음을 쉽게 알 수 있다.

$$\hat{\mu}_{ij} = \frac{T_{ij.}}{r} = \hat{Y}_{ij.}$$

그리고 이 추정량의 분산은 아래와 같은데

$$Var[\hat{\mu}_{ij}] = \frac{Var[T_{ij.}]}{r^2} = \frac{\sigma^2}{r}$$

여기서 σ^2은 MSE로 추정되므로 μ_{ij}에 대한 $100(1-\alpha)\%$ 신뢰구간은 다음과 같다.

$$\overline{Y}_{ij.} \pm t_{(\alpha/2;\phi_E)}\sqrt{MSE/r} \tag{11.31}$$

위 식에서 ϕ_E는 오차제곱합에 대한 자유도로서 반복이 있는 이원배치법의 경우 $\phi_E = ab(r-1)$이다.

예 2-1

어떤 모터의 소음에 영향을 주는 요인을 분석하기 위하여 베아링의 유격과 진동을 인자로 하여 실험을 실시하였다. 베아링 유격(인자 A)은 3가지 수준, 진동 (인자 B)으로는 2가지 수준을 고려하였다. 실험결과(소음데이터)는 다음과 같다.

〈표 11-16〉 모타의 소음 데이터

인자 B \ 인자 A	A_1	A_2	A_3	합	평균
B_1	79 80 80	78 79 80	78 77 79	710	78.89
B_2	81 83 83	77 76 75	80 81 82	718	79.78
합	486	465	477	1428	79.33
평균	81	77.5	79.5		

그리고 이에 대한 분산분석표는 아래와 같다.

변동요인	제곱합	자유도	평균제곱	F-값	p-값
인자 A	37.0	2	18.5	19.6	0.0002
인자 B	3.56	1	3.56	3.8	0.0762
교호작용	34.11	2	17.06	18.1	0.0002
오차	11.33	12	0.944		
전체	86.0	17			

인자 A와 교호작용은 유의수준 1%에서 유의함을 볼 수 있고 인자 B은 유의수준 10%에서 유의함을 알 수 있다. 각 수준조합에 대한 평균 소음은 다음과 같이 산출된다.

	A_1	A_2	A_3
B_1	79.67	79.0	78.0
B_2	82.33	76.0	81.0

소음이 작을수록 좋다면 이전의 표로부터 최적조건은 (A_2, B_2)임을 알 수 있다. 〈표 11-16〉에서 인자 A와 인자 B를 독립적으로 보면 최적수준이 각각 A_2, B_1이라 할 수 있는데 본 예와 같이 교호작용이 유효할 때는 독립적으로 구한 최적조건과 실제 최적조건과는 다를 수 있음을 알 수 있다. (A_2, B_2)조건 하에서의 평균 소음의 점추정치는 76.0인데 식(11.31)로부터 95% 신뢰구간은 아래와 같이 산출된다.

$$76.0 \pm t_{(0.025;12)}\sqrt{0.944/3} \Rightarrow 76.0 \pm 1.222$$

11.5.2 교호작용이 무시되는 경우

교호작용이 유의하지 않아 무시되는 경우에는 평균의 추정방법이 약간 다르다. 이 경우에는 μ_{ij}가 다음과 같이 표현된다.

$$\mu_{ij} = \mu + \alpha_i + \beta_j = \mu + \alpha_i + \mu + \beta_j - \mu$$

여기서 $\mu + \alpha_i$는 A_i 수준에서의 평균 $\mu_{i.}$이고, $\mu + \beta_j$는 B_j 수준에서의 평균 $\mu_{.j}$이므로 μ_{ij}의 점추정량은 다음과 같다.

$$\hat{\mu}_{ij} = \overline{Y}_{i..} + \overline{Y}_{.j.} - \overline{Y}_{...}$$

그리고 이 점추정량의 분산은 아래와 같음을 증명할 수 있다.

$$Var[\hat{\mu}_{ij}] = \sigma^2\left(\frac{1}{br} + \frac{1}{ar} - \frac{1}{abr}\right) \tag{11.32}$$

이때 n_e를 유효반복수(effective number of replication)라 하고 다음과 같이 정의하면

$$\frac{1}{n_e} = \frac{1}{ar} + \frac{1}{br} - \frac{1}{abr} = \frac{a+b-1}{abr} \tag{11.33}$$

식(11.32)는 다음과 같이 표현된다.

$$Var[\hat{\mu}_{ij}] = \frac{\sigma^2}{n_e} \tag{11.34}$$

따라서 식(11.34)에서 σ^2을 MSE로 추정하면 μ_{ij}에 대한 100(1−α)% 신뢰구간은 다음과 같다.

$$\overline{Y}_{i..} + \overline{Y}_{.j.} - \overline{Y}_{...} \pm t_{(\alpha/2;\phi_E)} \sqrt{MSE/n_e} \qquad (11.35)$$

위 식에서 ϕ_E는 오차제곱합에 대한 자유도로서 반복이 있는 이원배치법의 경우 $\phi_E = ab(r-1)$이다. 식(11.35)는 반복이 없는 이원배치법의 경우에도 $r=1$을 대입하여 적용할 수 있다. 단 오차제곱합의 자유도는 $\phi_E = (a-1)(b-1)$이다.

예 11-6

[예 11-2]의 데이터에 대하여 (A_2, B_1) 수준조합에 대한 평균주행거리, 즉 μ_{21}에 대한 95% 신뢰구간을 구하여 보자. 이 예에 대한 분석결과로부터 두 인자의 교호작용을 무시할 수 있으므로 식(11.35)를 사용하여 다음과 같이 구한다.

$$35.25 + 34.7 - 35.19 \pm t_{(0.025;6)} \sqrt{0.186/3} \Rightarrow 34.76 \pm 0.609$$

위에서 $\phi_E = 6$이며 유효반복수로 $n_e = 12/4 = 3$을 사용하였다.

11.6 참고사항

분산분석에 대한 기본개념과 분석구조에 대해서는 참고문헌 [1]을 보면 쉽게 이해할 수 있다. 자세한 이론 및 실험계획법의 검정방법에 대해서는 참고문헌 [2]를 참조할 수 있다. 특히 참고문헌 [2]는 실험계획법에 관한 서적 중에서도 각 방법별로 예제와 함께 단계적으로 설명되어서 특정 방법에 대한 실험구조 및 분석을 알고자하는 독자에게 추천할 만 하다. 우리나라 서적으로는 참고문헌 [3]이 있다. 품질관리에 관련된 것으로서는 참고문헌 [4]가 있다.

[1] J. Neter, W. Wasserman and M.H. Kutner, *Applied Linear Statistical Models*, 2nd ed., Richard D. Irwin, Homewood, 1985

[2] M. Lentner and T. Bishop, *Experimental Design and Analysis*, 2nd ed., Valley Company, 1993

[3] 박성현, 현대실험계획법, 민영사, 1997

[4] D.C. Montgomery, *Introduction to Statistical Quality Control*, 3rd ed., Wiley, New York, 1996

연습문제

11.1 스테인레스 냉연공장에서 압연기의 패스(Pass)수가 유압피스톤의 유압차에 영향을 주는지를 알아보기 위해 3종류의 패스수($A_1=7$번, $A_2=9$번, $A_3=11$번)에 대하여 각각 4번의 실험을 실시하고 유압차를 측정하여 다음을 얻었다.

반복	A_1	A_2	A_3
1	42	44	46
2	42	48	50
3	45	44	46
4	41	45	45

분산분석표를 작성하고 결과를 해석하라.

11.2 스프링용 철사를 생산하고 있는 3개 회사(A_1, A_2, A_3)의 철사에 대하여 각각 6개의 표본을 추출하여 스프링 특성을 측정하여 다음 데이터를 얻었다.

A_1		A_2		A_3	
9.3,	6.8	10.8,	7.8	8.4,	9.2
8.5,	8.0	10.3,	8.1	8.8,	11.0
9.2,	8.8	8.6,	9.8	9.9,	7.9

스프링특성의 목표치는 8.5인데 특성치는 목표치와의 차의 제곱이 작을수록 좋다고 한다. 세회사간에 스프링특성의 차이가 있다고 보는가? 있다면, 어떤 회사제품이 가장 좋다고 볼 수 있겠는가?(목표치와의 차의 제곱에 대한 데이터로 환산하여 분석하라)

11.3 MBA에서 취득한 전공분야가 졸업 후 받게 되는 취업 제안 개수에 영향을 주는지를 알아보기 위해 분야별 졸업생 4명이 받은 취업 제안 개수를 다음과 같이 수집하였다. 3가지 MBA 전공들 사이에 받게 되는 취업 제안 개수에 차이가 있다고 5% 유의 수준에서 결론지을 수 있는가?

금융	마케팅	일반경영
3	1	8
1	5	5
4	3	4
1	4	6

11.4 이원배치법에 의한 분산분석이 $a=4$, $b=3$, $r=20$으로 수행되었고 다음과 같은 제곱합들이 계산되었다.

$$SST = 41,400$$
$$SSA = 1628$$
$$SSB = 3205$$
$$SSAB = 7210$$

(a) 분산분석표를 작성하라

(b) 인자 A, B의 수준들 간 차이와 인자 A와 B 사이의 교호작용이 존재하는지를 1% 유의수준에서 각각 검정하라.

11.5 어떤 전기강판의 철손(core loss)에 AP온도와 CAL라인속도가 영향을 미치는지를 알아보기 위하여 AP온도(인자 A)에 대하여 4가지 수준(1050, 1070, 1090, 1100), CAL라인속도 (인자 B)에 대하여 3가지 수준(36.0, 36.3, 36.6)에 대하여 실험을 하여 철손을 측정한 결과 다음 데이터를 얻었다.

	A_1	A_2	A_3	A_4
B_1	1.33	1.40	1.71	1.79
B_2	1.12	1.35	1.69	1.82
B_3	1.10	1.42	1.83	1.76

분산분석표를 작성하고 결과를 해석하라. 또한, 수준조합 (A_2, B_1), (A_2, B_2), (A_2, B_3)에서 평균철손에 대한 95% 신뢰구간을 각각 구하라.

11.6 핸드크림의 만족도에 영향을 미치는 요인을 알아보기 위해 항균 성분 A_1, A_2와 보습 성분 B_1, B_2로 나누어 사용자 만족도를 테스트 해보았다. 피실험자는 총 3명이며 다음과

같은 점수로 평가하였다.

항균 성분/ 보습 성분	B_1	B_2
A_1	6 9 7	12 10 11
A_2	9 10 5	15 14 10

(a) 항균 성분과 보습 성분 사이에 교호작용이 있는지를 5%의 유의수준에서 검정하라.

(b) 항균 성분의 수준들 간에 차이가 존재하는지를 5%의 유의수준에서 검정하라.

(c) 보습 성분의 수준들 간에 차이가 존재하는지를 5%의 유의수준에서 검정하라.

11.7 어느 커피 매장에서 커피 판매량에 영향을 주는 요인을 분석하기 위하여 그 날의 평균 기온과 강우 여부에 따른 4일씩의 커피 판매량을 기록하였다.

강우 여부/ 평균 기온(℃)	16~19	19~22	22~25	25~28	28~31
맑음	171 123 152 163	152 148 113 140	144 133 143 132	146 121 130 124	119 92 101 120
비옴	134 157 187 180	136 155 146 162	134 152 140 154	124 142 132 135	132 111 122 105

(a) 분산분석표를 작성하고 결과를 해석하라.

(b) 강우 여부와 평균 기온 사이의 교호 작용은 5% 유의수준에서 유의한가?

(c) 가장 판매량이 높은 조건을 제시하고 조건 하에서의 평균에 대한 95% 신뢰구간을 구하라.

11.8 화공제품의 중합반응에서 약품의 흡수속도가 제조시간에 영향을 미치고 있어 흡수속도와 관련있다고 예상되는 촉매량(인자 A)의 4수준과 반응온도(인자 B)의 2수준에 대하여 2번씩의 반복실험을 하여 다음과 같은 데이터(흡수속도)를 얻었다.

	A_1	A_2	A_3	A_4
B_1	95 87	94 101	98 107	91 98
B_2	99 107	114 106	111 117	109 103

분산분석표를 작성하고 결과를 해석하라. 촉매량과 반응온도간의 교호작용이 유의 한가? 흡수속도가 가장 빠른 조건하에서 평균의 95% 신뢰구간을 구하라.

11.9 자동차 유리에 사용되는 강화유리의 성질을 향상시키기 위해 특수코팅을 하려고 한다. 생산공장에서는 유리제품의 충격강도에 영향을 주는 인자를 분석하기 위하여 다음과 같은 실험을 실시하였다. 코팅 재질(인자 A), 코팅 온도(인자 B), 코팅 방법(인자 C)의 각 두 수준에 대하여 각각 2번씩 실험을 실시하고 충격강도(kgf/m)를 측정하여 다음과 같은 데이터를 얻었다.

		A_0		A_1	
B_0	C_0	8.14,	7.00	6.42,	6.90
	C_1	7.86,	7.28	6.72,	7.44
B_1	C_0	8.40,	7.54	7.04,	7.60
	C_1	8.28,	7.98	7.26,	8.36

분산분석표를 작성하고 결과를 해석하라. 유의수준 10%에서 유의하지 않은 교호작용을 오차항에서 풀링시킨 후 다시 분산분석을 실시하라. 이때 오차분산의 추정치를 구하라.

11.10 서로 다른 2가지 성분(성분 A, 성분 B)을 배합하여 비료를 만들고자 한다. $A_0(B_0)$는 성분 A(B)를 배합하지 않은 것, $A_1(B_1)$은 성분 A(B)를 배합한 것이다. 실험은 동일한 땅에 같은 넓이로 12개 구역으로 나누어 임의적으로 3개씩 선택하여 수확량(kg)을 살펴보았다.

	A_0	A_1
B_0	31, 26, 29	37, 34, 48
B_1	38, 37, 45	40, 45, 41

분산분석표를 작성하고 결과를 해석하라. 수확량이 가장 많은 조건을 제시하고 이 조건 하에서의 평균에 대한 95% 신뢰구간을 구하라.

11.11 일원배치법에 대하여 각 수준별 평균에 대한 신뢰구간을 구하는 절차를 유도하라.

11.12 일원배치법에 대하여 특정한 두 수준의 평균차에 대한 신뢰구간을 구하는 절차를 유도하라.

11.13 반복이 없는 이원배치법에서 인자의 구별없이 처리조건별로 평균차가 있는지를 검정할 수 있는 절차를 유도하라.

11.14 식(11.13)이 성립함을 보여라.

11.15 반복이 있는 이원배치법에서 교호작용을 무시할 때 분산분석표를 도출하라.

11.16 이원배치법의 결과로부터 식(11.23)이 성립함을 보여라.

11.17 2^3 요인배치법에서 3차 교호작용을 무시할 때 분산분석표는 어떻게 되겠는가?

11.18 2^4 요인배치법에서 2차, 3차, 4차 교호작용에 대한 제곱합은 어떤 형태가 되는지를 유추하라.

12

품질설계

- 12.1 다구찌의 품질해석 및 손실함수
- 12.2 다구찌의 품질설계
- 12.3 *SN* 비
- 12.4 직교배열표에 의한 실험계획법
- 12.5 파라미터설계
- 12.6 적용사례
- 12.7 참고사항

품질에 관련된 문제의 대부분은 품질특성의 설계단계에 이미 내재되어 있기 때문에 적극적인 의미에서의 품질향상을 위한 노력은 품질특성의 효율적인 설계에서부터 시작되어야 한다. 기존의 관리도기법은 이미 설계된 품질을 갖는 제품의 제조공정에서 발생할 수 있는 공정이상상태를 사전에 감지하여 이를 예방하고자 하는 것으로, 공정의 분산을 근본적으로 감소시키거나 품질을 개선시키지는 못한다. 1960년대에 일본에서 사용되기 시작한 다구찌기법은 설계단계에서의 품질의 중요성을 강조하여 품질설계를 위한 실용적인 방법론을 제시한 것이다. 이 기법은 1980년대에 들어와 미국 등 서방세계에 알려지게 되었고 그 중요성이 인식되어 품질공학으로 정착하게 되었다. 혹자는 기존의 관리도를 중심으로 하는 통계적 공정관리기법을 On-line QC, 다구찌기법을 Off-line QC라 부르며 이 두 가지를 통칭하여 품질공학(quality engineering)이라 하기도 한다. 본 장에서는 품질설계를 위한 다구찌기법을 소개하고자 한다.

12.1 다구찌의 품질해석 및 손실함수

일반적으로 품질이란 사용의 적합성(fitness for use) 또는 목적의 적합성(fitness for purpose)으로 정의될 수 있다. 다구찌(G. Taguchi)는 여기에 품질손실 개념을 도입하여 '제품이 출하된 시점으로부터 성능특성치의 변동과 부작용 등으로 인하여 사회에 끼친 손실'이라는 개념으로 품질을 정의하고 있다. 여기서 사회에 끼치는 손실이란 어떤 제품의 품질특성이 목표치를 벗어남으로써 발생하는 손실을 화폐가치로 환산한 양을 의미하는데, 크게 생산자 손실과 소비자 손실을 합한 것으로 볼 수 있다.

종래의 개념으로는 어떤 품질특성이 규격 또는 허용차의 한계 내에만 있으면 양품으로 간주되었고 어떤 손실도 발생하지 않는다고 생각했으며, 규격의 상한선 또는 하한선을 넘을 때 비로소 손실이 발생하는 것으로 여겨져 왔다. 그러나 다구찌는 비록 품질특성치가 소비자 규격 내에 부합된다고 하더라도 목표치에서 벗어남에 따라 어느 정도의 손실이 발생한다고 주장하였다. 즉, 기존 품질 개념에 의한 손실비용을 그림으로 나타낸다면 [그림 12-1]의 (a)와 같을 것이다. 그러나 다구찌는 [그림 12-1]의 (b)에서 보는 바와 같이 비록 품질특성치가 소비자 규격 내에 든다 하더라도 목표치에서 벗어남에 따라 포물선 모양의 손실이 발생한다고 주장하였다. 따라서 동일한 공정 품질과 규격 하에서 다구찌 개념에 의

한 손실비용이 기존의 개념에 의한 손실비용에 비해 더 크게 해석되므로 생산자의 품질 편차를 줄이려는 노력을 유발시킨다고 할 수 있다.

[그림 12-1]의 (a)와 같은 손실함수의 모순점을 한 가지 지적한다면 품질특성치가 규격 하한선에 겨우 들어온 경우 아무런 손실이 없다고 보는 반면, 약간 벗어난 경우에는 급격하게 손실비용이 발생한다고 보는 불합리성을 들 수 있겠다. 이에 반해 다구찌 손실함수는 품질특성치가 목표치에서 벗어남에 따라 손실비용이 부드러운 곡선 형태를 가지며 증가하는 것으로 나타나고 있다. 물론 손실함수를 어떻게 가정하는 것이 보다 현실에 가까운가는 별도의 문제겠지만 보통 포물선으로 가정하는 것이 단순하면서도 합리적인 것으로 평가되고 있다.

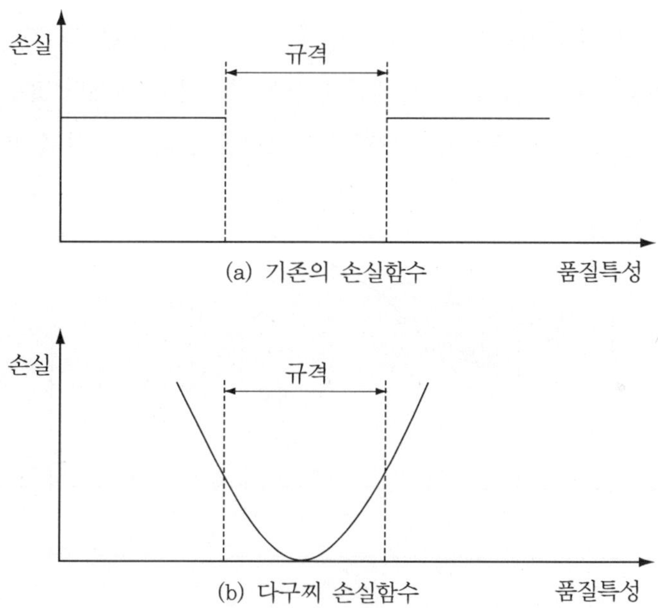

[그림 12-1] 기존의 손실함수와 다구찌 손실함수의 비교

품질에 따른 다구찌의 손실함수를 타당한 것으로 여기는 생산자라면 품질 손실을 줄이기 위하여 품질특성을 될 수 있으면 목표치에 가깝게 하려 할 것이다. 이에 반해 기존의 손실함수를 믿는 생산자는 품질을 목표치와는 무관하게 규격 내에 들도록 하는데만 노력할 것이다. 소비자의 입장에서 어느 경우가 더 유리할 것인가는 명확하다고 하겠다. 이와 관련하여 소니회사의 예를 소개하고자 한다.

소니회사의 예

1979년 일본의 아시히신문은 매우 흥미로운 품질관리에 대한 기사를 보도하였다. 소니는 자사의 TV를 일본과 미국의 공장에서 각각 생산하고 있는데 두 공장 모두 똑같은 공정, 자재, 그리고 제품의 규격에 의해 출고하고 있었다. 그러나 미국의 수요자를 대상으로 한 시장조사 결과 대부분의 수요자들이 일본에서 생산된 TV를 선호하는 것으로 나타났고, 이의 원인분석을 위해 품질조사를 해본 결과 오히려 불량률에 있어서는 미국 공장이 일본 공장보다 나은(거의 0 %에 가까운) 수치를 보이고 있었다. 더욱 정밀한 품질조사 결과 [그림 12-2]에서 보는 바와 같이 두 공장에서 생산된 TV의 색상밀도 분포가 서로 현저하게 다른 모양을 갖는 것을 알 수 있었다. 일본에서 생산된 제품의 경우 색상밀도가 가장 바람직한 수준인 m을 중심으로 A등급(최상급)에 몰려있는 반면, 미국에서 생산된 제품들은 규격 내에는 모두 들고 있으나 A, B, C 등급에 균등하게 퍼져있어, 결국 일본에서 생산된 소니 제품은 약 60% 이상이 최상품이고 미국에서 생산된 소니 제품은 약 30% 정도만이 최상품에 속하는 품질차를 보이고 있었다. 이 예를 통하여 품질을 규격에만 맞추는데 만족하지 않고 품질의 변동 또는 편차를 줄이려는 노력이 필요함을 절실히 느낄 수 있다.

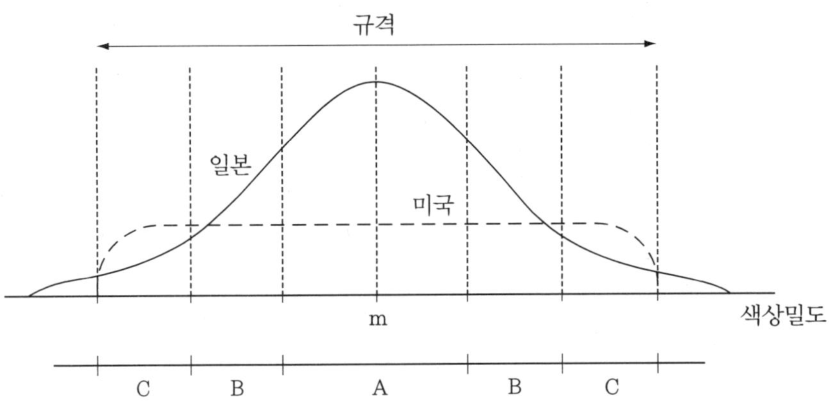

[그림 12-2] 일본 및 미국 소니 TV의 색상밀도 분포

일반적으로 품질특성치의 종류는 다음과 같이 세 가지로 분류된다.

(1) 품질특성치가 목표치에 가까울수록 좋은 경우(nominal-the-best characteristics)

품질특성치에 특정한 목표치가 주어져 있고 품질이 목표치에 가까울수록 좋은 경우(망목특성이라고도 함)에는 측정치가 y이고 목표치가 m인 경우에 손실함수 $L(y)$를 다음과 같이 정의할 수 있다.

$$L(y) = k(y-m)^2 \quad (k\text{는 상수}) \tag{12.1}$$

이 손실함수는 y에 대한 연속함수로서 아래 [그림 12-3]에서 보는 것과 같은 2차 곡선으로 나타낼 수 있으며, 상수 k는 손실을 화폐가치로 환산할 때 적절하게 선정할 수 있다. 예를 들어 [그림 12-3]에서와 같이 규격이 $m \pm \Delta$인 품질특성치가 $m-\Delta$(또는 $m+\Delta$)가 될 때 비용 C가 발생한다면 $C = k\Delta^2$의 관계에 의해 $k = C/\Delta^2$으로 구해질 수 있다.

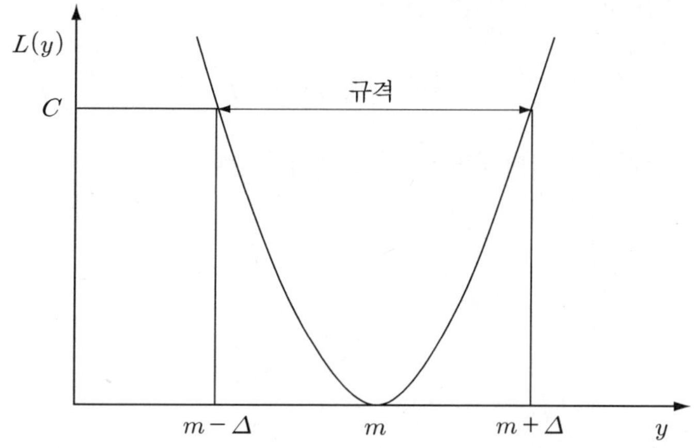

[그림 12-3] 망목특성의 손실 함수

(2) 품질특성치가 작을수록 좋은 경우(smaller-the-better characteristics)

진동, 불량률 등과 같이 특성치가 작을 수록 좋은 경우(망소특성이라고도 함)에는 일반적으로 목표치 m은 0이므로 손실함수는 식(12.1)로부터

$$L(y) = ky^2, \ y \geq 0 \tag{12.2}$$

으로 나타낼 수 있고, 그래프는 [그림 12-4]와 같다.

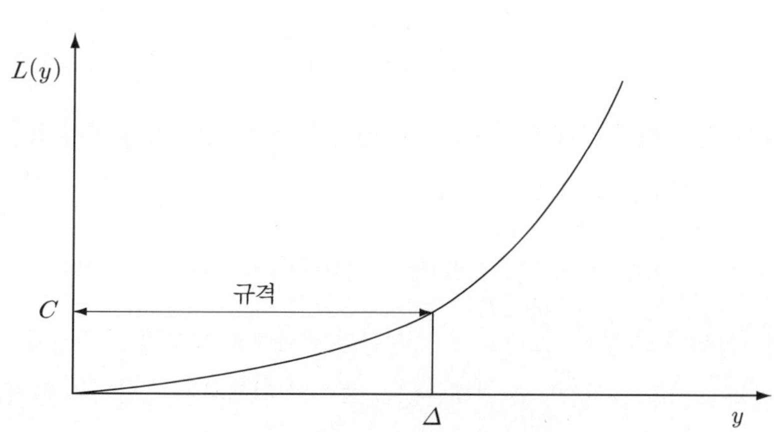

[그림 12-4] 망소특성의 손실함수

(3) 품질특성치가 클수록 좋은 경우(larger-the-better characteristics)

수명, 수율, 적중률 등과 같이 특성치가 클수록 좋은 경우(망대특성이라고도 함)에는 특성치 y를 변환시켜 $y' = 1/y$로 하면 y'는 망소특성의 성질을 가지게 되므로 식(12.2)에 대입하면, 망대특성인 경우의 손실함수는

$$L(y) = k(1/y^2),\ \ y \geq 0 \tag{12.3}$$

이 되며, 이를 그래프로 나타내면 [그림 12-5]와 같다.

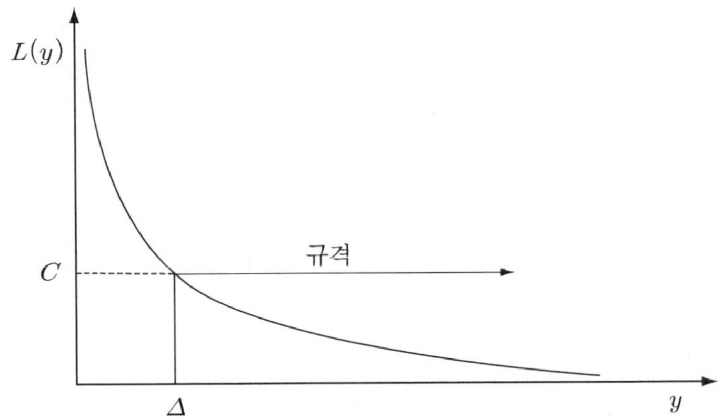

[그림 12-5] 망대특성의 손실함수

위에서 언급한 손실함수 중 포물선 모양을 가지는 망목특성의 경우를 다시 한번 고려해 보자. 품질특성치를 Y(어떤 값을 가질지 모르므로 확률변수로 간주할 수 있다)로 표기하면 다음과 같이 손실 L을 나타낼 수 있다.

$$L = k(Y - m)^2$$

이 경우 손실을 줄이는 문제를 이론적으로 생각해 보자. 앞의 L은 역시 확률변수이므로 이의 기대치를 구하면 다음과 같다.

$$E[L] = E[k(Y-m)^2] = k\,Var[Y] + k(E[Y]-m)^2 \tag{12.4}$$

즉, 기대손실은 Y의 분산, 그리고 Y의 평균과 목표치와의 편차로 구성되므로 품질특성치의 평균이 목표치와 일치한다면 기대손실을 줄이기 위해서는 공정의 분산 또는 표준편차를 줄이도록 해야 할 것이다. 식(12.4)의 기대손실은 망소특성의 경우에도 $m = 0$으로 하면 동일하게 적용된다.

예 12-1

어떤 부품에 대한 품질특성치는 망목특성을 갖는데 목표치는 100이며 품질비용함수가 다음과 같은 것으로 알려져 있다.

$$L(y) = 40(y-100)^2 \qquad (\text{원})$$

이 부품을 생산하는 2개의 라인이 있는데 각 라인에 대한 공정 품질의 평균 및 표준편차는 다음과 같다.

라인 1: 평균 96　　표준편차 3

라인 2: 평균 98　　표준편차 5

각 라인에서 생산되는 임의의 한 부품에 대한 손실(비용)을 구하고 그 결과를 비교하라.

풀이 라인 1의 경우

$$\text{기대비용} = 40(3)^2 + 40(96-100)^2 = 360 + 640 = 1,000(\text{원})$$

라인 2의 경우

$$\text{기대비용} = 40(5)^2 + 40(98-100)^2 = 1,000 + 160 = 1,160(\text{원})$$

따라서 라인 2의 경우가 공정 품질의 평균은 목표치에 더 가깝지만 표준편차가 더 크므로 결과적인 기대비용이 라인 1에서보다 더 큼을 알 수 있다.

예 12-2

[예 12.1]의 라인 2에 대하여 신기술을 도입하면 공정 평균은 그대로 유지하면서 공정의 표준편차를 5에서 3으로 줄일 수 있다고 하자. 다른 비용을 고려하지 않을 경우 어느 정도 이하의 비용이 들면 이 기술을 도입하겠는가?

풀이 기술 도입 전후의 공정 평균과 표준편차를 정리하면 다음과 같다.

기술 도입 전: 평균 98　　표준편차 5

기술 도입 후: 평균 98　　표준편차 3

표준편차를 5에서 3으로 감소시킬 때 절약되는 비용은

$$\text{절약비용} = 40(5)^2 - 40(3)^2 = 640(\text{원})$$

이므로 신기술 도입에 부품 당 640원 이하의 비용이 소요된다면 타당성이 있을 것이다.

예 12-3

어느 회사에서 생산되는 제품의 수명이 y일 때 품질에 대한 손실함수는

$$L(y) = k/y^2$$

인 것으로 알려져 있다. 제품의 수명을 검사하여 Δ 이하이면 비용 C를 들여 재작업한다. n개의 제품에 대한 수명 $y_1, y_2, \ldots, y_n$이 관측되었다고 한다. 이 회사에서 생산되는 임의의 한 제품에 대한 기대손실을 추정하라.

풀이 y가 Δ일 때 $L(\Delta) = C$이므로 상수 k는 다음과 같이 계산된다.

$$k = \Delta^2 C$$

따라서 기대손실의 추정치는 다음과 같다.

$$\text{기대손실의 추정치} = \frac{\Delta^2 C}{n} \sum_{i=1}^{n} \frac{1}{y_i^2}$$

표준편차를 5에서 3으로 감소시킬 때 절약되는 비용은

$$\text{절약비용} = 40(5)^2 - 40(3)^2 = 640(\text{원})$$

이므로 신기술 도입에 부품 당 640원 이하의 비용이 소요된다면 타당성이 있을 것이다.

12.2 다구찌의 품질설계

일반적으로 제품개발이 이루어지는 순서는 크게 제품설계, 공정설계, 제조의 세 단계로 나뉘며 각 단계는 다시 여러 세부단계로 이루어진다. 어떤 한 단계의 산출물(output)은 바로 다음 단계의 입력(input)으로 투입되므로 모든 단계가 서로 연결이 되어 있고, 따라서 위의 세 단계 모두가 제품의 품질 및 원가에 영향을 준다. 그러나 제품의 특성이 점차 복잡해짐에 따라 제품설계 및 공정설계의 중요성이 높아지고 있다.

제품설계의 중요성은 주위에서 흔히 경험하는 제품설계상의 결함에 의한 사용상의 불편함, 극단적으로는 비행기 사고와 같은 재난 등으로 충분히 이해될 수 있다. 일반적으로 제품의 실제 성능은 사용되는(사용자를 포함한) 환경요인, 제품의 시간에 따른 노후, 그리고 공정상의 변동 등에 의해 다르게 나타난다. 예를 들어, 같은 자동차 엔진이라 하더라도 더운 지방과 추운 지방에서의 성능에는 차이가 있을 수 있다. 이러한 환경요인에 의한 성능의 차이, 혹은 변동을 없애기 위한 수단이 〈표 12-1〉에서와 같이 제품설계단계에서는 가능하나 공정설계 또는 제조단계에서는 이미 불가능하다. 이에 비하여 공정상의 변동에 의한 성능의 차이는 모든 단계에서 제거할 수 있다.

〈표 12-1〉 제품개발단계별 원인에 따른 성능 변동 제거의 가능성

제품개발단계	성능 변동 원인		
	환경요인	제품 노후	공정상 변동
제품설계	○	○	○
공정설계	×	×	○
제조	×	×	○

(○: 가능, ×: 불가능)

제조공정에 있어서 공정설계에 따라 불량률도 좌우될 수 있다. 그리고 주어진 공정설계에서 공정관리를 철저히 할수록 제조상 불량률을 감소시킬 수 있으나 이를 위해서는 비용이 많이 들 것이다. 따라서 불량률도 줄이면서 공정관리비용 역시 감소시키려는 노력이 필요한데 공정설계의 향상이 한 방법이다. [그림 12-6]은 공정설계 향상 전후에 대하여 공정관리의 정도에 따른 제조상 불량률을 나타낸 것이다. 즉, 공정설계를 향상시키기 전에는 c_1만큼의 공정관리로서 d_1의 불량률을 내고 있었으나, 공정설계의 향상으로 이전보다 적은 c_2의 공정관리로 더욱 낮은 불량률 d_2를 이룩할 수 있다는 것이다.

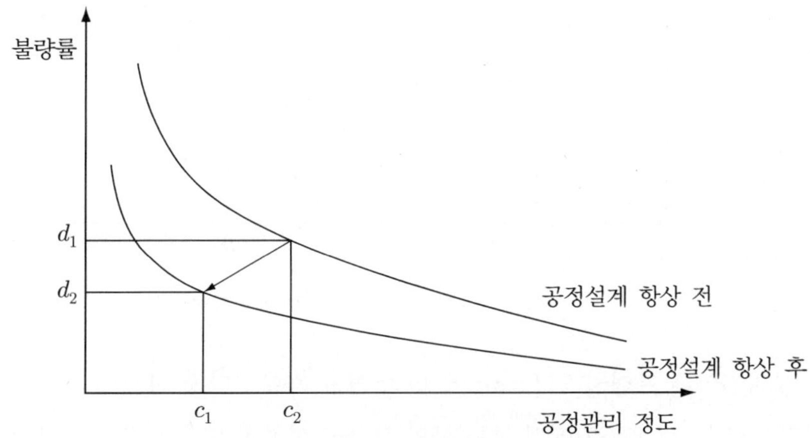

[그림 12-6] 공정설계 향상에 따른 불량률 감소

이와 같은 공정설계 활동은 시스템설계, 파라미터설계, 허용차설계 등을 통하여 체계적으로 이루어져야 한다. 각각의 활동에 대한 설명은 다음과 같다.

(1) 시스템설계

시스템설계는 바람직한, 또는 소비자가 요구하는 기본적 기능을 지닌 원형 (prototype)을 개발하는 것인데, 소비자의 욕구 및 제조와 관련된 제반 환경요인들을 고려해야 한다. 예를 들어 TV에서 100V 교류로 들어오는 전압을 115V 직류로 바꾸기 위해서는 적절한 전기회로를 설계해야 하는데 이를 위하여 자동제어 시스템을 사용할 수 있을 것이다. 즉, 원하는 출력 115V를 목표치로 정하고 계속적으로 회로의 출력을 측정하여 목표치와 측정치에 차이가 있으면 자동적으로 회로의 관련 요인을 변화시키는 것이다. 따라서 이러한 TV 전기회로의 시스템설계에는 바로 적절한 회로설계의 선택이 요구된다.

(2) 파라미터설계

시스템설계가 이루어진 다음에는 제품의 기능에 있어서의 변동을 최소화시킬 수 있도록 시스템의 각 요소의 요인수준을 결정해야 하는데 이를 파라미터설계라 한다. 앞서 언급한 TV 전기회로 예를 다시 들면 원형회로를 선택한 후 회로요인들의 최적수준을 결정할 필요가 있다.

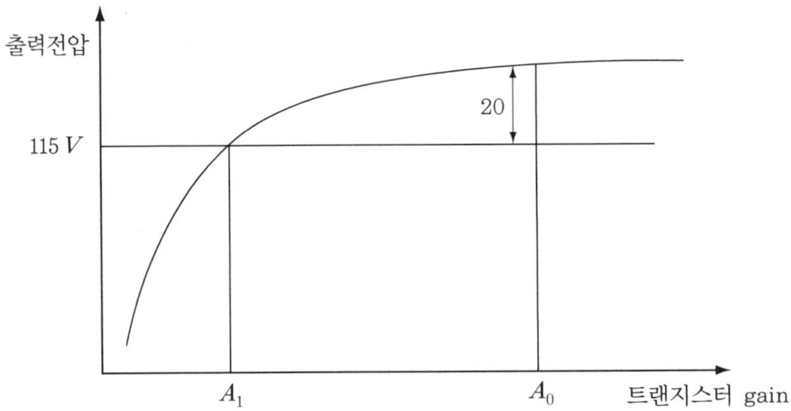

[그림 12-7] 트랜지스터 gain과 출력전압

회로의 출력전압은 트랜지스터 gain에 의해 크게 좌우된다고 하는데 이 트랜지스터 gain과 출력전압은 [그림 12-7]에서 보는 바와 같은 비선형의 관계를 갖고 있다고 가정하자. 출력전압의 목표치가 115V라 할 때 위의 그림을 보면 A_1 수준의 트랜지스터 gain을 선택하는 것이 적절해 보이나 A_1 수준 부근에서는 gain이 약간만 변해도 이에 따른 출력전압의 변동이 상당히 심하므로 파라미터설계의 관점에서는 적합하지 못하며, 이보다는 A_0 수준의 gain을 선택하는 것이 이 부근에서의 출력전압의 변동이 매우 적으므로 바람직하다고 할 수 있다. 그러나 A_0 수준으로 정하는 경우 출력전압이 목표치보다 약 20V 높으므로 다른 회로요인을 변화시킴으로써 전압을 목표치 수준까지 낮추어야 하는데 이는 저항을 높임으로써 이룩될 수 있다. 이처럼 목표치를 조정하는 평균조정인자 또는 수단은 통상 있게 마련이므로 공정조건을 정하는데 있어 공정조건과 품질특성치의 비선형성을 활용하여 편차가 적은 수준을 우선적으로 선택해야 한다.

한편 요인 수가 많아지면 실험계획법에 의해 제품성능을 목표치에 가능하면 가깝게 유지하면서 각종 변동에 의한 영향을 최소로 하는 부품요인의 적정수준을 찾아낼 수 있다. 설계에 관련된 요인은 크게 제어요인(control parameter; 설계요인이라고도 함)과 잡음요인(noise parameter; 잡음이라고도 함)으로 구분되는데, 여기서 제어요인이란 생산자에 의하여 설정되는 요인을 말하고, 잡음요인은 생산자가 제어할 수 없고 소비자의 사용환경에 따라 변할 수 있는 요인을 의미한다. 잡음요인은 다시 다음의 세 가지로 나뉘어진다.

- **외부 잡음요인**(outer noise) : 온도, 습도, 압력 등과 같은 외부 사용 환경조건의 변화에 의한 변동
- **내부 잡음요인**(inner noise) : 제품을 사용하는 과정에서 발생되는 노후, 혹은 내부 마모나 열화 및 퇴색에 의한 변동
- **제품 잡음요인**(product noise) : 제품의 불완전 제조에 의하여 발생되는 제품간 성능특성치의 산포에 따른 변동

파라미터설계 실험의 목적은 제품성능에 끼치는 잡음요인들의 영향을 최소화시키는 각 설계요인의 수준을 찾아내는 것으로, 실험계획법을 통하여 체계적으로 설계요인의 수준을 변화시키고 각 실험에서의 잡음요인의 영향을 비교함으로써 최적수준조합을 도출한다. 여기서의 실험계획은 12.4절에서 설명될 직교배열표를 사용함으로써 이루어지며, 특기할 만한 사항으로 *SN*비(Signal-to- Noise ratio; 신호 대 잡음비)로 환산한 특성치를 이용한다는 점을 들 수 있다.

(3) 허용차설계

시스템설계가 완성되고 파라미터설계를 통하여 부품들에 대한 최적수준조합이 얻어지면 허용차설계를 통해 품질과 비용을 동시에 감안한 적정수준의 허용차를 결정한다. 이를 위해서는 우선 각 요인수준의 허용가능한 편차를 알 필요가 있다. 편차의 범위가 좁을수록 품질은 상승하므로 제품의 원가 및 제조비용이 증대되는 반면에, 편차의 범위가 넓을수록 제품의 기능이 목표치에서 벗어나는 경향이 많아지므로 품질은 떨어지게 된다. 따라서 허용차설계의 목적은 가장 경제적인 허용차를 결정하는 것이며 이를 위해 손실함수의 개념이 사용될 수도 있다.

12.3 *SN* 비

다구찌기법에서 각 실험의 특성치로 *SN*비가 이용되는데, 이는 원래 통신공학에서 이용되

어 온 개념이다. 통신공학에서 기능적인 품질특성을 다룰 때에 아래 [그림 12-8]에서 보는 바와 같이 신호입력과 잡음이 시스템의 산출물에 어느 정도의 영향을 주는가를 조사하게 된다.

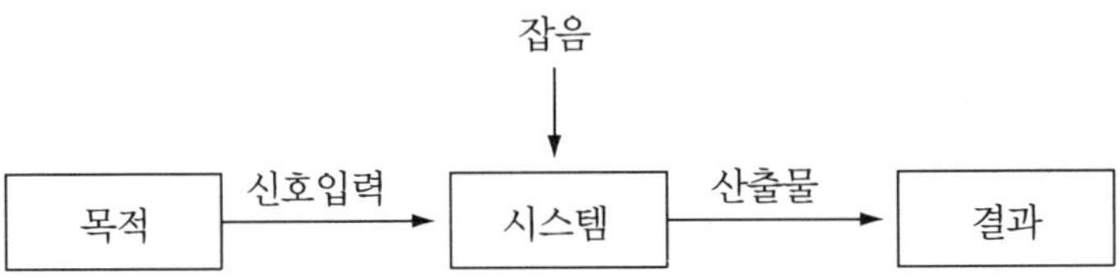

[그림 12-8] 신호 및 잡음의 기능관계

목적을 수행하기 위하여 전달된 신호입력이 산출물의 품질수준에 영향을 주며, 시스템에 가해지는 잡음이 산출물의 품질에 변동을 초래하게 되어 결과에 대한 신뢰성을 떨어뜨리게 된다. SN비는 신호 대 잡음의 비율을 의미하는 것으로, 다음과 같이 신호입력의 힘과 잡음이 주는 영향의 힘의 비율로서 나타내어진다.

$$SN\text{비} = \frac{\text{목적이 산출물의 결과에 어느 정도 반영되었는가?}}{\text{잡음의 크기가 산출물의 결과에 어느 정도 나쁜 영향을 주는가?}}$$

$$= \frac{\text{신호입력이 산출물에 전달된 힘}}{\text{잡음이 산출물에 전달된 힘}}$$

$$= \frac{\text{신호의 힘}}{\text{잡음의 힘}}$$

위 식으로 나타내어지는 SN비는 품질특성치의 종류별로 다르게 정의하여 사용되나 어느 종류나 항상 그 값이 클수록 좋은 것으로 해석된다. SN비를 실험 데이터로부터 추정할 때 다구찌는 망목특성에 대해서는 아래와 같은 식을 사용하였다.

$$\frac{\text{신호의 힘}}{\text{잡음의 힘}} = \frac{\text{모평균의 제곱}(\mu^2)\text{의 추정치}}{\text{분산}(\sigma^2)\text{의 추정치}} \tag{12.5}$$

식(12.5)는 손실함수와 관계가 있는 것을 알 수 있다. 망목특성의 경우 식(12.4)의 기대손실을 다음과 같이 쓸 수 있는데

$$\text{기대손실} = k\sigma^2 + k(\mu - m)^2$$

공정평균 μ를 a배하여 목표치에 맞출 수 있다 하고 이 경우 공정표준편차도 a배로 증가한

다고 하자. 즉 $a\mu = m(a = m/\mu)$이며 새로운 공정분산은 $a^2\sigma^2$이 된다. 이때 기대손실은 다음과 같이 될 것이다.

$$기대손실 = ka^2\sigma^2 = km^2\frac{\sigma^2}{\mu^2}$$

그러므로 기대손실을 줄이는 것은 σ^2/μ^2을 작게하는 것이고 이는 다시 식(12.5)와 같이 μ^2/σ^2을 크게하는 것이다.

n개의 데이터 Y_1, Y_2, …, Y_n에 대하여 $\overline{Y}$를 표본평균, s_Y^2을 표본분산이라 하면 식(12.5)에서 σ^2은 s_Y^2으로, μ^2은 $\overline{Y}^2 - s_Y^2/n$으로 추정되기 때문에(연습문제 12.4 참조) SN비는 다음과 같이 나타낼 수 있다.

$$SN비 = \frac{\overline{Y}^2 - s_Y^2/n}{s_Y^2} = \left(\frac{\overline{Y}}{s_Y}\right)^2 - \frac{1}{n} \tag{12.6}$$

따라서 평균값이 클수록, 또는 표본분산이 작을수록 SN비는 커진다.

그러나 실제 사용되는 SN비의 값은 통신공학에서와 같이 위의 식에 상용대수를 취하고 10을 곱하여 데시벨(db; decibel)의 단위로 나타낸다. 즉, 망목특성인 경우의 SN비는 아래와 같다.

$$SN비 = 10\log\left[\frac{\overline{Y}^2 - s_Y^2/n}{s_Y^2}\right] = 10\log\left[\left(\frac{\overline{Y}}{s_Y}\right)^2 - \frac{1}{n}\right] \tag{12.7}$$

식(12.7)의 SN비는 n이 상당히 클 경우 $1/n$을 무시하면 다음과 같이 구할 수도 있다. 대부분의 경우 $\overline{Y}$가 s_Y보다 크므로 n이 그다지 크지 않더라도 s_Y^2/n이 무시될 수 있다.

$$SN비 = 20\log\left(\frac{\overline{Y}}{s_Y}\right) \tag{12.8}$$

망목특성의 손실함수를 나타내는 식에는 목표치가 존재하나 SN비 공식에는 목표치가 포함되지 않는 이유는 품질특성치의 평균(μ)이 목표치와 일치하거나, 평균을 목표치에 맞출 수 있다는 가정이 내포되어 있기 때문이다.

예 12-4

용강 내의 산소량에는 정해진 목표치가 있다. 다음은 두 가지 공정조건 하에서 각각 측정한 용강 내의 산소량이다.

공정조건 1	95	95	100	100	105	105
공정조건 2	80	80	80	120	120	120

각 공정조건 하에서의 산소량에 대한 SN비를 구하고 비교하라.

풀이 공정조건 1에서의 산소량의 표본평균과 표본분산은 각각

$$\overline{Y_1} = 100 \ , \ s_1^2 = 20$$

이므로 SN비는 다음과 같다.

$$SN_1 = 10\log\left(\frac{100^2 - 20/6}{20}\right) = 26.99$$

공정조건 2에서의 산소량의 표본평균과 표본분산은 각각

$$\overline{Y_2} = 100, \ s_2^2 = 480$$

이므로 SN비는 다음과 같다.

$$SN_2 = 10\log\left(\frac{100^2 - 480/6}{480}\right) = 13.15$$

따라서 공정조건 1에서의 SN비가 크므로 공정조건 1에서의 품질이 더 좋다고 할 수 있다.

한편 망소, 망대 특성의 경우에는 각각 식(12.2), 식(12.3)의 손실함수를 바탕으로 다음과 같이 SN비를 정의한다.

$$\text{망소특성 : } SN\text{비} = -10\log\left[\frac{1}{n}\sum_{i=1}^{n} Y_i^2\right] \tag{12.9}$$

$$\text{망대특성 : } SN\text{비} = -10\log\left[\frac{1}{n}\sum_{i=1}^{n} \frac{1}{Y_i^2}\right] \tag{12.10}$$

예 12-5

어떤 연속주조 조건 하에서 생산된 5매의 주편 내부에 발생된 크랙 수는 다음과 같다. 이에 대한 SN비를 구하라.

16, 22, 0, 10, 8

풀이 크랙 수는 망소특성으로 볼 수 있으므로 SN비는 식(12.9)에 의해 다음과 같이 산출된다.

$$SN\text{비} = -10\log\left[\frac{1}{5}(16^2 + 22^2 + 10^2 + 8^2)\right] = -10\log(180.8) = -22.57$$

12.4 직교배열표에 의한 실험계획법

파라미터설계단계에서 각 설계요인들의 최적수준조합을 찾기 위해서는 체계적인 실험이 수행되어야 한다. 이를 위하여 일반적인 실험계획법을 사용할 수 있으나 인자 수와 수준 수의 증가에 따라 필요한 실험 수가 지나치게 많아질 수 있으므로 다구찌는 적은 실험 수로 주요한 결과를 얻을 수 있는 직교배열표(orthogonal array)에 의한 실험을 제안하고 있다.

12.4.1 직교배열표

제품의 품질이나 생산성을 향상시키거나 불량률을 감소시키고자 하는 실험에서 일반적으로 고려해야 할 인자 수는 매우 많다. 인자 수가 많은 경우에 주효과와 기술적으로 보아 있을 것 같은 2 인자 교호작용을 우선적으로 검출하고, 과거의 경험 등으로 미루어 보아 없으리라 예상되는 2 인자 교호작용 및 3차 이상 고차의 교호작용의 분석은 배제하여 실험횟수를 줄이고자 한다. 이러한 목적 하에 실험계획을 수립할 수 있도록 만들어 놓은 표가 직교배열표이다(교호작용에 대한 설명은 11.1.2절 참조).

직교배열표는 각 인자의 수준이 2개인 경우와 수준이 3개인 경우가 가장 많이 사용되고 있다. 수준이 2개인 직교배열표는 일반적으로 $L2^m\,(m=2,\ 3,\ \ldots)$으로 나타내는데 여기서 2^m은 행의 수이자 실험 수를 나타내며, 배치가능한 최대 인자 수, 즉 직교배열표 상에서의 열의 수는 2^m-1개가 된다. 예를 들어 L4는 4가지의 실험을 하며 3개의 열을 갖고 있는 직교배열표를 의미한다. 한편 수준이 3개인 직교배열표는 일반적으로 $L3^m\,(m=2,\ 3,\ \ldots)$으로 나타내는데 이 경우 실험 수가 3^m가지이며 열의 수는 $(3^m-1)/2$개이다. 예를 들어 L9는 실험 수가 9가지이며 열의 수는 4개인 직교배열표를 의미한다. 이 절에서는 수준 수가 2인 직교배열표와 이에 따른 실험계획에 대하여 설명하고자 한다.

〈표 12-2〉 L4 직교배열표

실험번호	열번호		
	1	2	3
1	0	0	0
2	0	1	1
3	1	0	1
4	1	1	0
기본표시	a	b	ab

〈표 12-2〉에서 보는 바와 같이 L4 직교배열표에서는 첫 번째 수준을 0으로, 두 번째 수준을 1로 적기로 한다. 또한 〈표 12-4〉에서 기본표시는 각 열에 요인을 배치할 때 사용된다(12.4.2절 참조). 위의 표에서 다음과 같은 직교배열표의 특성을 볼 수 있다.

- 모든 열은 서로 직교(orthogonal)하고 있다(0을 −1로 바꾼 임의의 두 열벡터의 내적은 0이다).
- 어느 열이나 0과 1이 반반씩 나타나고 있다.
- 3열은 1열과 2열을 합한 것을 2로 나눈 나머지(modulus 2)로 만든 것이다.

한편 L8 직교배열표의 경우는 〈표 12-3〉에서 보는 바와 같이 실험 수가 8이며 7개의 열을 갖고 있다. 그리고 열별 기본표시는 아래와 같다.

a, b, ab, c, ac, bc, abc

예 12-6

〈표 12-3〉의 L8의 직교배열표에서 2열과 5열이 서로 직교함을 확인하라.

풀이 2열과 5열에서 0을 1로 바꾼 후 행벡터로 다시 쓰면 다음과 같다.

$$2열 = (-1,\ -1,\ 1,\ 1,\ -1,\ -1,\ 1,\ 1)$$
$$5열 = (-1,\ 1,\ -1,\ 1,\ 1,\ -1,\ 1,\ -1)$$

따라서 2열과 5열의 내적은 다음과 같이 0이다.

$$내적 = 1 - 1 - 1 + 1 - 1 + 1 + 1 - 1 = 0$$

3 수준에 대한 직교배열표 중 L9, L27을 부록에 수록하였다. L9의 경우 최대 배치가능한 인자 수는 4개이며, L27의 경우에는 13개까지 배치할 수 있다. 따라서 3 수준 인자가 5개 이상일 경우에는 L27을 사용할 수밖에 없는데, 실험 수가 너무 많아지므로 혼합형인 L18 표를 많이 사용한다. L18은 〈표 12-15〉에서 볼 수 있듯이 하나의 인자만 2 수준을 갖고 나머지는 3 수준을 갖는 인자들에 대하여 사용할 수 있으며 8개의 열을 갖고 있다. 이와 같이 직교배열표의 선택은 수준수와 요인(인자 및 교호작용)의 수에 의하여 결정된다.

예 12-7

수준수가 2인 인자에 대하여 실험을 하려고 한다. 분석하려는 요인수는 20이다. 어떤 직교배열표를 사용할 수 있는가?

풀이 L16은 최대 15개의 요인을 고려할 수 있으므로 다음으로 큰 직교배열인 L32를 고려하여야 한다. 이는 열수가 31개이므로 20개의 요인을 배치한 나머지는 오차분석에 사용된다.

12.4.2 인자배치

직교배열표에 인자를 배치시키는 방법에는 기본표시에 의한 방법과 선점도(linear graphs)에 의한 방법이 있는데, 여기서는 기본표시에 의한 방법을 기술한다.

(1) 교호작용이 없는 경우

교호작용이 없다고 판단되는 경우는 인자의 주효과만을 분석하려는 것으로 이때는 각 인자를 임의의 열에 배치할 수 있다. 한 예로 2수준 인자의 수가 7개 이하의 경우에 인자 간의 교호작용이 존재하지 않는다고 판단되면 L8 표를 이용할 수 있다. 그러나 모든 열에 인자를 배치한다면 오차를 검출할 수 없으므로 통상 인자의 수가 6개 이하인 경우에 L8 표를 이용할 수 있다.

예 12-8

수준수가 각각 2인 5개의 인자 A, B, C, D, F를 직교배열표를 사용하여 실험하고자 한다. 교호작용은 고려하지 않는다고 한다. 적절한 직교배열표를 선택하고 인자를 배치하라.

풀이 〈표 12-3〉과 같은 L8 직교배열표를 사용할 수 있으며, 5개의 인자 A, B, C, D, F를 임의의 열에 배치할 수 있으므로 편이상 각각 열번호 1, 2, 3, 4, 5에 차례로 배치하고 열번호 6, 7에는 오차를 의미하는 e를 쓴다. 이 경우 분산분석시 오차항의 자유도는 2가 된다. 인자 A에 대하여 수준 0에서의 실험조건을 A_0, 수준 1에서의 실험조건을 A_1이라 하고 다른 인자에 대해서도 유사하게 정의한다. 이와 같이 인자들을 배치할 경우 하나의 예로 실험번호 8에 대한 실험조건은 $A_1B_1C_0D_1F_0$가 된다.

〈표 12-3〉 L8 직교배열표에서 교호작용을 고려하지 않은 실험계획

실험번호	열 번호							실험조건
	1	2	3	4	5	6	7	
1	0	0	0	0	0	0	0	$A_0B_0C_0D_0F_0$
2	0	0	0	1	1	1	1	$A_0B_0C_0D_1F_1$
3	0	1	1	0	0	1	1	$A_0B_1C_1D_0F_0$
4	0	1	1	1	1	0	0	$A_0B_1C_1D_1F_1$
5	1	0	1	0	1	0	1	$A_1B_0C_1D_0F_1$
6	1	0	1	1	0	1	0	$A_1B_0C_1D_1F_0$
7	1	1	0	0	1	1	0	$A_1B_1C_0D_0F_1$
8	1	1	0	1	0	0	1	$A_1B_1C_0D_1F_0$
기본 표시	a	b	ab	c	ac	bc	abc	
배치	A	B	C	D	F			

(2) 교호작용이 있는 경우

인자들의 교호작용을 고려하여야 하는 경우에는 인자수와 고려하는 교호작용을 더한 요인수를 바탕으로 직교배열표를 선정하여야 한다. 예를 들어 2수준 인자인 A, B, C, D를 고려할 때 교호작용이 없다고 판단되는 경우는 L8 직교배열표를 사용할 수 있다. 그러나 교호작용 A×B, A×C, A×D, B×C를 고려하여야 한다면 요인수가 8개가 되어 L8 직교배열표를 사용할 수 없다. 적절한 직교배열표가 선정된 후에는 직교배열표에 수록된 기본배치를 활용하여 각 요인을 열에 배치할 수 있다. 이를 다음 예로 설명하고자 한다.

예 12-9

2수준 4인자(A, B, C, D)에 대하여 8회 실험만으로 다음의 요인을 검출하려 한다고 하자.

주효과: A, B, C, D

교호작용: A×B, A×C

찾고자 하는 요인수가 6가지이므로 〈표 12-4〉와 같은 형태의 L8 표를 사용할 수 있다. 이 경우 인사 A, B가 각각 기본표시 a, b에 배치되면 교호작용 A×B는 반드시 기본표시 ab가 있는 열3에 배치하여야 하며, A, C가 각각 기본표시 a, c에 배치되면 교호작용 A×C는 반드시 기본표시 ac가 있는 열5에 배치하여야 한다. 만약 어떤 이유로 1열에 A, 2열에 C를 배치한다면, 3열에는 A×C 요인을 배치하여야 할 것이다. 교호작용의 배치는 실험조건에 영향을 주지 않으며 결과 분석시 해당 교호작용의 영향을 추정하는데 사용된다. 〈표 12-4〉에는 인자배치에 따른 실험조건을 보여주고 있다.

〈표 12-4〉 L8 직교배열표에서 교호작용을 고려한 실험계획

실험번호	열 번호							실험조건
	1	2	3	4	5	6	7	
1	0	0	0	0	0	0	0	$A_0B_0C_0D_0$
2	0	0	0	1	1	1	1	$A_0B_0C_1D_1$
3	0	1	1	0	0	1	1	$A_0B_1C_0D_1$
4	0	1	1	1	1	0	0	$A_0B_1C_1D_0$
5	1	0	1	0	1	0	1	$A_1B_0C_0D_0$
6	1	0	1	1	0	1	0	$A_1B_0C_1D_1$
7	1	1	0	0	1	1	0	$A_1B_1C_0D_1$
8	1	1	0	1	0	0	1	$A_1B_1C_1D_0$
기본 표시	a	b	ab	c	ac	bc	abc	
배치	A	B	A×B	C	A×C	D	e	

12.5 파라미터설계

파라미터설계를 위한 실험 및 결과분석 과정은 11장의 일반적인 실험계획에서와 거의 동일하다. 이 과정을 다시 한번 요약하면 다음과 같다.

1. 인자와 인자의 수준을 정한다.
2. 수준수와 요인(인자 및 교호작용)의 수를 고려하여 적절한 직교배열표를 선정한다.
3. 직교배열표에 인자(또는 교호작용)를 배치한다.
4. 배치된 인자의 실험조건에 따라 실험을 반복적으로 실시하고 결과를 측정한다.
5. 각 실험번호에 해당하는 결과치들을 *SN*비로 환산한다.
6. *SN*비 데이터를 바탕으로 간이분석법, 또는 분산분석법을 통하여 결과를 분석한다.

파라미터설계의 목적은 잡음의 영향 하에서 성능특성치의 분산을 작게 함과 동시에 평균을 목표치에 근접시킬 수 있는 제어인자의 적절한 수준을 찾는 것으로, 일반적으로 다음의 2가지 과정을 거친다.

1. 실험은 직교배열표를 이용하여 설계되며, 제어인자들에 대한 동일 실험 조건하에서 2번 이상의 실험을 반복한다. 이처럼 반복 데이터를 얻는 것은 성능특성치에 대한 잡음(외부, 내부, 또는 제품간의 잡음)이나 제어하기 어려운 인자의 영향을 오차항으로 간주하고 오차항의 분산을 보다 정확하게 추정하기 위해서이다. 잡음을 실험에서 고려할 수 있는 특수한 상황에는 잡음인자 및 수준을 고려하여 제어인자 실험조건에 결합시키는 경우도 있다.
2. 분산분석시에 특성치 데이터에 대하여 직접 분석하지 않고 이들로부터 계산된 *SN*비를 계산하여, 이를 새로운 특성치로 삼아 분석을 실시한다. 분산분석이나 간이분석 등을 통하여 성능특성치의 평균, 또는 *SN*비에 유의한 영향을 주는 제어인자를 찾을 수 있는데 전자를 평균조정인자, 후자를 산포제어인자라 부른다. 만일 하나의 인자가 성능특성치의 평균과 *SN*비에 동시에 영향을 준다면 이는 산포제어인자로 분류된다.

파라미터설계시 고려해야 할 주요 착안점으로 다음의 네 가지를 들 수 있다. 첫째, 품질특성치의 산포를 줄인다. 이를 위하여 잡음에 최소의 영향을 받는 생산 및 공정조건을 설계함으로써 품질의 안정성을 도모한다. 둘째, 품질특성치의 평균값을 목표치에 근접시킨다. 품질특성치의 평균값에 유의한 영향을 미치는 설계요인들을 선택하여 평균값을 목표치에 근접시킬 수 있는 각 요인들의 수준을 결정한다. 그러나 임의의 설계요인에 대하여 산포를 최소화시키는 조건과 평균값을 목표치에 근접시키는 조건이 서로 일치하지 않을 경우에는 산포를 최소화시키는 조건이 우선해야 한다. 세째, 비용을 최소화시킨다. 첫째와 둘째 단계에서 최적수준이 결정되지 않은 요인의 수준은 비용을 작게 하는 수준으로 선택한다. 만약 낮은 등급의 부품이 정해 놓은 허용차를 만족시키지 못하는 경우에는 허용차설계 단계에서 조사하여 부품을 선별적으로 대체시킨다. 마지막으로 설계요인의 조건들은 실험의 재현성이 있어야만 실질적인 가치를 가지므로, 확인실험을 통하여 재현성이 있는 결과가 얻어졌는지 확인한다.

이상의 네 가지 착안점은 주로 품질특성치가 망목특성인 경우에 고려되어야 하며, 망소특성인 경우에는 *SN*비를 품질특성치로 이용한다면 품질특성치의 평균값이 작아질수록 산포도 따라서 작아지는 성질을 가지고 있기 때문에 첫째와 둘째 단계를 하나로 생각해도 무방하다. 한편 품질특성치가 망대특성인 경우에도 역시, 그 역수를 취하면 망소특성과 동일하게 취급할 수 있으므로, 첫째와 둘째 단계를 합쳐 *SN*비만을 가지고 설계인자의 조건을 선택한다.

12.5.1 간이분석법

이 절에서는 직교배열표에 근거하여 실험을 실시하고 결과를 *SN*비로 환산할 경우 이 값들을 바탕으로 간편하게 분석할 수 있는 간이분석법(또는 파레토분석)을 2수준과 3수준 실험으로 구분하여 설명한다.

(1) 2수준 실험에서 간이분석

L8, L16 등과 같이 2수준 직교배열표를 사용하여 실험을 실시하고 *SN*비를 구하면 〈표 12-5〉와 같은 결과를 얻는다. 여기서 고려하는 요인(인자 및 교호작용) 수를 N이라 하고 각 요인을 f_1, f_2, ... f_N으로 나타내며 실험수를 M으로 나타낸다. 예를 들어 〈표 12-4〉에서와 같이 L8직교배열표를 사용하고 요인으로 A, B, A×B, C, A×C, D를 고려하면 N=6이고 f_1=A, f_2=B, f_3=A×B, f_4==C, f_5=A×C, f_6=D이며 M=8이다.

〈표 12-5〉 2수준 실험의 SN비

실험번호	f_1 f_2 ⋯ f_N	SN비
1 2 ⋮ M	직교배열표 (0 또는 1)	SN_1 SN_2 ⋮ SN_M
합계		$T=\sum SN_i$

어떤 요인이 유의하다는 것은 수준 0과 수준 1에서의 평균반응치에 유의차가 있다는 것이므로 간이분석에서는 각 요인에 대하여 수준 0일 때의 SN비의 합과 수준 1일 때의 SN비의 합을 구한 후 이들 차이의 절대값, 즉 범위를 갖고 요인별로 비교하는 것이다. 요인 f_i에 대하여 수준 0에서의 SN비의 합을 T_{i0}, 수준 1에서의 SN비의 합을 T_{i1}이라 하자. 이때 요인 f_i에 대한 수준간 범위 R_i는 다음과 같다.

$$R_i = |T_{i0} - T_{i1}|, \quad i = 1,\ 2,\ \ldots,\ N$$

그리고 수준간 범위를 요인별로 비교하기 위하여 다음과 같은 기여율을 산출한다.

$$\text{요인 } f_i \text{의 기여율(\%)} = \frac{R_i}{\sum R_i} \times 100,\ i = 1,\ 2,\ \ldots,\ N \qquad (12.11)$$

이 기여율을 큰 순서대로 파레토 그림으로 나타내면 요인에 대한 유의정도 또는 중요도를 쉽게 알아볼 수 있다. 이 과정을 정리하면 〈표 12-6〉과 같다.

〈표 12-6〉 2수준 실험의 간이분석표

		f_1	⋯	f_2	⋯	f_N	합계
SN비 합계	수준 0	T_{10}		T_{i0}		T_{N0}	$T = T_{i0} + T_{i1}$
	수준 1	T_{11}		T_{i1}		T_{N1}	
수준간 범위		R_1		R_i		R_N	$\sum_{i=1}^{N} R_i$
기여율(%)				$\frac{R_i}{\sum R_i}\times 100$			100

(2) 3수준 실험에서의 간이분석

L9, L27과 같은 3수준 직교배열표를 사용하여 실험을 실시하고 SN비를 구하면 역시 〈표 12-5〉와 같은 결과를 얻는다. 단, 여기서는 직교배열표에 0, 1, 2의 수준이 사용된다. 요인수 및 실험수를 2수준 실험과 동일하게 정의하자. 그리고 요인 f_i에 대하여 각 수준에서의 SN비의 합을 다음과 같이 정의하자.

$$T_{ij} = \text{요인 } f_i \text{의 수준 j에서의 } SN\text{비 합}, \ j = 0,\ 1,\ 2; \quad i = 1,\ 2, \dots,\ N$$

요인별 수준수가 3개이므로 어떤 요인이 유의하다는 것은 두 수준씩 비교할 때 그 차가 크다는 것이므로 다음과 같은 제곱합을 산출한다.

$$\text{요인 } f_i \text{의 제곱합} = SS_i = (T_{i0} - T_{i1})^2 + (T_{i1} - T_{i2})^2 + (T_{i0} - T_{i2})^2,\ i = 1,\ 2, \dots,\ N \tag{12.12}$$

이는 다음 절에서 설명할 분산분석표에서의 제곱합과는 약간 다르나 유사함을 볼 수 있다. 따라서 요인 f_i의 기여율은 다음과 같이 산출한다.

$$\text{요인 } f_i \text{의 기여율(\%)} = \frac{SS_i}{\sum SS_i} \times 100, \quad i = 1, 2, \dots, N \tag{12.13}$$

이를 정리하면 〈표 12-7〉과 같은 간이분석표를 작성할 수 있다.

〈표 12-7〉 3수준 실험의 간이분석표

		f_1	…	f_2	…	f_N	합계
SN 비 합계	수준 0	T_{10}		T_{i0}		T_{N0}	$T = T_{i0} + T_{i1} + T_{i2}$
	수준 1	T_{11}		T_{i1}		T_{N1}	
	수준 2	T_{12}		T_{i2}		T_{N2}	
제곱합		SS_1		SS_i		SS_N	$SS_T = \sum_{i=1}^{N} SS_i$
기여율(%)				$\frac{SS_i}{SS_T} \times 100$			100

(주) 제곱합은 분산분석표의 제곱합과는 다름.

12.5.2 분산분석법

간이분석표에 의하여 분석이 가능하나 보다 정식의 방법에 의한 분석을 원할 때는 분산분석법을 사용하여야 한다. 2수준의 직교배열표에 의한 실험은 2^n 요인배치법과 유사하며, 3

수준의 직교배열표에 의한 실험은 3^n 요인배치법과 유사하므로 그 분석방법도 서로 유사하다. 본 절에서도 2수준과 3수준을 나누어 설명하고자 한다.

(1) 2수준 실험에서의 분산분석표

요인 f_i에 대한 제곱합은 다음과 같이 산출된다.

$$SS_i = \frac{R_i^2}{M} = \frac{1}{M}(T_{i0} - T_{i1})^2, \quad i = 1,\ 2,\ \ldots, N \tag{12.14}$$

위의 식은 수준이 2인 요인배치법의 경우와 유사한 것을 알 수 있는데 여기서는 실험수가 M이기 때문에 M으로 나누었으며 식(11.23a)에서는 실험수가 $4r$, 식(11.29a)에서는 실험수가 $8r$이기 때문에 각각 이 값들로 나눈 것이다.

그리고 전체제곱합은 다음으로부터 구해진다.

$$SST = \sum_{j=1}^{M} SN_j^2 - CT \tag{12.15}$$

CT는 수정항으로 다음과 같은데 여기서 T는 SN비의 전체합이다.

$$CT = T^2/M \quad \left(T = \sum_{j=1}^{M} SN_j = T_{i0} + T_{i1}\right) \tag{12.16}$$

오차제곱합은 아래와 같다.

$$SSE = SST - (SS_1 + \cdots + SS_N) \tag{12.17}$$

따라서 분산분석표는 〈표 12-8〉과 같다.

〈표 12-8〉 2수준 실험의 분산분석표

요인	제곱합	자유도	평균제곱	F-값
f_1	SS_1	1	$MS_1 = SS_1/1$	$F_1 = MS_1/MSE$
⋮				
f_i	$SS_i = R_1^2/M$	1	$MS_i = SS_i/1$	$F_i = MS_i/MSE$
⋮				
f_N	SS_N	1	$MS_N = SS_N/1$	$F_N = MS_N/MSE$
오차	SSE	$M-N-1$	$MSE = SSE/(M-N-1)$	
전체	SST	$M-1$		

(2) 3수준 실험의 분산분석표

2수준의 경우 식(12.14)는 다시 다음과 같음을 알 수 있는데

$$SS_i = \frac{2}{M}(T_{i0}^2 + T_{i1}^2) - CT$$

이를 3수준 경우로 확장하면 요인 f_i에 대한 제곱합은 다음과 같음을 유추할 수 있다.

$$SS_i = \frac{3}{M}(T_{i0}^2 + T_{i1}^2 + T_{i2}^2) - CT, \quad i = 1,\ 2,\ \ldots, N \tag{12.18}$$

여기서 CT는 수정항으로 다음과 같다.

$$CT = T^2/M \quad (T = \sum_{j=1}^{M} SN_j = T_{i0} + T_{i1} + T_{i2}) \tag{12.19}$$

식(12.18)의 제곱합은 다시 아래와 같이 표현된다.

$$SS_i = \frac{1}{M}\{(T_{i0} - T_{i1})^2 + (T_{i1} - T_{i2})^2 + (T_{i0} - T_{i2})^2\},\ i = 1, 2,\ \ldots, N \tag{12.20}$$

그리고 전체제곱합은 다음과 같고

$$SST = \sum_{j=1}^{M} SN_j^2 - CT \tag{12.21}$$

오차제곱합은 다음과 같다.

$$SSE = SST - (SS_1 + \cdots SS_N) \tag{12.22}$$

따라서 분산분석표는 〈표 12-9〉와 같다.

〈표 12-9〉 3수준 실험의 분산분석표

요인	제곱합	자유도	평균제곱	F-값
f_1	SS_1	2	$MS_1 = SS_1/2$	$F_1 = MS_1/MSE$
⋮				
f_i	SS_i	2	$MS_i = SS_i/2$	$F_i = MS_i/MSE$
⋮				
f_N	SS_N	2	$MS_N = SS_N/2$	$F_N = MS_N/MSE$
오차	SSE	$M-2N-1$	$MSE = SSE/(M-2N-1)$	
전체	SST	$M-1$		

분산분석표로부터 F-검정을 통하여 각 요인의 유의성을 검정하며 유의한 인자들에 대하여서 최적수준조합, 즉 최적조건을 구할 수 있다. SN비를 데이터로 사용하기 때문에 평균반응치가 가장 큰 조건을 도출하면 될 것이다. 어떤 수준조합 하에서의 평균반응치를 추정하는 방법은 11.5절에서 언급한 방식을 응용하면 될 것이다. 다음 절의 적용사례를 통하여 이와 같은 과정을 살펴보자.

12.6 적용사례

12.6.1 망소특성 실험 예

품질특성치가 망소특성인 경우의 파라미터설계 방법과 분석 내용을 다음의 예를 통하여 살펴보기로 하자. 특정 제품의 품질 제어인자로 A, B, C, D, 그리고 교호작용 A×B를 취하였으며, 〈표 12-10〉과 같은 형태의 L8 직교배열표에 배치하였다. 각 실험의 반복실험수는 5이다. 〈표 12-10〉에서 i번째 행에 대한 평균제곱편차(MSD: mean squared deviation)와 SN비는 각각 다음 식에 의하여 계산된 결과이다.

$$MSD_i = \frac{1}{5}\sum_{j=1}^{5} Y_{ij}^2 \ (i = 1, 2, \ldots, 8)$$

$$SN_i = -10\log(MSD_i) = -10\log\left[\frac{1}{5}\sum_{j=1}^{5} Y_{ij}^2\right] \quad (i = 1, 2, \ldots, 8)$$

〈표 12-10〉 망소특성 실험 데이터

요인 배치	A	B	A×B	C	D	e	e	반복실험					$\overline{Y_i}$	MSD_i	SN_i
열 번호 / 실험 번호	1	2	3	4	5	6	7	1	2	3	4	5			
1	0	0	0	0	0	0	0	34	22	29	14	25	24.8	660.4	−28.20
2	0	0	0	1	1	1	1	32	24	26	16	28	25.2	663.2	−28.22
3	0	1	1	0	0	1	1	24	18	25	27	22	23.2	547.6	−27.38
4	0	1	1	1	1	0	0	27	22	26	23	25	24.6	608.6	−27.84
5	1	0	1	0	1	0	1	30	25	27	29	20	26.2	699.0	−28.44
6	1	0	1	1	0	1	0	19	16	33	34	19	24.2	644.6	−28.09
7	1	1	0	0	1	1	0	25	33	24	25	21	25.6	671.2	−28.27
8	1	1	0	1	0	0	1	26	27	27	28	26	26.8	718.8	−28.57

분산분석을 실시하기에 앞서 〈표 12-6〉에 근거하여 〈표 12-11〉과 같은 형태의 간이분석표를 만들면 중요한 인자 및 그 인자의 최적수준에 대한 판단에 도움을 얻을 수 있다. 간이분석표에서 SN비의 합계는 각 인자별로 해당 수준을 사용한 실험번호에서의 SN비를 합한 것이다. 예를 들어 인자 A의 수준 1에서의 SN비 합계는 다음과 같이 산출된다.

$$\text{인자 A의 수준 1에서의 } SN\text{비 합계} = -28.44 - 28.09 - 28.27 - 28.57 = -113.37$$

그리고 수준간 범위는 각 인자별 수준 1과 수준 0에서의 SN비 합계의 차이에 대한 절대값으로 나타낸다. 간이분석법에서 각 인자의 수준간 범위가 커질수록 해당 인자에 의한 변동은 비례적으로 커지므로, 수준간 범위가 큰 인자가 유의한 인자라고 말할 수 있다.

한편 각 인자의 기여율은 식(12.11)로부터 얻어진 값이다. 전체 인자들 중에서 누적기여율의 80~90% 정도를 점유하는 인자들을 유의한 인자로 선택한 후, 인자들에 대한 최적수준 조합을 결정한다. 이때 유의한 것으로 판명된 인자의 경우에는 인자 수준의 SN비 합계를 비교함으로써 최적수준을 택하고, 유의하지 않은 것으로 나타난 인자의 경우에는 경제성, 작업성 등을 고려하여 최적수준을 택한다.

〈표 12-11〉 망소특성예의 간이분석표

요인배치		A	B	A×B	C	D	합계
SN 비 합계	수준 0	-111.64	-112.95	-113.26	-112.29	-112.24	T = 225.01
	수준 1	-113.37	-112.06	-111.75	-112.72	-112.77	
수준간 범위		1.73	0.89	1.51	0.43	0.53	5.09
기여율(%)		34.0	17.5	29.7	8.4	10.4	100.0
기여율 파레토도	50 40 30 20 10	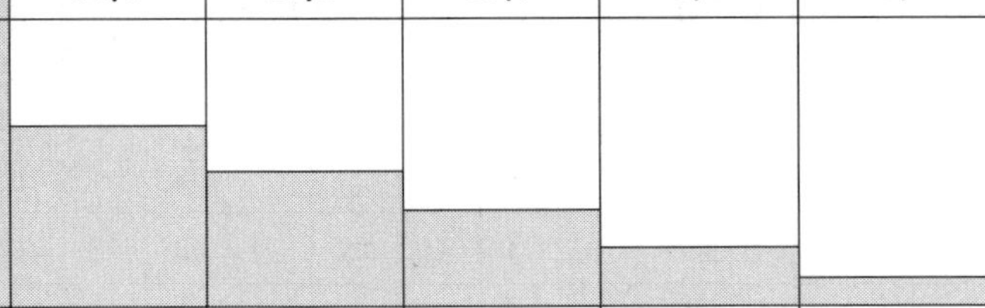					
요인		A	A×B	B	D	C	
누적 기여율(%)		34.0	63.7	81.2	91.6	100.0	

위의 예에서 유의한 인자는 A, A×B, 그리고 B로 볼 수 있다. 이 경우에서와 같이 교호작용이 유의한 것으로 판명될 경우에는 해당인자들의 이원표를 통하여 최적수준을 결정해야 한다. 〈표 12-12〉와 같은 형태의 A 인자와 B 인자의 이원표를 통하여 SN비를 계산해 보면 SN_{01}이 -55.22로 가장 크게 나타나므로 A와 B의 최적수준조합은 A_0B_1로 볼 수 있다. 여

기서 SN_{01}은 다음과 같이 A_0와 B_1 수준이 사용된 실험(실험번호 3과 4)에 대한 SN비의 합으로 산출된 것이다.

$$SN_{01} = -27.38 - 27.84 = -55.22$$

〈표 12-12〉 A 인자와 B 인자의 수준조합별 SN비

	A_0	A_1
B_0	$SN_{00} = -56.42$	$SN_{10} = -56.53$
B_1	$SN_{01} = -55.22$	$SN_{11} = -56.84$

간이분석법에 의해서도 대체적으로 중요한 인자나 교호작용이 판명되고 인자들의 최적수준조합도 결정될 수 있으나, 각 인자가 통계적으로 유의한 정도를 판단하기 위해서는 분산분석을 실시해야 한다. 위의 예에서 SN비를 데이터로 하여 식(12.14)~(12.17)을 사용하여 요인별 제곱합을 계산하면 다음과 같다.

$$CT = (-225.01)^2/8 = 6328.688$$
$$SST = (-28.20)^2 + \ldots + (-28.57)^2 - 6328.688 = 0.970$$
$$SSA = 1.73^2/8 = 0.374$$
$$SSB = 0.89^2/8 = 0.099$$
$$SSAB = 1.51^2/8 = 0.285$$
$$SSC = 0.43^2/8 = 0.023$$
$$SSD = 0.53^2/8 = 0.035$$
$$SSE = SST - (SSA + SSB + SSC + SSD + SSAB) = 0.154$$

위의 결과를 정리하여 〈표 12-13〉과 같은 분산분석표를 작성하였다. 여기서 제곱합이 작은 것으로 나타난 C 인자와 D 인자를 오차에 풀링(pooling)시켜서 새로운 오차요인((e))로 만들었다. 풀링시킨 오차항의 제곱합은 다음과 같이 산출되며 이때 자유도는 4가 된다.

$$\text{풀링 후 오차제곱합} = 0.154 + 0.023 + 0.035 = 0.212$$

한편 각 인자에 대한 F-값은 해당인자의 제곱평균을 풀링 후 오차항에 대한 평균제곱으로 나눈 값으로 나타내는데, 예를 들어 인자 B에 대한 F-값은 다음과 같이 계산된다.

$$\text{인자 B의 } F\text{값} = 0.099/0.053 = 1.87$$

〈표 12-13〉 망소특성 예의 분산분석표

요인	제곱합	자유도	평균제곱	F-값
A	0.374	1	0.374	7.06
B	0.099	1	0.099	1.87
A×B	0.285	1	0.285	5.38
C	0.023	1	–	–
D	0.035	1	–	–
e	0.154	2	0.077	
(e)	(0.212)	(4)	(0.053)	
T	0.970	7		

( ) 표시는 풀링 후 오차항에 대한 값들임.

위에서 보는 바와 같이 A 인자와 B 인자, 그리고 A×B 인자는 어느 정도 유의하고 나머지 인자는 유의하지 않은 것으로 나타났다(실제 유의수준 10%에서 A와 A×B만 유의함). 여기서 A×B의 교호작용이 유의한 것으로 나타났으므로 최적수준조합은 A 인자와 B 인자에 대한 이원표를 통하여 구해져야 한다. 이 결과는 간이분석에서의 결과와 일치하는 것이다.

12.6.2 망목특성 실험 예

품질특성치가 망목특성인 경우를 살펴보도록 하자. 이 실험은 동일 두께(4.5~6mm)의 열연 코일을 생산함에 있어 정해진 목표치(46.5 Kg)에 가까운 인장강도를 가지는 코일을 얻기 위한 성분 및 조업 조건을 도출하기 위하여 행해졌다. 주요 실험 인자와 각 인자의 수준은 다음 〈표 12-14〉에 나타낸 바와 같다. 인자 간의 교호작용은 고려하지 않는다.

〈표 12-14〉 열연코일에 대한 주요 실험인자와 수준

인자명	수준 0	수준 1	수준 2
A: 규소(S_i) 함유량	0.01%	0.02%	
B: 탄소(C) 함유량	0.15%	0.3%	0.45%
C: 망간(Mn) 함유량	0.4%	0.8%	1.2%
D: 압연 종료 온도	820°C	850°C	870°C
F: 권취 온도	550°C	575°C	600°C

A 인자만이 수준 2이고, 그 밖의 인자는 모두 수준 3이므로 혼합형인 L18 직교배열표에 배치가 가능하다. L27 직교배열표를 사용할 수도 있으나 실험수가 좀 더 늘어나기 때문에

L18이 더 적합하다. 실험설계 내용과 실험 데이터는 〈표 12-15〉에 나타내었다. 여기서 $\overline{Y_i}$와 s_i^2은 각각 실험번호 i의 결과데이터에 대한 평균과 분산을 나타낸다.

본 실험은 망목특성 실험이므로 i번째 실험에 대한 SN비의 값은 식(12.8)을 이용하여 아래와 같이 산출한다.

$$SN_i = 20\log\left(\frac{\overline{Y_i}}{s_i}\right)$$

〈표 12-15〉 열연 코일의 인장강도에 대한 실험 데이터

요인 배치	A	B	C	D	e	F	e	e	반복실험			합계	평균 ($\overline{Y_i}$)	분산 (s_i^2)	SN 비 (SN_i)	민감도 (S_i)
열 번호 / 실험번호	1	2	3	4	5	6	7	7	1	2	3					
1	0	0	0	0	0	0	0	0	43.5	41.3	36.8	121.6	40.53	11.66	21.49	36.93
2	0	0	1	1	1	1	1	1	40.6	43	46	129.6	43.20	7.32	24.06	37.48
3	0	0	2	2	2	2	2	2	41.6	44	40	125.6	41.87	4.05	26.36	37.21
4	0	1	0	0	1	1	2	2	43.6	41.5	44	129.1	43.03	1.80	30.12	37.45
5	0	1	1	1	2	2	0	0	45.4	45.4	47.3	138.1	46.03	1.20	32.46	38.03
6	0	1	2	2	0	0	1	1	47.1	49.3	48.9	145.3	48.43	1.37	32.33	38.47
7	0	2	0	1	0	2	1	2	49.3	45.1	48.1	142.5	47.50	4.68	26.83	38.31
8	0	2	1	2	1	0	2	0	46.2	44.4	47.3	137.9	45.97	2.14	29.94	38.02
9	0	2	2	0	2	1	0	1	53.5	48.6	47.5	149.6	49.87	10.20	23.87	38.73
10	1	0	0	2	2	1	1	0	36.5	41.5	45.3	123.3	41.10	19.48	19.38	37.05
11	1	0	1	0	0	2	2	1	43.3	46.8	42.2	132.3	44.10	5.77	25.28	37.66
12	1	0	2	1	1	0	0	2	48.1	46.7	51.4	146.2	48.73	5.82	26.10	38.53
13	1	1	0	1	2	0	2	1	42.2	48.5	42.6	133.3	44.43	12.44	22.00	37.73
14	1	1	1	2	0	1	0	2	45.7	44.8	46.9	137.4	45.80	1.11	32.76	37.99
15	1	1	2	0	1	2	1	0	47.7	48.1	48.9	144.7	48.23	0.37	37.95	38.44
16	1	2	0	2	1	2	0	1	49.1	46.1	47.5	142.7	47.57	2.25	30.02	38.32
17	1	2	1	0	2	0	1	2	47	47.2	51.3	145.5	48.50	5.89	26.01	38.49
18	1	2	2	1	0	1	2	0	51.4	50.5	53.5	155.4	51.80	2.37	30.54	39.06
	합계								821.8	822.8	8355	2480.1	45.93		497.50	683.87

한편 평균조정인자를 찾기 위하여 민감도(sensitivity) S에 대해서도 분석하였다. i번째 실험에 대한 민감도는 그 실험데이터에 대한 수정항과 관련되어 다음과 같이 정의된다.

$$S_i = 10\log\left(\frac{(\sum_j Y_{ij})^2}{n}\right) = 10\log(n(\overline{Y_i})^2) \tag{12.23}$$

위의 식을 통하여 알 수 있듯이 i번째 행의 민감도는 $\overline{Y_i}$에 의하여 그 크기가 결정된다. 이는 분산보다는 평균값이 더 목표치에 민감하기 때문이다.

먼저 SN비에 대한 분산분석을 실시하기 위하여 각 인자의 수준별로 SN비의 합계와 평균을 구하여 보면 〈표 12-16〉을 얻을 수 있다.

〈표 12-16〉 인자 수준별 SN비 통계

인자		A	B	C	D	F	
수준 합계	0	247.45	142.67	149.84	164.71	169.22	합계 T=497.50
	1	250.05	187.61	170.51	162.00	178.19	
	2		167.21	177.14	170.79	150.09	
수준 평균	0	27.49	23.78	24.97	27.45	28.20	평균 $\overline{SN}$=27.64
	1	27.78	31.27	28.42	27.00	29.70	
	2		27.87	29.52	28.46	25.01	

각 요인에 대한 제곱합은 식(12.18), (12.19), (12.21), (12.22)에 의해 다음과 같이 계산된다.

$$CT = 497.50^2/18 = 13750.35$$
$$SST = 21.49^2 + \ldots + 30.54^2 - 13750.35 = 381.04$$
$$SSA = (247.45 - 250.05)^2/18 = 0.38$$
$$SSB = (142.67^2 + 187.61^2 + 167.21^2)/6 - 13750.35 = 168.22$$
$$SSC = 67.03$$
$$SSD = 6.75$$
$$SSF = 68.67$$
$$SSE = SST - (SSA + SSB + SSC + SSD + SSF) = 69.98$$

〈표 12-17〉에는 SN비에 대한 분산분석 결과를 나타내었다. F-값이 3이상(유의수준 10%)인 인자를 유의한 인자로 본다면 〈표 12-17〉을 통하여 B, C, F, 즉 탄소 함유량과 망간 함유량,

그리고 권취온도 등이 유의한 인자임을 알 수 있다. 인자들의 최적수준조합은 각 인자에 대하여 SN비를 크게 해 주는 수준들의 조합이므로 〈표 12-16〉을 통하여 $B_1C_2F_1$으로 결정된다.

〈표 12-17〉 SN비의 분산분석표

요인	제곱합	자유도	평균제곱	F-값	p-값
A	0.38	1	0.38	0.04	0.839
B	168.76	2	84.38	9.84	0.007
C	67.61	2	33.80	3.94	0.064
D	6.74	2	3.37	0.39	0.687
F	68.69	2	34.34	4.00	0.062
e	68.62	8	8.58		
전체	380.80	17			

다음으로 평균조정인자를 찾기 위하여 인자 수준별 민감도의 합계와 평균을 〈표 12-18〉에 정리하였고, SN비와 유사한 방법으로 민감도에 대한 분산분석 결과를 〈표 12-19〉에 나타내었다.

〈표 12-18〉 민감도의 인자 수준별 통계

인자		A	B	C	D	F	
수준 합계	0	340.62	224.85	225.77	227.69	228.41	합계 $\sum S_i = 683.87$
	1	343.25	228.11	227.67	229.13	228.23	
	2		230.91	230.43	227.06	227.23	
수준 평균	0	37.85	37.48	37.63	37.95	38.07	평균 $\bar{S}=37.99$
	1	38.14	38.02	37.94	38.19	38.04	
	2		38.49	38.41	37.84	37.87	

〈표 12-19〉 민감도의 분산분석표

요인	제곱합	자유도	평균제곱	F-값	p-값
A	0.38	1	0.38	7.16	0.028
B	3.07	2	1.53	28.67	0.000
C	1.83	2	0.92	17.14	0.001
D	0.38	2	0.19	3.52	0.080
F	0.14	2	0.07	1.27	0.332
e	0.43	8	0.05		
전체	380.80	17			

위의 분산분석표에서 F-값이 2 이상인 인자를 유의성이 있는 것으로 보기로 한다면 A, B, C, D 인자가 유의하다고 할 수 있다. 이 중 B 인자와 C 인자의 경우는 SN비에 대한 분산분석에서도 유의한 것으로 나타났으므로, SN비와 민감도에 관한 분산분석의 결과를 종합하여 다음의 결론을 내릴 수 있다.

산포제어인자 : B, C, F　　평균조정인자 : A, D

평균조정인자로 밝혀진 A 인자와 D 인자에 대한 최적수준을 구하기 위해서는 우선 〈표 12-20〉과 같이 두 인자의 각 수준에서의 데이터 평균을 산출해야 한다. 예를 들어 A_0 수준에서의 데이터 평균은 다음과 같다.

$$A_0 \text{ 수준에서의 데이터 평균} = (40.53 + 43.20 + \ldots + 49.87)/9 = 45.16$$

〈표 12-20〉 인자 수준별 데이터 평균

인자		A	D	
수준	0	45.16	45.71	평균 $\overline{Y}$=45.93
	1	46.70	46.95	
	2	–	45.12	

다음으로 두 인자의 모든 수준조합 중 어떤 조합에서의 인장강도 추정치가 목표치인 46.5(Kg)에 가장 가까운지를 찾아야 한다. A_iD_j 수준조합에서의 평균 인장강도 추정치는 아래와 같이 산출할 수 있다.

A_iD_j 수준조합에서의 평균 추정치
$= A_i$ 수준에서의 평균 추정치 $+ D_j$ 수준에서의 평균 추정치 $-$ 전체평균($\overline{Y}$),
$(i = 0,\ 1;\ j = 0,\ 1,\ 2\ )$

각 조합에 대하여 평균 인장강도 추정치를 구해보면 A_1D_0의 경우 46.48로 목표치에 가장 가까운 추정치를 얻을 수 있는 것으로 나타난다.

$$A_1D_0 \text{ 수준조합에서의 평균 인장강도 추정치} = 46.70 + 45.71 - 45.93 = 46.48$$

따라서 최종적으로 모든 인자들의 최적수준조합은 $A_1B_1C_2D_0F_1$으로 결정된다.

12.7 참고사항

다구찌기법에 의한 품질설계를 품질공학이라 하기도 하며 Robust Design이라고도 부른다. 이들에 대한 일반적인 참고문헌으로는 [1], [2], [3], [4] 등이 있다. [3]에는 공정개선에 대한 응용도 다루고 있다. 12.4.2절의 인자배치 방법 중 선점도에 대한 설명으로는 참고문헌 [2] 등을 참조하라.

[1] 박성현, 품질공학, 민영사, 1993

[2] S.H. Park, *Robust Design and Analysis for Quality Engineering*, Chapman & Hall, London, 1996

[3] M.S. Phadke, *Quality Engineering Using Robust Design*, Prentice-Hall, 1989

[4] G. Taguchi, *Introduction to Quality Engineering*, Asian Productivity Organization, 1986

연습문제

12.1 어떤 부품의 수명 Y는 평균이 μ인 지수분포를 따른다고 한다. 수명은 길수록 좋다고 한다. 즉, $Y=y$일 때 손실함수가 식(12.3)과 같을 때 한 부품의 기대손실을 구하라.

12.2 어떤 제품의 품질에 대한 규격은 50 ± 3이다. 공정 품질은 평균 51, 분산 1.5의 정규분포를 따른다고 한다. 손실함수가 다음과 같을 때 기대손실을 구하라.

(a) 규격 내에 들 때 손실이 없고 규격을 벗어날 때 손실이 일정하게 90일 때

(b) 손실함수가 식(12.1)과 같을 때(단, $k=10$)

12.3 어떤 제품의 결점수는 평균 2인 포아송분포를 따른다고 한다. 이 제품의 결점수에 대한 규격은 4 이하이다. 손실함수가 다음과 같을 때 기대손실을 구하라.

(a) 규격 내에 들 때 손실이 없고 규격을 벗어날 때 손실이 일정하게 80일 때

(b) 손실함수가 식(12.2)와 같을 때(단, $k=5$)

12.4 식(12.6)과 관련하여 Y_i가 서로 독립이고 동일하게 $N(\mu,\ \sigma^2)$을 따른다고 할 때 $\overline{Y}^2-\frac{s_Y^2}{n}$이 μ^2의 불편추정량임을 보여라.

12.5 어떤 제품의 품질이 양품율 또는 불량률로 표시될 때 이에 대한 SN비를 다음의 과정을 통하여 유도하라.

(a) 확률변수 Y를 다음과 같이 정의한다. 즉, 제품이 양품이면 $Y=1$, 양품이 아니면 $Y=0$이라 하고 $Y=1$일 확률을 p라 한다(이때 p를 양품율이라 할 수 있다). Y는 어떤 분포를 따르는가?

(b) Y의 기대치와 분산을 구하라.

(c) Y의 기대치를 μ, 분산을 σ^2라 하고 식(12.5)를 바탕으로 SN비를 유도할 때 양품율 p에 대응하는 SN비가 다음과 같음을 증명하라.

$$SN=10\log\left(\frac{p}{1-p}\right)=-10\log\left(\frac{1}{p}-1\right)$$

12.6 L8 직교배열표를 사용하여 실험을 실시하고자 한다. 요인으로 인자 A, B, C, D를 고려하고 A×B, B×C의 교호작용을 분석하고자 한다. 어떤 이유로 인자 B를 1열에, 인자 C를 2열에, 그리고 인자A를 4열에 배치할 때 다른 요인을 어떤 열에 배치하여야 하는가? 이때 실험번호 5는 어떤 실험조건을 나타내는가?

12.7 후판탄소강의 인장강도에 망간(인자A), 압하율(인자B), 영율(인자C)이 어떤 영향을 미치는지를 알아보고자 각 인자에 대하여 2수준을 정한 후 L8 직교배열표를 사용하여 실험을 실시하였다. 교호작용으로는 A×B, A×C를 분석하고자 한다. 다음은 각 실험번호별로 3번의 반복을 실시하여 인장강도를 측정한 결과이다.

열 번호 / 실험번호	A	B	A×B	C	A×C	e	e	인장강도		
	1	2	3	4	5	6	7	1	2	3
1	0	0	0	0	0	0	0	64.8	71.8	69.9
2	0	0	0	1	1	1	1	80.2	65.3	68.2
3	0	1	1	0	0	1	1	55.7	60.7	63.2
4	0	1	1	1	1	0	0	55.6	58.4	54.3
5	1	0	1	0	1	0	1	50.3	67.3	65.6
6	1	0	1	1	0	1	0	72.0	64.3	65.3
7	1	1	0	0	1	1	0	66.2	60.5	62.3
8	1	1	0	1	0	0	1	46.5	56.8	58.5

인장강도의 목표치는 56.0이며 목표치에 가까울수록 좋다고 한다. *SN*비를 구하고 간이분석법 및 분산분석법을 통하여 실험결과를 분석하고 최적조건을 도출하라(평균조정인자는 고려하지 말 것).

12.8 12.6.2절의 예에 대하여 간이분석표를 작성하고 결과를 해석하라.

12.9 간이분석표가 작성되어 있으면 이로부터 분산분석표를 작성할 수 있음을 설명하라.

12.10 12.6.1절의 예에 대하여 최적수준(A_0B_1 ; 다른 인자 무시)에서 품질특성치의 평균에 대한 추정치와 95% 신뢰구간을 구하라.

12.11 12.6.2절의 예에 대하여 인자 A와 인자 D의 모든 수준조합 하에서 평균 인장강도를 추정하고, A_1D_0조합에서의 평균이 목표치인 46.5에 가장 가까움을 보여라. 또한 최적수준조합에서 평균 인장강도를 추정하라.

12.12 어떤 열연코일의 인장강도의 목표치는 47인데 탄소, 망간, 권취온도의 최적조건을 도출하여 이 목표치를 달성하고자 실험을 실시하였다. 즉, 탄소(인자 A), 망간(인자 B), 권취온도(인자 C)에 대하여 3수준씩을 사용하고 L9 직교배열표를 이용하여 각 20번씩 반복실험을 실시하여 다음과 같은 인장강도의 표본평균과 표준편차를 얻었다.

실험번호	A	B	C	e	인장강도	
	1	2	3	4	평균	표준편차
1	0	0	0	0	46.2	1.10
2	0	1	1	1	46.67	1.09
3	0	2	2	2	48.53	1.94
4	1	0	1	2	48.0	0.61
5	1	1	2	0	47.74	1.45
6	1	2	0	1	48.95	1.70
7	2	0	2	1	46.5	1.65
8	2	1	0	2	48.4	1.5
9	2	2	1	0	49.27	1.63

(a) 평균조정인자를 고려하지 않을 때 간이분석표를 작성하여 분석하고 최적조건을 구하라. 최적조건 하에서 평균인장강도를 추정하라.

(b) 평균조정인자를 고려할 때 분산분석표를 이용하여 분석하고 최적조건을 구하라. 최적조건 하에서 평균인장강도를 추정하라.

12.13 어떤 반도체 부품의 납땜 불량률을 개선하고자 다음과 같은 실험을 실시하였다. 즉, 납길이(인자 A), 예열온도(인자 B), 납땜온도(인자 C)에 대하여 각각 3가지 수준을 정하고 L9 직교배열표에 따라 50번의 반복실험을 실시하여 다음과 같은 양품율 데이터를 얻었다.

실험번호	A	B	C	e	양품율
	1	2	3	4	(p)
1	0	0	0	0	0.846
2	0	1	1	1	0.959
3	0	2	2	2	0.805
4	1	0	1	2	0.788
5	1	1	2	0	0.947
6	1	2	0	1	0.797
7	2	0	2	1	0.908
8	2	1	0	2	0.932
9	2	2	1	0	0.841

간이분석법으로 실험결과를 분석하고 최적수준을 구하라. 또한, 최적수준에서의 양품율을 추정하라. 단, 양품율 p에 대응하는 SN비는 다음 식으로 산출하라.

$$\mathrm{SN}=10\log\left(\frac{p}{1-p}\right)=-10\log\left(\frac{1}{p}-1\right)$$

12.14 제품의 등급을 4가지(등급1, 등급2, 등급3, 등급4)로 구분한다. 그리고 등급 i에 벌점 w_i를 부여한다 ($i=1,\ 2,\ 3,\ 4$). n개의 제품을 검사하여 등급 i에 속하는 것이 n_i개라 할 때($\sum n_i = n$), 이에 대한 SN비를 다음과 같이 정의한다(이를 scoring method라 한다).

$$\mathrm{SN}\text{비}=-10\log\left(\frac{\sum w_i^2 n_i}{n}\right)$$

어떤 공정조건 하에서 생산된 20개의 제품을 검사하여 등급1(최상급)부터 등급4(최하급)까지 각각 15, 3, 1, 1개를 얻었다. 등급1부터 등급4까지에 벌점을 각각 0, 1, 3, 6을 부여한다고 할 때 이 데이터에 대한 SN비를 산출하라. 한편 어떤 다른 공정조건 하에서 생산된 20개의 제품에서는 등급별로 각각 16, 1, 2, 1개가 나왔다고 할 때 두 공정조건 중 어떤 것이 좋다고 할 수 있는가?

13

통계적 품질관리

통계적 품질관리(statistical quality control; SQC)는 1924년 슈하르트(W. Shewhart)에 의하여 소개된 이후로 현재까지도 가장 보편적으로 사용되고 있으며 그 성능이 많은 산업체로부터 입증되어 왔다. 물론 SQC 또한 만능의 기법은 아니며 이는 특히 공정에 중점을 둔 것이므로 품질을 향상시키고자 하는 노력에는 한계가 있다. 이에 따라 최근에는 제품의 설계 분야에 보다 중점을 둔 다구찌 방법(Taguchi method) 등이 등장하여 각광을 받고 있으나 SQC는 여전히 기본적으로 필요한 수단이다. 즉 효율적인 공정관리의 바탕 위에서 다구찌 방법 등이 효과를 거둘 수 있다고 하겠다. TQC(total quality control) 또는 TQM(total quality management)의 경우 품질향상에 대한 노력을 조직 전체의 목표로 확장한 것이지만 중요한 부분 중 하나는 생산과 직결되는 공정상의 문제점 해결에 있다고 할 수 있으므로 SQC가 이에 역시 중추적 역할을 하고 있다.

13.1 품질변동과 관리도

어느 생산공정에 있어서나 생산되는 제품의 품질에는 제품별로 차이가 있게 마련이다. 충분히 잘 설계되고 관리되는 생산공정이라 할지라도 완전히 동일한 품질의 제품을 생산하기란 현실적으로 불가능하다. 왜냐하면, 생산공정에는 관리가 불가능한 많은 요인들이 존재하고 이들 요인들에 의한 품질의 변동은 불가피하기 때문이다. 예를 들면 현실적으로 조정이 불가능한 작업환경의 변화, 동일한 종류의 생산설비간의 기능차이, 사용하는 원자재 간의 미세한 차이 등은 언제나 존재하며 이들 요인들에 의해 생산되는 제품의 품질도 항상 영향을 받게 되는 것이다. 이와 같은 불가피한 원인들을 우연요인(chance cause)이라 하는데, 이에 의한 품질변동이 크게 문제되지 않는다면 우리는 그러한 정도의 품질변동은 자연스러운 것으로 받아들일 수 있을 것이다. 이와는 다른 품질변동의 예로서 생산설비의 이상, 미숙련 작업자의 투입 또는 불량자재의 사용 등과 같이 공정이 관리상태를 이탈함으로써 품질변동이 발생하는 경우를 들 수 있다. 이러한 요인들에 의한 변동의 폭은 우연요인에 의한 경우보다 상대적으로 큰 것이 보통이다. 이와 같은 우연요인 이외의 변동요인을 이상요인(assignable cause)이라 부르고 공정에 이상요인이 발생한 경우 그 공정이 관리 상태를 이탈했다 또는 벗어났다(out of control)고 말하며, 혹은 이상상태에 있다고도 한다.

목표치에서 어느 정도 벗어난 것이 이상상태인지를 판단하기는 어려울 수 있는데 여기에

통계적 기법이 큰 역할을 하게 된다. 품질특성이 직경, 길이, 중량 등과 같이 측정가능한 것일 경우 이를 계속적으로 측정, 집계하여 보면 공정의 목표치 부근에 떨어지는 경우가 많으며 목표치에서 멀리 벗어나는 값을 갖는 경우는 점점 적어지는 경향이 있다. 따라서 많은 경우 공정의 품질특성이 정규분포를 따른다고 가정한다. 이 정규분포곡선은 3.6.5절에서 다루었듯이 평균과 표준편차의 두 모수에 의해 결정된다. 여기서 표준편차는 보통 σ로 표시하여 분포의 퍼진 정도를 나타내는데 공정이 정규 분포를 따른다고 가정할 때 어떠한 품질특성치가 평균에서 $\pm\sigma$사이, 즉 평균보다 σ만큼 적은 값에서 σ만큼 큰 값 사이에 놓일 확률이 68.3%이고 평균에서 $\pm 2\sigma$사이에 있을 확률은 95.45%, $\pm 3\sigma$사이에 있을 확률은 99.73%이다. 따라서 공정이 정규분포를 따른다고 할 때 $\pm 3\sigma$밖으로 벗어나는 경우는 0.27%(약 370 경우 중 1번 꼴)로 상당히 드문 경우에 해당한다. 관리도에서 3-시그마 규칙을 사용하는 이유 중 하나는 바로 이 점에 있다. 즉 공정이 정상일 경우에 $\pm 3\sigma$밖으로 나가는 경우가 이와 같이 드물기 때문에 만약 이런 일이 발생하였다면 공정에 이상이 발생한 것으로 간주하여도 좋기 때문이다.

13.1.1 관리도의 원리

품질관리의 중요한 목적 중의 하나는 공정에 이상요인이 발생하였을 경우 가능한 빨리 이를 탐지하여 수정조치를 취함으로써 불량제품의 발생을 사전에 억제하는 것이다. 이러한 목적으로 가장 널리 사용되는 대표적인 기법의 하나가 관리도이다. 관리도(control charts)는 품질의 변동상황을 그래프로 나타낸 것이며 공정에 대한 정보 들(평균, 산포, 불량률 등)을 추정하거나 공정능력을 결정하는데 이용될 수 있고, 공정 개선을 위한 유익한 정보를 제공하기도 한다. 다시 강조하면 관리도는 불량을 감지하 고자 하는 것이 아니고 불량 발생 이전에 공정의 이상상태를 감지하고자 고안된 것이다.

관리도는 품질특성의 변화를 그래프로 나타낸 것으로 관리상태에서의 품질 특성치의 평균을 나타내는 중심선(center line: CL)과 관리상한선(upper control limit: UCL) 및 관리하한선(lower control limit: LCL)으로 구성된다. 따라서 관리도상의 문제는 이러한 관리한계선을 어떻게 설정하여야 공정이 정상일 때는 좀처럼 밖으로 나가지 않고 공정에 이상이 있을 때에는 즉시 이 선을 벗어나도록 할 것인가로 요약된다. 다시 말하면 공정이 정상일 때는 한계선 밖으로 나가 오경종(false alarm)을 울리는 오류(이를 1종 오류 또는 생산자에 손실을 입히므로 생산자 위험이라 함)가 적어야 되며 동시에 공정상 이상이 발생했음에도 불구하고 경종을 울리지 않는 오류(이를 2종 오류 또는 소비자 위험이라 함) 또한 적어야 한다. 이 두 가지 욕구를 만족시키는 관리도를 설계하기란 그리 쉽지 않지만 앞서 언급한 3-시그마 규칙에 의거한 관리한계선의 설정이 비교적 잘 만족시켜주고 있으며 따라서 널리 사용되고 있다.

품질특성을 반영하는 표본통계량을 W라 하고 W의 평균 및 표준편차를 각각 μ_W, σ_W라 할 때 관리도의 중심선 및 3-시그마 규칙에 의한 관리한계선은 다음과 같다.

$$\begin{cases} UCL = \mu_W + 3\sigma_W \\ CL = \mu_W \\ LCL = \mu_W - 3\sigma_W \end{cases} \tag{13.1}$$

여기서 μ_W 및 σ_W는 통상 모르는 값이므로 데이터로부터 추정하여야 한다.

관리한계선 설정에 경영자의 의지가 반영될 수도 있다. 만약 나쁜 품질이 소비자에 미치는 영향을 크게 고려한다면 조금 잦은 오경종을 무릅쓰고라도 관리한계선을 좁혀 소비자 위험을 줄일 수도 있을 것이다. 또한 두 가지 오류(위험)에 관련된 비용을 산출할 수 있다면 총비용이 가장 적게 되도록 하는 관리도의 경제적 설계도 고려할 수 있을 것이다.

대표적인 계량형 관리도인 $\overline{X}$관리도에 대하여 관리한계선을 어떻게 설정하는지 알아보자. 어느 한 시점에서 품질 특성치를 관리도에 표시할 때 공정에서 여러 개의 표본을 추출하여 각 특성치를 측정하고 그 평균치를 기록하게 된다. 따라서 우리는 X관리도라 하지 않고 $\overline{X}$ 관리도라 한다. 여기서 한번에 추출하는 표본들을 하나의 부분군(subgroup)이라 한다. 또한 중요한 사실은 이렇게 여러 표본의 평균치를 택하므로 비록 개개의 표본 측정치(X)는 우리가 가정하는 정규분포를 따르지 않더라도 그 평균치($\overline{X}$)는 표본크기가 커질수록 정규분포에 근사하게 된다. 이는 소위 중심극한정리(central limit theorem)에 근거하는 사실이다. 그렇다고 표본크기(부분군의 크기)를 너무 크게 하면 평균을 취하게 됨으로써 표본 내에 있을 수 있는 변동이 서로 상쇄되어 실제 공정에 있었을 어떤 변화를 알 수 없을 뿐더러 비용도 많이 들기 때문에 실제로는 '적당한' 수를 택하여야 한다. 통상 4개 또는 5개가 추천되고 있으며 이 정도로도 그 평균치는 정규분포에서 크게 벗어나지 않고 있다. 표본추출비용이 극히 크거나 액체와 같이 균일한 제품에서는 1개의 표본을 사용하기도 한다(이 경우는 X관리도라 함).

평균을 취함으로써 얻는 이득 중 하나는 불필요한 변동이 상쇄되어 적어진다는 것이다. 표본평균($\overline{X}$)의 표준편차는 표본크기의 제곱근에 반비례하게 되는데, 예를 들어 공정의 표준편차(각 표본의 표준편차)가 σ 일 때 4개의 표본을 택하여 평균한 $\overline{X}$의 표준편차($\overline{X}$의 표준편차를 $\sigma_{\overline{X}}$로 표시함)는 $\sigma/\sqrt{4}=\sigma/2$로 되므로 $\overline{X}$의 변동은 원래 공정의 것보다 반으로 줄어든 셈이 된다. 표본크기가 클수록 $\overline{X}$의 변동은 이와 같이 줄어들어 공정이 정상일 때 $\overline{X}$를 관리도에 표시하면 그 경향이 부드럽게 상하로 움직이게 되며, 만약 공정에 이상이 발생할 때에는 급격하게 변화하므로 공정의 이상을 쉽게 관찰할 수 있는 이점도 있다.

따라서 식(13.1)에 의한 3-시그마 관리한계선을 표현하면 $\overline{X}$관리도의 경우 W에 해당하는 통계량이 $\overline{X}$이므로 다음과 같다.

$$\begin{cases} UCL = \mu_{\overline{X}} + 3\sigma_{\overline{X}} \\ CL = \mu_{\overline{X}} \\ LCL = \mu_{\overline{X}} - 3\sigma_{\overline{X}} \end{cases} \tag{13.2}$$

식(13.2)에서 $\mu_{\overline{X}} = \mu$이며 $\sigma_{\overline{X}} = \sigma/\sqrt{n}$ 인데, 공정의 실제평균 μ와 실제 표준편차 σ는 모르는 값이므로 이 값들을 추정하기 위해서는 시간 경과에 따른 다수의 부분군으로 부터 $\overline{X}$ 값들이 준비되어야 한다. 이때 공정평균 μ는 여러 $\overline{X}$들의 평균인 $\overline{\overline{X}}$로 추정할 수 있으며 공정 표준편차 σ는 흔히 간편한 방법으로 각 부분군에서의 범위(각 부분군 에서 가장 큰 값에서 가장 작은 값을 뺀 것으로 R로 표시함)를 갖고 추정한다. 범위도 공정의 변동을 대표하고 있기 때문이다. 범위를 이용하는 또 하나의 이유는 보통 $\overline{X}$관리도와 동시에 범위를 관리하는 R관리도를 함께 그리기 때문이다. 이를 $\overline{X}$관리도라 한다.

13.1.2 관리상태 여부의 판정

위와 같은 원리에 의해 관리한계선이 설정되면 계속적으로 같은 크기의 표본을 정기적으로 추출하여 적절한 통계량($\overline{X}$관리도의 경우 $\overline{X}$)을 기록함으로써 공정을 관측하는데 관리한계선을 벗어나는 점이 있을 때는 공정에 이상이 있다고 선언하며 실제 이상여부를 조사하여야 한다. 또한 비록 모든 점이 관리한계선 내에 있을 지라도 관리도 상에 '특이한' 현상이 있을 경우는 공정이 정상이 아니라고 의심할 수 있다. 특이한 현상이란 예를 들면 관리한계선 부근에 자주 기록된다거나 연속된 7개 이상의 점이 중심선 위 또는 아래 한쪽에 나타나는 경우를 말한다. 다시 말하면 공정이 정상인 경우 중심선 부근에 많은 점들이 오게 되어 있으며 중심에서 멀리 떨어져 있는 경우는 적기 때문이다. 예를 들면 관리도에서 2σ와 3σ

사이에 어떤 한 점이 있을 확률은 약 0.0214이므로 연속한 두 점이 2σ와 3σ 사이에 있을 확률은 $(0.0214)^2 = 0.00046$으로 상당히 작으므로 이 경우는 공정의 이상을 의미할 수 있는 것이다. 요약하면 관리한계선을 벗어난 점이 없더라도 예를 들어 다음과 같은 현상이 나타나면 공정이 관리 상태를 이탈했을 가능성이 있다고 본다.

① 연속 7점 이상이 중심선의 어느 한쪽에만 계속될 때
② 연속 11점 중 10점 이상이 중심선의 어느 한 쪽에 위치할 때
③ 연속 14점 중 12점 이상이 중심선의 어느 한 쪽에 위치할 때
④ 연속 7점 이상이 계속하여 상승 또는 하강할 때
⑤ 연속 3점 중 2점 이상이 2σ 한계선을 넘을 때
⑥ 연속 5점 중 4점 이상이 1σ 한계선을 넘을 때
⑦ 어떤 경향이나 주기성을 나타날 때

13.1.3 관리도의 종류

관리도는 제품의 품질특성에 따라 크게 계량형 관리도와 계수형 관리도로 분류된다. 일반적으로 널리 사용되고 있는 계량형 및 계수형 관리도를 소개하면 다음과 같다.

(1) 계량형 관리도(charts for variables)

① **공정평균 관리용** : X관리도, $\overline{X}$관리도, 누적합(cumulative sum; CUSUM) 관리도, 이동평균(moving average) 관리도, 지수가중 이동평균(exponentially weighted moving average: EWMA) 관리도
② **공정산포 관리용** : R관리도, s관리도, s^2관리도

(2) 계수형 관리도(charts for attributes)

① **불량률 관리용** : p관리도, np관리도
② **결점수 관리용** : c관리도, u관리도

누적합 관리도, 이동평균 관리도, 지수가중 이동평균 관리도 등은 슈하르트 이후에 개발된 것들로서 그 사용이 약간 복잡하나 슈하르트 관리도보다 대체로 효율적인 것으로 알려져 있다. 그러나 이 장에서는 그 설명을 생략한다.

13.2 계량형 관리도

제품의 품질특성이 길이, 중량, 강도, 부피 등과 같이 연속적으로 변하는 수치를 갖는 경우를 계량형 품질특성이라 한다. 예를 들면 피스톤의 지름, 통조림의 중량, 철근의 인장강도 등은 계량형 품질특성에 해당한다. 품질특성이 계량형인 경우 공정의 평균 및 산포가 직접 품질에 영향을 미치므로 그 평균과 산포를 모두 관리할 필요가 있는데 공정평균의 관리를 위해서는 $\overline{X}$ 또는 X관리도가, 공정 산포의 관리를 위해서는 R 또는 s관리도가 널리 이용된다.

13.2.1 $\overline{X}$-R관리도

공정 평균의 관리를 위해 $\overline{X}$관리도를, 공정 표준편차의 관리를 위해 범위를 이용한 R관리도를 적용하는 경우 이를 묶어서 $\overline{X}-R$관리도라고 한다.

X_1, X_2, ..., X_n을 평균이 μ, 표준편차가 σ인 정규모집단으로부터 추출한 크기 n인 하나의 부분군에 대한 표본이라 할 때 $\overline{X}$관리도는 매번 부분군별로 표본평균인 $\overline{X}$를 타점하는 것이다. 표본평균 $\overline{X}$는 평균이 μ, 표준편차가 $\sigma/\sqrt{n}$인 정규분포를 따른다. 따라서 μ, σ를 알고 있는 경우 중심선 및 3-시그마 관리한계선은 식(13.1) 또는 식(13.2)에 의해 다음과 같이 구해진다.

$$\begin{cases} UCL=\mu+\dfrac{3\sigma}{\sqrt{n}} \\ CL=\mu \\ LCL=\mu-\dfrac{3\sigma}{\sqrt{n}} \end{cases} \tag{13.3}$$

만약 μ, σ를 모르는 경우에는 예비표본으로부터 추정한 값을 이용하여 관리한계선을 구할 수 있다. 관리상태의 공정으로부터 크기 n의 부분군을 시간에 따라 m개 마련하는 경우를 생각해 보자. m값으로는 보통 20 이상의 값을 사용한다. $\overline{X_i}$, $R_i(i=1,\ 2,\ \ldots,\ m)$을 각각 i번째 부분군의 평균 및 범위라 할 때 이들의 전체 평균은 각각 다음과 같이 주어진다.

$$\overline{\overline{X}}=(\overline{X_1}+\overline{X_2}+\cdots+\overline{X_m})/m$$
$$\overline{R}=(R_1+R_2+\cdots+R_m)/m$$

위의 자료들로부터 μ의 불편추정량을 구하면 다음과 같다.

$$\hat{\mu} = \overline{\overline{X}} \qquad (13.4)$$

한편 σ는 범위 R의 기대치와 σ와의 다음과 같은 관계를 이용하여 추정한다.

$$E[R] = d_2\sigma$$

여기서 d_2는 n에 따라 다른 상수로서 〈표 13-1〉과 같은 값을 갖는다. 보다 다양한 n에 대한 d_2 값을 부록의 〈표 A-7〉에 나타내었다.

〈표 13-1〉 부분군 크기(n)에 따른 d_2 값

n	2	3	4	5	6	7	8
d_2	1.128	1.693	2.059	2.326	2.534	2.704	2.847

따라서 $E[R]$을 예비표본의 $\overline{R}$로 추정하면 σ는 다음과 같이 추정된다.

$$\hat{\sigma} = \frac{\overline{R}}{d_2} \qquad (13.5)$$

μ의 추정치로 $\overline{\overline{X}}$, σ의 추정치로 $\overline{R}/d_2$를 이용하여 식(13.3)에 의한 $\overline{X}$관리도의 중심선 및 3-시그마 관리한계선을 구하면 다음과 같다.

$$\begin{cases} UCL = \overline{\overline{X}} + \left(\dfrac{3}{\sqrt{n}}\right)\left(\dfrac{\overline{R}}{d_2}\right) = \overline{\overline{X}} + A_2\overline{R} \\ CL = \overline{\overline{X}} \\ LCL = \overline{\overline{X}} - \left(\dfrac{3}{\sqrt{n}}\right)\left(\dfrac{\overline{R}}{d_2}\right) = \overline{\overline{X}} - A_2\overline{R} \end{cases} \qquad (13.6)$$

여기서 $A_2 = \dfrac{3}{d_2\sqrt{n}}$로서 n에 따라 미리 계산되는 값으로 부록의 〈표 A-7〉에 도표화하였다.

X관리도는 부분군의 크기 n이 1인 경우로 범위를 구할 수 없기 때문에 이동범위(moving range)를 구한다. 즉 바로 전 관측치와의 범위를 구하여 평균범위를 구한 후 식(13.5)를 이용하여 σ를 추정한다. 이때 $d_2 = 1.128$을 이용한다. 따라서 X관리도의 경우에도 식(13.6)을 이용할 수 있으며, 이 경우 $A_2 = 2.6596$을 사용한다.

우리는 앞에서 표본범위 R이 공정의 표준편차와 관련이 있음을 보았다. R관리도는 공정의 산포를 관리하기 위하여 매시점 부분군의 R을 플롯하는 것이다. R관리도의 관리한계선을 구하기 위해서는 R의 기대치와 표준편차를 알아야 하는데 이는 다음과 같이 주어진다.

$$\mu_R = E[R] = d_2\sigma$$
$$\sigma_R = \sqrt{Var[R]} = d_3\sigma$$

여기서 d_3는 n의 함수로서 미리 계산된 값이며 부록의 〈표 A-7〉에 수록하였다. 따라서 σ를 알고 있는 경우 R관리도의 중심선 및 3-시그마 관리한계선은 다음과 같다.

$$\begin{cases} UCL = \mu_R + 3\sigma_R = (d_2 + 3d_3)\sigma = D_2\sigma \\ CL = \mu_R = d_2\sigma \\ LCL = \mu_R - 3\sigma_R = (d_2 - 3d_3)\sigma = D_1\sigma \end{cases} \tag{13.7}$$

여기서 $D_2 = d_2 + 3d_3$, $D_1 = d_2 - 3d_3$로서 그 값들은 역시 부록에서 찾을 수 있다.

σ를 모르는 경우 추정치 $\hat{\sigma} = \overline{R}/d_2$를 이용하면 R관리도의 중심선 및 3-시그마 관리한계선은 다음과 같이 주어진다(이를 확인하라).

$$\begin{cases} UCL = \overline{R} + 3d_3\overline{R}/d_2 = D_4\overline{R} \\ CL = \overline{R} \\ LCL = \overline{R} - 3d_3\overline{R}/d_2 = D_3\overline{R} \end{cases} \tag{13.8}$$

단, $D_4 = 1 + 3d_3/d_2 = D_2/d_2$, $D_3 = 1 - 3d_3/d_2 = D_1/d_2$로서 그 값들은 부록에 수록되어 있다.

예 13-1

어느 공장에서 공장수의 pH를 관리하기 위하여 $\overline{X}-R$관리도를 적용하기로 하였다. 매일 4번의 표본을 추출하여 pH를 측정하고 그 평균 $\overline{X}$와 범위 R을 관리하기로 하였다. 〈표 13-2〉는 하루 4번씩 과거 20일간 측정한 pH 데이터이다. $\overline{X}-R$관리도에 대한 관리한계선을 설정하고 그림에 나타내라.

풀이 〈표 13-2〉에 부가된 값을 통하여 다음을 알 수 있다.

$$\overline{\overline{X}} = 7.753,\ \overline{R} = 0.336$$

이로부터 구한 $\overline{X}-R$관리도의 중심선 및 관리한계선은 다음과 같다.

$$\begin{cases} UCL_{\overline{X}} = \overline{\overline{X}} + A_2\overline{R} = 7.753 + (0.729)(0.336) = 7.997 \\ CL_{\overline{X}} = \overline{\overline{X}} = 7.753 \\ LCL_{\overline{X}} = \overline{\overline{X}} - A_2\overline{R} = 7.753 - (0.729)(0.336) = 7.508 \end{cases}$$

$$\begin{cases} UCL_R = D_4\overline{R} = (2.282)(0.336) = 0.767 \\ CL_R = \overline{R} = 0.336 \\ LCL_R = D_3\overline{R} = (0)(0.336) = 0 \end{cases}$$

〈표 13-2〉 공장수의 pH

	pH				합계	평균	범위
	X_1	X_2	X_3	X_4	$\sum X_i$	$\overline{X}$	R
1	7.64	7.30	7.74	7.87	30.55	7.64	0.57
2	7.77	7.87	8.00	7.85	31.49	7.87	0.23
3	7.98	7.89	7.96	7.68	31.51	7.88	0.30
4	7.83	7.92	7.89	7.65	31.29	7.82	0.27
5	7.87	7.83	7.72	7.67	31.09	7.77	0.20
6	7.66	7.68	7.57	7.71	30.62	7.66	0.14
7	7.60	7.91	8.00	7.84	31.35	7.84	0.40
8	7.97	7.72	7.84	7.96	31.49	7.87	0.25
9	7.86	7.69	7.85	7.63	31.03	7.76	0.23
10	7.89	7.53	7.63	7.84	30.89	7.72	0.36
11	7.86	7.65	7.45	7.74	30.70	7.68	0.41
12	7.82	7.33	7.78	7.67	30.60	7.65	0.49
13	7.93	7.60	7.85	7.98	31.36	7.84	0.38
14	7.68	7.78	7.51	7.63	30.60	7.65	0.27
15	7.75	7.96	7.56	7.42	30.69	7.67	0.54
16	7.56	7.41	7.75	7.79	30.51	7.63	0.38
17	7.66	7.93	8.01	7.70	31.30	7.83	0.35
18	8.06	7.79	7.84	7.64	31.33	7.83	0.42
19	7.78	7.59	7.74	7.63	30.74	7.69	0.19
20	7.63	7.75	7.96	7.75	31.09	7.77	0.33
합계						155.06	6.71
평균						7.753	0.336

따라서 $\overline{X}-R$관리도는 [그림 13-1]과 같다.

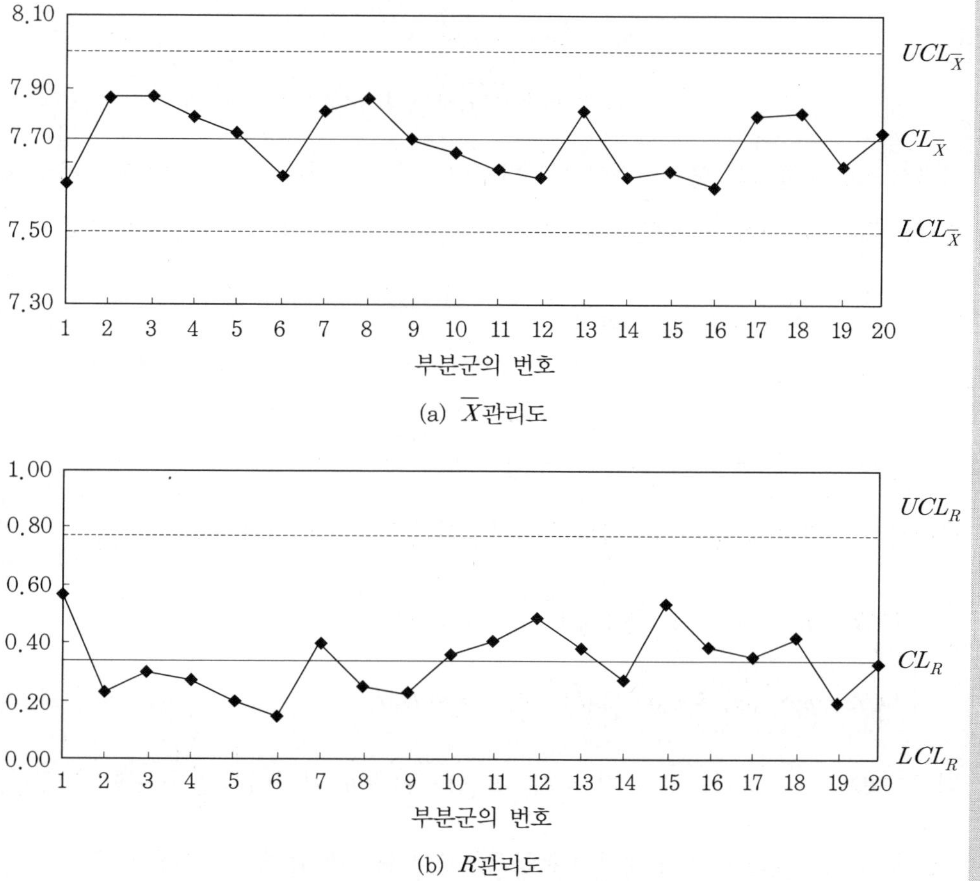

[그림 13-1] (예 13-1)의 $\overline{X}-R$관리도

[예 13-1]의 경우 $\overline{X}$관리도 및 R관리도의 관리한계선을 설정하고 각 부분군에 대한 $\overline{X}$ 및 R을 각각 타점하였을 경우 모두 관리한계선 내에 드는 것을 볼 수 있다. 만약 관리한계선을 벗어나는 점이 있다면 해당 부분군의 데이터를 제거한 후 관리한계선을 다시 설정하는 것이 바람직하다. 관리한계선의 설정을 위해서는 정상인 공정으로부터 예비표본을 추출하여야 하기 때문이다.

13.2.2 s관리도

s관리도는 R관리도와 같이 공정산포를 관리하고자 하는 것이며 매 시점에 n개의 크기를 갖는 부분군 별로 표준편차 s를 산출하여 플롯하는 것이다. 대체로 부분군 크기 n이 클 때 (약 10 이상) s관리도는 R관리도 보다 효율적인 것으로 알려져 있다. s는 σ의 불편추정량

은 아니며 기대치와 표준편차는 다음과 같이 산출된다.

$$\mu_s = E[s] = c_4\sigma$$
$$\sigma_s = \sqrt{Var[s]} = \sqrt{1-c_4^2} \cdot \sigma$$

여기서 c_4는 s를 σ의 불편추정량으로 바꾸어주는 상수이며 〈표 13-3〉과 같이 n에 따라 변하는 값을 갖는다. 보다 다양한 n에 따른 c_4값은 부록 〈표 A-7〉에 수록되었다.

〈표 13-3〉 n에 따르는 c_4의 값

n	2	3	4	5	6	7	8
c_4	0.7979	0.8862	0.9213	0.9400	0.9515	0.9594	0.9650

따라서 σ를 안다고 할 때 s관리도의 관리한계선은 다음과 같다.

$$\begin{cases} UCL = \mu_s + 3\sigma_s = c_4\sigma + 3\sqrt{1-c_4^2} \cdot \sigma = B_6\sigma \\ CL = \mu_s = c_4\sigma \\ LCL = \mu_s - 3\sigma_s = c_4\sigma - 3\sqrt{1-c_4^2} \cdot \sigma = B_5\sigma \end{cases} \tag{13.9}$$

여기서 $B_6 = c_4 + 3\sqrt{1-c_4^2}$, $B_5 = c_4 - 3\sqrt{1-c_4^2}$으로 부록에서 값을 구할 수 있다.

σ를 모를 경우에는 m개의 예비 부분군으로부터 다음과 같이 $\bar{s}$를 산출한 후

$$\bar{s} = (s_1 + s_2 + \cdots + s_m)/m$$

σ를 아래와 같이 추정한다.

$$\hat{\sigma} = \frac{\bar{s}}{c_4} \tag{13.10}$$

결국 식(13.9)의 σ대신 식(13.10)의 $\hat{\sigma}$를 대입하면 관리한계선은 다음과 같다.

$$\begin{cases} UCL = \bar{s} + 3\sqrt{1-c_4^2}\,\dfrac{\bar{s}}{c_4} = B_4\bar{s} \\ CL = \bar{s} \\ LCL = \bar{s} - 3\sqrt{1-c_4^2}\,\dfrac{\bar{s}}{c_4} = B_3\bar{s} \end{cases} \tag{13.11}$$

여기서 $B_4 = 1 + \frac{3}{c_4}\sqrt{1-c_4^2} = \frac{B_6}{c_4}$, $B_3 = 1 - \frac{3}{c_4}\sqrt{1-c_4^2} = \frac{B_5}{c_4}$이며 역시 부록에 나타내었다.

예 13-2

[예 13-1]의 데이터를 이용하여 s관리도의 중심선 및 관리한계선을 구하여보자. 우선 〈표 13-2〉로부터 각 부분군의 s를 구한 후 이들의 표본평균 $\overline{s}$를 구하면 다음과 같다.

$$\overline{s} = (s_1 + s_2 + \cdots + s_{20})/20 = 0.149$$

그리고 $n=4$이므로 3-시그마 관리한계선은 다음과 같다.

$$\begin{cases} UCL = B_4\overline{s} = 2.266(0.149) = 0.338 \\ CL = \overline{s} = 0.149 \\ LCL = B_3\overline{s} = 0 \end{cases}$$

[그림 13-2]는 s관리도의 관리한계선과 각 부분군의 s값들을 타점한 것이다.

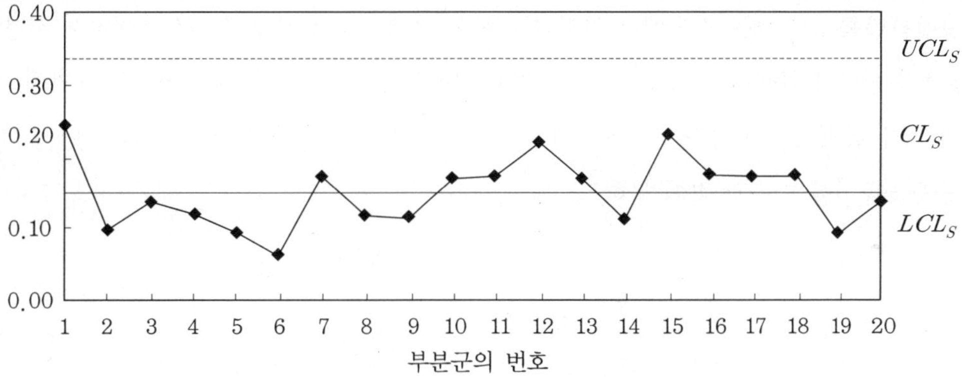

[그림 13-2] (예 13-2)의 s관리도

한편, 식(13.5)의 $\overline{R}$에 의한 σ의 추정치와 식(13.10)의 $\overline{s}$에 의한 σ의 추정치를 비교해 보면 각각 0.163과 0.162로 유사함을 볼 수 있다.

13.3 계수형 관리도

13.3.1 불량률 관리도(p관리도)

불량률이 p인 생산공정으로부터 크기 n의 표본을 취해 그 중에서 발견되는 불량품수를 X

라 하면, X는 이항분포 Bin(n, p)를 따르고 그 평균과 분산은 각각 np, $np(1-p)$이다. 불량률을 관리하는 p관리도는 추출되는 부분군의 불량률 $\hat{p}=X/n$를 타점한다.

$\hat{p}$의 기대치와 분산은 아래와 같으므로

$$E[\hat{p}] = E\left[\frac{X}{n}\right] = \frac{np}{n} = p$$
$$Var[\hat{p}] = Var\left[\frac{X}{n}\right] = \frac{np(1-p)}{n^2} = \frac{p(1-p)}{n}$$

p관리도의 3-시그마 관리한계선은 각각 다음과 같이 얻어질 것이다.

$$\begin{cases} UCL = p + 3\sqrt{p(1-p)/n} \\ CL = p \\ LCL = p - 3\sqrt{p(1-p)/n} \end{cases} \tag{13.12}$$

공정불량률 p를 모를 경우에는 일정 기간동안 관측된 자료로부터 p를 추정하여 사용한다. p를 추정하기 위해서는 보통 20개 이상의 예비 부분군을 추출하여 사용한다. i번째 부분군의 크기 및 부분군내 불량수를 각각 n_i, X_i라 할 때 m번의 예비 부분군으로부터 추정된 평균불량률 $\bar{p}$를 다음과 같이 구하고

$$\bar{p} = \frac{\text{총불량품수}}{\text{총검사개수}} = \frac{\sum_{i=1}^{m} X_i}{\sum_{i=1}^{m} n_i}$$

이를 식(13.12)에 대입하여 p관리도의 중심선 및 관리한계선을 구하면 다음과 같다.

$$\begin{cases} UCL = \bar{p} + 3\sqrt{\bar{p}(1-\bar{p})/n} \\ CL = \bar{p} \\ LCL = \bar{p} - 3\sqrt{\bar{p}(1-\bar{p})/n} \end{cases} \tag{13.13}$$

부분군의 크기가 표본시마다 다른 경우에는 관리한계선이 매번 달라지는데 i번째 부분군의 크기를 n_i라고 하면 이에 대응하는 관리한계선은 다음과 같이 주어진다.

$$\begin{cases} UCL = \bar{p} + 3\sqrt{\bar{p}(1-\bar{p})/n_i} \\ CL = \bar{p} \\ LCL = \bar{p} - 3\sqrt{\bar{p}(1-\bar{p})/n_i} \end{cases} \tag{13.14}$$

여기서 LCL 값이 음수이면 0으로 둔다.

불량률 대신 직접 불량개수를 타점하여 관리하는 것을 불량개수관리도 또는 np관리도라고 하는데 여기서는 그 설명을 생략한다.

예 13-3

어떤 공장에서 생산되는 제품의 불량률을 관리하기 위하여 10일 동안 매일 50개의 제품을 샘플로 검사하여 다음과 같은 불량개수 데이터를 얻었다. 이때 p관리도의 관리한계선을 구하라.

날짜	1	2	3	4	5	6	7	8	9	10
불량개수	2	3	1	2	1	3	1	1	2	1

풀이 부분군 크기가 50개로 동일하므로 공정불량률 p를 추정하면 다음과 같다.

$$\bar{p} = \frac{\text{총불량품수}}{\text{총검사개수}} = \frac{2+3+\cdots+1}{50(10)} = \frac{17}{500} = 0.034$$

따라서 관리한계선은 다음과 같다.

$$\begin{cases} UCL = \bar{p} + 3\sqrt{\bar{p}(1-\bar{p})/n} = 0.034 + 3\sqrt{0.034(1-0.034)/50} = 0.111 \\ CL = \bar{p} = 0.034 \\ LCL = \bar{p} - 3\sqrt{\bar{p}(1-\bar{p})/n} = 0.034 - 3\sqrt{0.034(1-0.034)/50} < 0 \end{cases}$$

위에서 LCL은 음수이므로 0으로 간주한다.

13.3.2 결점수관리도

하나의 제품에 약간의 결점만 있으면 불량으로 처리되지 않고 사용 가능한 경우가 있다. 예를 들면 전선, 직물, 두루마리 종이제품 등의 경우, 일정한 길이 또는 일정면적당 약간의 흠이 있어도 실제로 사용하는데는 별 지장이 없을 수도 있을 것이나 그러한 결점의 수가 많아지면 제품의 기능이 저하되거나 가치가 감소될 것이다. 이와 같은 경우 제품당 결점수를 관리하기 위해 고안된 관리도가 결점수관리도이다.

결점수관리도에서는 제품당 결점수 X가 포아송분포를 따른다고 가정한다. X가 평균 c인 포아송분포를 따를 때 X의 평균 및 분산은 모두 c이다. 여기서는 편의상 제품당 결점수라는 표현을 사용하나 반드시 한 제품에 대한 결점수만을 의미하지는 않는다. 현장에서 관리목적상 예를 들어 5개 제품에 대한 결점수를 집계하는 경우 5개 제품을 하나의 부분군으로 하여 관리할 수도 있고 한 제품당 결점수로 환산하여 다루기도 한다. 전자와 같이 관리하는 검사단위에 대한 결점수를 다루는 관리도를 c관리도라 하며, 후자와 같이 단위당 결점수를 다루는 경우를 u관리도라 한다.

(1) c관리도(결점수관리도)

c관리도는 결점수 X를 타점하는 것으로 X의 기대치와 분산이 동일하게 c이므로 3-시그마 관리한계선은 다음과 같이 될 것이다.

$$\begin{cases} UCL = c + 3\sqrt{c} \\ CL = c \\ LCL = c - 3\sqrt{c} \end{cases} \tag{13.15}$$

만약 LCL의 값이 음이 될 때는 $LCL = 0$으로 둔다. c값을 모를 때에는 다음과 같이 예비 샘플로부터 c값을 추정하여 사용한다.

$$\bar{c} = \frac{\text{발견된 총결점수}}{\text{총부분군수}}$$

예 13-4

어떤 공장에서 생산되는 냉장고에 사소한 결점이 발생하는데 c관리도를 사용하여 냉장고당 결점수를 관리하고자 한다. 예비표본으로 15개의 냉장고에 대한 결점수 데이터를 다음과 같이 수집하였다.

번호	1	2	3	4	5	6	7	8	9	10	11	12	13	14	15
결점수	18	27	23	14	16	7	16	23	4	34	27	19	26	22	11

풀이 우선 예비표본들로부터 c(평균 결점수)값을 추정하면 다음과 같다.

$$\bar{c} = \frac{18+27+23+\cdots+22+11}{15} = \frac{287}{15} = 19.1$$

따라서 c관리도의 관리한계선은 다음과 같다.

$$\begin{cases} UCL = \bar{c} + 3\sqrt{\bar{c}} = 19.1 + 3\sqrt{19.1} = 32.2 \\ CL = \bar{c} = 19.1 \\ LCL = \bar{c} - 3\sqrt{\bar{c}} = 19.1 - 3\sqrt{19.1} = 6.0 \end{cases}$$

예 13-5

c관리도의 관리한계선이 식(13.15)와 같을 때 공정이 안정상태에 있는 경우 임의의 한 점이 관리한계선을 벗어날 확률을 구하라.

풀이 이 한 점을 X라 하면 평균이 c인 포아송분포를 따르므로 구할 확률은 다음과 같다.

$$\begin{aligned} \alpha &= P\{X > c + 3\sqrt{c}\} + P\{X < c - 3\sqrt{c}\} \\ &= \sum_{x=\lfloor c+3\sqrt{c} \rfloor + 1}^{\infty} \frac{c^x e^{-c}}{x!} + \sum_{x=0}^{\lfloor c-3\sqrt{c} \rfloor} \frac{c^x e^{-c}}{x!} \end{aligned}$$

위에서 $\lfloor a \rfloor$는 a를 넘지 않는 최대정수를 나타낸다.

만약 $c=1$이라면 $\alpha = 0.004$이고 $c = 5$, 10일 때 각각 $\alpha = 0.003, 0.002$이다.

이 확률들은 정규분포에서 $\mu \pm 3\sigma$를 벗어날 확률과 거의 같음을 볼 수 있다.

(2) u관리도(단위당 결점수관리도)

결점수관리도에서 공정변화의 감지능력(민감도)이나 경제적 요인들을 고려하여 여러 개의 검사단위를 묶어서 하나의 부분군으로 형성할 수 있다. 이때 하나의 부분 군을 이루는 검사단위수를 k라 하면 검사단위당 결점수 $U = X/k$의 기대치와 분산은 다음과 같다.

$$E[U] = E\left[\frac{X}{k}\right] = \frac{c}{k}$$
$$Var[U] = Var\left[\frac{X}{k}\right] = \frac{c}{k^2}$$

u관리도에서는 검사단위당 결점수 U를 타점한다. U의 기대치를 $u = c/k$라 하면 u관리도의 3-시그마 관리한계선은 다음과 같이 구해진다.

$$\begin{cases} UCL = u + 3\sqrt{u/k} \\ CL = u \\ LCL = u - 3\sqrt{u/k} \end{cases} \tag{13.16}$$

u값을 모를 때에는 다음과 같이 예비샘플로부터 추정한 값 $\bar{u}$를 사용한다.

$$\bar{u} = \frac{\text{발견된 총결점수}}{\text{총검사 단위수}}$$

u관리도에서 부분군별로 검사단위가 다를 수 있는데 i번째 부분군의 검사 단위가 k_i일 때 관리한계선은 식(13.16)에서 k대신 k_i를 대입하면 된다. 이때 관리한계선은 부분군마다 변하게 된다.

예 13-6

다음은 10매의 스테인레스 냉연코일에 대한 백색 반점수를 나타낸 것이다. 길이당 백색 반점수를 관리하고자 u관리도를 사용하기로 하였다. 이 데이터를 사용하여 관리한계선을 구하라.

코일번호(i)	코일길이(k_i)	백색반점수(c_i)	길이당 반점수
1	20	5	0.250
2	18	6	0.333
3	20	4	0.200
4	20	8	0.400
5	15	3	0.200
6	16	2	0.125

7	22	7	0.318
8	18	5	0.278
9	16	4	0.250
10	20	3	0.150

풀이 우선 검사단위당 결점수(백색 반점수) u값을 추정하면

$$\bar{u}=\frac{\text{발견된 총백색반점수}}{\text{검사한 총코일길이}}=\frac{5+6+\cdots+4+3}{20+18+\cdots+16+20}=\frac{47}{185}=0.254$$

이때 관리한계선은 부분군마다 변하게 된다. 예를 들어 첫 번째 코일의 경우는

$$\begin{cases} UCL=\bar{u}+3\sqrt{\bar{u}/k_i}=0.254+3\sqrt{0.254/20}=0.592 \\ CL=\bar{u}=0.254 \\ LCL=\bar{u}-3\sqrt{\bar{u}/k_i}=0.254-3\sqrt{0.254/20}<0.000 \end{cases}$$

이고, 두 번째 코일($i=2$)의 경우에는 관리한계선이 다음과 같다.

$$\begin{cases} UCL=\bar{u}+3\sqrt{\bar{u}/k_i}=0.254+3\sqrt{0.254/18}=0.610 \\ CL=\bar{u}=0.254 \\ LCL=\bar{u}-3\sqrt{\bar{u}/k_i}=0.254-3\sqrt{0.254/18}<0.000 \end{cases}$$

이와 같이 각 부분군별로 검사단위가 다른 경우에는 부분군별로 관리한계선을 따로 구한다.

13.4 관리도의 공정변화 감지능력

공정의 관리상태 여부를 탐지할 목적으로 관리도를 사용하는 경우 관리도가 공정변화에 얼마나 민감한지 알아볼 필요가 있다. 검사특성곡선 또는 OC곡선(operating characteristic curve)은 공정품질수준이 변화한 직후 관리도상에 타점한 한 점이 관리한계선 내에 들어감으로써 공정에 변화가 없다고 잘못 판단할 확률(소비자 위험)을 공정변화의 함수로 나타낸 것이다.

$\overline{X}$관리도에 대한 OC곡선에 대하여 알아보자. 공정품질이 평균 μ, 분산 σ^2의 정규분포를 따른다고 하고 식(13.3)의 관리한계선을 갖는 $\overline{X}$관리도를 사용한다고 하자. 어느 시점에서 공정분산은 그대로 유지되면서 공정평균이 다음과 같이 σ의 k배만큼 증가한다고 하자.

$$\text{공정평균변화 : } \mu \rightarrow \mu+k\sigma \tag{13.17}$$

공정변화 직후 타점한 $\overline{X}$가 여전히 관리한계선($\mu \pm 3\sigma/\sqrt{n}$)내에 있어 공정변화를 감지 못

할 확률은 다음과 같이 표현된다.

$$\beta = P\{LCL \leq \overline{X} \leq UCL | \text{공정평균} = \mu + k\sigma\}$$

따라서 확률 β는 다음과 같이 구하여진다.

$$\begin{aligned}\beta &= P\left\{\mu - \frac{3\sigma}{\sqrt{n}} \leq \overline{X} \leq \mu + \frac{3\sigma}{\sqrt{n}} | \text{공정평균} = \mu + k\sigma\right\} \\ &= P\left\{\frac{\mu - 3\sigma/\sqrt{n} - (\mu + k\sigma)}{\sigma/\sqrt{n}} \leq \frac{\overline{X} - (\mu + k\sigma)}{\sigma/\sqrt{n}} \leq \frac{\mu + 3\sigma/\sqrt{n} - (\mu + k\sigma)}{\sigma/\sqrt{n}}\right\} \\ &= P\{-3 - k\sqrt{n} \leq Z \leq 3 - k\sqrt{n}\} \\ &= \Phi(3 - k\sqrt{n}) - \Phi(-3 - k\sqrt{n}) \qquad (13.18)\end{aligned}$$

여기서 $\Phi(\bullet)$는 표준정규분포를 따르는 Z의 누적분포함수로서 표준정규분포표를 이용하여 다음과 같이 구할 수 있다.

$$\Phi(z) = 1 - P\{Z > z\}$$

한편, 공정변화를 감지할 확률은 $1 - \beta$임을 알 수 있다.

예 13-7

어떤 제품의 품질특성치에 대하여 부분군크기 $n = 4$의 $\overline{X}$관리도를 사용하고 있다. 공정이 안정되어 있을 때 평균이 100, 표준편차 5로 알려져 있다. 만약 공정평균이 110으로 변한다고 할 때 그 직후 $\overline{X}$관리도에 타점한 첫 번째 $\overline{X}$가 관리한계선을 벗어날 확률을 구하라.

풀이 공정평균이 표준편차의 2배만큼 증가하였으므로(즉 $k = 2$) 관리한계선 내에 있을 확률 β는 아래와 같다.

$\beta = \Phi(3 - 2\sqrt{4}) - \Phi(-3 - 2\sqrt{4}) = \Phi(-1) - \Phi(-7) \approx \Phi(-1) = P\{Z > 1\} = 0.1587$,

따라서 변화를 감지할 확률은 $1 - \beta = 0.8413$이다.

식(13.18)의 확률 β를 [그림 13-3]과 같이 k의 함수로 나타낸 것을 OC곡선이라 한다.

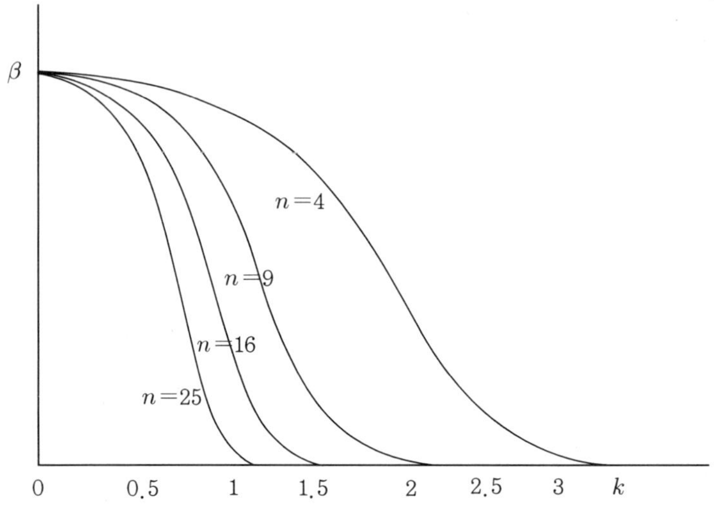

[그림 13-3] $\overline{X}$관리도에 대한 OC곡선

다른 관리도에 대하여서도 유사하게 확률 β를 구할 수 있으며 OC곡선을 그릴 수 있다. 다음 예는 결점수관리도인 c관리도에 대한 것이다.

예 13-8

어떤 제품의 결점수 X를 c관리도로 관리하고 관리한계선은 다음과 같다.

$$UCL = 2 + 3\sqrt{2} = 6.24$$
$$LCL = 0$$

현재 평균결점수는 2인데 공정평균(평균결점수)이 3으로 변한다고 할 때 직후 c관리도에 타점한 점이 이 변화를 감지 못할 확률을 구하라.

풀이 결점수 X가 포아송분포를 따르는 것으로 가정하고 있으므로 공정변화를 감지 못할 확률 β는 다음과 같다.

$$\begin{aligned}\beta &= P\{LCL \le X \le UCL | \text{평균결점수} = 3\} \\ &= P\{0 \le X \le 6.24 | \text{평균결점수} = 3\} \\ &= \sum_{x=0}^{6} \frac{3^x e^{-3}}{x!} \\ &= 0.966\end{aligned}$$

공정변화가 작은 경우에는 한번에 그 변화를 감지하기는 어려우며 따라서 공정 변화 후 관리도상에 몇 번째 타점 후 감지할 수 있는가에 관심을 갖는다. 한점으로 감지할 확률이 $1-\beta$이므로 정확히 j번째 점에서 감지할 확률은 다음과 같다. 즉, 감지할 때까지 걸리는 시간(타점수)을 L이라 하면 $L = j$일 확률은 아래와 같다.

$$P\{L=j\}=\beta^{j-1}(1-\beta),\quad j=1,\ 2,\ \ldots \tag{13.19}$$

위와 같은 확률밀도함수를 갖는 L과 같은 확률변수는 기하분포(geometric distribution)를 따른다고 말한다. 감지할 때까지 걸리는 시간의 기대치를 평균런길이(average run length; ARL)라 하며 관리도의 공정변화 감지능력의 척도로 사용된다. 따라서 ARL은 위의 분포를 갖는 L의 기대치이므로 다음과 같다.

$$ARL=E[L]=\sum_{j=1}^{\infty} j\,\beta^{j-1}(1-\beta)=\frac{1}{1-\beta} \tag{13.20}$$

예 13-9

관리한계선이 $\mu \pm 3\sigma\sqrt{n}$ 인 $\overline{X}$관리도에 대하여 공정평균이 식(13.17)과 같이 k만큼 증가하였을 경우 ARL는 식(13.18)과 식(13.20)으로부터 다음과 같다.

$$ARL=\frac{1}{1-(\Phi(3-k\sqrt{n})-\Phi(-3-k\sqrt{n}))}$$

$k\sqrt{n}$ 값에 따른 ARL를 계산하면 〈표 13-4〉와 같다.

〈표 13-4〉 공정변화량에 따른 관리도의 ARL

$k\sqrt{n}$	0.00	0.25	0.50	0.75	1.00	1.50	2.00	3.00	4.00
ARL	370.4	281.2	155.2	81.2	43.9	15.0	6.3	2.0	1.2

한 예로 $n=4$이고 평균이 0.5σ만큼 증가할 때($k=0.5$) $k\sqrt{n}=1.0$ 이므로 $ARL=43.9$ 이다. 즉 평균적으로 약 44번의 타점 후 공정변화를 감지하게 됨을 의미한다.

13.5 공정능력분석

통계적 품질관리의 주요 기능 중의 하나는 공정을 관리상태로 유지하는 것이며 그 공정으로부터 생산된 제품들이 규격을 만족하도록 공정을 유도 · 조정하는 일도 또한 중요하다. 생산된 제품들이 '얼마나 규격을 만족하는가', 그렇지 못하다면 '규격을 만족하도록 공정을 조정할 수는 없는가'하는 문제들이 공정능력분석의 영역에 해당한다. 즉, 공정설계 및 제조단계에서 생산공정의 품질 변동 정도를 측정하고 규격과 비교 분석하는 것을 공정능력분석(process capability analysis)이라 한다. 공정능력이란 생산공정 이 얼마나 균일한 품질의 제품을 생산할 수 있는지를 반영하는 공정의 고유능력을 의미하며 그 척도로서 일반적으로 $6\sigma(\pm 3\sigma)$를 사용한다. 제품의 품질특성이 정규분포를 따르는 경우 거의 대부분(99.73%)의 제품이 평균 μ를 중심으로 6σ범위 내에 포함되기 때문이다.

규격과 관련하여 공정능력을 평가하는 척도로서 공정능력지수(process capability index)가 있는데 C_p 또는 C_{pk} 등의 종류가 있다. 공정능력지수는 공정능력(6σ)에 대한 규격폭의 비율로서 공정이 규격에 맞는 제품을 생산할 능력을 가지고 있는지를 나타내는 지수이다. 먼저 규격상한(upper
specification limit: USL)과 규격하한(lower specification limit: LSL)이 주어진 경우 공정능력지수 C_p는 다음과 같이 정의된다.

$$C_p = \frac{USL - LSL}{6\sigma} \tag{13.21}$$

$C_p = 1$인 경우는 규격폭(=UCL−LSL)이 6σ와 일치하는 경우이므로 이런 공정 하에서 규격을 벗어날 확률이 0.0027이다. 따라서 불량률을 이보다 작게하기 위해서는 동일한 규격 하에서 σ를 줄여야 할 것이다. $C_p = 1.5$ 이상으로 하여야 함은 규격폭을 공정능력의 1.5배 이상으로 하여야 함을 뜻하며 다시말하면 공정의 σ를 규격폭의 1/9이하로 하여 불량률을 백만분의 6.8, 즉 6.8 ppm 이하로 하여야 함을 의미한다. 〈표 13-5〉는 공정능력지수(C_p)에 따라 규격폭을 벗어날 확률, 즉 불량률을 나타내고 있다. 최근의 100 ppm 운동은 공정능력지수를 1.3정도로 하자는 것이라고 할 수 있다.

다음에서 설명할 한쪽 규격만 있는 경우에도 〈표 13-5〉를 사용할 수 있는데, 이 경우 C_p에 해당하는 불량률이 양쪽규격인 경우의 1/2이다.

〈표 13-5〉 공정능력지수에 따른 불량률

공정능력지수 (C_p)	불량률(ppm) (양쪽규격인 경우)	공정능력지수 (C_p)	불량률(ppm) (양쪽규격인 경우)
1.00	2,700	1.50	6.80
1.10	966	1.60	1.60
1.20	318	1.70	0.34
1.30	96	1.80	0.06
1.40	26	2.00	0.0018

USL 또는 LSL의 한쪽 규격만 주어지는 경우 공정능력지수는 다음과 같이 정의된다.

$$C_p = \begin{cases} \dfrac{(USL-\mu)}{3\sigma} & USL\text{만 있는 경우} \\ \dfrac{(\mu-LSL)}{3\sigma} & LSL\text{만 있는 경우} \end{cases} \quad (13.22)$$

식(13.22)의 C_p는 공정의 평균을 고려하지 않았으나 이를 고려한 것이 C_{pk} 지수이다. 즉 이 지수는 다음과 같이 정의된다.

$$C_{pk} = \frac{\min[USL-\mu, \mu-LSL]}{3\sigma} \quad (13.23)$$

따라서 공정평균 μ가 양쪽규격의 한 가운데에 위치하게 되면 C_{pk}와 C_p는 일치한다. 그러나 μ가 어느 한쪽으로 치우친 경우에는 C_{pk}는 C_p보다 작게 될 것이다. 최근 각광 받고 있는 6시그마(six sigma) 활동은 불량률 3.4ppm이 목표로 $C_{pk}=1.5$ 에 해당한다.

예 13-10

어떤 제품의 품질특성치에 대한 규격이 50 ± 5로 주어졌다. 이 제품을 생산하는 공정의 공정능력을 알아보기 위해 매일 5개 제품을 표본으로 추출하여 과거 10일간 품질특성치의 표본평균과 표준편차를 아래와 같이 구하였다.

일	1	2	3	4	5	6	7	8	9	10
$\overline{X}$	52.1	48.5	50.9	51.3	49.2	47.7	53.2	49.7	48.5	52.4
s	1.5	0.9	0.5	2.3	2.1	1.8	2.4	1.7	0.9	1.6

이때 공정의 평균 μ는 아래의 $\overline{\overline{X}}$로 추정된다.

$$\hat{\mu} = \overline{\overline{X}} = (52.1+48.5+\cdots+52.4)/10 = 50.35$$

그리고 공정의 표준편차 σ는 식(13.10)을 이용하여 다음과 같이 추정할 수 있다.

$$\hat{\sigma} = \frac{\overline{s}}{c_4} = \frac{(1.5+0.9+\cdots+1.6)/10}{0.94} = 1.57$$

따라서 C_p지수는 다음과 같이 추정된다.

$$C_p = \frac{USL-LSL}{6\hat{\sigma}} = \frac{10}{6(1.57)} = 1.062$$

한편 C_{pk}지수는 다음과 같이 추정된다.

$$C_{pk} = \frac{\min[55-\hat{\mu}, \hat{\mu}-45]}{3\hat{\sigma}} = \frac{\min[55-50.35, 50.35-45]}{3(1.57)} = 0.987$$

위의 공정은 그 평균이 목표치 50에서 약간 벗어나기 때문에 이를 고려한 지수 C_{pk}는 C_p지수보다 약간 작게 나타남을 볼 수 있다.

13.6 샘플링검사

안전면이나 경제적인 이유에서 어느 정도 불량을 허용할 수 있는 경우에 전수 검사의 수고와 시간, 비용을 줄이기 위해 로트로부터 일부를 무작위로 채취하여 검사하는 것을 샘플링검사(sampling inspection)라고 한다. 샘플링검사는 다시 계수샘플링검사(sampling inspection by attributes)와 계량샘플링검사(sampling inspection by variables)로 구분되는데 계수샘플링검사는 검사단위의 품질이 불량품수, 불량률 또는 결점수 등으로 표시되는 경우이며 계량샘플링검사는 품질이 길이, 중량, 강도 등과 같이 측정가능한 계량치로 표시되는 경우를 일컫는다. 이 중 계수샘플링검사의 경우가 통상 많이 사용되므로 이에 대해서만 설명한다.

공정에서 제품이 로트(lot) 단위로 생산된다고 하고 한 로트에 제품이 N개씩 있다고 하자. 위에서 언급한 바와 같이 어떤 로트에는 "많은" 불량품이 들어있을 수 있기 때문에 이러한 불량이 소비자에게 전해지는 것을 최대한 방지하고자 검사를 실행하게 된다.

때때로 각 로트에 대해 100%를 모두 검사하는데 이를 전수검사(screening)라 한다. 전수검사는 주로 한 로트에 소량의 값비싼 제품을 포함하고 있으며 불량품이 하나라도 있는 경우 불이익이 대단히 클 때 실시한다. 그러나 전수검사는 시간 및 비용이 엄청나게 소요될 뿐만 아니라 어떤 경우는 검사를 행함으로써 제품에 손상을 입힐 수도 있으므로 보통의 경우는 한 로트의 N개 제품 중 일부를 무작위로 추출하여 검사하는 샘플링검사를 실행하게 된다. 여기서 한 로트의 크기 N은 상당히 큰 수로 가정하는 것이 보통이다.

13.6.1 계수샘플링검사의 종류

샘플링검사방안에는 여러 가지가 있을 수 있는데 기본적으로는 한 로트에서 '적당한' 수의 표본을 추출하여 불량품 수가 어느 수준 이하이면 그 로트를 합격시키고 어느 수준보다 많으면 그 로트를 불합격시키려는 것이다. 따라서 몇 개의 표본을 선택해야 하며 합격, 불합격 판정 수준을 어떻게 정할 것인가가 관심의 대상이 되고 있다. 이에 대한 해답을 얻기 위해서는 표본검사방안과 밀접한 관계가 있는 검사특성곡선(operating characteristic curve; OC curve)에 대하여 알 필요가 있다. 우선 기본적인 샘플링검사의 종류에 대하여 알아보자.

(1) 1회 샘플링검사

1회 샘플링검사(single sampling inspection plan)는 1회의 샘플링으로 로트에 대한 합격/불합격 판정을 내리는 샘플링검사로서 n개의 표본을 채취하여 이 중 불량품수가 c개 이하이면 로트를 합격시키고 c개보다 많으면 로트를 불합격시키는 방식이다. 즉 1회 샘플링검사의 모수는 $(n,\ c)$라 할 수 있다. 여기서 c를 합격판정개수(acceptance number)라 한다.

불량품수를 X라 할 때 이 방식 하에서 불량률이 p인 로트가 합격할 확률은 다음과 같이 표현된다.

$$P_a = P\{X \le c\} = \sum_{x=0}^{c} \frac{n!}{x!(n-x)!} p^x (1-p)^{n-x} \tag{13.24}$$

예 13-11

어떤 로트의 불량률은 1%로 알려져 있다. $(n, c) = (50,\ 1)$ 인 1회 샘플링검사를 실시할 때 로트가 합격될 확률을 구하라.

풀이 50개의 표본 중에 있을 불량품수를 X라 하면 X는 Bin(50, 0.01)분포를 따른다. 따라서 합격될 확률은 식(13.24)에 의해 아래와 같이 산출된다.

$$P_a = P\{X \le 1\} = 0.99^{50} + 50(0.99)^{49}(0.01) = 0.9106$$

(2) 2회 샘플링검사

2회 샘플링검사(double sampling plan)란 1차 표본검사에서 표본수 n_1개를 추출하여 불량품수가 c_1이하이면 로트를 합격시키고 r_1개 이상이면 불합격판정(즉 합격, 불합격이 확실할 때는 판정을 내림)하고 그 중간의 결과에 대해서는(불량품수가 c_1보다 크고 r_1보다 작으면) 2차로 표본 n_2 개를 검사하여 2회 표본에 대한 불량품 합계가 c_2 이하이면 합격시키고 그렇지 않으면 불합격시키는 샘플링검사방안을 말한다. 즉 2회 샘플링검사의 모수는 $(n_1,\ n_2,\ c_1,\ r_1,\ c_2)$이다. 종종 $r_1 = c_2 + 1$로 정하여 모수 수를 줄이기도 한다. 2회 샘플링검사의 절차를 그림으로 나타내면 [그림 13-4]와 같다.

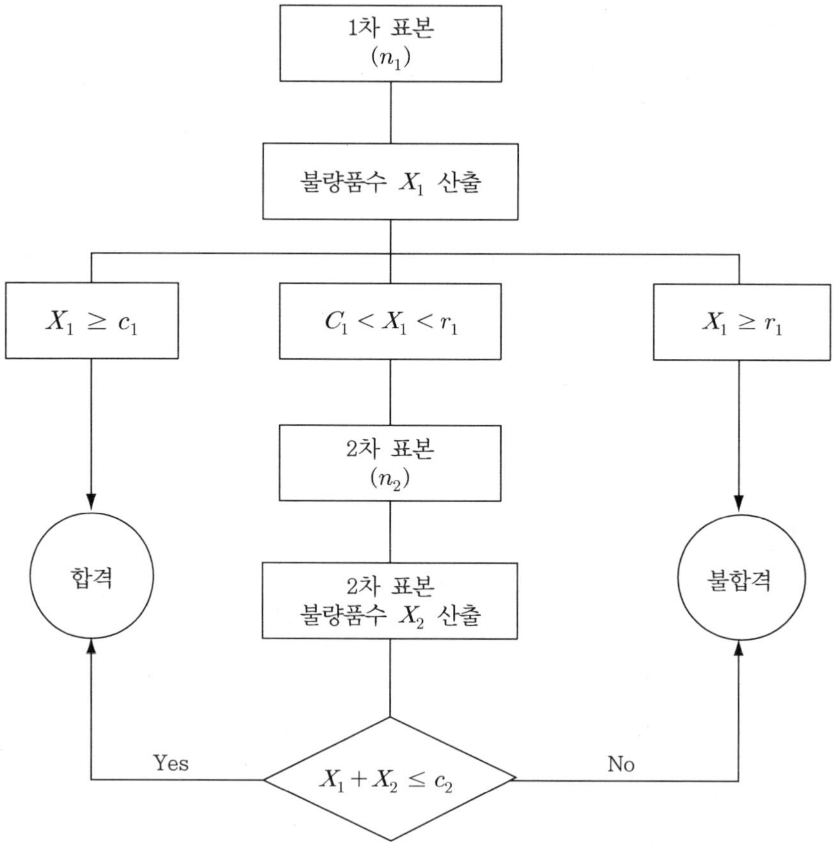

[그림 13-4] 2회 샘플링 검사절차

1차 표본에서의(n_1개 중) 불량품수를 X_1이라하고 2차 표본에서의(n_2개 중) 불량품수를 X_2라할 때 불량률이 p인 로트를 합격시킬 확률은 다음과 같이 계산된다.

$$P_a = P\{X_1 \le c_1\} + P\{c_1 < X_1 < r_1,\ X_1 + X_2 \le c_2\} \tag{13.25}$$

위 식에서 첫 항은 1차에서 합격할 확률이며 두 번째 항은 1차에서 결정나지 않았다가 2차에서 합격할 확률을 나타낸다.

2회 샘플링검사를 동일한 로트 불량률과 합격확률 하에서 1회 샘플링검사와 비교할 때 2회 샘플링검사의 소요되는 평균검사수(average sample number; ASN)가 더 작음을 이론적으로 밝힐 수 있어 비용면에서는 2회 샘플링검사가 더 유리할 것으로 예상되나 이의 복잡성으로 실제는 사용빈도가 적다. 또한 2회 샘플링검사를 확장하여 다회 샘플링검사(multiple sampling plan)를 고려할 수도 있다.

예 13-12

불량률이 5%로 알려진 로트가 있다. 이 로트에 $(n_1, n_2, c_1, r_1, c_2)=(50, 100, 1, 4, 3)$인 2회 샘플링검사방안을 적용할 때 로트가 합격될 확률을 구하여 보자.
우선 1차 표본시 로트가 합격될 확률은 다음과 같다.

$$1차합격률 = P\{X_1 \le 1\} = \sum_{x=0}^{1} \frac{50!}{x!(50-x)!}(0.05)^x(0.95)^{50-x}$$
$$= (0.95)^{50} + 50(0.05)(0.95)^{49} = 0.279$$

$$2차합격률 = P\{1 < X_1 < 4, X_1 + X_2 \le 3\}$$
$$= P\{X_1 = 2, X_2 \le 1\} + P\{X_1 = 3,\ X_2 = 0\}$$
$$= P\{X_1 = 2\} \cdot P\{X_2 \le 1\} + P\{X_1 = 3\} \cdot P\{X_2 = 0\}$$
$$\frac{50!}{2!48!}(0.05)^2(0.95)^{48}\{(0.95)^{100} + 100(0.05)(0.95)^{99}\}$$
$$+ \frac{50!}{3!47!}(0.05)^3(0.95)^{47}(0.95)^{100}$$
$$= (0.261)(0.037) + (0.220)(0.0059)$$
$$= 0.009 + 0.001 = 0.010$$

따라서 로트합격확률은 다음과 같다.

$$P_a = 0.279 + 0.010 = 0.289$$

(3) 축차샘플링검사

특히 파괴검사와 같이 표본수를 최소로 하는 것이 대단히 중요한 경우에는 축차샘플링검사(sequential sampling plan)를 사용하기도 한다. 이는 [그림 13-5]에서 나타낸 바와 같이 한번에 한 제품씩 추출하여 k시점에서 총 불량품수 $D(k)$가 $c_1(k)$ 이하이면 로트를 합격시키고 $c_2(k)$ 이상이면 불합격시키며 그 중간이면 다시 한 표본을 추출하여 과정을 반복하는 방법이다.

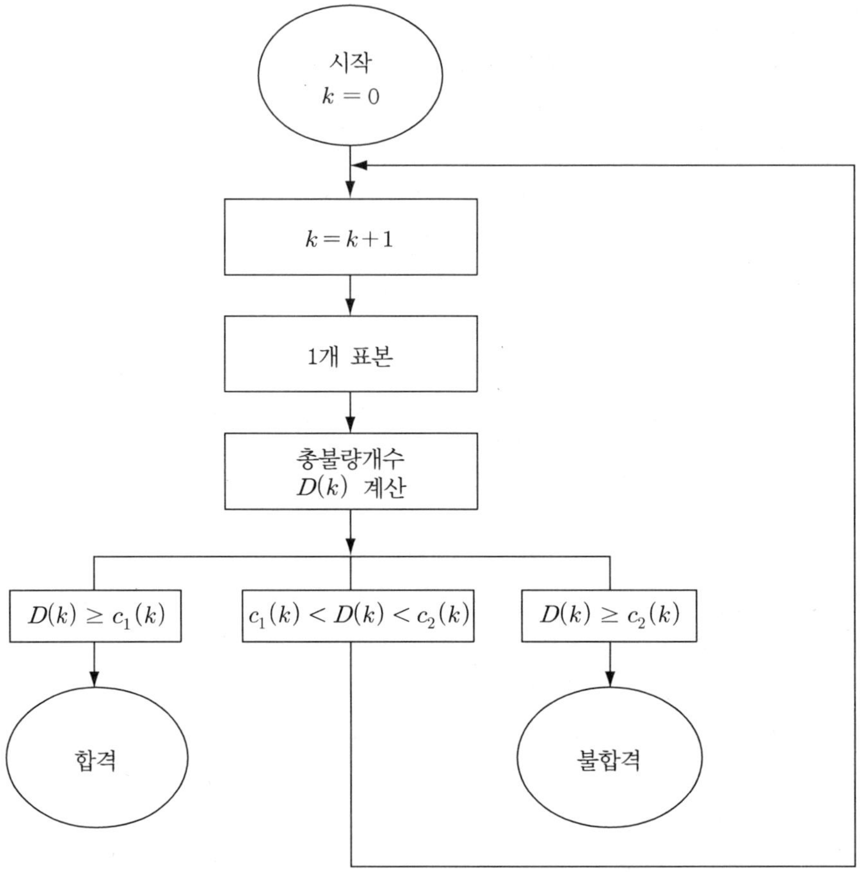

[그림 13-5] 축차샘플링검사 절차

여기서 언급한 샘플링검사방안 외에도 많은 방안들이 있으며 KS에도 규정되어 있다. 샘플링검사가 적극적으로 품질을 개선하는 것은 아니라 할 지라도 제품이 소비자에 전달되는 직전단계에서 불량률을 줄일 수 있는 최후의 수단이므로 간과할 수는 없다.

13.6.2 로트합격확률 및 OC곡선

로트의 불량률을 로트크기 N에 대한 로트에 포함되어 있는 불량품개수의 비율로 정의하고 p로 표시한다고 하면 우리는 불량률 p값을 모르는 것이 보통이다. 한 로트에 들어 있는 불량품개수는 전수검사를 하지 않는 이상 모르기 때문이다. 만약 p값을 안다면 표본검사를 할 필요가 없을 것이다. 로트의 알고 있는 불량률이 허용할 수 있는 만큼 작으면 그 로트를 합격시키고 그렇지 않으면 불합격시키면 되기 때문이다.

불량률을 모르기 때문에 어떠한 표본검사방안을 채택한다고 하더라도 좋은(불량률이 작은)

로트를 불합격시킬 수도 있으며 나쁜(불량률이 큰) 로트를 합격시키는 오류를 범할 수 있다. 흔히 전자의 오류를 생산자에 손실을 주므로 생산자 위험(producer's risk)이라 하며 후자를 소비자 위험(consumer's risk)이라 부른다.

우리는 불량률 p가 어떤 고정된 값을 가질 때 채택하고 있는 샘플링검사방안에 따른 로트의 합격 확률 P_a를 식(13.24), (13.25) 등과 같이 구할 수 있는데, p값을 x축으로 P_a값을 y축으로 하여 그래프로 나타낸 곡선을 검사특성곡선 또는 OC곡선이라 한다. 이는 [그림 13-6]에서 보듯이 S자 모양을 이루는데 p값이 작을 때는 로트 합격확률이 1에 가깝고 p값이 커지면 P_a는 0에 가깝게 된다.

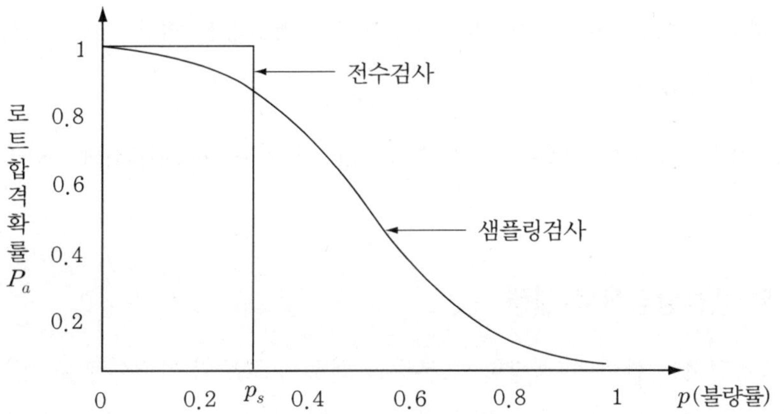

[그림 13-6] 샘플링검사의 OC곡선

사실 바람직한 OC곡선의 모양은 역시 [그림 13-6]에서 볼 수 있듯이 전수검사의 경우와 같이 불량률이 어느 수준(p_s)보다 작으면 합격확률이 1이고 이보다 클 때는 0이 되는 형태이나, 샘플링검사에서는 실제 불량률을 알 수 없기 때문에 이러한 오류가 발생하게 되는 것이다. 즉 샘플링검사의 경우에는 실제 p값이 작다고 하더라도 로트가 불합격될 확률이 존재하여 합격확률 P_a가 1에 가깝긴 하나 정확히 1은 아니며 p값이 큰 경우에도 합격확률이 존재하여 정확히 0이 되지는 않는다. OC곡선은 주어진 샘플링검사 방안에 대해 여러 p값(0에서 1사이의 연속된 값)에 따라 로트합격확률을 한눈에 볼 수 있도록 나타낸 것이다. 한 가지 부연하면 불량률 p가 0인 경우에는 불량품이 로트에 하나도 없는 경우이므로 합격확률 $P_a = 1$이 되며 p값이 1일 때에는 전부가 불량품이라는 의미이므로 $P_a = 0$이 된다.

실제 OC곡선을 그리려면 어떤 주어진 p값에 대해 합격확률 P_a를 계산하여야 하는데 앞서 언급한 바와 같이 이는 샘플링검사방안에 좌우된다. 즉, 1회 샘플링검사의 경우 식(13.24)에 의하여 산출될 수 있다. 이를 다시 쓰면 아래와 같다.

$$P_a = \sum_{i=1}^{c} \binom{n}{i} p^i (1-p)^{n-i}$$

표본크기 n이 크고 불량률 p가 작으면 이항분포는 다시 포아송분포에 근사하게 되어 $\theta = np$라고 할 때 다음과 같이 계산할 수도 있다.

$$P_a = \sum_{i=0}^{c} \frac{e^{-\theta}\theta^i}{i!}$$

따라서 포아송 근사식에 따르면 주어진 p값에 대해 θ값을 계산하고 로트합격확률을 비교적 손쉽게 구할 수 있다.

또한 2회 샘플링검사의 경우는 P_a가 식(13.25)에 의해 산출된다([예 13-12]의 산출 예를 참조하라).

13.6.3 1회 샘플링검사의 설계

1회 샘플링검사는 한번에 '적당한' 표본수를 택하여 로트의 합격여부를 판정하는 방법으로 과연 몇 개의 표본을 택하여야 하며 몇 개의 불량품까지를 허용할 것인지가 문제가 된다. 이를 해결하기 위해 여러 가지 접근방법을 이용할 수 있다. 검사비용과 로트를 합격시킨 후 불량이 발생하였을 경우 손실비용 등을 감안하여 가장 경제적인 표본 크기를 정하는 비용적 접근방법도 있을 수 있으며 생산자 및 소비자 위험을 고려하는 확률적 접근방법도 이용할 수가 있는데 이 절에서는 후자의 방법을 기술하고자 한다.

OC곡선에서 특정한 두 점 $(p_0,\ 1-\alpha)$와 $(p_1,\ \beta)$를 생각하여 보자. $(p_0,\ 1-\alpha)$는 생산자를 만족시키는 점으로 로트의 불량률이 p_0(생산자 입장에서 받아들일 수 있는 정도로 작은 값)일 때 그 로트를 합격시킬 확률이 $P_a = 1-\alpha$가 되도록 하는 점이다. 여기서 α는 불량률 p_0에서도 로트가 합격되지 않을 확률이므로 생산자위험에 해당된다. 이와 유사하게 $(p_1,\ \beta)$는 소비자를 만족시키는 점으로 불량률이 p_1(소비자에게 바람직하지 않는 수준의 값)일 때 로트의 합격률이 β에 불과하도록 하는 점이다. 따라서 β는 소비자위험에 해당된다. α와 β값은 비교적 작은 값으로 보통 $\alpha = 0.05$, $\beta = 0.1$로 정하는 경우가 많다. 예를 들어 불량률 1%에서는 합격확률이 95%가 되도록 하고 불량률 4%에서는 합격확률이 10%가 되도록 한다면 $p_0 = 0.01$, $\alpha = 0.05$, $p_1 = 0.04$, $\beta = 0.1$로 결정한 것이다.

위와 같은 희망사항을 만족하는 표본 크기 n과 합격판정개수 c는 따라서 다음 두 개의 방정식에 의해 결정된다.

$$P_a = 1 - \alpha \qquad p = p_0 \text{일 때}$$
$$P_a = \beta \qquad p = p_1 \text{일 때}$$

실제로는 n과 c로서 정수값을 원하므로 다음과 같은 부등식을 만족하는 n과 c값을 찾는다.

$$P_a \geq 1 - \alpha \qquad p = p_0 \text{ 일 때}$$
$$P_a \leq \beta \qquad p = p_1 \text{ 일 때}$$

P_a에는 앞에서 설명하였듯이 n과 c를 포함하고 있다. 위의 부등식으로부터 n과 c를 구하는 표현을 유도하려면 좀 더 깊은 확률 및 통계지식을 요구하므로 여기서는 생략한다. 위와 같은 방안을 계수규준형 샘플링이라 하고 한국공업규격 KS A3102에는 $\alpha = 0.05$, $\beta = 0.1$에 대하여 p_0와 p_1값에 따른 (n, c)값을 구하도록 설계된 표를 수록하고 있는데 부록 〈표 A-8〉과 같은 표이다.

13.7 참고사항

13.1.3절에 언급한 이동평균 관리도, 누적합 관리도, 지수가중 이동평균 관리도 등에 대한 설명은 참고문헌 [1], [2] 등을 참조할 수 있다. 샘플링검사에 대하여 보다 다양한 방안은 참고문헌 [1]에 설명되어 있다.

[1] 배도선, 최신 통계적 품질관리, 영지문화사, 1992.

[2] D.C. Montgomery, *Introduction to Statistical Quality Control*, 3rd ed., Wiley, New York, 1996

연습문제

13.1 스테인레스공장 정련로의 용탕온도를 관리하기 위하여 $\overline{X}-R$관리도를 사용하고자 한다. 연속한 4개 Heat의 평균용탕온도를 산출하여 이를 관리도에 나타내고 관리한계선 내에 있으면 현재 공정이 안정적이라 간주하고 그렇지 않으면 공정에 이상이 있다고 판단한다. 관리한계선을 산출하기 위하여 다음과 같이 20개 Heat의 용탕온도를 조사하였다(아래 표의 숫자는 실제용탕온도에서 1,500을 뺀 것임). 4개 Heat를 하나의 부분군으로 간주하라(1,2,3,4를 하나, 5,6,7,8을 다른 하나 등으로).

〈표 1-1〉 데이터의 종류별 특성

Heat#	온도	Heat#	온도
1	93	11	67
2	72	12	86
3	52	13	113
4	95	14	79
5	87	15	89
6	65	16	103
7	115	17	91
8	111	18	71
9	104	19	61
10	92	20	96

(아래 문제에서는 위의 숫자를 그대로 사용; 실제용탕온도로 환산할 필요없음)

(a) $\overline{X}$관리도의 UCL 및 LCL을 구하라(3-시그마 규칙 사용).

(b) R관리도의 UCL 및 LCL을 구하라(3-시그마 규칙 사용).

(c) s관리도의 UCL 및 LCL을 구하라(3-시그마 규칙 사용).

(d) 각 Heat의 용탕온도가 정규분포를 따른다고 할 때 이의(한 Heat의) 평균과 표준편차의 추정치를 구하라.

(e) 한 Heat의 용탕온도의 분포가 (d)와 같을 때 임의의 한 Heat 용탕온도가 80 ± 30 을 벗어날 확률을 구하라.

13.2 문제 13.1에서 Heat별 용탕온도를 X관리도로 관리하고자 할 때 3-시그마 관리한계선을 구하라.

13.3 어떤 생산공정에서 정기적으로 크기 5개의 표본을 택하여 부분군의 평균($\overline{X}$), 범위(R), 표준편차(s)를 계산한다. 25개 부분군의 $\overline{X}$, R, s의 합이 각각 다음과 같다.

$$\sum_{i=1}^{25}\overline{X_i}=420.5 \qquad \sum_{i=1}^{25}R_i=16.2 \qquad \sum_{i=1}^{25}s_i=6.15$$

(a) 공정이 관리상태에 있다고 가정하고 공정의 표준편차를 추정하라.

(b) $\overline{X}$관리도의 UCL 및 LCL을 구하라.

(c) R관리도의 UCL 및 LCL을 구하라.

(d) s관리도의 UCL 및 LCL을 구하라.

13.4 어떤 공정의 평균은 10, 표준편차는 1로 알려져 있다. 일정한 시간간격으로 크기 4의 표본을 취해 품질특성을 측정하여 관리한다.

(a) $\overline{X}$관리도를 사용하는데 공정이 정상일 때 관리한계를 벗어날 확률이 0.0048이 되는 관리상한 및 하한을 결정하고자 한다. 관리상한 및 하한을 구하라.

(b) 제품의 규격이 10±3일 때, 공정으로부터 생산되는 제품의 불량률을 구하라. 또한, 공정능력지수 C_p를 구하라.

13.5 어떤 공정을 관리하는데 3-시그마 규칙에 의한 $\overline{X}$관리도를 사용한다. 부분군 크기가 4인데 관리상한, 관리하한이 다음과 같다.

$$UCL=26 \qquad CL=20 \qquad LCL=14$$

(a) 공정의 평균과 표준편차를 추정하라.

(b) 현재의 공정에서 한 부품이 20±10의 규격을 벗어나면 불량으로 간주한다. 현공정에 대한 공정능력지수 C_p와 불량률을 구하라. 단, (a)에서 추정된 평균과 표준편차가 실제 공정의 평균과 표준편차라 간주한다.

13.6 어떤 정규분포를 따르는 공정을 관리하는데 2-시그마 규칙에 의한 관리도를 사용한다. 부분군 크기는 4이며, 관리상한 및 관리하한이 다음과 같다.

$$UCL=34 \qquad CL=30 \qquad LCL=26$$

(a) 공정의 평균과 표준편차를 추정하라.

(b) 이 공정에서 생산되는 부품의 규격은 30 ± 10이라 한다.

(i) 임의의 한 부품이 규격을 벗어날 확률은 ?

(ii) 5개 부품 중 1개 이하가 규격을 벗어날 확률은 ?

(c) 공정의 평균이 (a)에서 추정한 평균의 10%가 증가하였다고 하자.

(i) 공정변화 후 $\overline{X}$의 분포를 구하라(기대치와 분산?).

(ii) 공정변화 후 $\overline{X}$가 위의 UCL을 벗어날 확률을 구하라.

13.7 한 연주공장에서 생산되는 슬라브(Slab)에는 1매당 결점수가 포아송분포를 따른다고 한다. 과거 정상으로 간주된 공정에서 생산된 80매의 Slab에서 결점수가 40개 관측되었다. 이 공장에서는 슬라브 4매씩(이를 한 Charge라 하자)의 결점수를 관리한다고 한다. 각 슬라브에 있는 결점수는 서로 독립이다. 1 Charge의 결점수의 분포 역시 포아송분포를 따른다(이때, 평균은 슬라브 결점수 평균의 4배이다).

(a) Charge당 결점수를 관리하는 관리도의 한계를 구하라(3-시그마 규칙 사용).

(b) 이 후 Charge당 관측된 결점수는 다음과 같다. 관리도에 표시하고 공정의 이상여부를 판단하라.

시간	1	2	3	4	5
Charge 당결점수	3	5	2	7	6

13.8 어떤 열연코일의 두께적중률을 p관리도로 관리하고자 한다. 이 두께적중률은 매 코일에 대하여 200곳의 두께를 측정하여 정해진 규격 내에 포함되는 비율이다. p관리도의 관리한계선을 구하기 위하여 예비로 20개 코일의 두께적중률의 평균을 구하였더니 0.91이었다. 3-시그마 관리한계선을 구하라.

13.9 np관리도의 3-시그마 관리한계선을 유도하라.

13.10 [예 13-3]의 데이터에 대하여 3-시그마 관리한계선을 갖는 np관리도를 그려보라.

13.11 어떤 제품의 결점수를 다음과 같은 3-시그마 관리한계선을 갖는 c-관리도로 관리하고 있다.

$$UCL = 28, \quad LCL = 4$$

(a) 이 제품의 평균 결점수를 구하라.

(b) 어느 순간 이 제품의 평균 결점수가 20으로 변하였다고 할 때, 변화 직후 한 점 (결점수)이 관리한계선을 벗어날 확률을 정규분포에 근사시켜 구하라.

13.12 어떤 제품의 품질특성치에 대한 규격은 45±3으로 주어져 있다. 30개의 제품에 대하여 품질특성치를 측정하고 그 표본 평균과 표본 표준편차를 구한 결과 다음을 얻었다.

$$\overline{X} = 45.5, \quad s = 0.98$$

공정능력지수인 C_p와 C_{pk}를 각각 구하고 비교하라.

13.13 어떤 로트의 불량률은 3%로 알려져있다. $(n, c) = (50, 2)$인 1회 샘플링검사를 실시할 때 로트가 합격될 확률을 구하라.

13.14 불량률이 4%로 알려진 로트가 있다. 이 로트에 $(n_1, n_2, c_1, r_1, c_2) = (50, 100, 1, 5, 4)$인 2회 샘플링검사방안을 적용할 때 로트가 합격될 확률을 구하라.

13.15 OC곡선 상에서 (0.015, 0.95)와 (0.06, 0.10)을 만족하는 계수규준형 1회 샘플링검사에 대한 적절한 표본수 n과 합격판정수 c를 구하라.

13.16 불량률이 1%로 알려진 로트에 대하여 $(n_1, n_2, c_1, r_1, c_2) = (50, 100, 0, 4, 3)$인 2회 샘플링 검사방안을 적용한다.

(a) 1회 표본에서 합격, 불합격 여부가 판정될 확률을 구하라.

(b) 합격 또는 불합격 판정이 나기까지 검사할 표본수의 기대치를 구하라(이를 평균검사수라 한다).

부 록

통계분포표

〈표 A-1〉 표준정규분포표

$$P\{Z \geq z\} = \int_{z}^{\infty} \frac{1}{\sqrt{2\pi}} e^{-\frac{1}{2}x^2} dx$$

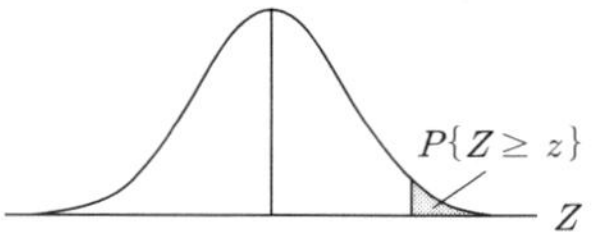

z	0.00	0.01	0.02	0.03	0.04	0.05	0.06	0.07	0.08	0.09
0.0	0.5000	0.4960	0.4920	0.4880	0.4840	0.4801	0.4761	0.4721	0.4681	0.4641
0.1	0.4602	0.4562	0.4522	0.4483	0.4443	0.4404	0.4364	0.4325	0.4286	0.4247
0.2	0.4207	0.4168	0.4129	0.4090	0.4052	0.4013	0.3974	0.3936	0.3897	0.3859
0.3	0.3821	0.3783	0.3745	0.3707	0.3669	0.3632	0.3594	0.3557	0.3520	0.3483
0.4	0.3446	0.3409	0.3372	0.3336	0.3300	0.3264	0.3228	0.3192	0.3156	0.3121
0.5	0.3085	0.3050	0.3015	0.2981	0.2946	0.2912	0.2877	0.2843	0.2810	0.2776
0.6	0.2743	0.2709	0.2676	0.2643	0.2611	0.2578	0.2546	0.2514	0.2483	0.2451
0.7	0.2420	0.2389	0.2358	0.2327	0.2296	0.2266	0.2236	0.2206	0.2177	0.2148
0.8	0.2119	0.2090	0.2061	0.2033	0.2005	0.1977	0.1949	0.1922	0.1894	0.1867
0.9	0.1841	0.1814	0.1788	0.1762	0.1736	0.1711	0.1685	0.1660	0.1635	0.1611
1.0	0.1587	0.1562	0.1539	0.1515	0.1492	0.1469	0.1446	0.1423	0.1401	0.1379
1.1	0.1357	0.1335	0.1314	0.1292	0.1271	0.1251	0.1230	0.1210	0.1190	0.1170
1.2	0.1151	0.1131	0.1112	0.1093	0.1075	0.1056	0.1038	0.1020	0.1003	0.0985
1.3	0.0986	0.0951	0.0934	0.0918	0.0901	0.0885	0.0869	0.0853	0.0838	0.0823
1.4	0.0808	0.0793	0.0778	0.0764	0.0749	0.0735	0.0721	0.0708	0.0694	0.0681
1.5	0.0668	0.0655	0.0643	0.0630	0.0618	0.0606	0.0594	0.0582	0.0571	0.0559
1.6	0.0548	0.0537	0.0526	0.0516	0.0505	0.0495	0.0485	0.0475	0.0465	0.0455
1.7	0.0446	0.0436	0.0427	0.0418	0.0409	0.0401	0.0392	0.0384	0.0375	0.0367
1.8	0.0359	0.0351	0.0344	0.0336	0.0329	0.0322	0.0314	0.0307	0.0301	0.0294
1.9	0.0287	0.0281	0.0274	0.0268	0.0262	0.0256	0.0250	0.0244	0.0239	0.0233
2.0	0.0228	0.0222	0.0217	0.0212	0.0207	0.0202	0.0197	0.0192	0.0188	0.0183
2.1	0.0179	0.0174	0.0170	0.0166	0.0162	0.0158	0.0154	0.0150	0.0146	0.0143
2.2	0.0139	0.0136	0.0132	0.0129	0.0125	0.0122	0.0119	0.0116	0.0113	0.0110
2.3	0.0107	0.0104	0.0102	0.0099	0.0096	0.0094	0.0091	0.0089	0.0087	0.0084
2.4	0.0082	0.0080	0.0078	0.0075	0.0073	0.0071	0.0069	0.0068	0.0066	0.0064
2.5	0.0062	0.0060	0.0059	0.0057	0.0055	0.0054	0.0052	0.0051	0.0049	0.0048
2.6	0.0047	0.0045	0.0044	0.0043	0.0041	0.0040	0.0039	0.0038	0.0037	0.0036
2.7	0.0035	0.0034	0.0033	0.0032	0.0031	0.0030	0.0029	0.0028	0.0027	0.0026
2.8	0.0026	0.0025	0.0024	0.0023	0.0023	0.0022	0.0021	0.0021	0.0020	0.0019
2.9	0.0019	0.0018	0.0018	0.0017	0.0016	0.0016	0.0015	0.0015	0.0014	0.0014
3.0	0.0013	0.0013	0.0013	0.0012	0.0012	0.0011	0.0011	0.0011	0.0010	0.0010
3.1	0.0010	0.0009	0.0009	0.0009	0.0008	0.0008	0.0008	0.0008	0.0007	0.0007
3.2	0.0007	0.0007	0.0006	0.0006	0.0006	0.0006	0.0006	0.0005	0.0005	0.0005
3.3	0.0005	0.0005	0.0005	0.0004	0.0004	0.0004	0.0004	0.0004	0.0004	0.0003
3.4	0.0003	0.0003	0.0003	0.0003	0.0003	0.0003	0.0003	0.0003	0.0003	0.0002
3.5	0.0002	0.0002	0.0002	0.0002	0.0002	0.0002	0.0002	0.0002	0.0002	0.0002
3.6	0.0002	0.0002	0.0001	0.0001	0.0001	0.0001	0.0001	0.0001	0.0001	0.0001
3.7	0.0001	0.0001	0.0001	0.0001	0.0001	0.0001	0.0001	0.0001	0.0001	0.0001
3.8	0.0001	0.0001	0.0001	0.0001	0.0001	0.0001	0.0001	0.0001	0.0001	0.0001
3.9	0.0000	0.0000	0.0000	0.0000	0.0000	0.0000	0.0000	0.0000	0.0000	0.0000

〈표 A-2〉 t-분포표

$$P\{T \geq t_{(q;\,\nu)}\} = q$$

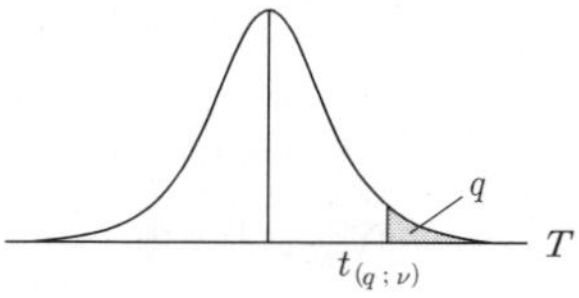

자유도 ν	꼬리확률 q									
	0.4	0.25	0.1	0.05	0.025	0.01	0.005	0.0025	0.001	0.0005
1	0.325	1.000	3.078	6.314	12.706	31.821	63.657	127.32	318.31	636.62
2	0.289	0.816	1.886	2.920	4.303	6.965	9.925	14.089	23.326	31.598
3	0.277	0.765	1.638	2.353	3.182	4.541	5.841	7.453	10.213	12.924
4	0.271	0.741	1.533	2.132	2.776	3.747	4.604	5.598	7.173	8.610
5	0.267	0.727	1.476	2.015	2.571	3.365	4.032	4.773	5.893	6.869
6	0.265	0.718	1.440	1.943	2.447	3.143	3.707	4.317	5.208	5.959
7	0.263	0.711	1.415	1.895	2.365	2.998	3.499	4.029	4.785	5.408
8	0.262	0.706	1.397	1.860	2.306	2.896	3.355	3.833	4.501	5.041
9	0.261	0.703	1.383	1.833	2.262	2.821	3.250	3.690	4.297	4.781
10	0.260	0.700	1.372	1.812	2.228	2.764	3.169	3.581	4.144	4.587
11	0.260	0.697	1.363	1.796	2.201	2.718	3.106	3.497	4.025	4.437
12	0.259	0.695	1.356	1.782	2.179	2.681	3.055	3.428	3.930	4.318
13	0.259	0.694	1.350	1.771	2.160	2.650	3.012	3.372	3.852	4.221
14	0.258	0.692	1.345	1.761	2.145	2.624	2.977	3.326	3.787	4.140
15	0.258	0.691	1.341	1.753	2.131	2.602	2.947	3.286	3.733	4.073
16	0.258	0.690	1.337	1.746	2.120	2.583	2.921	3.252	3.686	4.015
17	0.257	0.689	1.333	1.740	2.110	2.567	2.898	3.222	3.646	3.965
18	0.257	0.688	1.330	1.734	2.101	2.552	2.878	3.197	3.610	3.922
19	0.257	0.688	1.328	1.729	2.093	2.539	2.861	3.174	3.579	3.883
20	0.257	0.687	1.325	1.725	2.086	2.528	2.845	3.153	3.552	3.850
21	0.257	0.686	1.323	1.721	2.080	2.518	2.831	3.135	3.527	3.819
22	0.256	0.686	1.321	1.717	2.074	2.508	2.819	3.119	3.505	3.792
23	0.256	0.685	1.319	1.714	2.069	2.500	2.807	3.104	3.485	3.767
24	0.256	0.685	1.318	1.711	2.064	2.492	2.792	3.091	3.467	3.745
25	0.256	0.684	1.316	1.708	2.060	2.485	2.787	3.078	3.450	3.725
26	0.256	0.684	1.315	1.706	2.056	2.479	2.779	3.067	3.435	3.707
27	0.256	0.684	1.314	1.703	2.052	2.473	2.771	3.057	3.421	3.690
28	0.256	0.683	1.313	1.701	2.048	2.467	2.763	3.047	3.408	3.674
29	0.256	0.683	1.311	1.699	2.045	2.462	2.756	3.038	3.396	3.659
30	0.256	0.683	1.310	1.697	2.042	2.457	2.750	3.030	3.385	3.646
40	0.255	0.681	1.303	1.684	2.021	2.423	2.704	2.971	3.307	3.551
60	0.254	0.679	1.296	1.671	2.000	2.390	2.660	2.915	3.232	3.460
120	0.254	0.677	1.289	1.658	1.980	2.358	2.617	2.860	3.160	3.373
∞	0.253	0.674	1.282	1.645	1.960	2.326	2.576	2.807	3.090	3.291

〈표 A-3〉 χ^2-분포표

$$P\{\chi^2 \ge \chi^2_{(q;\,\nu)}\} = q$$

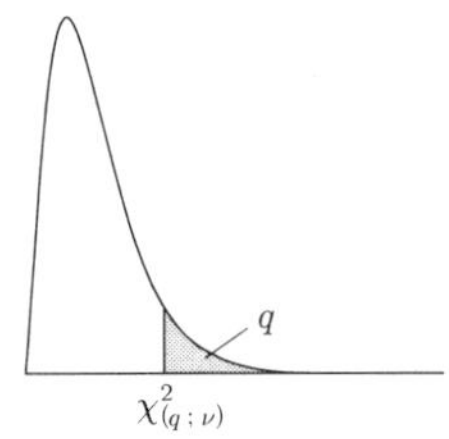

자유도 ν	꼬리확률 q							
	0.995	0.99	0.975	0.95	0.05	0.025	0.01	0.005
1	0.0^4393	0.0^3157	0.0^3982	0.0^2393	3.841	5.024	6.635	7.879
2	0.0100	0.0201	0.0506	0.103	5.991	7.378	9.210	10.597
3	0.0717	0.115	0.216	0.352	7.815	9.348	11.345	12.838
4	0.207	0.297	0.484	0.711	9.488	11.143	13.277	14.860
5	0.412	0.554	0.831	1.145	11.070	12.832	15.086	16.750
6	0.676	0.872	1.237	1.635	12.592	14.449	16.812	18.548
7	0.969	1.239	1.690	2.167	14.067	16.013	18.475	20.278
8	1.344	1.646	2.180	2.733	15.507	17.535	20.090	21.955
9	1.735	2.088	2.700	3.325	16.919	19.023	21.666	23.589
10	2.156	2.558	3.247	3.940	18.307	20.483	23.209	25.188
11	2.603	3.053	3.816	4.575	19.675	21.920	24.725	26.757
12	3.074	3.571	4.404	5.226	21.026	23.337	26.217	28.300
13	3.565	4.107	5.009	5.892	22.362	24.736	27.688	29.819
14	4.075	4.660	5.629	6.571	23.685	26.119	29.141	31.319
15	4.601	5.229	6.262	7.261	24.996	27.448	30.578	32.801
16	5.142	5.812	6.908	7.962	26.296	28.845	32.000	34.267
17	5.697	6.408	7.564	8.672	27.587	30.191	33.409	35.718
18	6.265	7.015	8.231	9.390	28.869	31.526	34.805	37.156
19	6.844	7.633	8.907	10.117	30.144	32.852	36.191	38.582
20	7.434	8.260	9.591	10.851	31.410	34.170	37.566	39.997
21	8.034	8.897	10.283	11.591	32.671	35.479	38.932	41.401
22	8.643	9.542	10.982	12.338	33.924	36.781	40.289	42.796
23	9.260	10.196	11.689	13.091	35.172	38.076	41.638	44.181
24	9.886	10.856	12.401	13.848	36.415	39.364	42.980	45.558
25	10.520	11.524	13.120	14.611	37.652	40.646	44.314	46.928
26	11.160	12.198	13.844	15.379	38.885	41.923	45.642	48.290
27	11.808	12.879	14.573	16.151	40.113	43.194	46.963	49.645
28	12.461	13.565	15.308	16.928	41.337	44.461	48.278	50.993
29	13.121	14.256	16.047	17.708	42.557	45.722	49.588	52.336
30	13.787	14.953	16.791	18.493	43.773	46.979	50.892	53.672
40	20.707	22.165	24.433	26.509	55.758	59.342	63.691	66.766
50	27.991	29.707	32.357	34.764	67.505	71.420	76.154	79.490
100	67.328	70.065	74.222	77.929	124.342	129.561	135.807	140.169

〈표 A-4〉 F-분포표

$$P\{F \geq F_{(q;\nu_1;\nu_2)}\} = q$$

$$F_{(1-q;\nu_1;\nu_2)} = \frac{1}{F_{(q;\nu_2;\nu_1)}}$$

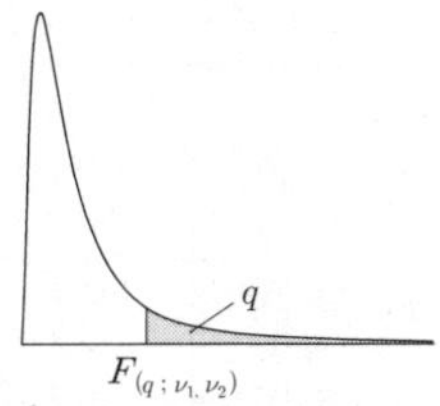

ν_2	q	분자자유도 ν_1								
		1	2	3	4	5	6	7	8	9
1	0.10	39.9	49.5	53.6	55.8	57.2	58.2	58.9	59.4	59.9
	0.05	161	200	216	225	230	234	237	239	241
	0.025	648	800	864	900	922	937	948	957	963
	0.01	4,052	5,000	5,403	5,625	5,764	5,859	5,928	5,981	6,022
2	0.10	8.53	9.00	9.16	9.24	9.29	9.33	9.35	9.37	9.38
	0.05	18.5	19.0	19.2	19.2	19.3	19.3	19.4	19.4	19.4
	0.025	38.5	39.0	39.2	39.3	39.3	39.3	39.4	39.4	39.4
	0.01	98.5	99.0	99.2	99.2	99.3	99.3	99.4	99.4	99.4
3	0.10	5.54	5.46	5.39	5.34	5.31	5.28	5.27	5.25	5.24
	0.05	10.1	9.55	9.28	9.12	9.01	8.94	8.89	8.85	8.81
	0.025	17.4	16.0	15.4	15.1	14.9	14.7	14.6	14.5	14.5
	0.01	34.1	30.8	29.5	28.7	28.2	27.9	27.7	27.5	27.3
4	0.10	4.54	4.32	4.19	4.11	4.05	4.01	3.98	3.95	3.94
	0.05	7.71	6.94	6.59	6.39	6.26	6.16	6.09	6.04	6.00
	0.025	12.2	10.7	9.98	9.60	9.36	9.20	9.07	8.98	8.90
	0.01	21.2	18.0	16.7	16.0	15.5	15.2	15.0	14.8	14.7
5	0.10	4.06	3.78	3.62	3.52	3.45	3.40	3.37	3.34	3.32
	0.05	6.61	5.79	5.41	5.19	5.05	4.95	4.88	4.82	4.77
	0.025	10.0	8.43	7.76	7.39	7.15	6.98	6.85	6.76	6.68
	0.01	16.3	13.3	12.1	11.4	11.0	10.7	10.5	10.3	10.2
6	0.10	3.78	3.46	3.29	3.18	3.11	3.05	3.01	2.98	2.96
	0.05	5.99	5.14	4.76	4.53	4.39	4.28	4.21	4.15	4.10
	0.025	8.81	7.26	6.60	6.23	5.99	5.82	5.70	5.60	5.52
	0.01	13.7	10.9	9.78	9.15	8.75	8.47	8.26	8.10	7.98
7	0.10	3.59	3.26	3.07	2.96	2.88	2.83	2.78	2.75	2.72
	0.05	5.59	4.74	4.35	4.12	3.97	3.87	3.79	3.73	3.68
	0.025	8.07	6.54	5.89	5.52	5.29	5.12	4.99	4.90	4.82
	0.01	12.2	9.55	8.45	7.85	7.46	7.19	6.99	6.84	6.72
8	0.10	3.46	3.11	2.92	2.81	2.73	2.67	2.62	2.59	2.56
	0.05	5.32	4.46	4.07	3.84	3.69	3.58	3.50	3.44	3.39
	0.025	7.57	6.06	5.42	5.05	4.82	4.65	4.53	4.43	4.36
	0.01	11.3	8.65	7.59	7.01	6.63	6.37	6.18	6.03	5.91
9	0.10	3.36	3.01	2.81	2.69	2.61	2.55	2.51	2.47	2.44
	0.05	5.12	4.26	3.86	3.63	3.48	3.37	3.29	3.23	3.18
	0.025	7.21	5.71	5.08	4.72	4.48	4.32	4.20	4.10	4.03
	0.01	10.6	8.02	6.99	6.42	6.06	5.80	5.61	5.47	5.35
10	0.10	3.29	2.92	2.73	2.61	2.52	2.46	2.41	2.38	2.35
	0.05	4.96	4.10	3.71	3.48	3.33	3.22	3.14	3.07	3.02
	0.025	6.94	5.46	4.83	4.47	4.24	4.07	3.95	3.85	3.78
	0.01	10.0	7.56	6.55	5.99	5.64	5.39	5.20	5.06	4.94
11	0.10	3.23	2.86	2.66	2.54	2.45	2.39	2.34	2.30	2.27
	0.05	4.84	3.98	3.59	3.36	3.20	3.09	3.01	2.95	2.90
	0.025	6.72	5.26	4.63	4.28	4.04	3.88	3.76	3.66	3.59
	0.01	9.65	7.21	6.22	5.67	5.32	5.07	4.89	4.74	4.63
12	0.10	3.18	2.81	2.61	2.48	2.39	2.33	2.28	2.24	2.21
	0.05	4.75	3.89	3.49	3.26	3.11	3.00	2.91	2.85	2.80
	0.025	6.55	5.10	4.47	4.12	3.89	3.73	3.61	3.51	3.44
	0.01	9.33	6.93	5.95	5.41	5.06	4.82	4.64	4.50	4.39

〈표 A-4 계속〉 F-분포표

ν_2	q	분자자유도 ν_1									
		10	11	12	15	20	24	30	60	120	∞
1	0.10	60.2	60.5	60.7	61.2	61.7	62.0	62.3	62.8	63.1	63.3
	0.05	242	243	244	246	248	249	250	252	253	254
	0.025	969	973	977	985	993	997	1001	1010	1014	1018
	0.01	6,056	6,082	6,106	6,157	6,209	6,235	6,261	6,313	6,339	6,366
2	0.10	9.39	9.40	9.41	9.42	9.44	9.45	9.46	9.47	9.48	9.49
	0.05	19.4	19.4	19.4	19.4	19.4	19.5	19.5	19.5	19.5	19.5
	0.025	39.4	39.4	39.4	39.4	39.5	39.5	39.5	39.5	39.5	39.5
	0.01	99.4	99.4	99.4	99.4	99.4	99.5	99.5	99.5	99.5	99.5
3	0.10	5.23	5.22	5.22	5.20	5.18	5.18	5.17	5.15	5.14	5.1[illegible]
	0.05	8.79	8.76	8.74	8.70	8.66	8.64	8.62	8.57	8.55	8.5[illegible]
	0.025	14.4	14.4	14.3	14.3	14.2	14.1	14.1	14.0	14.0	13.[illegible]
	0.01	27.2	27.1	27.1	26.9	26.7	26.6	26.5	26.3	26.2	26.[illegible]
4	0.10	3.92	3.91	3.90	3.87	3.84	3.83	3.82	3.79	3.78	3.76
	0.05	5.96	5.94	5.91	5.85	5.80	5.77	5.75	5.69	5.66	5.63
	0.025	8.84	8.80	8.75	8.66	8.56	8.51	8.46	8.36	8.31	8.26
	0.01	14.5	14.4	14.4	14.2	14.0	13.9	13.8	13.7	13.6	13.5
5	0.10	3.30	3.28	3.27	3.24	3.21	3.19	3.17	3.14	3.12	3.11
	0.05	4.74	4.71	4.68	4.62	4.56	4.53	4.50	4.43	4.40	4.37
	0.025	6.62	6.57	6.52	6.43	5.33	6.28	6.23	6.12	6.07	6.02
	0.01	10.1	9.96	9.89	9.72	9.55	9.47	9.38	9.20	9.11	9.02
6	0.10	2.94	2.92	2.90	2.87	2.84	2.82	2.80	2.76	2.74	2.72
	0.05	4.06	4.03	4.00	3.94	3.87	3.84	3.81	3.74	3.70	3.67
	0.025	5.46	5.41	5.27	5.27	5.17	5.12	5.07	4.96	4.90	4.85
	0.01	7.87	7.79	7.72	7.56	7.40	7.31	7.23	7.06	6.97	6.88
7	0.10	2.70	2.68	2.67	2.63	2.59	2.58	2.56	2.51	2.49	2.47
	0.05	3.64	3.60	3.57	3.51	3.44	3.41	3.38	3.30	3.27	3.23
	0.025	4.76	4.71	4.67	4.57	4.47	4.42	4.36	4.25	4.20	4.14
	0.01	6.62	6.54	6.47	6.31	6.16	6.07	5.99	5.82	5.74	5.65
8	0.10	2.54	2.52	2.50	2.46	2.42	2.40	2.38	2.34	2.32	2.29
	0.05	3.35	3.31	3.28	3.22	3.15	3.12	3.08	3.01	2.97	2.93
	0.025	4.30	4.25	4.20	4.10	4.00	3.95	3.89	3.78	3.73	3.67
	0.01	5.81	5.73	5.67	5.52	5.36	5.28	5.20	5.03	4.95	4.89
9	0.10	2.42	2.40	2.38	2.34	2.30	2.28	2.25	2.21	2.18	2.16
	0.05	3.14	3.10	3.07	3.01	2.94	2.90	2.86	2.79	2.75	2.71
	0.025	3.96	3.91	3.87	3.77	3.67	3.61	3.56	3.45	3.39	3.33
	0.01	5.26	5.18	5.11	4.96	4.81	4.73	4.65	4.48	4.40	4.31
10	0.10	2.32	2.30	2.28	2.24	2.20	2.18	2.16	2.11	2.08	2.06
	0.05	2.98	2.94	2.91	2.84	2.77	2.74	2.70	2.62	2.58	2.54
	0.025	3.72	3.67	3.62	3.52	3.42	3.37	3.31	3.20	3.14	3.08
	0.01	4.85	4.77	4.71	4.56	4.41	4.33	4.25	4.08	4.00	3.91
11	0.10	2.25	2.23	2.21	2.17	2.12	2.10	2.08	2.03	1.99	1.97
	0.05	2.85	2.82	2.79	2.72	2.65	2.61	2.57	2.49	2.43	2.40
	0.025	3.52	3.48	3.43	3.33	3.23	3.17	3.12	3.00	2.94	2.88
	0.01	4.54	4.46	4.40	4.25	4.10	4.02	3.94	3.78	3.66	3.60
12	0.10	2.19	2.17	2.15	2.10	2.06	2.04	2.01	1.96	1.93	1.90
	0.05	2.75	2.72	2.69	2.62	2.54	2.51	2.47	2.38	2.34	2.30
	0.025	3.37	3.32	3.28	3.18	3.07	3.02	2.96	2.85	2.79	2.72
	0.01	4.30	4.22	4.16	4.01	3.86	3.78	3.70	3.54	3.45	3.36

〈표 A-4 계속〉 F-분포표

ν_2	q	분자자유도 ν_1								
		1	2	3	4	5	6	7	8	9
13	0.10	3.14	2.76	2.56	2.43	2.35	2.28	2.23	2.20	2.16
	0.05	4.67	3.81	3.41	3.18	3.03	2.92	2.83	2.77	2.71
	0.025	6.41	4.97	4.35	4.00	3.77	3.60	3.48	3.39	3.31
	0.01	9.07	6.70	5.73	5.21	4.86	4.62	4.44	4.30	4.19
14	0.10	3.10	2.73	2.52	2.39	2.31	2.24	2.19	2.15	2.12
	0.05	4.60	3.74	3.34	3.11	2.96	2.85	2.76	2.70	2.65
	0.025	6.39	4.86	4.24	3.80	3.66	3.50	3.36	3.29	3.26
	0.01	8.86	6.51	5.56	5.04	4.69	4.46	4.28	4.14	4.03
15	0.10	3.07	2.70	2.49	2.36	2.27	2.21	2.16	2.12	2.09
	0.05	4.54	3.68	3.29	3.06	2.90	2.79	2.71	2.64	2.59
	0.025	6.20	4.77	4.15	3.80	3.58	3.41	3.29	3.20	3.12
	0.01	8.68	6.36	5.42	4.89	4.56	4.32	4.14	4.00	3.89
16	0.10	3.05	2.67	2.46	2.33	2.24	2.18	2.13	2.09	2.06
	0.05	4.49	3.63	3.24	3.01	2.85	2.74	2.66	2.59	2.54
	0.025	6.12	4.69	4.08	3.73	3.50	3.34	3.22	3.12	3.05
	0.01	8.53	6.23	5.29	4.77	4.44	4.20	4.03	3.89	3.78
17	0.10	3.03	2.64	2.44	2.31	2.22	2.15	2.10	2.06	2.03
	0.05	4.45	3.59	3.20	2.96	2.81	2.70	2.61	2.55	2.49
	0.025	6.04	4.62	4.01	3.66	3.44	3.28	3.16	3.06	2.98
	0.01	8.40	6.11	5.18	4.67	4.34	4.10	3.93	3.79	3.68
18	0.10	3.01	2.62	2.42	2.29	2.20	2.13	2.08	2.04	2.00
	0.05	4.41	3.55	3.16	2.93	2.77	2.66	2.58	2.51	2.46
	0.025	5.98	4.56	3.95	3.61	3.38	3.22	3.10	3.01	2.93
	0.01	8.29	6.01	5.09	4.58	4.25	4.01	3.84	3.71	3.60
19	0.10	2.99	2.61	2.40	2.27	2.18	2.11	2.06	2.02	1.98
	0.05	4.38	3.52	3.13	2.90	2.74	2.63	2.54	2.48	2.42
	0.025	5.92	4.51	3.90	3.56	3.33	3.17	3.05	2.96	2.88
	0.01	8.18	5.93	5.01	4.50	4.17	3.94	3.77	3.63	3.52
20	0.10	2.97	2.59	2.38	2.25	2.16	2.09	2.04	2.00	1.96
	0.05	4.35	3.49	3.10	2.87	2.71	2.60	2.51	2.45	2.39
	0.025	5.87	4.46	3.86	3.51	3.29	3.13	3.01	2.91	2.84
	0.01	8.10	5.85	4.94	4.43	4.10	3.87	3.70	3.56	3.46
24	0.10	2.93	2.54	2.33	2.19	2.10	2.04	1.98	1.94	1.91
	0.05	4.26	3.40	3.01	2.78	2.62	2.51	2.42	2.36	2.30
	0.025	5.72	4.32	3.72	3.38	3.15	2.99	2.87	2.78	2.70
	0.01	7.82	5.61	4.72	4.22	3.90	3.67	3.50	3.36	3.26
30	0.10	2.88	2.49	2.28	2.14	2.05	1.98	1.93	1.88	1.85
	0.05	4.17	3.32	2.92	2.69	2.53	2.42	2.33	2.27	2.21
	0.025	5.57	4.18	3.59	3.25	3.03	2.87	2.75	2.65	2.57
	0.01	7.56	5.39	4.51	4.02	3.70	3.47	3.30	3.17	3.07
60	0.10	2.79	2.39	2.18	2.04	1.95	1.87	1.82	1.77	1.74
	0.05	4.00	3.15	2.76	2.53	2.37	2.25	2.17	2.10	2.04
	0.025	5.29	3.93	3.34	3.01	2.79	2.63	2.51	2.41	2.33
	0.01	7.08	4.98	4.13	3.65	3.34	3.12	2.95	2.82	2.72
120	0.10	2.75	2.36	2.13	1.99	1.90	1.82	1.77	1.72	1.68
	0.05	3.92	3.07	2.68	2.45	2.29	2.18	2.09	2.02	1.96
	0.025	5.15	3.80	3.23	2.89	2.67	2.52	2.39	2.30	2.22
	0.01	7.08	4.98	4.13	3.65	3.34	3.12	2.95	2.82	2.72
∞	0.10	2.71	2.30	2.08	1.94	1.85	1.77	1.72	1.67	1.63
	0.05	3.84	3.00	2.60	2.37	2.21	2.10	2.01	1.94	1.88
	0.025	5.02	3.69	3.12	2.79	2.57	2.41	2.29	2.19	2.11
	0.01	6.63	4.61	3.78	3.32	3.02	2.80	2.64	2.51	2.41

〈표 A-4 계속〉 F-분포표

ν_2	q	분자자유도 ν_1									
		10	11	12	15	20	24	30	60	120	∞
13	0.10	2.14	2.12	2.10	2.05	2.01	1.98	1.96	1.90	1.86	1.85
	0.05	2.67	2.63	2.60	2.53	2.46	2.42	2.38	2.30	2.23	2.21
	0.025	3.25	3.20	3.15	3.05	2.95	2.89	2.84	2.72	2.66	2.60
	0.01	4.10	4.02	3.96	3.82	3.66	3.59	3.51	3.34	3.22	3.17
14	0.10	2.10	2.08	2.05	2.01	1.96	1.94	1.91	1.86	1.83	1.80
	0.05	2.60	2.57	2.53	2.46	2.39	2.35	2.31	2.22	2.18	2.13
	0.025	3.15	3.10	3.05	2.95	2.84	2.79	2.73	2.61	2.55	2.49
	0.01	3.94	3.86	3.38	3.66	3.51	3.43	3.35	3.18	3.09	3.00
15	0.10	2.06	2.04	2.02	1.97	1.92	1.90	1.87	1.82	1.79	1.76
	0.05	2.54	2.51	2.48	2.40	2.33	2.29	2.25	2.16	2.11	2.07
	0.025	3.06	3.01	2.96	2.86	2.76	2.70	2.64	2.52	2.46	2.40
	0.01	3.80	3.73	3.67	3.52	3.37	3.29	3.21	3.05	2.96	2.87
16	0.10	2.03	2.01	1.99	1.94	1.89	1.87	1.84	1.78	1.75	1.72
	0.05	2.49	2.46	2.42	2.35	2.28	2.24	2.19	2.11	2.06	2.01
	0.025	2.99	2.94	2.89	2.79	2.68	2.63	2.57	2.45	2.38	2.32
	0.01	3.69	3.62	3.55	3.41	3.26	3.18	3.10	2.93	2.84	2.75
17	0.10	2.00	1.98	1.96	1.91	1.86	1.84	1.81	1.75	1.72	1.69
	0.05	2.45	2.41	2.38	2.32	2.23	2.19	2.15	2.06	2.01	1.96
	0.025	2.92	2.87	2.82	2.72	2.62	2.56	2.50	2.38	2.32	2.25
	0.01	3.59	3.52	3.46	3.31	3.16	3.08	3.00	2.83	2.75	2.65
18	0.10	1.98	1.96	1.93	1.89	1.84	1.81	1.78	1.72	1.69	1.66
	0.05	2.41	2.37	2.34	2.27	2.19	2.15	2.11	2.02	1.97	1.92
	0.025	2.87	2.82	2.77	2.67	2.56	2.50	2.44	2.32	2.26	2.19
	0.01	3.51	3.43	3.37	3.23	3.08	3.00	2.92	2.75	2.66	2.57
19	0.10	1.96	1.94	1.91	1.86	1.81	1.79	1.76	1.70	1.67	1.63
	0.05	2.38	2.34	2.31	2.23	2.16	2.11	2.07	1.98	1.93	1.88
	0.025	2.82	2.77	2.72	2.62	2.51	2.45	2.39	2.27	2.20	2.13
	0.01	3.43	3.36	3.30	3.15	3.00	2.92	2.84	2.67	2.58	2.49
20	0.10	1.94	1.92	1.89	1.84	1.79	1.77	1.74	1.68	1.64	1.61
	0.05	2.35	2.31	2.28	2.20	2.12	2.08	2.04	1.95	1.90	1.84
	0.025	2.77	2.72	2.68	2.57	2.46	2.41	2.35	2.22	2.16	2.09
	0.01	3.37	3.29	3.23	3.09	2.94	2.86	2.78	2.61	2.52	2.42
24	0.10	1.88	1.85	1.83	1.78	1.73	1.70	1.67	1.61	1.57	1.53
	0.05	2.25	2.21	2.18	2.11	2.03	1.98	1.94	1.84	1.79	1.73
	0.025	2.64	2.59	2.54	2.44	2.33	2.27	2.21	2.08	2.01	1.94
	0.01	3.17	3.09	3.03	2.89	2.74	2.66	2.58	2.40	2.31	2.21
30	0.10	1.82	1.79	1.77	1.72	1.67	1.64	1.61	1.54	1.50	1.46
	0.05	2.16	2.13	2.09	2.01	1.93	1.89	1.84	1.74	1.68	1.62
	0.025	2.51	2.46	2.41	2.31	2.20	2.14	2.07	1.94	1.87	1.79
	0.01	2.98	2.91	2.84	2.70	2.55	2.47	2.39	2.21	2.11	2.01
60	0.10	1.71	1.68	1.66	1.60	1.54	1.51	1.48	1.40	1.35	1.29
	0.05	1.99	1.95	1.92	1.84	1.75	1.70	1.65	1.53	1.47	1.39
	0.025	2.27	2.22	2.17	2.06	1.94	1.88	1.82	1.67	1.58	1.48
	0.01	2.63	2.56	2.50	2.35	2.20	2.12	2.03	1.84	1.73	1.60
120	0.10	1.65	1.62	1.60	1.55	1.48	1.45	1.41	1.32	1.26	1.19
	0.05	1.91	1.87	1.83	1.75	1.66	1.61	1.55	1.43	1.35	1.25
	0.025	2.16	2.11	2.05	1.94	1.82	1.76	1.69	1.53	1.43	1.31
	0.01	2.47	2.40	2.34	2.19	2.03	1.95	1.86	1.66	1.53	1.38
∞	0.10	1.60	1.57	1.55	1.49	1.42	1.38	1.34	1.24	1.17	1.00
	0.05	1.83	1.79	1.75	1.67	1.57	1.52	1.46	1.32	1.22	1.00
	0.025	2.05	2.00	1.94	1.83	1.71	1.64	1.57	1.39	1.27	1.00
	0.01	2.32	2.25	2.18	2.04	1.88	1.79	1.70	1.47	1.32	1.00

〈표 A-5〉 Durbin-Watson 검정표

Durbin-Watson 검정의 상한(d_U)과 하한(d_L) ($\alpha = 0.01,\ 0.025,\ 0.05$)

		k(독립변수 수)									
		1		2		3		4		5	
n	α	d_L	d_U	d_L	d_U	d_L	d_U	d_L	d_U	d_L	d_U
15	0.01	0.81	1.07	0.70	1.25	0.59	1.46	0.49	1.70	0.39	1.96
	0.025	0.95	1.23	0.83	1.40	0.71	1.61	0.59	1.84	0.48	2.09
	0.05	1.08	1.36	0.95	1.54	0.82	1.75	0.69	1.97	0.56	2.21
20	0.01	0.95	1.15	0.86	1.27	0.77	1.41	0.63	1.57	0.60	1.74
	0.025	1.08	1.28	0.99	1.41	0.89	1.55	0.79	1.70	0.70	1.87
	0.05	1.23	1.41	1.10	1.54	1.00	1.68	0.90	1.83	0.79	1.99
25	0.01	1.05	1.21	0.98	1.30	0.90	1.41	0.83	1.52	0.75	1.65
	0.025	1.13	1.34	1.10	1.43	1.02	1.54	0.94	1.65	0.86	1.77
	0.05	1.29	1.45	1.21	1.55	1.12	1.66	1.04	1.77	0.95	1.89
30	0.01	1.13	1.26	1.07	1.34	1.01	1.42	0.94	1.51	0.88	1.61
	0.025	1.25	1.38	1.18	1.46	1.12	1.54	1.05	1.63	0.98	1.73
	0.05	1.35	1.49	1.28	1.57	1.21	1.65	1.14	1.74	1.07	1.83
40	0.01	1.25	1.34	1.20	1.40	1.15	1.46	1.10	1.52	1.05	1.58
	0.025	1.35	1.45	1.30	1.51	1.25	1.57	1.20	1.63	1.15	1.69
	0.05	1.44	1.54	1.39	1.60	1.34	1.66	1.29	1.72	1.23	1.79
50	0.01	1.32	1.40	1.28	1.45	1.24	1.49	1.20	1.54	1.16	1.59
	0.025	1.42	1.50	1.38	1.54	1.34	1.59	1.30	1.64	1.26	1.69
	0.05	1.50	1.59	1.46	1.63	1.42	1.67	1.38	1.72	1.34	1.77
60	0.01	1.38	1.45	1.35	1.48	1.32	1.52	1.28	1.56	1.25	1.60
	0.025	1.47	1.54	1.44	1.57	1.40	1.61	1.37	1.65	1.33	1.69
	0.05	1.55	1.62	1.51	1.65	1.48	1.69	1.44	1.73	1.41	1.77
80	0.01	1.47	1.52	1.44	1.54	1.42	1.57	1.39	1.60	1.36	1.62
	0.025	1.54	1.59	1.52	1.62	1.49	1.65	1.47	1.67	1.44	1.70
	0.05	1.61	1.66	1.59	1.69	1.56	1.72	1.53	1.74	1.51	1.77
100	0.01	1.52	1.56	1.50	1.58	1.48	1.60	1.45	1.63	1.44	1.65
	0.025	1.59	1.63	1.57	1.65	1.55	1.67	1.53	1.70	1.51	1.72
	0.05	1.65	1.69	1.63	1.72	1.61	1.74	1.59	1.76	1.57	1.78

〈표 A-6〉 직교배열표

Expt. No.	Column 1	2	3
1	0	0	0
2	0	1	1
3	1	0	1
4	1	1	0
기본표시	a	b	ab

Expt. No.	Column 1	2	3	4	5	6	7
1	0	0	0	0	0	0	0
2	0	0	0	1	1	1	1
3	0	1	1	0	0	1	1
4	0	1	1	1	1	0	0
5	1	0	1	0	1	0	1
6	1	0	1	1	0	1	0
7	1	1	0	0	1	1	0
8	1	1	0	1	0	0	1
기본표시	a	b	ab	c	ac	bc	abc

L9

Expt. No.	Column 1	2	3	4
1	0	0	0	0
2	0	1	1	1
3	0	2	2	2
4	1	0	1	2
5	1	1	2	0
6	1	2	0	1
7	2	0	2	1
8	2	1	0	2
9	2	2	1	0
기본표시	a	b	ab	ab^2

L27

Expt. No.	Column 1	2	3	4	5	6	7	8	9	10	11	12	13
1	0	0	0	0	0	0	0	0	0	0	0	0	0
2	0	0	0	0	1	1	1	1	1	1	1	1	1
3	0	0	0	0	2	2	2	2	2	2	2	2	2
4	0	1	1	1	0	0	0	1	1	1	2	2	2
5	0	1	1	1	1	1	1	2	2	2	0	0	0
6	0	1	1	1	2	2	2	0	0	0	1	1	1
7	0	2	2	2	0	0	0	2	2	2	1	1	1
8	0	2	2	2	1	1	1	0	0	0	2	2	2
9	0	2	2	2	2	2	2	1	1	1	0	0	0
10	1	0	1	2	0	1	2	0	1	2	0	1	2
11	1	0	1	2	1	2	0	1	2	0	1	2	0
12	1	0	1	2	2	0	1	2	0	1	2	0	1
13	1	1	2	0	0	1	2	1	2	0	2	0	1
14	1	1	2	0	1	2	0	2	0	1	0	1	2
15	1	1	2	0	2	0	1	0	1	2	1	2	0
16	1	2	0	1	0	1	2	2	0	1	1	2	0
17	1	2	0	1	1	2	0	0	1	2	2	0	1
18	1	2	0	1	2	0	1	1	2	0	0	1	2
19	2	0	2	1	0	2	1	0	2	1	0	2	1
20	2	0	2	1	1	0	2	1	0	2	1	0	2
21	2	0	2	1	2	1	0	2	1	0	2	1	0
22	2	1	0	2	0	2	1	1	0	2	2	1	0
23	2	1	0	2	1	0	2	2	1	0	0	2	1
24	2	1	0	2	2	1	0	0	2	1	1	0	2
25	2	2	1	0	0	2	1	2	1	0	1	0	2
26	2	2	1	0	1	0	2	0	2	1	2	1	0
27	2	2	1	0	2	1	0	1	0	2	0	2	1
기본표시	a	b	ab	ab^2	c	ac	ac^2	bc	abc	ab^2c^2	bc^2	ab^2c	abc^2

L18

Expt. No.	Column 1	2	3	4	5	6	7	8
1	0	0	0	0	0	0	0	0
2	0	0	1	1	1	1	1	1
3	0	0	2	2	2	2	2	2
4	0	1	0	0	1	1	2	2
5	0	1	1	1	2	2	0	0
6	0	1	2	2	0	0	1	1
7	0	2	0	1	0	2	1	2
8	0	2	1	2	1	0	2	0
9	0	2	2	0	2	1	0	1
10	1	0	0	2	2	1	1	0
11	1	0	1	0	0	2	2	1
12	1	0	2	1	1	0	0	2
13	1	1	0	1	2	0	2	1
14	1	1	1	2	0	1	0	2
15	1	1	2	0	1	2	1	0
16	1	2	0	2	1	2	0	1
17	1	2	1	0	2	0	1	2
18	1	2	2	1	0	1	2	0

〈표 A-7〉 계량형 관리도 계수

부분군크기	$\overline{X}$관리도			c관리도					
n	A	A_2	A_3	c_4	$1/c_4$	B_3	B_4	B_5	B_6
2	2.121	1.880	2.659	0.7979	1.2533	0	3.267	0	2.606
3	1.732	1.023	1.954	0.8862	1.1284	0	2.568	0	2.276
4	1.500	0.729	1.628	0.9213	1.0854	0	2.266	0	2.088
5	1.342	0.577	1.427	0.9400	1.0638	0	2.089	0	1.964
6	1.225	0.483	1.287	0.9515	1.0510	0.030	1.970	0.029	1.874
7	1.134	0.419	1.182	0.9594	1.0423	0.118	1.882	0.113	1.806
8	1.061	0.373	1.099	0.9650	1.0363	0.185	1.815	0.179	1.751
9	1.000	0.337	1.032	0.9693	1.0317	0.239	1.761	0.232	1.707
10	0.949	0.308	0.975	0.9727	1.0281	0.284	1.716	0.276	1.669
11	0.905	0.285	0.927	0.9754	1.0252	0.321	1.679	0.313	1.637
12	0.866	0.266	0.886	0.9776	1.0229	0.354	1.646	0.346	1.610
13	0.832	0.249	0.850	0.9794	1.0210	0.382	1.618	0.374	1.585
14	0.802	0.235	0.817	0.9810	1.0194	0.406	1.594	0.399	1.563
15	0.775	0.223	0.789	0.9823	1.0180	0.428	1.572	0.421	1.544
16	0.750	0.212	0.763	0.9835	1.0168	0.448	1.552	0.440	1.526
17	0.728	0.203	0.739	0.9845	1.0157	0.466	1.534	0.458	1.511
18	0.707	0.194	0.718	0.9854	1.0148	0.482	1.518	0.475	1.496
19	0.688	0.187	0.698	0.9862	1.0140	0.497	1.503	0.490	1.483
20	0.671	0.180	0.680	0.9869	1.0133	0.510	1.490	0.504	1.470
21	0.655	0.173	0.663	0.9876	1.0126	0.523	1.477	0.516	1.459
22	0.640	0.167	0.647	0.9882	1.0119	0.534	1.466	0.528	1.448
23	0.626	0.162	0.633	0.9887	1.0114	0.545	1.455	0.539	1.438
24	0.612	0.157	0.619	0.9892	1.0109	0.555	1.445	0.549	1.429
25	0.600	0.153	0.606	0.9896	1.0105	0.565	1.435	0.559	1.420

〈표 A-7〉 계량형 관리도 계수 계속

부분군크기	R관리도						
n	d_2	$1/d_2$	d_3	D_1	D_2	D_3	D_4
2	1.128	0.8865	0.853	0	3.686	0	3.267
3	1.693	0.5907	0.888	0	4.358	0	2.575
4	2.059	0.4857	0.880	0	4.698	0	2.282
5	2.326	0.4299	0.864	0	4.918	0	2.115
6	2.534	0.3946	0.848	0	5.078	0	2.004
7	2.704	0.3698	0.833	0.204	5.204	0.076	1.924
8	2.847	0.3512	0.820	0.388	5.306	0.136	1.864
9	2.970	0.3367	0.808	0.547	5.393	0.184	1.816
10	3.078	0.3249	0.797	0.687	5.469	0.223	1.777
11	3.173	0.3152	0.787	0.811	5.535	0.256	1.744
12	3.258	0.3069	0.778	0.922	5.594	0.283	1.717
13	3.336	0.2998	0.770	1.025	5.647	0.307	1.693
14	3.407	0.2935	0.763	1.118	5.696	0.328	1.672
15	3.472	0.2880	0.756	1.203	5.741	0.347	1.653
16	3.532	0.2831	0.750	1.282	5.782	0.363	1.637
17	3.588	0.2787	0.744	1.356	5.820	0.378	1.622
18	3.640	0.2747	0.739	1.424	5.856	0.391	1.608
19	3.689	0.2711	0.734	1.487	5.891	0.403	1.597
20	3.735	0.2677	0.729	1.549	5.921	0.415	1.585
21	3.778	0.2647	0.724	1.605	5.951	0.425	1.575
22	3.819	0.2618	0.720	1.659	5.979	0.434	1.566
23	3.858	0.2592	0.716	1.710	6.006	0.443	1.557
24	3.895	0.2567	0.712	1.759	6.031	0.451	1.548
25	3.931	0.2544	0.708	1.806	6.056	0.459	1.541

〈표 A-8〉 KS A 3102 계수규준형 1회 샘플링 검사표

왼쪽 글자는 n, 오른쪽 글자는 c, $\alpha = 0.05$, $\beta = 0.1$

p_1(%) / p_0(%)	0.71~0.90	0.91~1.12	1.13~1.40	1.41~1.81	1.81~2.24	2.25~2.81	2.81~3.55	3.56~4.50	4.51~5.60	5.61~7.10	7.11~9.01	9.01~11.2	11.3~14.0	14.1~18.0	18.1~22.4	22.5~28.1	28.1~35.5	p_1(%) / p_0(%)
0.090~0.112	*	400 1	↓	←	↓	→	60 0	50 0	←	↓	↓	←	↓	↓	↓	↓	↓	0.090~0.112
0.113~0.140	*	↓	300 1	↓	←	↓	→	↑	40 0	←	↓	↓	←	↓	↓	↓	↓	0.113~0.140
0.141~0.180	*	500 2	↓	250 1	↓	←	↓	→	↑	30 0	←	↓	↓	←	↓	↓	↓	0.141~0.180
0.181~0.224	*	*	400 2	↓	200 1	↓	←	↓	→	↑	25 0	←	↓	↓	←	↓	↓	0.181~0.224
0.225~0.280	*	*	500 3	300 2	↓	150 1	↓	←	↓	→	↑	20 0	←	↓	↓	←	↓	0.225~0.280
0.281~0.355	*	*	*	400 2	250 2	↓	120 1	↓	←	↓	→	↑	←	↓	↓	←	↓	0.281~0.355
0.356~0.450	*	*	*	500 4	300 3	200 2	↓	100 1	↓	←	↓	→	↑	15 0	←	↓	↓	0.356~0.450
0.451~0.560	*	*	*	*	400 4	250 3	150 2	↓	80 1	↓	←	↓	→	↑	10 0	←	↓	0.451~0.560
0.561~0.710	*	*	*	*	500 6	300 4	200 3	120 2	↓	60 1	↓	←	↓	→	↑	7 0	←	0.561~0.710
0.711~0.900	*	*	*	*	*	400 6	250 4	150 3	100 2	↓	50 1	↓	←	↓	→	↑	5 0	0.711~0.900
0.901~1.12		*	*	*	*	*	300 6	200 4	120 3	80 2	↓	40 1	↓	←	↓	↑	↑	0.901~1.12
1.13~1.40			*	*	*	*	500 10	250 6	150 4	100 3	60 2	↓	30 1	↓	←	↓	↑	1.13~1.40
1.41~1.80				*	*	*	*	400 10	200 6	120 4	80 3	50 2	↓	25 1	↓	←	↓	1.41~1.80
1.81~2.24					*	*	*	*	300 10	150 6	100 4	60 3	40 2	↓	20 1	↓	←	1.81~2.24
2.25~2.80						*	*	*	*	250 10	120 6	70 4	50 3	30 2	↓	15 1	↓	2.25~2.80
2.81~3.55							*	*	*	*	200 10	100 6	60 4	40 3	25 2	↓	10 1	2.81~3.55
3.56~4.50								*	*	*	*	150 10	80 6	50 4	30 3	20 2	↓	3.56~4.50
4.50~5.60									*	*	*	*	120 10	60 6	40 4	25 3	15 2	4.50~5.60
5.61~7.10										*	*	*	*	100 10	50 6	30 4	20 3	5.61~7.10
7.11~9.00											*	*	*	*	70 10	40 6	25 4	7.11~9.00
9.01~11.2												*	*	*	*	60 10	30 6	9.01~11.2
p_0(%) / p_0(%)	0.71~0.90	0.91~1.12	1.13~1.40	1.41~1.81	1.81~2.24	2.25~2.81	2.81~3.55	3.56~4.50	4.51~5.60	5.61~7.10	7.11~9.01	9.01~11.2	11.3~14.0	14.1~18.0	18.1~22.4	22.5~28.1	28.1~35.5	

〈표 A-9〉 난수표

83	28	78	05	18	98	49	22	54	11	92	37	45	11	63	60	19	05	91	26
84	73	82	58	01	90	55	37	85	68	98	15	99	52	99	84	51	91	73	81
00	79	20	99	42	57	55	67	93	39	99	25	65	10	94	54	84	65	16	23
94	48	02	99	71	08	50	84	66	10	10	34	92	30	89	28	30	74	24	24
54	37	52	43	87	22	21	34	20	15	07	67	64	98	36	01	33	34	04	42
47	68	59	90	98	90	27	71	89	89	98	20	24	19	85	02	34	38	26	71
76	16	58	55	51	85	44	00	28	28	38	91	70	70	16	81	13	49	46	54
37	64	90	35	64	45	47	72	82	03	01	65	05	97	13	90	90	57	51	97
92	78	39	12	48	01	83	46	39	29	98	71	39	56	97	66	97	70	05	77
24	50	29	02	71	28	53	99	75	07	13	18	76	97	72	54	85	79	71	60
01	72	71	23	86	40	70	05	35	36	15	64	11	01	11	18	90	14	95	05
43	28	52	77	22	80	49	89	79	65	91	17	80	94	34	02	17	61	00	42
29	09	19	54	67	67	88	54	62	09	07	97	35	19	31	25	06	92	25	02
27	95	74	89	62	45	75	39	06	89	58	96	64	65	81	84	85	20	01	47
52	43	54	97	75	80	00	38	20	38	57	46	57	33	87	19	66	06	40	32
78	11	60	42	09	83	28	40	93	57	61	22	27	27	47	80	44	34	47	27
03	74	36	27	13	19	14	76	35	73	66	29	95	65	12	87	61	91	34	30
82	25	35	57	16	29	21	27	51	23	06	52	40	00	28	11	47	23	63	01
09	91	87	20	33	76	61	55	79	21	74	36	21	36	05	47	28	42	92	51
19	82	00	40	15	52	45	35	13	48	74	10	97	36	22	85	44	57	91	72
69	41	17	07	11	54	36	81	57	38	55	39	85	74	48	05	06	43	10	63
48	80	36	26	28	95	03	79	54	31	41	55	48	85	78	63	09	05	69	07
80	02	51	78	94	07	88	62	85	82	80	37	56	15	59	30	46	42	84	02
19	51	95	22	72	72	95	51	57	73	04	68	00	95	04	30	66	52	60	74
50	36	31	76	75	39	04	95	69	47	95	23	01	70	95	04	04	18	68	14
60	03	34	57	41	76	35	06	75	60	21	58	86	36	02	33	00	59	63	13
59	40	60	83	61	73	45	18	08	23	54	86	64	57	76	70	00	89	43	24
29	51	12	43	14	24	35	78	76	22	82	50	68	02	13	19	07	00	19	07
57	07	34	86	57	96	99	57	44	54	90	87	33	76	71	71	23	28	88	37
81	73	29	08	96	62	34	26	52	32	23	74	17	49	45	62	17	88	50	50
40	20	21	54	17	65	99	31	09	72	67	87	16	34	00	76	26	23	42	40
81	26	86	30	79	17	93	45	74	50	50	24	65	52	06	59	04	60	73	63
13	65	31	57	36	88	98	35	04	96	41	37	45	87	57	57	21	15	34	59
23	41	47	66	24	73	31	96	72	07	09	43	88	63	33	80	54	79	84	18
79	62	53	27	85	43	51	69	83	81	90	85	84	72	18	48	41	20	81	59
13	40	75	73	19	92	12	01	91	95	23	99	99	30	30	58	46	22	64	41
54	87	97	55	83	91	42	61	41	02	40	18	39	20	56	19	56	35	04	32
09	29	30	63	75	86	85	29	15	34	68	92	34	06	81	60	32	16	05	37
61	99	27	99	73	18	94	29	25	74	22	20	70	46	30	38	26	91	59	16
31	84	93	27	40	23	25	86	68	30	10	11	91	59	61	07	41	97	10	39
35	86	11	25	98	38	27	14	79	68	77	60	63	34	23	80	75	43	48	79
40	42	68	85	23	40	27	56	54	56	75	65	70	49	24	08	10	44	75	59
25	14	94	00	99	80	81	44	49	08	98	93	71	74	11	14	54	69	71	69
56	18	75	63	56	68	25	36	75	98	00	18	19	15	24	28	56	80	75	97
79	61	54	67	58	38	93	69	45	95	61	19	17	35	89	90	98	70	26	20
92	91	81	49	33	32	46	67	28	20	40	99	88	73	56	33	29	13	41	89
01	79	85	45	45	36	05	67	56	17	59	77	59	34	35	01	15	21	00	35
55	84	71	36	40	39	47	25	25	73	69	14	55	73	35	86	61	17	98	69
38	36	66	66	19	40	90	83	06	31	24	67	91	74	54	14	87	24	61	80
01	69	50	70	31	02	98	86	42	01	94	98	07	85	28	38	37	30	72	76

연습문제 해답

1장 >

1.3 $\overline{X} = 2.530097$

1.4 $\overline{X}_{(n+1)} = n\overline{X}_{(n)}/(n+1) + X_{n+1}/(n+1)$

1.5 62.8 이상 ~ 65.7 미만의 구간, 중앙값=63.6

1.6 Q1은 54.1 이상 ~ 57.0 미만의 구간에 속하고, Q3은 65.7이상 ~ 68.6 미만의 구간에 속한다. Q1=56.6, Q3=65.9, IQR=9.3

1.9 (a) 평균 : 24.29 , 표준편차 : 1.58

(b) Q1=22.9, Q3=25.7, IRQ=2.8

(c) 범위=26.8-21.9=4.9, 범위는 표준 편차의 약 3.1배, 사분위범위는 약 1.8배

1.10 $\overline{X}_{10001} = 2.5301$, $s_{10001} = \sqrt{0.211658} = 0.460063$

1.12 (c) 13.00% 미만인 경우의 누적상대도수가 0.46이므로 13.00% 이상인 경우는 0.54이다. 따라서 전체의 54%에 해당할 것이다.

1.13 (a) Q1=4구간, Q3=6구간

(b) 평균=1510.83

(c) 표준편차=9.49427

2장 >

2.3 $1 - P(A_1^C A_2^C A_3^C) = 2/3$

2.4 $P(EFG) \neq P(E)P(F)P(G)$이므로, 사건 E, F, G는 서로 독립이 아니다.

2.5 $1 - P(A_1^C A_2^C A_3^C) = 0.3888$

2.6 (a) $P(H) = 0.5$

(b) $P(H|p > 1/2) = 7/10$

(c) $P(p = 1/5|H) = 1/10$, $P(p = 2/5|HH) = 2/15$, $P(p = 3/5|HH) = 3/10$, $P(p = 4/5|H) = 2/5$

(d) $P(p = 1/5|HH) = 1/30$, $P(p = 2/5|HH) = 2/15$, $P(p = 3/5|HH) = 3/10$, $P(p = 4/5|HH) = 8/15$

2.7 $P(A_1|B_1) = q_1/(q_1+2)$, $P(A_2|B_1) = q_2/(q_{1+2})$, $P(A_3|B_1) = 1/(q_1+2)$, $q_1/(q_1+2)$, $P(A_2|B_1) = q_2/(q_1+2)$, $P(A_3|B_1) = 1/(q_1+2)$

2.8 $P(A_1|B_1C_2)=q_1/(q_1+q_2+1), P(A_2|B_1C_2)=q_2/(q_1+q_2+1),$

$P(A_3|B_1C_2)=1/(q_1+q_2+1)$

$q_1=0.2,\ q_2=0.1$일 때,

$P(A_1|B_1C_2)=2/13,\ P(A_2|B_1C_2)=1/13,\ P(A_3|B_1C_2)=10/13$

2.9 고수하든 번복하든 상관없다.

2.10 (a) 0.26

(b) $P(M|A)=0.4615$

2.11 $P(D|F)\approx 0.2$

2.12. (a) $P(A|S)=p_1/(p_1+p_2+p_3),\ P(B|S)=p_2/(p_1+p_2+p_3),$

$P(C|S)=p_3/(p_1+p_2+p_3)$

(b) $P(A|S_1S_2)=\dfrac{p_1^2}{p_1^2+p_2^2+p_3^2},\ P(B|S_1S_2)=\dfrac{p_2^2}{p_1^2+p_2^2+p_3^2},$

$P(C|S_1S_2)=\dfrac{p_3^2}{p_1^2+p_2^2+p_3^2}$

2.13 (a) $\dfrac{3}{5}\times\dfrac{3}{5}+\dfrac{2}{5}\times\dfrac{2}{5}=\dfrac{13}{25}$

(b) $\dfrac{13}{25}\times\dfrac{3}{5}+(1-\dfrac{13}{25})(1-\dfrac{3}{5})=\dfrac{63}{125}$

(c) $\dfrac{2}{5}\times\dfrac{2}{5}\times\dfrac{2}{5}=\dfrac{8}{125}$

2.14 $(\dfrac{1}{2})^2+(\dfrac{1}{2})^3+(\dfrac{1}{2})^4+(\dfrac{1}{2})^3+(\dfrac{1}{2})^4+(\dfrac{1}{2})^4=\dfrac{11}{16}$

2.15 (a) $f(n)=2f(n-1)/f(n-1)+1,\ (n\geq 2),\ f(1)=2/3$

(b) $f(n)=\dfrac{2^n}{(2^n+1)}\ \ (n\geq 1)$

2.16 $P\{R=A|S=A\}=0.8,\ P\{R=B|S=A\}=0.12,\ P\{R=C|S=A\}=0.08$

2.17 $P\{A|F\}=0.6$

3장 >

3.1 (a) $X=0,\ 1,\ 2,\ 3,\ 4$

(b) $p(x)=P\{X=x\}=\dbinom{4}{x}(0.01)^x(0.99)^{4-x},\ x=0,\ 1,\ 2,\ 3,\ 4$

(c) $F(x)=P\{X\leq x\}=\displaystyle\sum_{k=0}^{x}\dbinom{4}{k}(0.01)^k(0.99)^{4-k},\ x=0,\ 1,\ 2,\ 3,\ 4$

(d) $F(1)=P\{X\leq 1\}=0.99949797$

(e) $E[X]=4\times 0.01=0.04,\ \ Var[X]=4\times 0.01\times 0.99=0.0396$

3.2 (a) $b = \sqrt{6}$

(b) $F(x) = \begin{cases} 0 & (x < 0) \\ \sqrt{6}\,x - 3x^2/2 & (0 \le x \le \sqrt{6}/3) \\ 1 & (x > \sqrt{6}/3) \end{cases}$

(c) $E[X] = \sqrt{6}/9$, $Var[X] = 1/27$

3.3 (a) $E[s] = 50/\pi$

(b) $P\{s \ge 10\} \approx 0.3260$

3.5 (a) $P\{X \le 1\} \approx 0.9102$

(b) $P\{X \le 1\} \approx 0.9098$

(c) $E[x] = 0.5$, $Var[x] = 0.4975$

3.6 (a) $P\{X = 0\} = e - 2 = 0.135$

(b) $P\{X \ge 4\} = 1 - (e - 2 + 2e - 2 + 2e - 2 + \frac{4}{3}e - 2) = 0.143$

3.7 (a) $P(X = 0) = \dfrac{e^{-4} \times 4^0}{0!} = 0.0183$

(b) $P(X \ge 6) = 1 - P(X \le 5) = 0.2149$

3.9 a=13.0718, b=26.9282

3.10 (a) $P\{X \le 10000\} = 1 - e^{-1}$

(b) $P\{X \ge 2000\} = e^{-\frac{1}{5}}$

(c) $\sigma_X = 1/\lambda = 1/10000$

3.11 (a) $P\{X \ge 10\} = e^{-1} = 0.37$

(b) $P\{X > 19 | X > 9\} = P\{X > 10\} = 0.37$ ($\because$memoryless)

(c) 10

3.12 (a) $E(X) = \dfrac{1}{0.1} = 10$

(b) $P(X \ge 10) = 1 - F(10) = 1 - (1 - e^{-0.1 \times 10}) = e^{-1} = 0.3679$

(c) $P(X \le 5) = F(5) = 1 - e^{-0.1 \times 5} = 0.3935$

(d) 추가 대기시간도 $\lambda = 0.1$인 지수분포를 따른다.

$P(total\,waiting\,time \ge 15) = P(additional\,waiting\,time \ge 10)$

$= (15 - 10) \times \dfrac{1}{15} = \dfrac{1}{3}$

3.13 (a) $P\{X \le 80$ 또는 $X \ge 120\} = 0.2742$

(b) 대략 7.7 이하로 낮추면 된다.

3.14 (a) $P(X < 47) = 0.0668$

(b) $P(\overline{X} < 48) = 0.0228$

(c) 평균을 약 51일(1.02배)로 높여야 함.

3.15 평균이 5μ, 분산이 $25\sigma^2$인 정규 분포

3.16 (a) $N(\mu_1 + \mu_2,\ \sigma_1^2 + \sigma_2^2)$

(b) 0.9082

(c) $\sigma_1 = 0.955$

3.17 (a) 0

(b) n=246

4장 >

4.1 $Var(s^2) = 2\sigma^4/(n-1)$

4.2 $E[s^2(n)] = (n-1)\sigma^2/n$

4.3 (a) $b = 19/27.204 = 0.6984$

(b) $P\{s \geq 1.3\sigma\} \approx 0.032$

4.5 (a) $P\{1.74 \leq T \leq 2.11\} = 0.025$

(b) $P\{1.74 \leq Z \leq 2.11\} = 0.0235$이므로 둘의 차이는 작다.

4.6 $a = 2.093 \times \sqrt{0.7} / \sqrt{20} = 0.3916$

4.8 $P(s_1^2/s_2^2 < 1.94) = 1 - 0.10 = 0.9, E(s_1^2/s_2^2) = 7/6 \approx 1.1667,\ \ Var(s_1^2/s_2^2) \approx 0.4083$

5장 >

5.1 (a) $\hat{p} = X/n$

(b) 불편추정량이 된다.

5.2 (a) 불편추정량이 된다. $MSE[X] = Var[X] = 1/\lambda^2$ ($\because$불편추정량)

(b) 불편추정량이 아니다. $MSE[X/2] = 1/2\lambda^2,\ MSE[X/2] < MSE[X]$

5.4 (a) (26.88, 29.52)

5.5 77 이상

5.6 (a) $\overline{X} = 56.430,\ s^2 = 9.743$

(b) $\overline{X} - t_{(0.05;19)}(s/\sqrt{n}) \leq \mu \leq \overline{X} + t_{(0.05;19)}(s/\sqrt{n}) \Rightarrow 55.223 \leq \mu \leq 57.637$

(c) $(n-1)s^2/\chi^2_{(0.005;n-1)} \leq \sigma^2 \leq (n-1)s^2/\chi^2_{(0.995;n-1)} \Rightarrow 4.798 \leq \sigma^2 \leq 27.048$

(d) $(\mu_1 - \mu_2)$의 90% 신뢰구간은 (−2.613, 2.463) 경도 평균이 변하였다고 말할 수 없다.

5.7 (a) (1063.348, 1074.652)

(b) (1063.348, 1074.652)

(c) (45.535, 231.699)

5.8 (a) $3.2255 \leq \mu_{레드와인} \leq 3.4831,\ 2.9418 \leq \mu_{화이트와인} \leq 3.1382$

(b) (0.1591, 0.4695)

5.9 (i) $\sigma_1^2 = \sigma_2^2$ 인 경우 : $s_p^2 = 17.602$, $t_{0.005}(18) = 2.878$, $(-0.44, 10.36)$

(ii) $\sigma_1^2 \neq \sigma_1^2$ 인 경우 : $s_1^2 = 14.061, s_2^2 = 21.142, \nu^* = 17.30 \approx 17$,

$t_{0.005}(17) = 2.898, (-0.48, 10.40)$

5.10 $(\sqrt{0.101}, \sqrt{0.300}) = (0.318, 0.548)$

5.11 (a) (7.584, 10.416)

(b) (8.459, 25.205)

5.12 $(\overline{X_1} + \overline{X_2}) - 1.96\sigma\sqrt{1/n_1 + 1/n_2} \le \mu_1 + \mu_2 \le (\overline{X_1} + \overline{X_2}) + 1.96\sigma\sqrt{1/n_1 + 1/n_2}$

6장 >

6.1 (a) 유의수준 0.1에서는 귀무가설이 기각된다. 따라서 평균 직경이 목표치 88.0과 일치한다고 볼 수 없다.

(b) 유의수준 0.01에서는 귀무가설은 기각되지 않는다. 따라서 평균 직경이 목표치 88.0과 일치한다고 볼 수 있다.

6.2 평균 건조시간이 120분 미만이라고 할 수 없다.

6.3 주어진 10개의 수치로부터 식당의 단위부피당 평균 세균수가 300보다 작다고 말할 수 없다.

6.4 (a) $\overline{X}_{13이상} - \overline{X}_{13미만} = 0.300$

(b) $s_p^2 = \dfrac{[(n_{13이상} - 1)s^2_{13이상} + (n_{13미만} - 1)s^2_{13미만}]}{(n_{13이상} + n_{13미만} - 2)}$

$= \dfrac{(7 \times 0.0269 + 5 \times 0.0829)}{12} = 0.05002$

(c) 두 모집단의 말산평균에 차이가 있다고 할 수 있다.

6.5 $Z = ((\overline{X_1} - \overline{X_2}) - d_0)/\sqrt{\sigma_1^2/n_1 + \sigma_2^2/n_2}$, $|Z| > z_{\alpha/2}$ 이면 유의수준 α 에서 H_0을 기각, $|Z| \le z_{\alpha/2}$ 이면 유의수준 α 에서 H_0을 기각하지 않는다.

6.6 평균 압축강도에 차이가 있다고 볼 수 없다.

6.7 A와 B기계를 함께 써야 한다.

6.8 압축강도의 표준편차가 1.5보다 작다고 할 수 없다.

6.9 분산이 감소했다고 볼 수 없다.

6.10 유의수준 5%에서 실제 수율이 0.7보다 높다고 볼 수 없다.

6.11 $Z = (\hat{p_1} - \hat{p_2})/\sqrt{2\hat{p}(1-\hat{p})/n}$ 이며 유의수준 α 에서의 기각역은 $|Z| > z_{\alpha/2}$

6.12 첫 번째 포장 디자인을 사용해야 한다.

7장 >

7.1 유의수준 1%에서 유의한 양의 상관관계가 있다고 할 수 있다.

7.2 유의수준 5%에서 유의한 선형관계가 존재한다고 볼 수 없다.

7.3 사건 A가 사건 B의 확률을 더 커지게 함을 의미한다.

7.4 (a) 0.500, 유의수준 5%에서는 상관계수는 유의하다. 유의수준 1%에서는 상관계수는 유의하지 않다.

(b) 0.896, 이상치를 포함하는 경우 발생할 수 있는 오류를 설명하는 예이다.

7.5 (b) 0.822

(c) 유의수준 10%에서는 $r = 0.822$는 통계적으로 0이 아닌 상관계수라 할 수 있다.

7.6 X_2와 X_4만 유의수준 5%에서 유의한 상관계수를 갖는다.

7.7 월 소득수준과 주거상태는 5% 유의수준에서 상관관계가 없다고 할 수 있다.

7.8 $\rho_{(aX)(bY)} = \dfrac{Cov[aX, bY]}{\sqrt{Var[aX]}\sqrt{Var[bY]}} = \dfrac{Cov[X, Y]}{\sqrt{Var[X]}\sqrt{Var[Y]}} = \rho_{XY} = \rho$

8장 >

8.1 $\hat{Y} = \hat{\beta}_0 + \hat{\beta}_1 X = 95.891 - 0.065X$

8.2 $\hat{Y} = \hat{\beta}_0 + \hat{\beta}_1 X = 135.9548 - 0.0905X$

8.3 p-값 $= 0.0036$

8.4 (a) $\hat{\beta}_0 = -32783$, $\hat{\beta}_1 = 2030.2$

(b) $\hat{\beta}_1 = 2030.2$, 1도가 증가할 때 음료 소비량이 평균적으로 2030.2개 증가, $\hat{\beta}_0 = -32783$을 해석할 기반을 가지고 있지 않음.

8.5 유의함

8.6 (a) $\hat{Y} = 92.3 + 0.55X$

(b) $\hat{\beta}_1 \pm t_{(0.025;63)} se(\hat{\beta}_1) = 0.55 \pm 0.368$

(c) 유의함

8.7 (a) $\hat{\beta}_0 = -7.893$ $\hat{\beta}_1 = 0.34084$, $MSE = 4.03$

(b) 이 회귀식의 기울기는 유의하고 독립변수 X는 종속변수에 유의한 영향을 미침.

(c) 유의함

8.8 (a) $\hat{\beta}_0 = 11.59733$, $\hat{\beta}_1 = -0.04775$, $MSE = 0.73362$

(b) 유의함

(c) 유의함

8.9 (b) 회귀성이 있다.

8.10 (a) 5625.68±26.8667

(b) 5625.68±310.2176

8.11 (a) $\hat{\beta}_0 = 9.1004$, $\hat{\beta}_1 = 0.05823$

(b) $s_\epsilon = \sqrt{\dfrac{SSE}{n-2}} = 1.347$

(c) 존재함.

(d) 0.6067

9장 >

9.1 (a) 부식도 = 190.873 − 22.6601ph + 1.0234 탁도 + 0.0374 염소량 − 0.2532 약품농도

(b) 결정계수 = 0.6335

9.2 (a) $\widehat{\beta_0} = 102.54198$, $\widehat{\beta_1} = -0.38348$, $\widehat{\beta_2} = -3.74670$

(b) $MSE = 0.111376$

(c) β_1은 유의하지 않은 변수, β_2는 유의한 변수

(d) 회귀성이 없다, $C_p = 0.681133$

9.3 (a) $se(\widehat{\beta_0}) = 4.70$, $se(\widehat{\beta_1}) = 0.003$, $se(\widehat{\beta_2}) = 0.073$, $se(\widehat{\beta_3}) = 0.035$

$T_0 = 8.412$, $T_1 = 12.002$, $T_2 = -6.959$, $T_3 = -2.514$

YP_t, R_t, CPI는 모두 유의한 변수

(b) 회귀성이 있다

(c) $R^2_{adj} = 0.8347$

(d) 부호는 적합하다

9.4 (a) $df(Model) = 4$, $df(Error) = 188$, $df(Total) = 192$, $SSE = 602.3708$,

$SST = 835.97$, $MSR = 58.4$, $MSE = 3.204$, $F-value = 18.227$, $R_2 = 0.2794$

(b) 회귀성이 있다.

(c) 자기 상관이 없다.

(d) A와 D의 회귀계수

(e) $\widehat{\beta_1} \pm se(\widehat{\beta_j}) t_{(0.025;188)} = -0.014 \pm 0.009377$

(f) $\widehat{Y} = \widehat{\beta_0} + \widehat{\beta_1} A + \widehat{\beta_2} B + \widehat{\beta_3} C + \widehat{\beta_4} D = 72.885$

9.5 (a) adjusted R^2를 기준으로 보면 4개 변수가(Thick SS_SEC P S) 들어간 모델을 최적모형이라고 할 수 있다.

$\widehat{Y} = 65.71 - 35.82\, Thick + 0.02\, SS\,SEC + 0.23\, P - 0.2\, S$

9.6 (a) $Y_i = 19.46543 + 0.01794 X_{1i} - 0.2855 X_{2i} + 1.35391 X_{3i} + 6.37117 X_{4i}$

(b) 결정계수 : 0.9775, 수정결정계수 : 0.9716, 귀무가설 기각.

(c) $Y_i = \beta_0 + \beta_1 X_{1i} + \beta_3 X_{3i} + \beta_4 X_{4i}$

9.7 (a) $Y_i = 434.56479 + 2.64175 X_{1i} + 2.86947 X_{2i} - 473.6662 X_{3i} + 233.19813 X_{4i} - 3.98339 X_{5i}$

(b) 결정계수 : 0.6739, 수정결정계수 : 0.5108, 귀무가설 기각.

(c) $Y_i = \beta_0 + \beta_2 X_{2i} + \beta_3 X_{3i} + \beta_4 X_{4i}$

9.8 (a) $Y_i = 92461 - 4.84628 X_{1i} + 0.072 X_{2i} - 0.40387 X_{3i} - 0.5606 X_{4i} - 0.40351 X_{5i}$

(b) 결정계수 : 0.9874, 수정결정계수 : 0.9811, 귀무가설 기각.

(c) 다중공선성이 존재한다.

9.9 (a) 회귀성이 있다.

(b) $\sqrt{MSE} = \sqrt{55.36515} = 7.440776$

(c) β_0, β_2, β_3

9.10 (b) C와 CT의 회귀계수는 유의하다.

(c) $\widehat{\beta_3} \pm se(\widehat{\beta_3}) t_{(0.025;96)} = -0.015 \pm 0.009282$

(d) H_0 기각하지 못함

9.11 (a) $\widehat{\beta_0} = -14.51$, $\widehat{\beta_1} = 0.12$

(b) 동일하지 않다

(c) 동일하다

(d) 23.59909

9.12 (a) H_0기각하지 못함

(b) $C_p = 1.443114$

9.13 (a) $VIF_1 = VIF_2 = 1.052876$

(b) $Var[\widehat{\beta_1}] = 0.005934$, $Var[\widehat{\beta_2}] = 0.000189$

(c) $$(X^T X)^{-1} = \begin{bmatrix} 85.56487959 & -0.271203441 & -0.021786565 \\ -0.27120344 & 0.001270714 & -5.08633E-05 \\ -0.021786565 & -5.08633E-05 & 4.05394E-05 \end{bmatrix}$$

(d) 55.303±6.5632

9.16 $$Cov[\widehat{\beta}_1, \widehat{\beta}_2] = \sigma^2 \frac{-\sum(X_{1i} - \overline{X_1})(X_{2i} - \overline{X_2})}{\sum(X_{1i} - \overline{X_1})^2 \sum(X_{2i} - \overline{X_2})^2 - \{\sum(X_{1i} - \overline{X_1})(X_{2i} - \overline{X_2})\}^2}$$

9.18 (a) $\beta_1^* = \dfrac{\sum(X_{1i} - \overline{X_1}) Y_i}{\sum(X_{1i} - \overline{X_1})^2}$, $E(\beta_1^*) = \beta_1 + \beta_2 \dfrac{\sum(X_{1i} - \overline{X_1})(X_{2i} - \overline{X_2})}{\sum(X_{1i} - \overline{X_1})^2}$

(b) 불편추정량이 아니다.

10장 >

10.1 (a) $Y = 72 - X + \varepsilon$

(b) 차이가 없다

10.2 (a) $Y_i = \beta_0 + \beta_1 X_{1i} + \beta_2 X_{2i} + \beta_3 X_{3i} + \beta_4 X_{4i}$

(b) $Y_i = 456.24397 + 2.77342 X_1 + 242.49757 X_2 + 325.26427 X_3 - 86.08045 X_4$

10.3 (a) $Y = \beta_0 + \beta_1 X + \varepsilon$, Y : 두께적중률, X : 작업압연기

$$X = \begin{cases} 0 : \text{작업압연기가 \#1인경우} \\ 1 : \text{작업압연기가 \#2인경우} \end{cases}$$

(b) $Y = 97.5 - 0.52X + \varepsilon$

10.4 (a) $Y = \beta_0 + \beta_1 X + \beta_2 (X - 100) I$, $I = \begin{cases} 0, X < 100 \\ 1, X \geq 100 \end{cases}$

(b) $H_0 : \beta_2 = 0$, $H_1 : \beta_2 \neq 0$

(c) $Y=\beta_0+\beta_1 X+(\beta_3-\beta_0)I,\ I=\begin{cases}0, X<100\\1, X\geq 100\end{cases}$

10.5 (a) $Y_i=13470-3627.29249X_{1i}+2616.89184X_{2i}-19.61127X_{3i}$

(b) $\ln Y_i=6.33920-1.85655\ln X_{1i}+1.44671\ln X_{2i}+0.55132\ln X_{3i}$

10.6 (a) $\ln Y=\ln(ae^{-bt})=\ln a-bt+\varepsilon$

(b) $\hat{a}=e^{0.55810}=1.747349,\ \hat{b}=0.02389$

(c) $\hat{b}\pm t_{(0.025,4)}se(\hat{b})=0.02389\pm 0.018682$

(d) 5%에서 유의하다.

(e) $\ln Y(t=15)=0.5581-0.02389\times 15=0.19975,\ Y=\exp(0.19975)=1.22$

10.7 $\ln(1/y-5/4)=\ln(\theta_2/\theta_1)-\theta_3 t$

10.8 (a) $\sqrt{MSE}=2.838574$

(b) 회귀성이 있다

(c) 주축회전수의 영향은 같다

(d) 9.316±17.25951

10.9 $P(X)=\dfrac{\exp(-842.32335+0.42416X)}{1+\exp(-842.32335+0.42416X)}$

10.11 (a) $\beta_0=-2.86733, \beta_1=0.00313, \beta_2=0.00234$

(b) $\beta_0=-80.9004, \beta_1=0.0833849, \beta_2=0.0468906$

(c) 로지스틱 회귀모형

10.12 (a) $E(\widehat{\beta_1})=\beta_1,\ Var(\widehat{\beta_1})=(\sum X_i^2-n\overline{X}_w^2)/\{\sum w_i X_i^2-\overline{X}_w\sum w_i X_i\}^2$

(b) $T=E(\widehat{\beta_1})/\sqrt{Var(\widehat{\beta_1})}$, $|T|>T_{(\alpha/2,n-2)}$이면, H_0을 기각

10.13 (a) $\widehat{\beta_1}=\dfrac{\sum Y_i\sum(1/X_i)n-\sum(Y_i/X_i)}{\sum X_i\sum(1/X_i)-n^2}$,

$$\widehat{\beta_0}=\frac{\sum(Y_i/X_i)}{\sum(1/X_i)}-\frac{n\sum Y_i\sum(1/X_i)-n^2\sum(Y_i/X_i)}{\sum X_i(\sum(1/X_i))^2-n^2\sum(1/X_i)}$$

10.14 (a) $\hat{\beta}=\sum w_i X_i Y_i/\sum w_i X_i^2=(\sum X_i Y_i/\sigma_i^2)/(\sum X_i^2/\sigma_i^2)$

(b) $\hat{\beta}\sim N\left(\beta,\dfrac{1}{\sum X_i^2/\sigma_i^2}\right)$

10.15 (a) $\beta_1/(1-w)$

(b) 생략

(c) $Cov[u_t, u_{t-1}]=w\sigma^2$($\sigma^2$는 ε_t의 분산), $Cov[u_t, u_{t-2}]=0$

11장 >

11.1 유압차는 있다(p-value=0.0373).

11.2 세 회사간에 스프링특성의 차이가 없다(p-value=0.3869).

11.3 MBA 전공들 간에 받게 되는 취업 제안 개수에는 차이가 있다(p-value=0.038).

11.4 인자 A의 수준들 간 차이는 존재하지 않는다($F_A = 4.215 < F_{(.01;3,228)} = 26.2$).

인자 B의 수준들 간 차이는 존재하지 않는다($F_B = 12.446 < F_{(.01;2,228)} = 99.5$).

인자 A와 B 사이에는 교호작용이 존재한다($F_{AB} = 9.333 < F_{(.01;6,228)} = 6.93$).

11.5 유의수준 α=0.05에서 전기강판의 철손에 AP온도가 영향을 미치고, CAL라인속도는 영향을 미치지 않는다.

μ_{21}에 대한 95% 신뢰구간: 1.420833±0.142187

μ_{22}에 대한 95% 신뢰구간: 1.358333±0.142187

μ_{23}에 대한 95% 신뢰구간: 1.390833±0.142187

11.6 (a) 교호작용이 없다(p-value=0.594).

(b) 차이가 없다(p-value=0.299).

(c) 차이가 있다(p-value=0.007).

11.7 (a) 5% 유의수준에서 강우 여부의 수준들 간에는 차이가 없다고 할 수 있고 평균 기온의 수준들 간에는 차이가 있다고 할 수 있다.

(b) 유의하지 않다(p-value=0.970).

(c) 162.7 ± 12.086

11.8 유의하지 않다. μ_{32}의 95%신뢰구간은 114.1875±6.783068

11.9 인자 A, 인자 B만 유의수준 10%에서 유의한 영향을 미친다고 할 수 있다. 오차분산의 추정치는 MSE로 0.214이다.

11.10 인자 A, B 만이 유의수준 5%에서 유의하다. 수확량이 가장 많은 조건은 $A_1 B_1$이고, μ_{11}에서의 95% 신뢰구간은 $42 \pm t_{(0.025;8)} \sqrt{21.66667/3} = 42 \pm 7.3945$

12장 >

12.1 $E(L(y)) = \mu k \int_0^{\infty} e^{-\mu y}/y^2 dy$

12.2 (a) 4.689 (b) 25

12.3 (a) 4.2122 (b) 30

12.5 (a) 확률 p를 갖는 베르누이분포

(b) $E[Y] = p$, $Var[Y] = p(1-p)$

12.6 D:6, A×B:5, B×C:3, 실험번호5 : $A_0 B_1 C_0 D_0$

12.7 $A_0 B_1$

12.10 24.425

12.11 46.53167

12.12 (a) $A_1B_0C_1$, 47.4967

(b) (a)에서 구한 것과 동일

12.13 $A_2B_1C_2$, 양품률 추정치=0.987889

12.14 등급별로 15, 3, 1, 1개가 나온 것이 두 공정조건 중 더 좋다.

13장 >

13.1 (a) UCL=116.1142, LCL=58.0858

(b) UCL=90.8236, LCL=0

(c) UCL=40.97513

(d) $\hat{\mu}$=87.1, $\hat{\sigma}$=19.32977

(e) 0.1464

13.2 UCL=142.1117, LCL=32.08828

13.3 (a) $\hat{\sigma}$=0.27859

(b) UCL=17.1939, LCL=16.4461

(c) UCL=1.37052, LCL=0

(d) UCL=0.513894, LCL=0

13.4 (a) UCL=11.41, LCL=8.59

(b) 불량률=0.0026, C_p=1

13.5 (a) μ=20, σ=4

(b) C_p=0.833333, 불량률=0.0124

13.6 (a) μ=30, σ=4

(b) (i) 0.0124 (ii) 0.9985

(c) (i) μ=33, σ=4 (ii) 0.3085

13.7 (a) UCL=6.242641, CL=c=2, LCL=0

13.8 UCL=20.19198, CL=0.91, LCL=19.80802

13.9 $UCL = np + 3\sqrt{np(1-p)}$, CL=$np$, $LCL = np - 3\sqrt{np(1-p)}$

13.11 (a) $\bar{c}$=16 (b) 0.0369

13.12 C_p=1.020408, C_{pk}=0.85034

13.13 0.810798

13.14 0.482179

13.15 n=120, c=4

13.16 (a) 0.606602

(b) 89.33978

찾아보기

ㅈ >

ㅊ >

ㅋ >

ㅌ >

ㅍ >

ㅎ >